国家社科基金后期资助项目
出版说明

　　后期资助项目是国家社科基金设立的一类重要项目，旨在鼓励广大社科研究者潜心治学，支持基础研究多出优秀成果。它是经过严格评审，从接近完成的科研成果中遴选立项的。为扩大后期资助项目的影响，更好地推动学术发展，促进成果转化，全国哲学社会科学工作办公室按照"统一设计、统一标识、统一版式、形成系列"的总体要求，组织出版国家社科基金后期资助项目成果。

全国哲学社会科学工作办公室

国家社科基金
GUOJIA SHEKE JIJIN HOUQI ZIZHU XIANGMU
后期资助项目

国际碳交易的
全球协同与中国因应

The Global Synergy and
China's Response for
International Carbon Trading

王云鹏　著

法律出版社
LAW PRESS · CHINA

——北京——

图书在版编目（CIP）数据

国际碳交易的全球协同与中国因应 / 王云鹏著.
北京：法律出版社，2024. -- ISBN 978-7-5197-9408-8

Ⅰ. X511

中国国家版本馆 CIP 数据核字第 2024B39V37 号

| 国际碳交易的全球协同与中国因应
GUOJI TANJIAOYI DE QUANQIU XIETONG
YU ZHONGGUO YINYING | 王云鹏 著 | 责任编辑 冯高琼
装帧设计 李 瞻 |

出版发行 法律出版社	**开本** 710 毫米×1000 毫米　1/16
编辑统筹 法规出版分社	**印张** 18.75　　　　**字数** 325 千
责任校对 王语童	**版本** 2024 年 11 月第 1 版
责任印制 耿润瑜	**印次** 2024 年 11 月第 1 次印刷
经　销 新华书店	**印刷** 北京新生代彩印制版有限公司

地址:北京市丰台区莲花池西里 7 号(100073)

网址:www. lawpress. com. cn　　　　　　　　销售电话:010-83938349

投稿邮箱:info@ lawpress. com. cn　　　　　　客服电话:010-83938350

举报盗版邮箱:jbwq@ lawpress. com. cn　　　　咨询电话:010-63939796

书号:ISBN 978-7-5197-9408-8　　　　　　　　定价:78.00 元

凡购买本社图书,如有印装错误,我社负责退换。电话:010-83938349

基金项目
国家社会科学基金后期资助项目，项目批准号：20FFXB065

中英文及缩略语对照

《联合国气候变化框架公约》(United Nations Framework Convention on Climate Change,UNFCCC or FCCC)

《京都议定书》(全称《联合国气候变化框架公约的京都议定书》,又称《京都协议书》、《京都条约》,英文:Kyoto Protocol,KP)

《巴黎协定》(Paris Agreement,PA)

温室气体(Greenhouse Gases;Greenhouse Gas,GHG)

联合国政府间气候变化专门委员会(Intergovernmental Panel on Climate Change,IPCC)

核证减排量(Certification Emission Reduction,CER)

国家自主贡献(Nationally Determined Contributions,NDCs)

国家自主贡献预案(Intended Nationally Determined Contributions,INDC)

联合国环境规划署(United Nations Environment Programme,UNEP)

联合国可持续发展世界首脑会议(World Summit on Sustainable Development,WSSD)

共同但有区别的责任原则(Common but Differentiated Responsibilities Principle,CDRP)

国际转让减碳成果(Internationally Transferred Mitigation Outcomes, ITMOs)

《巴黎协定》缔约方会议(Conference of the Parties serving as the meeting of the Parties to the Paris Agreement, CMA)

监管机构(Supervisory Body,SB)

指定运管机构(Designated Operational Entity,DOE)

运营实体(Operational Entity,OE)

附属科学技术咨询机构(Subsidiary Body for Scientific and Technological Advice,SBSTA)

全球碳排放配额(Global Carbon Emission Allowances,GCEA)

合作履行机制(Joint Implementation,JI)

国际排放贸易机制(International Emissions Trading,IET)

清洁发展机制(Clean Development Mechanism, CDM)

执行理事会(Executive Body,EB)

全球性注册登记管理平台(the Mechanism Registry Administrator,MRA)

联合国可持续发展世界首脑会议(World Summit on Sustainable Development,WSSD)

碳排放交易制度(Emissions Trading System,ETS)

欧盟碳排放交易体系(The EU Emissions Trading System,EU ETS)

被分配可排放数量(Assigned Amount Units,AAU)

减排单位(Emission Reduction Units,ERU)

国家分配计划书(National Allocation Plan,NAP)

欧盟碳配额 (European Union Allowance,EUA)

国际民航组织(International Civil Aviation Organization,ICAO)

区域温室气体行动计划(Regional Greenhouse Gas Initiative,RGGI)

气候与经济动态综合模型(Dynamic Integrated Model of Climate and the Economy, DICE)

气候与经济区域综合模型(Regional Integrated Model of Climate and teh Economy, RICE)

可计算一般均衡模型(Computable General Equilibrium Model, CGE)

移除单位(Removal Unit,RMU)

世界贸易组织(World Trade Organization,WTO)

国内生产总值(Gross Domestic Product,GDP)

可拓展的随机性的环境影响评估模型 (Stochastic Impacts by Regression on Population、Affluence and Technology,STIRPAT)

经济合作与发展组织(Organization for Economic Co-operation and Development,OECD)

成本效益分析(Cost-Benefit Analysis,CBA)

氯氟碳化物(chlorofluorocarbons,CFCs)

缔约方大会(Conference of the Parties,COP)

监测、报告、核查(Monitoring、Reporting、Verification,MRV)

《西部地区气候行动倡议书》(Western Climate Initiative, WCI)

区域性温室气体倡议(The Regional Greenhouse Gas Initiative,RGGI)

国家核证自愿减排量(Chinese Certified Emission Reduction, CCER)

碳边境调节机制(碳关税)(Carbon Border Adjustment Mechanism, CBAM)

十亿吨二氧化碳当量($GtCO_2^e$)

国际航空业碳抵消和减排计划(Carbon Offsetting and Reduction Scheme for International Aviation,CORSIA)

概　　要

气候变化作为全球治理的重大问题,是构建人类命运共同体的重要领域。中国作为碳排放大国和发展中大国,理应成为引领全球气候治理的重要力量,推动形成有效减排与长期目标相匹配的治理方案,实现减缓气候变化的国际合作,走出气候治理的集体行动困境。治理方案必须明晰其所要解决问题的严重性和紧迫性,从国际气候制度的既有经验中吸取经验与教训,并与现有的以国际气候变化条约体系为基础的气候治理规范不相抵触。有鉴于此,本书主要从以下六个方面分析了以国际碳交易制度作为减缓气候变化国际合作基本制度的现实必要性、理论基础、规范框架及方案设计、构建路径、可行性和中国因应。

第一,气候变化作为全球性风险,其灾难性后果已经被自然科学研究所证实,然而作为人类社会因应的国际气候制度并不能供给有效解决这一全球性问题的公共产品。联合国政府间气候变化专门委员会(IPCC)作为气候变化成因与效应研究的权威性机构,其历次报告表明气候变化已经或正在导致冰川消融、海平面上升、海洋酸化、极端天气和气候灾难及生物多样性问题等全球性负面影响,并且认为气候变化的成因主要是人类社会自工业革命以来因化石能源的利用而排放的温室气体。为形成减少温室气体排放的全球性框架,国际社会形成了以《联合国气候变化框架公约》(UNFCCC)、《京都议定书》(KP)和《巴黎协定》(PA)为规范基础的国际气候制度,以促进人类社会在减缓、适应气候变化,以及资金、技术和能力建设等领域的国际合作。然而,各国在《巴黎协定》下所形成的自主减排承诺,仍不足以实现国际社会确立的长期减排目标,因而亟待探索能够强化减排的国际合作制度安排。

第二,气候变化问题的经济学、国际政治学和伦理学研究表明,能够切实推进国际减缓行动的国际制度应是有效性、可行性和公正性兼备的。然而,由于参与气候治理的国家主体普遍存在因自利动机产生的"搭便车"问题,国际制度往往陷入有效性、可行性和公正性悖论——经济上有效的政策往往缺乏政治上的可行性且违反被普遍接受的气候正义观念;政治上可行的制度安排往往无法实现有效的减排且易导致不公正问题;符合公道且正义原则的政策建议易因为发达国家的反对而存在政治上的不可行性——导致气候全球治理的集体行动困境。走出气候治理的集体行动困境，需要以人类命运共同体理念为指引，构建一个能够协同国家和各类非国家行为体的多边主义框架，以"共通"国际减缓制度平台和实验主义的治理路径，塑造各类行为主体之间的信任和互惠关系，打造能够从减缓气候变化的国际合作中获益（比尔·盖茨称之为"绿色溢价"）的利益共同体，不断推进有利于创新的政策与制度安排。

第三，在理论上，全球碳定价机制是能够契合人类命运共同体理念的国际减缓合作制度；但是考虑到具体实践，碳交易制度是更符合现实的选择。自《京都议定书》通过以来，国际碳交易制度已经成为推动全球范围内国际减排合作的重要政策，其设立的合作履约机制、国家排放贸易和清洁发展机制塑造了全球碳市场的基本概念。这些制度被《巴黎协定》第6条的市场化合作减排制度所继承。在《巴黎协定》所提供的新的规范框架下，国家可以通过第6条第2款的合作机制和第6条第4款的可持续发展机制实现国家和非国家行为体之间的国际碳交易全球协同。全球范围内的国际碳交易也将体现为三种形态：缔约方之间可转让减缓成果的交易、不同缔约方内注册的清洁发展项目所产生的核证减排量（CER）的国际交易，以及现存的行业性、双边性或区域性的配额或者信用跨境交易与认可机制。

第四，推动构建全球碳市场能够克服碳交易全球协同的不确定性，促成更为有效的全球碳减排。全球碳市场有两种不同的构建模式：一是"自上而下"的全球统一碳市场；二是"自下而上"的碳市场分立与全球协同和综合。"自上而下"模式的核心是基于全球碳预算经国际社会协商确定一定时期内的全球碳排放配额；与之相反，"自下而上"的全球碳排放配额是基于各国根据《巴黎协定》自行承诺的国家自主贡献（NDCs）确定的。相比较而言，"自下而上"的模式更具有可行性。有鉴于此，全球碳市场的构建将主要呈现为以下两个阶段：其一，通过"协调"各国的减排努力达成全球碳预算的基本共识，并在寻求共识的过程中通过碳市场连接碳排放量的全球交易实现全球碳价的国际互认；其二，在达成的全球碳预算共识的基础上，形成具有拘束力的有关全球碳预算的全球性协议，并由此建构碳交易全球市场。

第五，除《京都议定书》下的国际碳交易所提供的制度基础、实践经验和组织体系之外，构建全球碳市场的建议具有理论上、技术上和实践上的可行性。其一，学术界已经对全球碳预算的概念和理论进行了深入的研究，并提出了基于全球碳预算的国际碳交易设计方案。其二，国际社会已经形成相对统一的具有国际可比性的国家和非国家层面的碳排放核算与报告体系,该体系能够为全球碳市场构建所必需的数据核算和数据交互提供良好的支撑。其三,欧盟等超国家层面和跨行业范围的国际碳交易实践为全球碳市场机制的构建提供了现实性经验。

第六,中国的因应问题。中国碳排放权交易制度已经实现了从地方试点向全国市场的跃升。随着"双碳"目标确立了中国绿色低碳发展的长远情景,其不足日趋凸显。与欧盟等较为成熟的碳市场制度相比,中国碳排放权交易制度存在的问题主要有上位法不足、控排行业和交易产品单一、总量确定和初始分配方式有待优化、信息披露机制和司法保障机制不健全等。有鉴于此,我国应构建与"双碳"目标相匹配的国家碳市场制度,应着重于:推进应对气候变化法立法工作,补足碳市场制度建构和有序运行的法治短板;优化碳市场的基本构成要素,形成与"双碳"目标更加契合的基本制度框架;推进碳市场的信息化和智能化,优化信息交互,降低碳市场运管成本和交易成本;完善市场调节机制,维持清晰稳定的碳价格信号;丰富碳市场交易品种,鼓励碳金融创新;强化主体责任,完善碳市场履约和监管机制;建立并完善碳市场的实施评估机制。作为已经实现全国碳交易制度构建和全国碳市场有序运行的大国,中国有必要积极参与并引领国际碳交易的全球协同进程,掌握全球气候治理的话语权,提高国家声誉,以避免全球碳市场的构建偏离公正的轨道。

目　　录 Contents

引论:作为全球性灾难的气候变化问题

2019 年,IPCC 作为气候变化问题的权威科学机构,发布了应《联合国气候变化框架公约》第 21 次缔约方大会决议请求所编撰的特别报告。该报告评估了全球升温高于工业化前水平 1.5 摄氏度的影响及相关全球温室气体排放路径。该报告的主要结论是:第一,如果继续以目前的速率升温,全球升温可能会在 2030 年至 2052 年达到 1.5 摄氏度;第二,全球升温 1.5 摄氏度会导致气候相关风险的提高;第三,各国根据《巴黎协定》提交的国家自主贡献(NDCs)承诺无法实现将全球变暖限制在 1.5 摄氏度的目标;第四,目标实现需要各国强化减排行动,在 2030 年之前实现全球二氧化碳排放量的下降(2030 年实现碳达峰),在 2050 年左右达到净零排放。[①]基于这一结论,各国开始强化其减缓行动,竞相作出碳中和承诺;气候全球治理进入碳中和时代。欧盟在 2020 年更新了其 NDCs,提出"到 2030 年碳排放在 1990 年水平上降低至少 40%,2050 年实现碳中和"[②]。英国也在 2019 年通过修改其 2008 年《气候变化法》将 2050 年实现碳中和作为本国减排目标。[③] 中国也确立了双碳目标:二氧化碳排放力争于 2030 年前达到峰值,争取 2060 年前实现碳中和。自习近平总书记在第七十五届联合国大会一般性辩论中宣布这一决定后,碳达峰和碳中和成为随后召开的中央经济工作会议和政府工作报告的重要内容,并被写入《国民经济和社会发展第十四个五年规划和 2035 年远景目标纲要》。

然而,气候全球治理仍存在明显的制度赤字。相对于气候变化风险日益加剧和凸显的严峻程度,国际层面上有效的制度供给明显不足。IPCC第五次评估报告指出,国际社会如果不做出比目前更大的减缓努力,即使有适应措施,全球变暖仍将导致高风险至很高风险的严重、广泛和不可逆的全球影响;如果不能够强化减缓措施,到 21 世纪末(2100 年),全球平均升温将超过工业化前水平 4 摄氏度,将会导致大量物种灭绝、全球和粮食不安全、极端天气事件。IPCC 认为,未来几十年显著减少温室气体排放可

---

① See IPCC,2018:*Global Warming of* 1.5℃, Cambridge University Press, 2022, p. 3-24.

② EU, *The update of the nationally determined contribution of the European Union and its Member States*, https://unfccc.int/documents/632622, last visited on Feb. 5th, 2024.

③ UK, Climate Change Act (2008), Part 1:Carbon target and budgeting, https://www. legislation. gov. uk/ukpga/2008/27/contents, last visited on Feb. 5th, 2024.

以限制 21 世纪下半叶及之后的全球变暖。这一可能性的实现需要通过有效的措施将全球二氧化碳排放量最终降至"零",即实现全球范围内的碳中和。① 联合国环境规划署(UNEP)报告认为,现有的全球减排行动并不能实现《巴黎协定》设定的减排目标;如不能将各国承诺的碳中和远期目标转化为具体的行动,人类社会仍将见证全球升温超过 3 摄氏度。②

构建有效的国际气候合作制度,是削减气候治理赤字,实现全球有效、协同减排的关键。全球问题需要全球共同应对。自气候变化成为全球议题以来,各国通过努力形成了以《联合国气候变化框架公约》为基石的国际规范基础。该公约奠定了国际气候合作的基本目标、基本原则和基本制度。其中最为核心的是确立了"共同但有区别的责任"原则,并基于这一原则形成了《京都议定书》中发达国家承担强制性量化减排和发展中国家依据国情自愿减排的双轨制减排。《京都议定书》的历史意义在于创设了三种国际碳交易机制,推动各国之间在减缓气候变化上的国际合作。这三种机制分别是合作履行机制(JI)、国际排放贸易机制(IET)和清洁发展机制(CDM)。合作履行机制和国际排放贸易机制是发达国家之间的减排合作;清洁发展机制是发达国家和发展中国家基于项目的合作。这种基于双轨制所实现的国际减排合作未能实现有效的减排。在《京都议定书》实施期间,全球温室气体排放总量仍稳步上升。为推进全球气候合作有效实施,国际社会在 2011 年德班气候大会上决定延续《京都议定书》,并成立"德班加强行动平台问题特设工作组"(以下简称"德班平台")③,作为缔约方会议的附属机构,负责拟定《联合国气候变化框架公约》项下对所有缔约方适用的议定书、另一法律文书或者某种具有法律拘束力的议定成果。之后,历经在多哈、华沙、利马和巴黎多轮谈判,国际社会最终形成了新的气候治理全球性协定,即《巴黎协定》。

《巴黎协定》能否实现气候全球治理的有效或公平,仍然是一个问题。

---

① See IPCC, 2014: *Climate Change* 2014: *Synthesis Report. Contribution of Working Groups* Ⅰ, Ⅱ *and* Ⅲ *to the Fifth Assessment Report of the Intergovernmental Panel on Climate Change* [Core Writing Team, R. K. Pachauri and L. A. Meyer (eds.)]. hereinafter as "Climate Change 2014: Synthesis Report". IPCC, Geneva, Switzerland.

② See UNEP, *Emissions Gap Report* 2023: *Broken Record-Temperatures hit new highs*, *yet world fails to cut emissions* (*again*), hereinafter as "UNEP Gap Report 2023".

③ UNFCCC, *Report of the Conference of the Parties on its seventeenth session*, 1/CP. 17, "Establishment of an Ad Hoc Working Group on the Durban Platform for Enhanced Action"。该特设工作组应争取尽早但不迟于 2015 年完成工作,以便在缔约方会议第二十一届会议上通过以上所指议定书、另一法律文书或某种具有法律拘束力的议定成果,并使之从 2020 年开始生效和付诸执行。

对此问题的回答,我们需要再次回顾气候科学有关研究。从 IPCC 第五次评估报告的评估情况来看,实现《巴黎协定》所设定的长期减排目标难度已经增大,并没有因协议的达成而减小。该报告第一工作组认为,将全球升温控制在 2 摄氏度以内的全球可被允许的温室气体排放空间为 1 万亿吨 CO_2^{eq}。第三工作组在报告中指出,在二氧化碳浓度为 450ppm 的情景分析下,2011~2050 年全球累积二氧化碳排放量为 5300 亿吨至 13000 亿吨,2011~2100 年相应数额为 6300 亿吨至 11800 亿吨。二氧化碳浓度为 450ppm 是经研究证实的有较大可能实现 2 摄氏度目标的浓度水平。也就是说,按当前的排放水平,剩余的安全可排放空间仅可支持 13~31 年。因此,要想实现《巴黎协定》的设定目标,全球气候治理所实现的排放路径应当是,在成本最低的情况下,与 2010 年相比,到 2050 年左右要实现温室气体排放降低 40%~70%,并自 21 世纪末实现零碳排放。然而,综合各国已经递交的国家自主贡献方案(INDC)可见,至 2030 年全球的温室气体排放总量仍将持续增加,并高达 550 亿吨。如果不能尽快达到碳排放峰值并实现经济增长和碳排放的脱钩,依靠现有的地球自净能力,将升温控制在 2 摄氏度以内,2030 年的排放水平约为 420 亿吨二氧化碳;将升温控制在 1.5 摄氏度以内,2030 年的排放水平则约为 390 亿吨二氧化碳。130 亿吨 CO_2^{eq} 的差距意味着,《巴黎协定》约定的各国的预期减缓行动显然并非有效,考虑到《巴黎协定》对于发达国家历史责任的淡化,显然也不能称其建立了公平的制度框架。

但是,如果气候变化问题真的如科学界研究评估的那样严峻(如 IPCC 历次报告所披露的),减排义务的弱化显然不能产生实现长期目标所需的国际气候合作。《巴黎协定》所继承和延续的以国际碳交易为特征的国际减排合作机制[①]能否达成减排目标所需的全球减排的协同?这一问题的实质是探究在《巴黎协定》下气候全球治理应向何处去,有无可能形成保证全球减排目标达成的国际气候制度,[②]特别是规范各国减缓行动的国际规范以及基于该规范所形成的具体实施细则和操作方案。对这一问题的

[①] 参见《巴黎协定》第 6 条。

[②] 国际关系学界和国际法学界较为认可的关于国际制度的概念是美国学者斯蒂芬·D. 克莱斯勒的定义,即在一定国际关系领域组合协调国际关系的默示的或明示的原则、规范、规则和决策程序。这一定义包含三个层级的构成要素:第一,原则,指的是关于事实、原因和公正的信念。第二,规范,指以权利和义务界定的行为标准。第三,规则和决策程序,前者是对行为的专门令行禁止,为实施原则或规范的技术层面上的细则;后者指的是操作层面上作出和贯彻集体决定的主导性做法。参见徐崇利:《〈巴黎协定〉制度变迁的性质与中国的推动作用》,载《法制与社会发展》2018 年第 6 期。

回答,需要首先明确两个前置性问题:第一,气候变化问题作为一个全球性风险的客观真实性,即全球变暖是否真实存在。这主要涉及自然科学的研究。第二,梳理国际气候制度的历史演进过程以释明当前气候全球治理存在的问题,从而为国际气候制度的发展提供方向。

一、全球性风险:气候变化的自然科学事实

气候变化是人类社会面临的最严峻挑战之一。[1] 作为一种自然现象,气候变化之所以成为国际政治生活中的热点话题,是因为这一全球灾难性事件主要是人类的活动导致的。气候变化已经成为人类共同关切之事项。在其负面效应所导致的灾难性后果面前,没有幸免者。自 2013 年 IPCC 发布其第五次气候变化评估报告以来,新的气候变化事实和研究结论表明全球气候灾难日益凸显。

这些负面效应仍主要涵盖以下方面:第一,冰川的持续消融甚至消亡。早在 1990 年,IPCC 发布的第一次全球气候变化评估报告中就已提及全球变暖对冰冻圈的影响,认为与大气中温室气体浓度增加相联系的气候未来变化可能是,季节性冰雪盖面积和容量、山地冰川、地球上冰层和冻地(包括永久冻层和季节性冻层)大幅度减少。这一"可能"经过 30 年的演化,成为确定的现实。2013 年的 IPCC 报告称,1992~2011 年,格陵兰冰盖和南极冰盖的冰量持续在减少,而 2002~2011 年减少的速率更高;全球范围内的冰川覆盖面积几乎都在持续缩小;北半球春季积雪范围也在持续缩小。此后,关于气候变化导致冰川消退的新闻屡屡见报;新的研究也在为 IPCC 的最新结论提供证据支持。从这些新闻披露的事实和研究所阐明的结论可见,格陵兰岛[2]和阿拉斯加[3]等北极冰盖[4]、南极的部分区域[5]和青藏高原冰川[6],因近年来全球升温加剧,有加速融化的趋势;有些冰川甚至

---

① 参见谢伏瞻、刘雅鸣主编:《应对气候变化报告(2018)——聚焦卡托维兹》,社会科学文献出版社 2018 年版,"摘要",第 1 页。

② See Michiel V. D. B. et al., *Greenland Ice Sheet Surface Mass Loss: Recent Developments in Observation and Modeling*, 3 Current Climate Change Reports 345 (2017).

③ See Szpak P. et al., *Long-term Ecological Changes in Marine Mammals Driven by Recent Warming in Northwestern Alaska*, 4 Global Change Biology 490 (2018).

④ See Peter von der Gathen et al., *Climate Change Favours Large Seasonal Loss of Arctic Ozone*, 12 Nat Commun 1(2021).

⑤ See Robert M. DeConto et al., *The Paris Climate Agreement and Future Sea-level Rise from Antarctica*, 593 Nature 83(2021).

⑥ 参见胡德良(编译)、[印度]Pallava Bagla:《喜马拉雅山的多数冰川在萎缩》,载《气候变化研究进展》2011 年第 5 期;史红岭等:《基于 GRACE 数据估计近年喜马拉雅冰川质量变化》,载《大地测量与地球动力学》2015 年第 4 期,等等。

已趋向消亡,如冰岛的奥乔屈尔冰川。冰川消融会影响北极圈内生态平衡,对北极熊等物种构成侵害,从而导致生物多样性问题,还会直接导致海平面的上升,[①]并有可能导致洋流发生变化。[②] 改变海洋生态系统,则可能导致更为严重的灾难性影响。除此之外,全球变暖还会导致北极圈内冻土层的融化,释放大量的甲烷和史前细菌,全球变暖的效应也会对人类健康产生影响。[③]

第二,海平面上升。海平面上升是冰川融化的直接后果。[④] 研究结论表明,19世纪末到21世纪初的海平面平均上升了5.7厘米。这主要是由人类工业革命以来的温室气体排放导致的。[⑤] 海平面上升将会对人类的生活构成严重的影响。据统计,世界人口的60%居住在距海岸线100千米以内的区域。人类社会所形成的超大型城市群,大多数以临海城市为核心,如纽约、洛杉矶、伦敦、新加坡等。中国目前的大型临海城市包括上海、广州、天津等。海平面上升导致的海水倒灌,增加了近海城市基础设施建设和维护的成本。有研究表明,如果全球气候持续变暖,仅格陵兰岛的冰川融化就会导致全球海平面平均上升2~3米。[⑥] 这会导致很多小岛国被淹没,成为"无领土国家";也会产生大量的气候难民,[⑦]引发地区冲突。这种影响并非只建立在模型上的假设,事实上已经具象化为现实。比如,印度尼西亚迁都的一个重要原因就是沉降效应叠加海平面上升对雅加达构成了威胁。

第三,海洋酸化和海洋生态的恶化。海洋在地球碳循环中处于举足轻重的地位。工业革命以来30%左右的二氧化碳被海洋吸收。这极大程度上维护了大气的生态平衡,成为全球变化的制衡机制。但是,大量二氧化碳的吸收也造成了海洋的酸化。有研究表明,相比工业革命以前,全球海

---

① See DeConto et al. , *The Paris Climate Agreement and Future Sea-level Rise from Antarctica*,593 Nature 83 (2021).

② See F. Sévellec, Fedorov A. V. & Liu W. , *Arctic Sea-ice Decline Weakens the Atlantic Meridional Overturning Circulation*,7 Nature Climate Change 604 (2017).

③ See H. Lantuit, *Permafrost and Climate Change*, 292 Science 870 (2009).

④ See Dowdeswell J. A. , *The Greenland Ice Sheet and Global Sea-Level Rise*, 311 Science 963 (2006).

⑤ See Ekwurzel B. et al. , *The Rise in Global Atmospheric* CO_2, *Surface Temperature, and Sea Level from Emissions Traced to Major Carbon Producers*, 144 Climatic Change 579 (2017).

⑥ See Rignot E. , Velicogna I. , Broeke M. , Monaghan A. & Lenaerts J. , *Acceleration of the Contribution of the Greenland and Antarctic Ice Sheets to Sea Level Rise*, 38 Geophysical Research Letters L05503 (2011).

⑦ See Sachs J. D. , *Climate Change Refugees*, 296 Scientific American 43 (2007).

洋的 PH 值已经下降了 0.1；随着温室气体排放量的增加和累积,预计还会下降 0.3~0.4。[1] 这会降低海洋生物体钙化的速度,影响海洋浮游生物和小型甲壳类生物的存活,导致珊瑚礁的退化。这些变化会减少鱼类的栖居地,损害海洋生物的多样性;并因为食物链的传导效应,对渔业资源造成负面影响。[2] 据对地中海渔业资源的观察,海洋酸化已经导致了相应渔业捕捞量的下降,影响沿海居民生活。[3] 此外,海洋酸化还会侵蚀海岸线和有关基础设施,增加临海城市基础设施的维护成本。[4]

第四,极端天气事件和相关灾害。气候变化极大地改变了全球气候模式。极端天气出现得更为频繁。这涉及全球变暖对原季节性气候现象的增强或者减弱。全球变暖使赤道地区的热带气旋强化,带来更为频繁和强化的台风。譬如,对中国造成影响的超强台风"利奇马"和"烟花",其影响范围的趋北化就被认为与气候变化有关。全球变暖导致的升温使各地夏季更为炎热。近年来,每到夏季,欧洲热浪导致居民死亡的新闻也频频见报。极端天气事件会导致次生灾害,如台风带来的暴雨激增导致洪涝、泥石流等灾害;热浪导致的干旱气候增加森林火灾风险(北美的加利福尼亚、阿拉斯加,俄罗斯的西伯利亚近年来的森林火灾都被认为与气候变化密切相关)等。

第五,生物多样性问题。根据 IPCC 的预测,全球变暖有可能会在 21世纪及以后造成更严重的生物灭绝风险。这种风险将因为与其他因素相互作用而更为凸显,如海洋酸化、海平面上升、森林火灾和森林退化等导致的生物栖居地发生变化。由于全球变暖在 21 世纪的幅度较高,大部分的植物物种无法足够快速地适应气候变化而顺利转换其生存的地理范围,多数的小型哺乳动物和淡水软体动物也是如此。[5] 美国科普作家伊丽莎白·科尔伯特所著的《大灭绝时代:一部反常的自然史》记录了由于人类活动导致的第六次生物灭绝图景:"人类发现了地表之下蕴藏的能源之后,开始改变大气层的组成。结果是,气候以及海洋的化学组成也发生了

---

[1] See Orr J. C. et al. , *Anthropogenic Ocean Acidification over the Twenty-first Century and Its Impact on Calcifying Organisms* , 437 Nature 681 (2005).

[2] See Cornwall et al. , *Ocean Acidification in New Zealand Waters: Trends and Impacts* , 52 New Zealand Journal of Marine and Freshwater Research 155 (2018).

[3] See Thomas Lacoue-Labarthe et al. , *Impacts of Ocean Acidification in a Warming Mediterranean Sea: An Overview* , 5 Regional Studies in Marine Science 1(2016).

[4] 更详尽的分析可参见 IPCC 最新发布的关于海洋酸化与生态影响的报告。See IPCC, *IPCC special report on the ocean and cryosphere in a changing climate* , Cambridge University Press, 2019, p. 3-35.

[5] See IPCC, *Climate Change* 2014: *Synthesis Report* , IPCC, 2015, p. 13.

改变。有些植物与动物改换了生存地来适应这种变化:它们或是爬上高山,或是向着极地迁移。但是,还有许多物种发现自己无处可逃——初时是数百种,然后是数千种,最终可能是数百万种。"①值得注意的是,气候变化导致的地貌变化也有可能加剧生物多样性的损失。有证据表明,为减排而进行的可再生能源利用项目,如大规模的太阳能光电场、风力发电设施、水力发电大坝等,会对鸟类、鱼类和当地的其他动物种群造成负面的影响。

这些可归因于气候变化的灾难性问题,是对 IPCC 和其他研究机构关于气候变化有关预测的印证。这些研究成果的核心结论是,如果继续推行现行政策将会使世界处于高排放状态,会导致在 2100 年全球升温超过 1.5 摄氏度,即超过《联合国气候变化框架公约》设定的升温控制目标,甚至升温会达到 5 摄氏度。在极端情况下,以往每年发生概率不到 5% 的热浪将几乎每年都会发生;海平面将会上升超过 1 米,洪水风险显著增加;农业干旱频率将以 10 倍的速度增加。② 在 IPCC 评估报告中假设的 RCP2.6 路径③下,全球河水泛滥的频率也将增加 2 倍以上,海岸洪水受灾面积将增加 30%,影响玉米生产的温度极值大约每 10 年发生 3 次。④ 灾难不仅导致了巨大的人员和财产损害,同时气候变化的灾难效应还会动摇稳定的社会结构。比如,粮食危机将会导致贫困和跨界迁移问题,以及因气候变化而恶化的生态系统,这将影响人类及其他生物的生存环境,易激化矛盾,增加地区冲突。⑤

IPCC 发布的第六次评估报告确认了上述气候变化的负面效应,并认为人类活动影响的气候系统的变化是几个世纪甚至几千年来前所未有的。科学证据表明,人类社会应努力将人为引起的全球变暖限制在一个特定水

① [美]伊丽莎白·科尔伯特:《大灭绝时代:一部反常的自然史》,叶盛译,上海译文出版社 2015 年版,"序言",第 3 页。

② 参见中国国家气候变化专家委员会、英国气候变化委员会:《中—英合作气候变化风险评估——气候风险指标研究》,中国环境出版集团 2019 年版,第 11—12 页。

③ See IPCC, *Climate Change 2014*: *Synthesis Report*, IPCC, 2015, p.20—21. IPCC 第五次评估报告以 2100 年总辐射强迫为指标,确定了四个典型浓度路径(RCP)排放情景,分别对应的情景是 2100 年总辐射强迫相对于 1750 年达到 2.6 W/m^2、4.5 W/m^2、6.0 W/m^2 和 8.5 W/m^2。辐射强迫是量化气候变化驱动因子驱动作用的指标,正辐射强迫值导致变暖,负辐射强迫值导致变冷;其计量单位是瓦/平方米(W/m^2)。RCP 2.6 是四种情景中唯一可以实现到 2100 年相对于 1850~1900 年全球温升不超过 2 摄氏度的情景。

④ 参见中国国家气候变化专家委员会、英国气候变化委员会:《中—英合作气候变化风险评估——气候风险指标研究》,中国环境出版集团 2019 年版,第 12 页。

⑤ See Malone Elizabeth L., *Climate Change and National Security*, 5 Weather, Climate & Society 93 (2013); Haibin, Zhang, *Climate Change and National Security:A Review of Current Research in the United States*, 5 Advances in Climate Change Research 145 (2009).

平内。这需要限制二氧化碳累积排放量的增加,努力实现二氧化碳净零排放并大幅度减少其他温室气体排放。① 可见,日益频繁和严重的气候变化威胁着人类赖以生存的生态系统的稳定,并可能以连锁风险的方式通过复杂的经济和社会系统传播,导致多样的社会风险和灾难效应。无论是基于维护人类赖以生存的生态系统,还是保护并促进本国人民的福祉,各国在全球气候灾难效应日益凸显的当下应当高度重视应对气候变化风险,加快减排步伐,创设新的治理措施以有效防控气候风险和环境灾难,维护全球生态安全。正如古特雷斯所称,IPCC 的第六次报告对人类是一次"红色警告"。

气候变化本身是一个自然科学现象,气候变化的效应则会导致社会问题,其应对需要通过政策选择改变当前人类社会的基本行为偏好。当代的气候变化问题主要是人类活动引起的。应对和解决气候变化问题的过程,涉及构成人类社会的国家、组织和个人的公共选择和行为偏好的重塑,是典型的社会问题。因此,当代人类应对气候变化的关键不仅在于科学技术的革新,还需要对产生气候变化的社会原因和气候治理政策所涉及的诸多社会问题进行反思,以找到适应当代社会现实的有效治理机制。

二、国际气候制度的演进与不足

全球性问题需要全球层面的国际合作。自气候变化成为一项全球性议题以来,国际社会即致力于形成一个具有普遍性的综合性国际公约作为各国气候合作的规范基础。自《联合国气候变化框架公约》奠定国际气候治理的基本框架以来,国际社会为减缓气候变化达成了两项具有里程碑意义的气候协定,即《京都议定书》和《巴黎协定》。这三项气候公约确立了国际气候制度的基本内容。

1. 从《联合国气候变化框架公约》到《京都议定书》

《联合国气候变化框架公约》在经过 1991～1992 年的六次会议后,1992 年终于在里约热内卢举办的联合国环境和发展会议召开前夕被通过,并于 1994 年 3 月生效。缔约方有 197 个。这充分反映出气候变化作为人类共同关切之事项,其国际合作的普遍参与性。但是,有关公约的约束力、可测量的减排目标、减排时间表、资金机制、技术转让和责任的鉴定等核心条款,始终是各方争议的焦点。

---

① See IPCC, 2021: *Summary for Policymakers. In: Climate Change* 2021, Cambridge University Press, 2023, p. 3-32.

《联合国气候变化框架公约》没有规定任何的强制性义务。其作为气候全球治理国际法的基本条约,奠定了国际气候变化法律制度的目标、基本原则、规则框架和国家应对气候变化所应承担的基本义务。

首先,根据《联合国气候变化框架公约》的规定,各缔约方应对气候变化的任何法律制度都应以"将大气中的温室气体浓度稳定在防止气候系统受到危险的人为干扰的水平上"①为基本目标。因此,仅从立法目标的约束来看,推进低碳城镇化的各项法律制度应以控制温室气体排放 减缓气候变化为首要目标。控制的力度应当考虑生态系统可以自动适应气候变化;粮食生产可以确保安全;经济发展可以实现可持续发展的时间跨度。这一时间跨度的长短则取决于全球范围内温室气体累计量的增长速度。各缔约方,特别是处于工业化和城镇化进程中的发展中国家,在其经济高速发展持续推高温室气体排放总量时,应当通过加强自身适应能力建设来抵消生态系统不能自动适应气候变化的负面影响。因此,适应气候变化也是与控制温室气体排放并行的制度目标。

其次,《联合国气候变化框架公约》载明的应对气候变化所有法律文书所应遵守的原则,应当成为各缔约方相应法律和政策的基本立足点。从文本来看,《联合国气候变化框架公约》确立了五项原则。其一,"共同但有区别的责任"原则,即发达国家应当率先承担量化的减排义务,而发展中国家应对气候变化的行动应以保证经济发展消除贫困为前提。正如《全国人民代表大会常务委员会关于积极应对气候变化的决议》中提及的,气候变化是环境问题,但归根结底是发展问题。其二,考虑发展中国家的具体需要和国情原则。该原则实质上强调法律和政策的制定不应脱离各国的社会、经济、环境、资源等具体情况。孟德斯鸠很早就论述过法律与地理因素的关系。② 因此,对我国国内法相应制度构建而言,该原则要求法律规则的制定应当考虑我国不同地域之间在经济、社会、环境资源等方面的差异,考虑我国城镇化所处的具体阶段、经济发展的当前水平等,在保证政策目的统一性的同时,赋予地方更多的自主权。其三,预防为主原则,即各缔约方应当采取预防措施,预测、防止或尽量减少引起气候变化的原因行为,并缓解其不利影响,特别是当存在严重的或者不可逆转的损害或者威

---

① United Nations, United Nations Framework Convention on Climate Change, Article 2.
② 孟德斯鸠在其《论法的精神》一书中曾论及法律与气候类型的关系。他认为:气候条件对法律有重要影响,人的精神气质和内心的感情与气候有关;国家所处的地理位置、地理格局和土壤条件对法律制度有重要影响;人们的生产方式对法律有重要影响;自然地理环境不同而导致的民族精神的差异,也对法律有着举足轻重的影响,适合民族精神的法律,才是好的法律。

胁时,不应以科学上的不确定为由拒绝或者延缓相应措施的执行。① 基于该原则,即便是不承担强制性量化减排义务的发展中国家,也应当采取必要的减缓措施。其四,尊重各国的可持续发展权原则。根据《联合国气候变化框架公约》的阐释,各缔约方的政策和措施除应结合其具体国情外,应当同时结合其经济发展计划。② 其五,国际合作原则。③ 温室气体的扩散特性以及气候变暖的广泛效应,决定了应对气候变化的政策与行动"天生"的全球化特质。政策与行动的有效性很大程度上将取决于有利的和开放的国际经济体系的维护与深化。正如《联合国气候变化框架公约》所强调的,应对气候变化的法律行动,即使是单方的,也不应当对国际贸易构成任意或不当的歧视以及隐蔽的限制。

最后,《联合国气候变化框架公约》所体现的义务应当被各缔约方以具体的法律、政策和措施予以执行。该等义务的实施也确立了各国应对气候变化法律制度和政策行动的基本框架。④ 根据《联合国气候变化框架公约》第4条第1款、第5条和第6条等内容,包括不承担强制性量化减排义务的发展中国家在内的所有缔约方应当承担的义务可以概括如下:按可比方法编制、更新、公布并向缔约方会议报告温室气体排放清单;制定、执行、公布并更新国家和区域减缓和适应气候变化的计划;在相关产业部门发展、应用并传播可用以控制、减少或者防止温室气体人为排放的技术和实施过程;维护和加强所有温室气体的汇和库,例如生物质、森林和海洋等生态系统;将气候变化因素纳入本国社会、经济和环境政策及行动,采取例如影响评估等适当程序或者方法,尽量减少其减缓或者适应措施等对经济、公共健康和环境质量产生的不利影响;在应对气候变化不利影响的各项准备工作中应开展广泛合作,应当制订综合性计划以恢复和保护沿海地区、水资源、农业以及易受干旱和洪水影响的地区;应当着力促进并合作开展关于气候变化的科学、技术、工艺、社会经济和其他研究、系统观测及数据档案开发,以增进对气候变化的起因、影响、规模和发生时间以及各种应对战略所带来的经济和社会后果的认识,并减少或消除在这些方面尚存的不确定性;应当着力促进并合作开展关于气候变化和气候系统以及相关各种

---

① See United Nations, United Nations Framework Convention on Climate Change, hereinafter as "UNFCCC" Article 3. 3.

② See United Nations, UNFCCC, Article 4.

③ See United Nations, UNFCCC, Article 5.

④ See United Nations, UNFCCC, Article 2-10. 第4条第2款是对附件一所列发达国家承诺的特殊规定,主要规定了发达国家减缓气候变化、提供信息并经技术评议、可获取最佳科学知识的采用等义务。随后的第3款至第10款也是关于发达国家的承诺。

应对战略经济与社会后果的科学、技术、工艺、社会经济和法律方面有关信息的充分、公开和及时的交流;应当促进并合作开展与气候变化有关的教育、培训和提高公众意识的工作,并鼓励公众的广泛参与;应当向缔约方会议进行信息通报。①

总之,作为全球第一个控制温室气体排放的国际公约,《联合国气候变化框架公约》标志着国际社会对气候变化这一系统性问题进行全球治理的开端。但是,缺乏履约机制和强制性法律义务的天然缺陷也使《联合国气候变化框架公约》相比生物多样性保护、臭氧层空洞问题等相关的国际环境公约"软"了一些。这一问题在《京都议定书》通过之后有所改观。

《京都议定书》的谈判始于《联合国气候变化框架公约》于 1995 年在柏林召开的第一次缔约方会议(COP1)。第一次缔约方会议通过《柏林授权书》,成立了起草《联合国气候变化框架公约》下议定书的"柏林授权特设小组",以期望能够在 1997 年之前签订规定发达国家温室气体减排义务的法律议定书。1996 年在瑞士日内瓦召开的第二次缔约方会议(COP2)通过了《日内瓦宣言》,宣布支持 IPCC 第二次评估报告(AR Ⅱ)的科学发现和结论,要求制定具有法律约束力的减排目标,并对《联合国气候变化框架公约》附件一(以下简称《公约》附件一)的发达国家科以每年进行国家温室气体排放清单报告的义务。在 1993 年于日本京都召开的第三次缔约方会议(COP3)上,各方经过激烈的争论达成了《京都议定书》,作为《联合国气候变化框架公约》下温室气体减排义务的具体实施规则,从而使气候变化治理的国际法之治初步形成。《京都议定书》并非自动生效,而是要求应在不少于 55 个《联合国气候变化框架公约》缔约方,包括其合计的二氧化碳排放量至少占《公约》附件一所列缔约方 1990 年二氧化碳排放总量的 55%的《公约》附件一所列缔约方已经交付其批准、接受、核准或加入的文书之日后第 90 天起生效。围绕《京都议定书》生效的谈判构成了新千年伊始气候政治的核心内容。2000 年 11 月在海牙召开的第六次缔约方会议(COP6)未能解决工业化国家和非工业化国家之间在资金援助和技术转让上的分歧,也未能就第四次缔约方会议(COP4)的"布宜诺斯艾利斯行动计划"达成圆满结果。2001 年在德国伯恩召开的第六次缔约方会议(COP6)的续会继续就《京都议定书》中发达国家的减排义务问题和"布宜诺斯艾利斯行动计划"进行协商。虽然美国政府宣布退出《京都议定书》,这使国际社会对《京都议定书》的通过心灰意冷,但是伯恩会议在各

---

① See United Nations, UNFCCC, Article 4. 1, 5 and 6.

方争执的问题上取得了突破性的进展,通过了"布宜诺斯艾利斯行动计划"核心文件。①

《伯恩协议》在四个核心议题上取得了重要共识和成果:第一,有关土地、土地利用变化和森林。林地生产过程中因光合作用而吸收二氧化碳,这一过程被称为"碳汇"。但是在当时的科学研究上,树木是否能够有效地吸收空气中的二氧化碳,仍存在不确定性;甚至随着温度的增加,树木本身还有可能排放二氧化碳。但是,经过激烈博弈,欧盟最终同意将"碳汇"纳入削减温室气体的解决方案,并放宽了使用上限。这客观上使加拿大、日本、俄罗斯等森林资源丰富的工业化国家获得了利益——森林所产生的碳减排量不仅可以冲抵本国的减排义务,还可以通过合作履行机制或国际排放贸易机制销售给其他缔约方。第二,有关《京都议定书》的灵活履约机制。欧盟一向主张各国减排义务的履行不应过于依赖合作履行机制等灵活履约机制,应当为减排单位(ERU)和被分配可排放数量(AAU)等碳减排信用的使用设定上限。比如,在1999年于伯恩召开的第五次缔约方会议(COP5)上,欧盟即提出一种计算公式来限定《京都议定书》灵活履约机制的使用。效果相当于把《公约》附件一缔约方使用合作履行机制、国际排放贸易机制和清洁发展机制来完成本国减排目标的碳信用额度限制在本国总减排指标的50%左右。澳大利亚等伞形国家集团反对设立上限,认为这样将会增加其减排成本;俄罗斯和乌克兰等国则担心上限的设置会缩小国际碳排放信用交易市场的规模,影响其获利;发展中国家也持反对立场,认为上限的设置将会对发达国家资金和技术的流入产生负面影响。经过激烈的博弈,《伯恩协议》取消了《公约》附件一缔约方使用《京都议定书》灵活履行机制完成本国减排指标的上限,但是规定出售减排信用的国家每年被允许转让的碳排放信用不得超出其每年被允许排放温室气体总量的10%。此外,协议还禁止《公约》附件一缔约方在合作履行机制和清洁发展机制中使用核能项目所产生的碳信用作为履约手段;在有关森林的碳汇议题上,发展中国家依据清洁发展机制所获得的核证减排量(CER)仅能基于造林和再造林项目取得。为避免"搭便车"行为,协议规定只有遵守《京都议定书》各项规定的缔约方才可以基于《京都议定书》下的机制完成履约义务。第三,在资金机制上,伯恩会议还决定设立特别气候变化基金、最不发达国家基金和适应基金,以资助发展中国家应对气候

---

① 参见杜志华、杜群:《气候变化的国际法发展:从温室效应理论到〈联合国气候变化框架公约〉》,载《现代法学》2002年第5期。

变化的能力建设。① 第四,在履约机制上,伯恩会议对于预期减排的制裁
措施并未达成有效共识;欧盟提议的警告、公布不遵约行为、增加下一承诺
期的减排责任、剥夺《京都议定书》机制的使用资格、停止享有权利或特
权、罚款并成立遵约基金等措施,也没有成为实际的规则。在美国退出《京
都议定书》的背景下,强硬的遵约责任可能会破坏达成协议的政治基础。
日本在谈判中以遵约责任会侵害主权为由一直予以反对。缔约方对于这
一问题只能待《京都议定书》生效后的缔约方会议予以解决。

在 IPCC 发布其第三次评估报告(ARⅢ)再次肯定人为温室气体排放
是导致全球变暖的主要原因的论断下,②各缔约方在 2001 年 10 月于摩洛
哥马拉喀什召开的《联合国气候变化框架公约》第七次缔约方会议
(COP7)上终于扫除了《京都议定书》生效的障碍(在美国已确定不接受任
何对其科以强制性减排义务的国际协定的背景下)。当然,美国的退出增
加了加拿大、澳大利亚、日本和俄罗斯等国在气候谈判中的权重。希望达
成共识以使《京都议定书》生效的各方,包括欧盟和发展中国家,在谈判中
只能以妥协换取协议的达成。《马拉喀什协定》在灵活机制、碳汇、资金和
遵约等议题上对《京都议定书》相关内容进行了细化和扩展。③ 第一,在
《京都议定书》灵活履约机制上,该协定允许不同灵活机制下产生的碳排
放信用互相替换,即 ERU、AAU 和核证减排量等可以平等地在国际碳金融
市场予以交换。这客观上有利于发展中国家,因为其通过清洁发展机制所
获得的核证减排量相对于 ERU 和 AAU 在成本上更具优势。允许碳信用
的平等互换,客观上增加了国际碳排放交易市场的容量和流动性;但是,将
核证减排量等同于 ERU 和 AAU 也淡化了发达国家对于发展中国家应尽
的资金和技术转让的义务。《马拉喀什协定》还创设了新的"移除单位"
(RMU),用以限制《公约》附件一缔约方通过合作履行机制取得的碳汇信
用仅能用于当期排放目标的达成。当然如果缔约方因本国低碳发展而超
额完成《京都议定书》下的减排目标,其剩余的排放额度可以储存至下一

---

① 参见杨兴:《〈气候变化框架公约〉与国际法的发展:历史回顾、重新审视与评述》,载吕忠梅、
　徐祥民主编:《环境资源法论丛》第 5 卷,法律出版社 2005 年版。

② See IPCC, 2001: *Climate Change* 2001: *Mitigation. Contribution of working group III to the third
　assessment report of the Intergovernmental Panel on Climatic Change*（*IPCC*）, Cambridge
　University Press, 2001, p. 398; IPCC, *Climate Change* 2007: *Mitigation. Contribution of
　Working Group* Ⅲ *to the Fourth Assessment Report of the Intergovernmental Panel on Climate
　Change*, Cambridge University Press, 2007.

③ 参见佚名:《〈公约〉第七次缔约方会议(COP7)与〈马拉喀什协定〉》,载《中国投资》2011 年第
　9 期。

期使用。对于发展中国家而言,该协定允许发展中国家实施单边的清洁发展机制项目,即无须与发达国家合作就可以自行设计和开发清洁发展机制。在满足一定的程序条件后(协定授权清洁发展机制执行理事会审批项目碳排放基准的计算方法、监督计划和项目边界,审查项目的资质,负责清洁发展机制项目的登记和审核),①这些自主进行的清洁发展机制项目产生的核证减排量也可以向国际排放市场出售。在发达国家与发展中国家合作开展的清洁发展机制上,协定接受了发展中国家要求清洁发展机制资金必须额外于已有官方开发援助项目资金的要求。这意味着,清洁发展机制所要求的发达国家的资金来源必须是新增的资金,而非原有援助资金的"改头换面"。第二,在碳汇上,该协定修改了伯恩会议的森林碳汇管理制度,放宽对俄罗斯森林管理可产生碳汇的上限比例。但是,COP7 的决定要求《公约》附件一缔约方必须报告本国的碳汇活动,才可以获得参与国际排放贸易机制或其他机制的资格,并要求在碳汇行动中必须保护生物多样性。第三,在资金机制上,《马拉喀什协定》除邀请《公约》附件二所列国家和有能力的其他《公约》附件一缔约方对伯恩会议所建立的三个气候基金捐款之外,还决定将清洁发展机制项目收益的 2% 提取用于适应基金的主要来源。但是在遵约机制是否有法律拘束力上,日本等伞形国家集团和发展中国家的矛盾仍未解决。该议题再次搁置,从而成为气候全球治理难以解决的"痼疾"。

2002 年联合国可持续发展世界首脑会议(WSSD)的召开为气候变化等环境议题的进展创造了较为良好的国家政治氛围。欧盟和日本等 126个国家、地区和组织在会议召开之前批准了《京都议定书》,满足了其生效的第一个条件,即议定书应至少得到 55 个缔约方的批准、接受或者加入。2002 年 12 月,加拿大出于国内政治需要批准《京都议定书》后,为避免自1997 年以来国际社会在气候全球治理上谈判成果付诸东流,欧盟和日本等国家、地区和组织均承诺大量购买俄罗斯因经济下滑而导致的碳排放余额(当时被称为"热空气"),欧盟还承诺将放宽俄罗斯加入世界贸易组织(WTO)谈判的条件。最终,俄罗斯权衡利弊后宣布在 2004 年 10 月 22 日批准《京都议定书》,使《京都议定书》在 2005 年年初生效并成为气候全球治理中的重要国际法规则。

《京都议定书》作为落实《联合国气候变化框架公约》缔约方减排义务

---

① 参见颜士鹏:《应对气候变化森林碳汇国际法律机制的演进及其发展趋势》,载《法学评论》2011 年第 4 期。

的协定,是气候全球治理的标志性文件。从气候全球治理的历史进程上来看,《京都议定书》以条约形式保障了《联合国气候变化框架公约》的基本原则和框架的延续性,并具体规定了《公约》附件一缔约方中发达国家的强制性减排义务和实施机制,推进了全球范围内气候治理的国际法之治。《京都议定书》至少在以下几个方面奠定了目前气候全球治理的基本秩序:第一,根据国家的历史责任、经济发展水平和减排潜力,贯彻共同但有区别的责任原则(CDRP),只规定《公约》附件一缔约方中发达国家成员的量化减排义务,而对发展中国家的减排不设强制性要求。这构成当前气候全球治理中基本的气候伦理观,亦称气候正义原则。同样是基于发达国家的历史责任,《京都议定书》要求发达国家向发展中国家提供资金和转让技术。在减排义务分配、资金和技术转移上,共同但有区别的责任原则成为发展中国家的基本立场,也是国家利益冲突最为激烈的复杂的问题。在围绕《京都议定书》第二承诺期和新的法律议定书的谈判中,围绕共同但有区别的责任原则下发展中国家是否也应当承担减排义务,国际社会进行了长达10年的又一轮谈判。第二,在成本效益原则下,《京都议定书》为各国以较低成本实现本国碳减排义务的履行,创设了合作履行机制、国际排放贸易机制和清洁发展机制等灵活履行机制,将国际减排合作与市场机制结合在一起,实现了全球气候治理这一“国际公共物品”中制度安排下的市场联结,有效地降低了减排成本,扩大了合作基础。排放贸易在欧盟成员国、中国、澳大利亚、日本、美国部分州等国家和地区的开展,也表明这一制度本身的有效性。此外,排放贸易还实现了对企业低碳投资和生产的激励效应,有效地促进了私益主体,特别是作为国际经济重要主体的跨国公司对于全球治理的参与。第三,《京都议定书》体现了国际政治新格局中美国影响的弱化。“二战”以后围绕环境、人权、社会发展和经济权利的国际政治经济新秩序,事实上是在美国主导下形成的,因此才会有对美国法律全球化的批评。在《京都议定书》签订并得以生效的过程中,美国布什政府对于前任的改弦易辙虽然一度给气候全球治理的国际法制定造成噩梦般的影响,但是最终《京都议定书》得以生效并成为有效的国际法的事实,反映出新兴和发展中国家集团在国际政治中的话语权日益重要以及发达国家内部在有关议题上的利益冲突。

然而,《京都议定书》本身的制度机制缺陷,为其第二承诺期谈判达成的进程缓慢和新的替代其的全球气候协定的提议并最终达成埋下了伏笔。其缺陷主要体现在以下几个方面:第一,科学的不确定性削弱了《京都议定书》谈判期间的政治意愿。在IPCC未对太阳辐射、水蒸气导致的云层变化和气溶胶等因素对于全球变暖的影响进行科学评估,没有回答温室气体在大气中的含量可导致的影响从量变到质变的具体阈值水平,没有阐释自然界中碳循环相应机制的条件下,气候全球治理难以确定可允许碳排放量是多少的结论,即难以在较为明确的碳预算框架下进行可行的、公平的减排责任分配。没有可靠的被广泛接受和认可的定量和定性分析,缺乏科学性的任何政治决策都有可能因此被各缔约方理直气壮地拒绝。被普遍接受的气候正义和国际气候法治必须有科学的事实基础。第二,减排目标设定中的基准确立和有关碳汇议题上的妥协,削弱了《京都议定书》对于全球气候治理的有效性,也加剧了发达国家之间责任分配的不公平。把森林管理和土地利用变化所导致的碳汇纳入《京都议定书》减排义务履行中,一方面使该议定书的可操作性趋于复杂;另一方面也使《京都议定书》设定的5.2%的减排目标所真正实现的温室气体排放削减实绩,远远不足以实现《联合国气候变化框架公约》规定的"将大气中的温室气体浓度稳定在防止气候系统受到危险的人为干扰的水平上"的基本目标。据世界自然基金会(WWF)的估算,由于欧盟在谈判中对俄罗斯和乌克兰等国在森林碳汇议题上的让步,《京都议定书》效力已经被降低。据统计,到2010年发达国家的温室气体排放量,即便是在美国加入《京都议定书》的情况下,也将会比1990年的排放水平高0.3%。造成这一后果的另外一个重要原因是选择1990年的排放水平作为减排目标设定的基准。1990年前后的苏东剧变,导致波兰等东欧一些国家的经济迅速萎缩、工业生产大幅下降;该年度的排放水平作为基线设定,使这些国家无须付诸努力即可实现《京都议定书》中的减排义务。压力即转移给日本、欧盟等。以日本为例,日本由于能源的高度对外依赖,自"二战"以后就很重视工业生产中节能技术和先进工艺的采用,到1990年时其单位产值的温室气体排放已经处于较低水平,其履行《京都议定书》中应承担的减排义务的边际成本明显高于其他国家。这削弱了其参与并履行《京都议定书》的政治意愿,也使日本在谈判中一直以主权不受干涉为由坚决反对遵约机制的法律约束力。第三,《京都议定书》并没有形成对气候全球治理的普遍适用性。美国作为排放大国长期游离于体制之外;《京都议定书》基于对共同但有区别的责任原则的遵守也没有规定发展中国家的量化减排目标。美国的不参与影响了治理的实效性;发展中国家的不承诺也提供了美国拒绝参与的口实。从历史动态发展的过程来看,中国、印度、巴西、南非等发展中国家的经济快速增长已经导致了其国家温室气体排放在全球大气中的存量增加。如果《京都议定书》不能对气候变化格局的这一变动进行反映,势必会使气候全球治理的目标落空。像印度这样的一向对采取减排行动持消极立场的经济发展快速增长的人口超级大国,肆无忌惮地排放温室气体,增加了达成国际合作的难度。第四,资金、技术和遵约机制上有关规则法律约束力的缺乏,使《京都议定书》规定的发达国家对发展中国家的资金和技术援助义务成为泡影,形同虚设。

2.《巴黎协定》:国际气候治理的范式转移

《京都议定书》事实上确定了国际气候变化法律制度有关减排义务的"双轨制",并为后京都时代国际气候谈判上的"双轨制"奠定了基本框架。义务的"双轨制"指的是,签署协定的《公约》附件一所列发达国家应当履行《京都议定书》中第一承诺期(2008~2012年)的具体减排义务(在1990年基础上温室气体至少减排5.2%),并在2012年后承诺更大幅度的量化减排指标;发展中国家和未签署《京都议定书》的发达国家,应当履行《联合国气候变化框架公约》中的一般承诺。谈判的"双轨制"则是指自蒙特利尔会议(COP11)[①]和巴厘岛会议(COP13)后所采用的气候谈判中存在的特别机制:由《公约》附件一中发达国家和向市场经济过渡的国家组成一个特别工作组,就其《京都议定书》中第二承诺期的减排承诺进行谈判;而发展中国家和签署《京都议定书》的发达国家组成对话协调机制(长期合作行动问题特设工作组),以达成共识,便于新一轮气候谈判能够尽快达成约束全部缔约方的统一成果。

自蒙特利尔会议开始《京都议定书》第二承诺期的谈判伊始,中国等发展中国家就始终坚持"双轨制",强调新的承诺不应超出《联合国气候变化框架公约》和《京都议定书》的基本框架,发展中国家不应承担量化的强制减排义务,而是应从本国经济发展阶段出发,在共同但有区别的责任原则下采取促进可持续发展的应对和适应措施。这一立场被2007年"巴厘岛路线图"所认可。发达国家缔约方要履行可测量、可报告和可核实的减排责任,对发展中国家减缓和适应气候变化的行动也要以同样的方式提供

---

① 2005年12月在加拿大蒙特利尔举行,为《联合国气候变化框架公约》第十一次缔约方会议、《京都议定书》第一次缔约方会议。会议成果显著:启动了《京都议定书》第二承诺期的谈判,成立遵约委员会,确定在《联合国气候变化框架公约》基础上进行发展中国家与发达国家的对话,改革清洁发展机制并正式启动联合履行机制等。参见苏伟、赵军:《蒙特利尔气候变化会议成果显著》,载《气候变化研究进展》2006年第1期。更详细的资料可参见UNFCCC官方网站关于蒙特利尔会议的决定,http://unfccc.int/meetings/montreal_nov_2005/session/6260/php/view/decisions.php。

技术、资金和能力建设方面的支持。① 2009 年的《哥本哈根协定》原则上继承了"巴厘岛路线图"的"双轨制"立场，要求《公约》附件一中的发达国家缔约方，单独或者联合实现量化的 2020 年排放目标；同时发达国家在对发展中国家的资金支持义务上，承诺了十分具体的资金数额（2020 年前每年 1000 亿美元）。然而，需要注意的是，在发达国家的压力下，发展中国家可持续发展背景下的减排措施也开始有了"相对明确"的目标约束。比如，我国承诺到 2020 年在 2005 年基础上降低碳排放强度达 40%～45%。这一承诺虽然是不以碳排放总量的减少为直接目的约束，但也对经济发展的环境和资源产生了实质性约束。

在 2011 年的德班气候大会上，以欧盟为代表的发达经济体，更是提出 2012 年后（《京都议定书》第二承诺期）的温室气体减排协议应当覆盖世界主要经济体。这实质上是要求中国、印度等发展中国家放弃其一直所坚持的共同但有区别的责任原则，共同承担与发达国家可比的量化强制性减排承诺，从而颠覆巴厘岛会议以来一直遵循的"双轨制"制度框架。会议最终通过的"德班一揽子决定"在形式上坚持了巴厘岛—哥本哈根以来一脉相承的双轨谈判机制和共同但有区别的责任原则，并决定《京都议定书》第二承诺期自 2013 年生效。该一揽子决定还决定启动"绿色气候基金"②，并建立"德班平台"③作为缔约方会议的附属机构，负责拟定《联合国气候变化框架公约》项下对所有缔约方适用的议定书、另一法律文书或者某种具有法律拘束力的议定成果。由于发达国家在减排和资金等义务方面的政治意愿不足，德班会议并未完成"巴厘岛路线图"所确定的谈判议程，即在 2009 年前就应对气候变化问题举行谈判，达成一份新协议，并使之在《京都议定书》第一期承诺到期（2012 年）后生效。

---

① 关于巴厘岛会议的成果文件，中文文本可见 http://unfccc. int/resource/docs/2007/cop13/chi/06a01c. pdf. 巴厘岛会议的召开在联合国政府间气候变化专门委员会披露其第四次评估报告之后，因此其重要的任务就是强化《联合国气候变化框架公约》的执行，并开始启动一个长期的谈判进程以解决《京都议定书》履行期内以及履行期结束后对于国际减排秩序迫切需求的问题。其行动计划第 2 条就是设立"长期合作行动问题特设工作组"，就该长期行动形成工作成果并在 2009 年完成，以提交缔约方第 15 次会议通过。

② UNFCCC, Report of the Conference of the Parties on its seventeenth session, "Launching the Green Climate Fund" (3/CP. 17), FCCC/CP/2011/9/Add. 1

③ UNFCCC, Report of the Conference of the Parties on its seventeenth session, "Establishment of an Ad Hoc Working Group on the Durban Platform for Enhanced Action" (1/CP. 17). 该特设工作组应争取尽早但不迟于 2015 年完成工作，以便在缔约方会议第二十一届会议上通过以上所指议定书、另一法律文书或某种有法律约束力的议定结果，并使之从 2020 年开始生效和付诸执行。

发达国家淡化其历史责任和共同但有区别的责任原则的倾向,在多哈气候大会(2012)上更为明显。中国等发展中国家所一直坚持的减排义务上的"双轨制"在执行效果上已被削弱。首先,加拿大、俄罗斯和日本明确表示不参加《京都议定书》第二承诺期。其次,愿意做出具体承诺的欧盟,其确定的到 2020 年减排目标是在 1990 年基础上降低 20%,而当时实现的减排成果已经达到 18%;与之相似的还有澳大利亚,其做出的有拘束力的具体承诺与 1990 年的水平相差无几。发达国家和地区即使有提高承诺的表示,也附有条件。比如欧盟提出,其 30% 的减排承诺是以其他发达国家履行同等的承诺和发展中国家根据其责任和能力做出适当贡献为前提条件的,①即在共同但有区别的责任原则之外,对发展中国家科以"各自能力原则"的要求。但是,无论如何,会议通过的《多哈修正案》还是在法律上确定了《京都议定书》第二承诺期,坚持了共同但有区别的责任原则和以《联合国气候变化框架公约》和《京都议定书》为基础的国际气候变化法律制度基本框架。

鉴于缔约方关于 2020 年的减排承诺与实现将全球平均温升控制在工业化前水平之上 1.5~2 摄氏度之内的整体排放路径存在显著差距,2013年的华沙气候大会最终确定将在 2015 年 12 月通过一个适用于所有缔约方的议定书、其他法律文书或者具有法律效力的议定成果,并在 2020 年使之生效实施。② 这就是《巴黎协定》。

新的谈判的动议事实上已经谱好了《京都议定书》机制退出的序曲。但是新的协定从签订到生效的期间,仍需要《京都议定书》作为规范国际减排的基本规则,即维持效力。这就是关于《京都议定书》第二期的谈判。在 2007 年,各缔约方在巴厘岛启动了讨论减缓、适应、技术、资金等 4 个议题的新谈判议程。此次会议还提出,继续谈判批准《京都议定书》的发达国家在 2012 年之后的减排指标。这两项任务都应当在 2009 年完成。此次会议通过的"巴厘岛路线图"要求《公约》附件一所列的发达国家继续承担量化的、有雄心的、具有法律约束力的减排义务,而《公约》附件一中所列《京都议定书》非缔约方发达国家应承担可测量、可报告和可核实的量化减排义务,并且发达国家之间的减排义务应具有"可比性"。发展中国家在技术、资金和能力建设上得到可测量、可报告和可核实的支持的前提

---

① See *Doha amendment to the Kyoto Protocol* or *Amendment to the Kyoto Protocol pursuant to its Article* 3, paragraph 9 (1/CMP.8), FCCC/KP/CMP/2012/13/Add.1.

② See *Warsaw Outcomes*, http://unfccc.int/key_steps/warsaw_outcomes/items/8006.php, last visited on Feb.6, 2024.

下,可以在可持续发展的框架下采取可测量、可报告和可核实的适当国内减排行动。① 上述可测量、可报告和可核实在巴厘岛会议上对发达国家和发展中国家而言是对等的。COP13 因将美国重新纳入旨在形成新的应对气候变化的谈判进程中,而被认为是气候全球治理的一次重大转折,使国际社会再次进入一个可能带来全球协议的谈判区间。

被赋予厚望的 2009 年哥本哈根世界气候大会,未能完成"巴厘岛路线图"所设定的谈判任务,被各方定义为一次失败的会议,甚至是"多边主义的灾难"。② 但是,客观来看,哥本哈根会议并不完全是失败的,其成果推动气候谈判向正确的方向迈出了第一步。第一,在长期的目标上,会议上所形成的不具有约束力的《哥本哈根协定》第一次涉及了气候全球治理的量化长期目标,即将全球气温增幅控制在 2 摄氏度以内。这一目标尽可能将发达国家和发展中国家都纳入气候变化的国际合作中,并且为反映小岛国的关切,气温增幅不超过 1.5 摄氏度也被该协议所提及。该目标后来即成为《巴黎协定》的基本目标。第二,在减缓气候变化上,《哥本哈根协议》并没有载明《公约》附件一缔约方的强制减排承诺,而是要求各缔约方提交各自 2020 年的预期目标、行动和政策。这隐含着"自下而上"减排的政策路径,显然有别于《京都议定书》自上而下的义务设定模式。第三,发展中国家透明度。协议要求所有的非《公约》附件一缔约方的国内适当减缓气候变化行动都必须提交《联合国气候变化框架公约》秘书处予以汇编。行动执行的情况和国家排放清单应每两年通过国家信息通报予以报告。

哥本哈根之后的坎昆会议并没有实现对《京都议定书》机制的超越;③

---

① 发达国家和发展中国家的提法在巴厘岛会议中首次出现在《联合国气候变化框架公约》谈判的案文中。这一分类方法延续到之后的公约文件中,包括《巴黎协定》。对于何谓"发展中""发达",事实上概念边界并不清晰。这导致在 IPCC 撰写其第五次评估报告时,国家分类的问题成为争论最为激烈的交叉性问题。参见朱松丽、高翔:《从哥本哈根到巴黎:国际气候谈判制度的变迁和发展》,清华大学出版社 2017 年版,第 25 页。

② 参见朱松丽、高翔:《从哥本哈根到巴黎:国际气候谈判制度的变迁和发展》,清华大学出版社 2017 年版,第 26~28 页;See also Rogelj J. et al. , *Copenhagen Accord pledges are paltry*, 464 Nature 1126(2010); UNEP, *The Emissions Gap Report: Are the Copenhagen Accord Pledges Sufficient to Limit Global Warming to* 2℃ *or* 1.5℃?, UNEP, 2010.

③ 2010 年 11 月 29 日至 12 月 10 日召开的坎昆气候大会,最重要的成果是将哥本哈根协议的主要内容纳入《联合国气候变化框架公约》的体系,并继续推动国际减排合作机制向"减缓保证"或"行动+定期审评"的趋势迈进。《坎昆协议》最大的成果在于稳固了国际社会因金融危机和哥本哈根会议的失败而对联合国多变谈判机制的信心。此协议是当时所能达成的对国际社会最为有利的、各方均能接受的成果;但是,实质性的分歧并未消除。参见陈俊荣:《专家谈"气候变化、国际气候谈判与坎昆会议"》,载《欧洲研究》2010 年第 6 期;郑爽:《气候变化坎昆会议成果及分析》,载《中国能源》2011 年第 2 期;解振华:《坎昆协议是气候变化谈判的积极助推力》,载《低碳世界》2011 年第 1 期。

2011 年气候大会所形成的"德班平台"才是推动国际气候机制走进后京都时代的关键。① 在《联合国气候变化框架公约》第十七次缔约方会议（COP17）上，回应了新西兰、澳大利亚、欧洲等对于《京都议定书》承诺期的观点，②特别是发达国家以新的授权和新的环境协定取代《京都议定书》的普遍关切。第一，在减缓、适应、资金和技术等"巴厘岛路线图"一揽子目标上，COP17 要求发达国家进一步澄清减排目标，并分别就发达国家增强减排目标和发展中国家减缓行动透明度作出了细致的安排，通过了针对发达国家的"《联合国气候变化框架公约》发达国家缔约方双年报告指南"和"国际评估和审评的形式和程序"，以及适用于发展中国家缔约方的"发展中国家两年更新报告的指南"和"国际磋商和分析的有关决定和指南"。COP17 组成了气候变化适应委员会，并决定尽快建立《联合国气候变化框架公约》资金机制常设委员会并对其功能定位和人员组成进行规定；在技术机制上，就气候技术中心和网络的工作规则达成一致，决定于 2012 年全面运行技术执行委员会、气候技术中心等。COP17 启动了绿色气候基金，批准了绿色气候基金的治理原则，对基金的治理模式和机制安排、资金来源、国家主导原则等问题予以规定。第二，在《京都议定书》第二承诺期上，COP17 通过了相关决定，确认欧盟 27 个成员方在内的 35 个发达缔约方将承担《京都议定书》第二承诺期的减排目标；但是加拿大、日本和俄罗斯则提出不参加。会议并没有通过《京都议定书》第二承诺期的修正案，而是要求参加的缔约方在 2012 年 5 月 1 日前提交其《京都议定书》第二承诺期的减排指标，由《京都议定书》工作组对其审议，以便 2012 年召开的多哈气候大会讨论通过相关修正案。第三，COP17 决定建立"德班平台"启动适用于所有缔约方的气候行动安排的进程，就 2020 年开始生效的减缓、适应、资金、技术开发和转让、行动和支持的透明度、能力建设等内容进行谈判。但是，会议并没有确定"德班平台"成果的法律形式。

总之，"德班平台"的建立反映出当时谈判格局的重大变化，也预示着

① See Decision 1/CP. 17: Establishment of an Ad Hoc Working Group on the Durban Platform for Enhanced Action.

② 比如，新西兰认为，在全球协议不能达成的情况下，《京都议定书》可以有第二承诺期，但是绝不应有第三承诺期。澳大利亚和挪威更为激进，认为可以设定 2012~2015 作为过渡期，之后所有缔约方即应承担具有法律约束力的减排目标。欧盟有条件地接受《京都议定书》的第二承诺期。条件之一是在《京都议定书》第二承诺期内，应当逐步形成新的有法律约束力的新协议；应当建立新的市场机制，保证《京都议定书》的完整——实质是输出欧盟碳交易机制。欧盟认为，最晚应在 2020 年完成"双规合一"，2012~2020 年作为建立和完善新全球气候协议的过渡期，2020 年后全球协议即应生效执行。

《联合国气候变化框架公约》和《京都议定书》下双轨制框架将在2020年结束，届时所有国家将在同一框架下承担减排义务。这显然是对2001年以来气候全球治理的基本范式的颠覆和超越。

在德班会议之后，多哈气候大会的最大成果应该就是《京都议定书》第二承诺期一揽子决定的达成，从而正式终结了"巴厘岛路线图"并开启了"德班平台"。会议确定了"德班平台"的下一步工作计划，重申"德班平台"的谈判目的是在第二十一次缔约方大会上通过一项适用于所有缔约方的议定书、其他形式法律文件或经同意具有法律效力的成果。在2013年，"德班平台"的谈判应当缩小承诺和全球目标的差异，探索和确定2020年前的一系列行动；2014年初步形成最终案文的草稿。自多哈会议之后，国际气候谈判即进入后京都议程，开始向新的国际气候制度推进。

多哈会议之后的华沙气候大会（2013）和利马气候大会（2014）均是在"德班平台"所进行的为在2015年达成新的气候协定的必要准备。华沙会议最重要的成果在于要求各国为2015年协议启动确定国家自主贡献预案（INDC）的工作安排，为巴黎会议前提交清晰透明的减缓计划做准备。此外，华沙会议还通过了"华沙减少毁林排放框架"一揽子决定。该一揽子决定在技术层面上包括国家森林监控体系、测量报告认证、参考水平等内容的相关指南；在资金安排上，大会同意在森林保护上提供基于结果的资金支持，同意以绿色气候基金为主，提供新的、额外的、充足的、可预见的多渠道资金来源。华沙会议还初步建立了"华沙损失和危害国际机制"进程，以加强应对气候变化对于发展中国家的影响。在发展中国家关注的长期资金上，华沙会议的决定并没有形成任何的数据和路线图，只是泛泛地要求发达国家每两年提供一次最新策略和方法，以继续动员和扩大2014～2020年的气候融资。

围绕2015年新协议，利马气候大会有如下成果或者问题：第一，肯定共同但有区别的责任原则对于该新协议的适用性。这一重大政治问题的解决关键的推动力来自《中美气候变化联合声明》。虽然利马成果重申了"德班平台"将在《联合国气候变化框架公约》之下并受公约原则指导，但是应当注意的是此时对于共同但有区别的责任原则的解读或者理解已不再从历史责任的角度，而是演变为对历史责任、各自能力和不同国情的综合认知。也就是说，2015年的新气候协议的基本原则中所反映的气候伦理的认知已经发生重要的变化。第二，INDC的范围和信息格式仍不确定，发展中国家的减排行动和发达国家的支持之间并不关联。在此之前，发展中国家一直坚持，INDC的范围不应以减缓为中心，而是应当涵盖适应、资金、技术和能力建设等诸多方面,并且应当将 INDC 中的减缓行动与发达国家的支持相联系,以反映发达国家在哥本哈根等会议中对于发展中国家的承诺。但是,发达国家认为,INDC 应以减缓为中心,其他机制应在新协议中通盘予以考虑,回避了对发展中国家减缓行动的支持问题。利马成果回避了发展中国家的核心诉求,而只是呼吁各缔约方在 INDC 提交的信息中考虑与适应有关的内容。第三,利马成果所确认的对于各国 INDC 的评估仅限于其综合报告部分,会议仅要求各国根据国情自行说明自己的 INDC 因何是公平的、有效的以及如何有益于《联合国气候变化框架公约》长期目标的实现。

以 2015 年 10 月伯恩会议上形成的 51 页案文作为巴黎气候大会的谈判起点,经过巴黎气候大会上"德班平台"的最后磋商、部长级磋商和最后的技术性修改,具有划时代意义的全球气候协议《巴黎协定》最终得以缔结。① 该协定已经成为衔接《京都议定书》第二承诺期之后气候全球治理的国际法基础。《巴黎协定》在内容上涵盖了减缓、适应、资金、技术、能力建设、透明度等议题,是 2020 年后缔约方如何落实和强化《联合国气候变化框架公约》实施的框架性规定。作为《联合国气候变化框架公约》下的协定,《巴黎协定》努力协调和平衡美国、欧盟成员国等发达国家和中国等发展中国家在协议形式上的核心冲突,最终采纳了发展中国家的要求,将新协议仍保留在《联合国气候变化框架公约》的框架下。但是,从《巴黎协定》条文的约束性上来看,更多的是使用"应当"(should)而非《京都议定书》下普遍使用的"应"(shall),以彰显规则下义务的可选性而非强制性。这似乎是一种退步。但是有学者认为,《巴黎协定》反映的是当前气候全球治理的现实。②

在模式上,《巴黎协定》也并非完全的"自下而上"的松散治理框架,而是一种混合的模式。在国家自主贡献机制上,体现的是哥本哈根会议以来自下而上的松散模式;但是,在透明度机制和遵约机制等规则上则又具有自上而下的约束性。比如,各缔约方都必须定期提交 NDC,按照透明度规则报告减缓行动进展和接受国际审评;但是国家可以自行根据国情决定应当采取的行动。这就导致在完成《联合国气候变化框架公约》长期目标最为关键的减缓行动上,《巴黎协定》的 NDC 机制相对《京都议定书》量化性

① See Hall J. E. , *Paris Agreement on Climate Change*:*A Diplomatic Triumph - How Can It Succeed?*, 10 New Global Studies 175(2016).

② See Bakker C. , *The Paris Agreement on Climate Change*:*Balancing " Legal Force" and " Geographical Scope"*, 25 Italian Yearbook of International Law 299 (2015).

的强制性减排目标设定,所产生的减排义务显然是弱化的。减排义务或者责任的弱化具有显著的激励参与的效应。在《巴黎协定》通过之时,已经有 189 个国家提交了 INDC。这预示着气候多边机制的回归。

在基本原则和长期目标上,《巴黎协定》在与《联合国气候变化框架公约》和《京都议定书》以来有关气候治理长期目标保持一致的基础上,也有一定的发展。首先,在原则上,《巴黎协定》依然遵循共同但有区别的责任原则,但是在对原则的解释上,增加了新的内容,即中美所支持的以"国情"作为"区别"责任的重要参考,延伸出责任承诺和行动的"各自能力原则"。其次,在长期目标上,《巴黎协定》仍然肯定了 2 摄氏度这一设定。但是,相比《联合国气候变化框架公约》,《巴黎协定》更进一步,其倡导各国努力将气温升幅限制在工业化前水平以上 1.5 摄氏度内。批评者认为,1.5 摄氏度的目标不仅给科学界提出了挑战,也可能把希望寄托在目前仍很渺茫的地球物理工程上。①

在碳排放峰值的问题上,《巴黎协定》并没有重述此前案文中含有具体时间节点的表述,比如"最晚 2020 年达到峰值,2050 年全球排放减半并持续下降",而是表述为"21 世纪下半叶人为温室气体排放的源与汇达到平衡"。对于什么是平衡,《巴黎协定》并没有给出确定性的阐述。这种模糊的表达可能带来的森林管理等碳汇在核算中的广泛认可,极有可能会弱化 NDC 真正的减排绩效。《巴黎协定》意识到 NDC 以及减排目标的模糊化所带来的负面影响,因此制定了所谓的"全球盘点"和"五年循环审评"制度,作为主要的遵约机制。

更为具体的透明度规则以及"全球盘点"和审评制度构成《巴黎协定》履约机制的主体。第一,各国都必须提出减排的国家自主贡献,并且缔约方连续提出的国家自主贡献必须比之前承诺的减排水平有所进步,即为未来国家自主贡献的碳减排承诺水平建立了"棘轮"机制。第二,各国在核算国家自主贡献的人为排放量或清除量时,必须按照《联合国气候变化框架公约》下所通过的指南,保障数据的完整性、透明性、精确性、完备性、可比性和一致性。这主要是指国家在核算其边界内的温室气体排放量时,必须按照通行的核算指南予以核算,即 IPCC 作为科学机构所制定的各项核算指南。第三,确立了评估《巴黎协定》履行情况的"全球盘点"制度。根据《巴黎协定》第 14 条,《联合国气候变化框架公约》缔约方会议应定期盘

---

① See Guiot J. & Cramer W., *Climate Change: The* 2015 *Paris Agreement Thresholds and Mediterranean Basin Ecosystems*, 354 Science 465 (2016).

点该协定的履行情况并评估实现协定宗旨和长期目标的集体进展情况。第四,拟成立专门的促进履行和遵守协定的委员会。虽然按照《巴黎协定》第15条,该委员的职能行使是非对抗性和非惩罚性的,但是其定期评议和报告的常态化监督机制,也会产生促使各缔约方履行其承诺的道德约束力。

为实现最为广泛的参与,《巴黎协定》努力做到对各方理由的关注和平衡。人权、代际公平、气候正义和健康权利等非传统气候概念被纳入前言之中,迎合的是拉美国家的要求;损失和危害被作为单独章节列出,是回应小岛国和最不发达国家集团的诉求,但是责任和赔偿问题被明确予以排除;建立了强化的透明度框架,但是为发展中国家保持了灵活的空间;资金筹措的范围被进一步扩大,新的融资目标可能要纳入新兴国家的出资义务,当然发达国家在当前应当承担支持义务(虽然其每年融资1000亿美元的承诺并未兑现)。

总之,作为继《联合国气候变化框架公约》和《京都议定书》之后的气候全球治理的第三个里程碑,《巴黎协定》建立了一个“自下而上”的设定行动目标与“自上而下”的核算、透明度、遵约规则相结合的体系。《巴黎协定》对《京都议定书》的替代反映出在当前国际政治格局的现实之下气候全球治理目标的变迁。在《京都议定书》之下,鉴于当时对于发达国家历史责任的关注,设定的依据历史责任来解释适用公约共同但有区别的责任原则的发达国家的量化的阶段性的温室气体减排目标,并未提出长期目标,也未对气候适应行动达成安排,发展中国家的量化目标也并未提及。至“巴厘岛路线图”时期,通过对长期合作行动共同愿景议题的谈判,形成了“与工业化前水平相比,全球平均气温上升幅度控制在2摄氏度内,并争取尽快实现全球温室气体排放峰值”的长期目标,以解决作为《京都议定书》非缔约方的发达国家(特别是美国)和发展中国家在《联合国气候变化框架公约》下共同行动目标的问题,落实了共同但有区别的责任原则中的“共同责任”。《巴黎协定》则在《联合国气候变化框架公约》和“巴厘岛路线图”的基础上,将减缓、适应、资金支持等列为应对气候变化全球合作目标,并提出将“2摄氏度”目标深化为“1.5摄氏度”,要努力将气温升幅控制在工业化前水平以上1.5摄氏度内,还明确要使得资金流动符合温室气体排放和气候适应型发展的路径。

三、研究的基本目标和内容框架

国际社会的气候治理已经进入后巴黎时代。以弱化的减排义务换取气候治理上的全球参与,是不是一笔好的交易,可能需要留待历史来评判。如果气候变化问题真的如科学界所发现的那样严峻,这种减排义务的弱化显然不能产生实现长期目标所需要的制度供给。

本书研究的就是在《巴黎协定》所提供的气候全球治理的新规范框架下能够推动该协定长期减排目标加快实现的国际减缓制度问题,特别是各国减缓气候变化的国内制度和政策如何实现有效国际合作的全球性制度安排。从减缓气候变化的国际合作实践来看,全球碳价格机制被视为主流的政策选项,特别是国际碳排放权交易制度。其以《京都议定书》下的清洁发展机制和国际排放贸易机制为基础,已经成为国际气候合作的主流政策选项。考虑到《巴黎协定》在第 6 条保留了通过市场合作推进国际碳减排合作的规则基础,构建全球性的国际碳交易制度或者实现碳交易的全球协同,从而构建全球碳市场可以成为实现全球减缓目标的一个重要政策选项。本书将系统地阐释这一政策选项的必然性和可行性,并提出碳交易全球协同构建的路径建议,进而基于中国碳交易的实践提出中国参与国际碳交易的具体因应之策。

除引论外,本书内容共有五章。第一章主要从理论的角度阐述国际气候制度存在的困境,即人类社会因何总是在应对气候变化问题上陷入集体行动的困境。基于对气候变化问题的经济学、政治学和伦理学阐释,国际气候制度呈现出明显的三元结构,并陷入有效性、可行性和公正性等三重困境,而国际碳价格制度是走出上述困境的主要政策选项。第二章是对国际碳交易制度的历史诠释,在阐明国际碳交易是全球碳价格机制现实选择的基础上,具体阐释国际碳交易制度的历史形态和现实形态,即《巴黎协定》所提供的规则基础上国际碳交易的具体模式,以说明以国际碳交易制度作为全球性减缓机制的必然性和理论可行性。第三章展望并提出了《巴黎协定》下碳交易全球协同和全球碳市场得以构建的路径建议。第四章通过对全球碳预算、碳排放核算制度和欧盟碳交易制度等的介绍,说明国际碳交易实现全球协同的技术基础和现实可行性。在以上论述的前提下,第五章提出了中国的因应之策。

第一章　国际气候制度的理论解释

气候变化本身是一个自然科学现象，气候变化的效应会导致社会问题，其应对需要通过政策选择改变当前人类社会的基本行为偏好。当代的气候变化问题主要是人类活动所引起的。应对和解决气候变化问题的过程，涉及构成人类社会的国家、组织和个人的公共选择和行为偏好的重塑，是典型的社会问题。因此，当代人类应对气候变化的关键不仅仅在于科学技术的革新，还需要对产生气候变化的社会原因和气候治理政策所涉及的诸多社会问题进行反思，以找到适应当代社会现实的有效治理机制。这一探究至少要回应两个基本问题：其一，对于真实存在的危及人类整体生存的全球变暖问题，人类社会应当采取何种有效的应对方案；其二，为何理想的有效方案难以转化为有效的国际制度，即有关气候全球治理的制度谈判因何难以在关于减缓义务或责任这一核心议题上达成国际合作。前者是气候经济学的主要研究内容；其主旨是考虑气候变化的风险，进行基于不同排放情景的预测性分析，提出人类社会应对气候变化的有效政策路径和制度建议。后者的问题实质是，主权国家的国际气候谈判因何总是陷于集体行动困境。这是国际政治学的研究对象；其目的是识别导致气候治理中集体行动困境的政治障碍和伦理困境，从而走出"有效方案不可行、可行方案不公平"的气候治理现状。

一、气候变化的经济学解读

对气候变化问题的准确定性是形成有效对策的前提。无论是将其视为环境问题、公地悲剧，抑或是发展问题，当代经济学都已经形成相对成熟的理论体系以提供分析框架和对策研究，特别是提供了不同行为模式下的预测分析范式。因此，社会科学领域有关气候变化的研究，以经济学的研究成果最为丰硕。基于经济学的研究所构建的政策框架，核心是对应对气候变化成本和收益的分配问题。这些政策建议能否转化成为具体的行动，受到国际政治权力结构的影响；分配的公平与否也会影响国际气候政治中各行为体对其的接受程度，并反过来影响政策的有效实施。因此，基于经济学的研究所形成的"理想"的政策建议必须获得国际政治上的认可并符合普遍的道德认同，才有可能成为现实的国际制度。

围绕气候变化的经济学研究主要探讨应对气候变化的可行性或者说人类向低碳经济方式转变的可行性。主流经济学界的研究主要集中于两个层面:第一,全经济规模上向低碳经济转型的分析;第二,低碳经济转型的推进或者构成机制本身的成本效益分析。气候变化经济学在探讨向低碳经济转型时的核心分析范式在于,结合经济建模进行不同排放情境下的成本效益分析:一方面对气候变化所导致的损害予以评估,从而强调采取应对政策的必要性;另一方面对政策实施所造成的社会成本和政策效应进行评估,阐明政策实施的可行性。除坚定的气候变化怀疑论者之外,主流经济学家对于采取措施应对气候变化的必要性已经达成共识,争议主要存在于气候变化和应对气候变化政策的成本效益在不同变量下的相异结果和基于此所建议的不同政策措施或者措施的不同选择上。

1. 国外气候经济学研究:以斯特恩和诺德豪斯为代表

《斯特恩报告》对气候变化经济学的主要问题进行了较为全面的分析。斯特恩在该报告以及之后的延续性研究中的主要贡献在于:第一,在对不同方法和模型进行讨论的基础上,提出之前的有关研究所使用的科学模型低估了气候变化的风险和成本。[1] 研究显示,即使是保守估计,全球温室气体排放在惯常模式(BAU)下也将会在21世纪末达到750ppm。这会导致全球粮食危机、淡水资源短缺、极端天气频发、城市毁灭等灾难性影响。斯特恩认为,气候变化影响的建模应当将生命损失、生活标准、气候变化引起的大规模迁徙和国际冲突等风险因素纳入考量。[2]

第二,在对经济模型中导致风险低估的假设予以修正的基础上,对气候变化重新进行损害评估。斯特恩认为,自诺德豪斯[3]和克莱恩[4]的开创性研究以来,经济学家所致力于的评估气候政策成本收益的综合评估模

---

[1] See Stern N., *The Structure of Economic Modeling of the Potential Impacts of Climate Change: Grafting Gross Underestimation of Risk onto Already Narrow Science Models*, 51 Journal of Economic Literature 838 (2013). 斯特恩认为之前的气候模型忽略的关键因素或者影响包括永冻层融化与甲烷的释放、陆基极地冰盖的崩溃、海底甲烷的释放和更广泛的生态系统和生物多样性之间的复杂相互作用;已有模型中涉及但是低估的风险因素包括海洋酸化及其反应、海洋温盐环流的崩溃、亚马孙和其他热带森林的毁减和复杂动力系统的潜在混乱和不稳定行为。

[2] See Stern N., *Ethics, Equity and the Economics of Climate Change*, 30 Economics & Philosophy 445 (2014).

[3] See Nordhaus W. D. & Boyer J., *Warming the World: Economic Models of Global Warming*, 54 Journal of Range Management 312 (2001).

[4] See Cline W. R., *Economics of Global Warming*, Peterson Institute Press, 1992.

型,往往都是假设气候变化的影响和成本是适度的,很少考虑气候变化的灾难性影响,这会导致气候变化风险评估的进一步低估。为获得损害结果的有效估值,斯特恩对现有经济模型中的贴现率、跨时间的分配、同时期分配、对风险的态度等伦理因素进行了修正。① 比如,基于标准生产和增长理论,通过将气候变化对社会、组织和环境资本的损害引入生产函数,考虑气候变化对资本存量或者土地的损害、对整体要素生产率的损害和对知识与内生增长的损害等,以试图将损失的规模和持续效应纳入经济模型。② 斯特恩认为,在惯常模式的情境下,21 世纪末的平均升温肯定会超过《联合国气候变化框架公约》所设定的目标;预计今后长远期(200 年内)温室气体排放的综合影响和总风险的成本将平均降低全球国内生产总值(GDP)的 5%;如果经济模型考虑三个重要因素(对环境和人类健康的直接影响、气候系统对温室气体排放的反应可能更迅速、世界贫困地区所遭受的气候变化成本更为显著),惯常模式下气候变化的总成本将相当于当前及未来全球 GDP 的 20%。

---

① 斯特恩认为气候变化对于自然生态系统的整体性影响决定了对其损害评估时仅仅关注国内生产总值或者总消费过于狭隘。其报告和研究对收入分配和如何对待后代进行了伦理上的判断。See Stern N. H. , *The Economics of Climate Change：the Stern Review*, Cambridge University Press, 2007; Stern N. , *Stern Review：The Economics of Climate Change*, 4 Australian Planner 1 (2006).

② See Stern N. , *Ethics, Equity and the Economics of Climate Change*, 30 Economics & Philosophy 445 (2014). 常用的气候政策评估模型有气候与经济动态综合模型(DICE 模型)、气候与经济区域综合模型(RICE 模型)、PAGE 系列等综合评估模型和可计算一般均衡模型(CGE 模型)。其中以 RICE 模型影响最大,现在是国际通用的气候政策综合评估模型。RICE 模型是在 DICE 模型基础上发展而来的。DICE 模型以新古典增长理论为基础,采用标准的经济学分析方法与范式,通过构建预期效用函数处理不确定性,将生态系统看作同劳动、资本一样具有生产功能的自然资本,通过减排对自然资本进行投资,虽然减少了当前消费,却增加了未来产出的能力。相对于 DICE 模型将全球作为一个研究整体,RICE 模型将全球分为 10 个区域,每个区域作为独立的主体在不同的博弈环境下做出减排决策,因而更加接近现实,其研究结论与政策建议也更具应用价值与指导意义。考虑到科技进步在减排领域的巨大潜力和人类对环境变化的适应能力,该模型认为现阶段优先小规模减排,后期逐渐加大减排力度的“渐进式”减排路径可大幅度降低减排对全球经济的负面冲击。此外,该模型还指出,通过将中国、印度等发展中排放大国纳入强制减排国家之列,可大幅度降低全球减排成本。PAGE 模型建模理念是协调一系列自适应政策和预防措施减少气候变化的损害,分别计算气候变化影响值,适应和减排成本,最后汇总总成本和总影响,为最小化气候变化导致的总影响和总成本,寻找最优政策组合。《斯特恩报告》采用 PAGE2002 模型构建了 4 个相互联系变量之间的函数关系,即排放流量、将排放流量与排放存量联系起来的碳循环函数、将排放存量与气温变化联系起来的气候敏感性和因气温变化造成的损失函数,并在模型中引入贴现率、风险与不确定性等因素,通过建立跨期效用函数和最优化分析得出全球应立即进行大规模减排的结论。参见孙耀华、仲伟周:《全球气候变化、温室气体减排与公平正义发展——基于经济学视角的分析》,载《经济社会体制比较》2013 年第 5 期。

第三,综合分析了保持大气系统不会发生灾难性影响的浓度目标设定下的成本与路径。斯特恩认为,在出台有效的针对性政策和制度的前提下,在430ppm的起点下把全球温室气体浓度控制在550ppm以实现《联合国气候变化框架公约》所提出的2摄氏度的控制目标,其成本仅仅需要大约全球1%的GDP;而将浓度稳定在450ppm,则可能需要3%~4%或者更高比例的全球GDP。在继续论证延迟减排会增加成本的基础上,斯特恩认为,在对经济增长和贴现率的合理假设下,从现在开始减排(2009年伊始),未来50~100年间每年耗费的成本为1%,远远低于惯常模式下发展30年再开始减排所对应的平均每年4%的全球GDP的成本。[①]

简言之,斯特恩认为,积极应对气候变化、建设低碳经济是符合成本收益原则的,我们所需要做的就是尽快,而非等待。他认为,在减排的早期,提升能源效率与停止森林砍伐的空间等很大;考虑到目前电力和交通部门的技术进步,现在开始进行减排有利于为未来提供更多的计划性选择的时间。至于如何实现减排,斯特恩提出要进行多部门的联合行动,不应仅仅局限于电力和交通部门,需要依靠与电力消费、公共交通甚至与互联网相关的生活方式的转变。对于发展中国家,特别是城镇化水平较低且能源利用和公共交通体系仍需完善的国家而言,以低碳城市的建设系统性地推进减排,显然是必然的选择。

第四,提出应对气候变化的政策工具,并主张达成减缓气候变化的全球协议。斯特恩认为,低碳经济的政策制定应当基于三个根本要素,即碳定价、技术政策和消除改变行为的障碍。碳定价可以通过税收、交易或者监管确立。碳价格是从广义的产权经济学角度所提出的对于气候变化这一外部性问题实现矫正所需要的边际成本。斯特恩认为,碳价格应为每吨30英镑,这一价格能够产生最优的边际效益。在碳税和碳交易两种不同的机制上,斯特恩并无明显偏好:碳税可以提供稳定的财政收入且机制较为简单;而碳交易中增加拍卖的方式可能在效率、分配和财政收入方面带来明显的收益。

在气候变化经济学中,斯特恩因其主张应尽快采取行动而被视为"激进派"。与之形成观点争论的有以诺德豪斯和威兹曼为代表的相对"保守

---

① See Stern Nicholas, *The Economics of Climate Change*, American Economic Review, 98 (2): 1-37(2008).

派"以及以阿西莫格鲁为代表的"综合派"。① 在承认气候变化的严峻现实和积极应对以发展低碳经济的必要性和可行性的基础上,保守派和综合派基于相似的研究范式、不同的风险评估结论和成本收益分析结果,提出了不同的行动路径和政策建议组合。其中,诺德豪斯的研究和观点最具有代表性。

诺德豪斯在 1982 年即已论证了经济学研究对于气候变化议题研究的意义:减排措施需经经济系统产生效应;气候变化也会影响经济系统的生产过程和最终产出;②其在 1991 年创造性地将边际分析纳入对于气候变化问题的分析中,试图将经济系统与生态系统纳入一个均衡分析模型中,从而形成当前气候经济学主流的气候变化综合分析模型的开端。③ 这一模型后来被 IPCC 在第三次评估报告中予以借鉴。诺德豪斯和威兹曼认为,斯特恩并没有按照经济学的传统将贴现率设定在 3%~5% 的区间,而是以 0.1% 对气候变化及政策的成本收益进行分析。这违背了新古典增长理论中的跨期优化方案,从而强调了人们对于未来的重视程度,并得出当代人应当付出重大代价来抵消气候变化未来所可能导致的风险。这一对代际伦理的考虑,④忽视了后代可能比我们更富有且技术上更具有优势的"现实"。诺德豪斯认为,最优的减排模式或者路径应该是初期小幅减排,中后期待经济和技术进一步发展后再较大幅度减排,即所谓的"渐进式

① 参见张娟:《气候变化的经济学分析:国外研究最新进展综述》,载《中国人口·资源与环境》2012 年第 11 期;彭保发、谭琦、鞠晓生:《诺贝尔经济学奖得主对气候变化经济学的贡献》,载《经济学动态》2015 年第 12 期。也有学者依据学界对于斯特恩报告的态度将气候经济学者的学术观点予以区分。支持派主要以三位诺贝尔经济学奖得主索洛、斯蒂格利茨和阿罗为代表。反对派主要以著名经济学家达斯歌普塔、威兹曼和诺德豪斯为代表。中立派以阿西莫格鲁为代表。参见方虹、何琦、张芳:《尼古拉斯·斯特恩对气候变化经济学的贡献》,载《经济学动态》2015 年第 5 期。

② See Nordhaus W., *How Fast Should We Graze the Global Commons*? 72 American Economic Review 242 (1982).

③ See Nordhaus W. D., *To Slow or Not to Slow: The Economics of The Greenhouse Effect*, 101 The Economic Journal 920 (1991).

④ Neumayer 部分赞同斯特恩,认为设定较低的贴现率在伦理上是有充分依据的,但是问题在于未能就为什么气候变化会对子孙后代造成不可挽回与不可替代的自然资产损失作出令人信服的说明。See Neumayer Eric, *A Missed Opportunity: The Stern Review on Climate Change Fails to Tackle the Issue of Non-substitutable Loss of Natural Capital*, 17 Global Environmental Change 297 (2007). 这一观点事实上呼应了威兹曼对斯特恩的另一批评,即不确定性的量化问题。See Weitzman M. L., *A Review of "the Stern Review on the Economics of Climate Change"*, 45 Journal of economic literature 703 (2007).

气候政策";①减排措施上也倾向于能够产生明确价格信号的碳税,并主张征收国际协调碳税。② 与诺德豪斯不同,综合派经济学家将内生的、导向性的技术变迁引入增长模型中,修正了斯特恩对于适应性分析的不足,得出了较为折中的观点,认为应当采取积极但是非激进的气候政策。③

诺德豪斯作为气候经济学研究的集大成者,更为系统地从经济学角度分析了不同应对措施下的成本效益问题。其最重要的理论贡献是创造了一个分析气候与经济问题的动态模型,即气候与经济动态综合模型(DICE模型)。其基本方式是通过某些调整的拉姆齐最优经济增长模型,计算资本积累和温室气体减排的最优路径。在诺德豪斯的分析框架下,主要考虑的变量包括技术水平、劳动投入、时间、产出对资本的弹性、资本存量的折旧率、人口下降率、温室气体的边际大气存留率、总消费、全球变暖的危害、资本存量、世界总产出、减少温室气体排放的总成本等,以碳排放量、温室气体浓度、气候变化和经济行为相联系。分析的结论是设定条件下减缓气候变化的最有效路径。④ 基于 DICE 模型的运算,诺德豪斯对政府可以运用的应对机制进行了比较。经过分析,其所建议的更优化的国际气候制度是"国际协调碳税",即一种把温室气体浓度或温度变化限定地域认为某种危害水平之下所必需的国际上一致的碳价格或者碳税。诺德豪斯认为,如果所有国家都参与,以碳税所体现的碳价格应当是 2015 年每吨 72美元(每吨二氧化碳 20 美元),每十年上升 3%。诺德豪斯并不主张所有国家必须参与,他认为参与度取决于每个国家的发展水平——"富国"(人均 GDP 高于 10,000 美元)应先参与,"穷国"可以获得转移支付。⑤

可见,主流的气候变化经济学即便反对斯特恩的研究方法和结论,也并不否认气候变化问题本身的严重性。经济学通过模型建构对气候变化

---

① 斯特恩回应诺德豪斯,渐进式气候政策并不能将实现其所假定的减排目标,即 2050 年全球温室气体浓度控制在 480ppm,而是会持续上升并在 2175 年左右达到 700ppm 的峰值。See Stern Nicholas, *Key Elements of a Global Deal on Climate Change*, London School of Economics & Political Science (2008).

② See Nordhaus William D., *A Review of the Stern Review on the Economics of Climate Change*, 45 Journal of Economic Literature 686 (2007).

③ See Acemoglu Daron, et al., *The Environment and Directed Technical Change*, Institute for International Economic Studies, 2010; Arrow, Kenneth J., *Global Climate Change: A Challenge to Policy*, 4 Economists' Voice (2007).

④ 参见[美]威廉·诺德豪斯:《管理全球共同体》,梁小民译,东方出版中心 2020 年版,第 10—27 页。

⑤ 参见[美]威廉·诺德豪斯:《平衡问题:全球变暖政策的权衡》,梁小民译,东方出版中心 2020年版,第 135—149 页。

风险和气候变化政策的成本收益分析,虽然得出了不同的减排模式和减排政策的组合,但是都不否认积极应对气候变化从而实现减缓气候变化在经济上的可行性。

2. 国内关于气候变化的经济学研究

在充分借鉴国外研究范式的基础上,中国学者结合我国的现状也开展了气候变化经济学的相关研究,并在 2017 年成功召开中国首届气候变化经济学学术研讨会。该研讨会由中国社会科学院城市发展与环境研究所、《经济研究》编辑部和《城市与环境研究》编辑部共同主办。来自中国社会科学院、中国科学院、国务院发展研究中心、国家气候战略中心、中共中央党校、北京大学、清华大学、中国人民大学等科研院所的 100 多名专家与会。研讨会所讨论的主题涉及气候经济学学科建设、全球气候变化治理、经济结构变迁对碳排放的影响、国内气候变化政策进展、减排效应评估和路径研究等,反映出当前中国学界在低碳经济和低碳城市发展等相关问题上的最新研究进展。[1] 从学术群体和学术成果来看,气候经济学研究已经成为中国经济学研究的重要领域。[2]

(1)气候经济学的基本范式和基本问题

就气候经济学的基本概念和研究框架而言,潘家华教授对气候经济学学科及其问题领域的阐述最具代表性。他认为,气候变化经济学是研究气候变化背景下维系和提高气候生产力的理论、制度、机制、方法和政策的学科体系;该学科涉及外部性问题、公地悲剧问题、权益问题、发展问题、制度问题、风险问题和社会选择问题;研究领域涵盖气候风险、外部成本、碳市场、国际气候制度、碳预算管理、适应能力和碳公平等。[3] 潘家华教授认为,气候变化经济学已经成为经济学领域的一个新兴学科。这一学科有三个重要的理论方面:一是气候变化实证经济学理论;二是全球治理规范经济学理论;三是气候风险理论选择的学理性研究。[4] 从其将气候经济学方

---

① 参见薄凡、庄贵阳等:《气候变化经济学学科建设及全球气候治理——首届气候变化经济学学术研讨会综述》,载《经济研究》2017 年第 10 期;薄凡、庄贵阳、禹湘:《气候变化经济学研究前沿与教材体系建设——第二届气候变化经济学学术研讨会综述》,载《经济研究》2018 年第 11 期。

② 参见陈诗一、林伯强:《中国能源环境与气候变化经济学研究现状及展望——首届中国能源环境与气候变化经济学者论坛综述》,载《经济研究》2019 年第 7 期。

③ 参见薄凡、庄贵阳等:《气候变化经济学学科建设及全球气候治理——首届气候变化经济学学术研讨会综述》,载《经济研究》2017 年第 10 期。

④ 参见潘家华:《气候变化经济学(上卷)》,中国社会科学出版社 2018 年版,第 10—12 页。

法论界定为温室气体减排的经济学和低碳发展的经济学两个方面可见，[1]气候经济学研究在中国的社会功能意义在于探究气候变化问题下环境与经济协调发展的可行性以及实现协调发展的最优政策路径；研究的方法论就是以中国数据为基础构建符合中国实际的气候经济学模型。具言之，应对气候变化经济学在中国的关键研究领域应主要涉及温室气体减排、适应气候变化、发展转型、碳排放达峰以及气候融资等问题。[2]

就气候变化经济学在中国的主要研究内容而言，如陈诗一、林伯强所言，有两条主线：一是气候变化问题对中国经济增长和发展的影响问题；二是中国的经济发展和增长对于碳排放的影响。[3]

首先，气候变化对中国经济增长和发展影响的经济学研究，所关注的主要问题是纳入气候变化因素之后中国的经济增长预期问题，目的在于探讨气候变化条件或碳排放约束条件下经济发展路径的优化。在对西方学者经济模型进行借鉴的基础之上，该类研究的共同出发点是将能源和与气候变化相关的碳排放等作为生产的投入要素。在此前提下，学者测度了中国经济增长在能源约束和碳排放约束条件下的经济增长问题。譬如，陈诗一回答的就是以高能耗和高碳排放为代价的中国工业的高增长能否可持续的问题，特别是作为投入要素的能源和二氧化碳排放与中国工业生产率和增长之间的关系。其基于 1980~2006 年中国工业的面板数据和新古典增长模型所进行的量化分析结论认为：石油和天然气开采业、有色金属采选业、非金属矿采选业、木材和竹材采选业、水的生产与供应、化学原料和化学制品制造业等高耗能行业中，能源和资本是最主要的增长引擎，而最大的增长阻力就是碳排放。[4] 其他类似的研究，虽然在研究视角（省域或行业）、运用模型和面板数据（范围和时间跨度）上有所差异，但是研究结论基本相同，即能源和碳排放是支撑中国经济增长的重要因素，在宏观经济政策仍是以经济的高速增长为目标的前提下，中国必须走低碳发展之路，推进新能源革命，控制工业领域的温室气体排放，实现节能减排与经济

---

[1] 参见潘家华：《气候变化经济学（上卷）》，中国社会科学出版社 2018 年版，第 369—568 页。

[2] 参见刘长松：《气候变化经济学的关键问题与政策建议》，载《发展研究》2018 年第 11 期。

[3] 参见陈诗一、林伯强：《中国能源环境与气候变化经济学研究现状及展望——首届中国能源环境与气候变化经济学者论坛综述》，载《经济研究》2019 年第 7 期。

[4] 参见陈诗一：《能源消耗、二氧化碳排放与中国工业的可持续发展》，载《经济研究》2009 年第 4 期。

增长的双赢,实现经济增长与碳排放的脱钩。①

其次,中国经济增长和经济模式对于碳排放的影响问题。这一问题的实质是探究中国碳排放增加的驱动因素,是对不同经济增长和经济发展阶段下碳排放情景的预测分析;其目的在于为更为优化的碳减排路径提供理论基础和政策建议。该维度下的研究至少包括以下两个层面:其一,中国的经济结构或者产业现状和社会发展特征对于碳排放的影响,即不同发展路径卜中国碳排放情景分析,包括中国的城市化对于中国碳排放的影响,以及在此基础之上的可行而且帕累托最优的碳排放路径研究。比如,林伯强等结合 GDP 平均增速、重工业比重、城市化率以及能效水平的变化程度等因素,对未来中国碳排放进行预测性分析,并在此基础上探讨中国经济快速增长和城市化下实现碳减排的路径选择。根据其研究结论,在维持快速经济增长和城市化进程的前提下欲尽早实现碳排放峰值,必须以能效提高为关键推进低碳城市化建设,实现碳排放强度的降低。② 宋德勇等使用中国(省市)能源平衡表估算了 1995 ~ 2008 年中国 30个省市的城镇碳排放,划分了高、中、低三个不同排放区域,分析城镇碳排放的区域差异,采用可拓展的随机性的环境影响评估模型(STIRPAT)分析城镇碳排放及区域差异的影响因素。其研究结果表明,城镇居民人均收

---

① 参见江泽民:《对中国能源问题的思考》,载《上海交通大学学报》2008 年第 3 期;林伯强、何晓萍:《中国油气资源耗减成本及政策选择的宏观经济影响》,载《经济研究》2008 年第 5 期;陈诗一:《节能减排与中国工业的双赢发展:2009—2049》,载《经济研究》2010 年第 3 期;巴曙松、吴大义:《能源消费、二氧化碳排放与经济增长——基于二氧化碳减排成本视角的实证分析》,载《经济与管理研究》2010 年第 6 期;胡玉莹:《中国能源消耗、二氧化碳排放与经济可持续增长》,载《当代财经》2010 年第 2 期;李国志、李宗植:《二氧化碳排放与经济增长关系的 EKC 检验——对我国东、中、西部地区的一项比较》,载《产经评论》2011 年第 6 期;杨子晖:《经济增长、能源消费与二氧化碳排放的动态关系研究》,载《世界经济》2011 年第 6 期;武红、谷树忠等:《河北省能源消费、碳排放与经济增长的关系》,载《资源科学》2011 年第 10 期;赵爱文、李东:《中国碳排放与经济增长的协整与因果关系分析》,载《长江流域资源与环境》2011 年第 11 期;吴振信、谢晓晶、王书平:《经济增长、产业结构对碳排放的影响分析——基于中国的省际面板数据》,载《中国管理科学》2012 年第 3 期;武红等:《中国化石能源消费碳排放与经济增长关系研究》,载《自然资源学报》2013 年第 3 期,等等。
② 参见林伯强、孙传旺:《如何在保障中国经济增长前提下完成碳减排目标》,载《中国社会科学》2011 年第 1 期;林伯强、刘希颖:《中国城市化阶段的碳排放:影响因素和减排策略》,载《经济研究》2010 年第 8 期;林伯强、蒋竺均:《中国二氧化碳的环境库兹涅茨曲线预测及影响因素分析》,载《管理世界》2009 年第 4 期。根据其分析,收入因素、城市化因素、能源强度因素、产业结构因素、能源消费结构因素与人口因素被视为碳排放的增量影响因素。在不同的情景分析下,收入因素对二氧化碳排放增量的影响是最大的,这表明经济增长率越高,二氧化碳排放量增长得越快。城市化因素对二氧化碳排放增量的作用也很明显,在基准情形下将增加二氧化碳排放 15 亿吨,而高速情形下城市化对增量的贡献达到 20 亿吨;对增量起到最显著负向作用的是能源强度因素。在基准情形下,通过能效的改善可以减约 29 亿吨二氧化碳,即使在低速情形下,这种碳减排影响也可以达到 26 亿吨。这表明,运用先进的节能技术替代落后产能的方式来实现碳减排,是发展低碳经济较有效的一种途径。

入对城镇碳排放影响最大,然后是城镇化率和能源强度,人口总量对碳排放影响较小;城镇居民人均收入增加、城市化进程不断推进、能源强度降低对城镇碳排放的影响存在区域差异;这种影响强度的差异是导致城镇碳排放存在区域差异的主要原因。① 张涛和任保平的研究探讨了长期结构转型和短期部门生产率冲击对我国碳排放、最优减排政策选择的影响。他们认为,结构转型能够减少碳排放,并且效率推动的结构转型比政策推动的结构转型更为有效;长期确定性条件下,限额政策(总量控制下的碳交易)较为有效;短期生产率冲击下,碳税政策更优。上述研究大都是从较宏观的视角对国家整体的经济、产业或者社会发展上的碳减排之可行性和路径予以研究分析;所基于的数据是跨区域或者跨行业的能源、人口、经济等数据。其二,从较为具体的视角对省、市或行业层面上的碳排放情景、发展低碳经济的可行性和路径的研究。比如,王锋等利用对数平均 Divisia 指数分解法,测算了 1997~2008 年中国 30 个省区及其相关经济变量对全国碳强度下降的贡献;②潘雄锋等对我国制造业碳排放强度变化趋势进行分析,结果表明我国制造业碳排放强度的下降均是由效率引起的,而结构则引起了碳排放强度的提升。③ 此外,学者也对第一产业和第三产业的排放情景分析和减排政策建议进行了研究。④

① 参见宋德勇、徐安:《中国城镇碳排放的区域差异和影响因素》,载《中国人口·资源与环境》2011 年第 11 期。

② 研究发现,1997~2008 年对全国碳强度下降推动比较大的 5 个省市分别为辽宁、黑龙江、河北、湖北和上海,而海南、宁夏、福建、内蒙古和山东对全国碳强度的下降起到了抑制作用;每个省区的碳强度变动、能源强度变动、燃料结构调整、产值份额变动和碳排放份额变动共同决定了全国碳强度的变动;一个省区对全国碳强度下降的贡献主要取决于其能源效率提高的程度;在当前以化石能源支撑经济增长的发展模式下,区域碳强度下降与全国碳强度下降在特定情况下存在不一致性;为了顺利实现全国碳强度目标,需要及时评估各省区对全国碳强度下降的贡献,重点关注产值份额和碳排放份额较大的省区,同时构建以绿色 GDP 为核心的国民经济核算体系。参见王锋、冯根福、吴丽华:《中国经济增长中碳强度下降的省区贡献分解》,载《经济研究》2013 年第 8 期。

③ 参见潘雄锋、舒涛、徐大伟:《中国制造业碳排放强度变动及其因素分解》,载《中国人口·资源与环境》2011 年第 5 期。

④ 参见李波、张俊飚、李海鹏:《中国农业碳排放时空特征及影响因素分解》,载《中国人口·资源与环境》2011 年第 8 期。研究认为,自 1993 年以来我国农业碳排放处于阶段性的上升态势。总体上可分为快速增长期、缓慢增长期、增速反弹回升期、增速明显趋缓期等 4 个变化阶段;其中农业碳排放总量和强度年平均增长率分别为 4.08%、2.38%;农业碳排放总量较高地区主要集中在农业大省;农业碳排放强度较高地区主要集中在发达城市、东部沿海发达省份和中部农业大省。效率因素、结构因素、劳动力规模因素对碳排放量具有一定的抑制作用,1994~2008 年与基期相比分别累计实现 12.95%、26.62%、33.29%的碳减;而农业经济发展则对农业碳排放具有较强推动作用。其他关于服务业和旅游业的研究可参见王凯、李娟等:《中国服务业能源消费碳排放量核算及影响因素分析》,载《中国人口·资源与环境》2013 年第 5 期;刘佳、陈兴鹏、张子龙:《中国旅游业碳排放特征及其因素分解》,载《资源与产业》2017 年第 3 期。

经济增长和碳排放之间关系的气候经济学研究规范意义在于：其一，研究阐明了发展低碳经济、控制温室气体排放的必要性；其二，研究揭示了约束经济可持续增长的关键领域和关键行业，提高了政策制定的针对性；其三，研究阐明了节能与减排之间的共生性，确立了中国应对气候变化政策的设计应以能源革命为关键；其四，研究证明了环境库兹涅茨曲线在中国的适用性，经济增长可以实现与碳排放增长的脱钩，节能减排与经济增长的共赢是可以实现的。这些研究为"十二五"温室气体控制的政策设计，特别是低碳城市试点工作和碳市场试点工作做了理论准备，即科学设计的碳减排政策在经济上是有效的、可行的。简言之，具有针对性的减缓政策可以有效地推进节能减排与经济增长的实现。

（2）碳减排政策的选择及其有效性测度

随着"十二五"温室气体控制目标的确定，我国开始以城市为单位进行低碳经济发展模式的试点，并启动了7个省市的碳市场试点工作，探索节能减排的制度体系。这就衍生出气候经济学研究的两个具体问题：碳减排政策形式的选择问题以及政策是否有效的测度问题。

首先，就碳减排政策的选择而言，中国学者继受了国外学者有关碳价格的基本理论，认为碳税和碳市场等成本效益机制可以成为推动中国实现低碳发展的有效制度。至于国内减排的政策应当以何种方式为主，国内学界倾向于以碳市场作为减缓制度的核心机制。在2012年地方碳市场试点工作启动之前，国内对于应对气候变化的具体政策选择的研究，以评价国外的制度经验为主。[①] 这主要是因为是时中国参与或实施的碳交易只有两种形式：一种是基于清洁发展机制项目的核证减排量（CER）而参与的《京都议定书》下的国际碳交易；另一种是基于国家发展和改革委员会的《温室气体自愿减排交易管理暂行办法》所运行的中国核证自愿减排量（CCER）的交易。市场规模较小，制度亟待完善。[②] 在这种背景下，中国对碳交易制度的接受具有被动性质。在国际碳市场上，中国作为清洁发展机制项目的主要来源国，缺乏与我国作为碳排放大国和碳减排信用主要供给

---

① 比如，周宏春：《世界碳交易市场的发展与启示》，载《中国软科学》2009年第12期；曾刚、万志宏：《国际碳交易市场：机制、现状与前景》，载《中国金融》2009年第24期；李婷、李成武、何剑锋：《国际碳交易市场发展现状及我国碳交易市场展望》，载《经济纵横》2010年第7期；林伯强：《温室气体减排目标、国际制度框架和碳交易市场》，载《金融发展评论》2010年第1期；雷立钧、荆哲峰：《国际碳交易市场发展对中国的启示》，载《中国人口·资源与环境》2011年第4期。

② 参见王玉海、潘绍明：《金融危机背景下中国碳交易市场现状和趋势》，载《经济理论与经济管理》2009年第11期。

国身份相匹配的话语权。① 因此,2012 年启动的碳市场试点,一方面是为了探索碳排放权交易制度在中国实施的可行性,将其作为我国控制温室气体减排和推进能源革命的一项重大制度创新;②另一方面是为了积极参与国际气候治理,提升中国在气候全球治理和国际碳金融市场中的话语权。③ 随着地方碳市场试点工作的推进和全国碳市场的启动,国内气候经济学界开始关注对碳交易有效性的实证评估。

其次,碳市场有效性研究。这主要涉及两个方面:其一,碳市场是否实现了碳减排这一直接的政策目的。陆敏、④黄志平、⑤周迪、⑥占文忠、⑦张海军⑧等从不同的角度就碳交易试点对企业、城市和行业范围内的减排效应进行了实证评估;⑨这些研究还揭示了碳交易制度具体减排效应的实现路径。从作为微观市场主体的企业层面来看,研究表明碳交易可以有效促

① 参见雷立钧、荆哲峰:《国际碳交易市场发展对中国的启示》,载《中国人口·资源与环境》2011 年第 4 期。中国是世界第二大温室气体排放国,是全世界核证减排量一级市场上最大供应国,但在碳交易过程中却处在整个碳交易产业链的最低端,只是碳交易市场的参加者、碳交易市场规则的执行者。作者引用的数据表明,在国际碳市场上,中国碳交易的价格每吨要比印度低 2~3 欧元,更不及欧洲二级市场价格的一半。

② 参见于同申、张欣潮、马玉荣:《中国构建碳交易市场的必要性及发展战略》,载《社会科学辑刊》2010 年第 2 期;李建建、马晓飞:《中国步入低碳经济时代——探索中国特色的低碳之路》,载《广东社会科学》2009 年第 6 期;江峰、刘伟民:《中国碳交易市场建设的 SWOT 分析》,载《环境保护》2009 年第 14 期;羊志洪等:《清洁发展机制与中国碳排放交易市场的构建》,载《中国人口·资源与环境》2011 年第 8 期。

③ 参见周晓唯、张金灿:《关于中国碳交易市场发展路径的思考》,载《经济与管理》2011 年第 3 期;郑勇:《对我国面临碳金融及其定价权缺失的思考——我国应尽早建立碳排放权期货交易市场》,载《科技进步与对策》2010 年第 22 期;管清友:《碳交易与货币主导权》,载《西部论丛》2009 年第 10 期。

④ 参见陆敏、苍玉权、李岩岩:《碳交易机制对上海市工业碳排放强度和竞争力的影响》,载《技术经济》2018 年第 7 期。

⑤ 参见黄志平:《碳排放权交易有利于碳减排吗?——基于双重差分法的研究》,载《干旱区资源与环境》2018 年第 9 期。

⑥ 参见周迪、刘奕淳:《中国碳交易试点政策对城市碳排放绩效的影响及机制》,载《中国环境科学》2020 年第 1 期。

⑦ 参见占文忠、吕思琦、郭娅妮:《碳排放权交易政策的影响及机制研究——基于试点省市准自然实验》,载《经济研究参考》2021 年第 23 期。

⑧ 参见张海军、段茂盛:《中国试点 ETS 的碳减排效果评估——基于分省高耗能工业子行业数据的分析》,载《气候变化研究进展》2021 年第 5 期。

⑨ 参见沈洪涛、黄楠、刘浪:《碳排放权交易的微观效果及机制研究》,载《厦门大学学报(哲学社会科学版)》2017 年第 1 期;李广明、张维洁:《中国碳交易下的工业碳排放与减排机制研究》,载《中国人口·资源与环境》2017 年第 10 期;刘传明、孙喆、张瑾:《中国碳排放权交易试点的碳减排政策效应研究》,载《中国人口·资源与环境》2019 年第 11 期;李胜兰、林沛娜:《我国碳排放权交易政策完善与促进地区污染减排效应研究——基于省级面板数据的双重差分分析》,载《中山大学学报(社会科学版)》2020 年第 5 期。

进企业通过减少产量等短期行为实现减排;①当市场碳价处于相对高位条件下,碳交易机制可以降低企业的非效率投资,②通过降低其融资负担等渠道强化其投资低碳技术等长期减排行为。从碳交易所覆盖的行业来看,张海军和段茂盛基于碳交易所主要管控的 6 大高耗能工业子行业的面板数据,运用双重差分法对比非试点地区的工业子行业进行实证研究;研究表明,碳交易明显促进了控排行业碳排放总量和碳排放强度的下降。③从实施碳试点的区域视角来看,碳市场试点期间(2012—2018 年)中国 7 个碳排放权交易试点省市的碳排放量均出现了不同程度的降低,原因主要在于,碳交易机制能够有效推动产业结构和能源结构调整。④ 可见,碳交易能够推进试点地区、行业和企业的碳减排,实现环境红利。

其二,碳市场机制能否保障经济的可持续增长。如果说碳减排是碳交易机制的直接目的,经济的可持续增长则是相对长远和深层次的目标,这一目标的实现与否对于碳交易机制的制度定位有着更为关键的影响。齐绍洲等的研究认为,碳交易机制下碳价格会对相关行业的竞争力构成负面影响,但是这一效应呈现边际递减规律且各行业之间差异较大。⑤ 该研究关注的仅是碳价格短期内对行业内企业贸易竞争力的影响。从长远来看,碳交易能够有效促进低碳技术创新,⑥推动能源结构调整、燃料替代和管理变革等;⑦碳市场规模的扩大还有利于改善环境质量;⑧碳交易所直接

① 参见沈洪涛、黄楠、刘浪:《碳排放权交易的微观效果及机制研究》,载《厦门大学学报(哲学社会科学版)》2017 年第 1 期。

② 参见张涛、吴梦萱、周立宏:《碳排放权交易是否促进企业投资效率?——基于碳排放权交易试点的准实验》,载《浙江社会科学》2022 年第 1 期。

③ 参见张海军、段茂盛:《中国试点 ETS 的碳减排效果评估——基于分省高耗能工业子行业数据的分析》,载《气候变化研究进展》2021 年第 5 期。研究筛选的数据来自 2005~2017 年的石油加工、炼焦和核燃料加工业、化学原料和化学制品制造业、非金属矿物制品业、黑色金属冶炼和压延加工业、有色金属冶炼和压延加工业以及电力、热力生产和供应业等行业的数据。

④ 参见李胜兰、林沛娜:《我国碳排放权交易政策完善与促进地区污染减排效应研究——基于省级面板数据的双重差分分析》,载《中山大学学报(社会科学版)》2020 年第 5 期;占文total、吕思琦、郭娅妮:《碳排放权交易政策的影响及机制研究——基于试点省市准自然实验》,载《经济研究参考》2021 年第 23 期。

⑤ 参见齐绍洲、杨光星、王班班:《中国碳价格对覆盖行业贸易竞争力的影响研究》,载《中国人口·资源与环境》2020 年第 4 期。

⑥ Zhu Junming et al., *Low-carbon Innovation Induced by Emissions Trading in China*, 10 Nature Communications 1 (2019).

⑦ Liu Wenling & Zhaohua Wang, *The Effects of Climate Policy on Corporate Technological Upgrading in Energy Intensive Industries: Evidence from China*, 142 Journal of Cleaner Production 3748 (2017).

⑧ 参见余萍、刘纪显:《碳交易市场规模的绿色和经济增长效应研究》,载《中国软科学》2020 年第 4 期。

推动实现的企业和相关行业碳排放强度的显著下降说明该机制的实施能够推动实现经济增长与碳排放的脱钩,避免中国陷入碳陷阱。① 因此,从长期效应上来看,②碳交易对于新发展理念下的中国经济增长有着积极的推动作用。总之,学界基于中国碳市场试点形成的区域、行业或企业等不同层面的数据进行的事后研究,实证了学界在试点工作推进之前或初期的预测性研究结论。譬如,碳交易能够在中国实现节能减排和经济增长的双重红利假说;③能够降低碳减排成本;④能够有力推动能源消费结构向低碳方向调整,煤炭消费明显下降,⑤等等。综上所述,基于中国的试点经验,碳交易是一项实现节能减排和经济可持续增长的有效制度。

此外,虽然国内学界大体上倾向于以碳交易机制作为核心减缓制度,但是仍对碳税在中国实施的有效性进行了研究,并探讨了具体实施的路径。该方面的研究可以划分为两个阶段:其一,在地方碳市场试点工作实施之前和实施初期,研究目的在于说明碳税更适应中国的实际,并且能够取得有效的碳减排和经济增长效应。⑥ 其二,在碳市场试点有序推进和全国碳市场启动期间,研究目的在于说明碳税可以与碳交易制度并行,起

---

① 参见王倩、高翠云:《碳交易体系助力中国避免碳陷阱、促进碳脱钩的效应研究》,载《中国人口·资源与环境》2018 年第 9 期。

② 参见李治国、王杰:《中国碳排放权交易的空间减排效应:准自然实验与政策溢出》,载《中国人口·资源与环境》2021 年第 1 期。其认为碳交易的环境红利效应在长期上更为显著。

③ 参见吴振信、谢晓晶、王书平:《经济增长、产业结构对碳排放的影响分析——基于中国的省际面板数据》,载《中国管理科学》2012 年第 3 期。

④ 参见崔连标等:《碳排放交易对实现我国"十二五"减排目标的成本节约效应研究》,载《中国管理科学》2013 年第 1 期。

⑤ 参见孙睿、况丹、常冬勤:《碳交易的"能源—经济—环境"影响及碳价合理区间测算》,载《中国人口·资源与环境》2014 年第 7 期。

⑥ 譬如,贺菊煌、沈可挺、徐嵩龄:《碳税与二氧化碳减排的 CGE 模型》,载《数量经济技术经济研究》2002 年第 10 期;魏涛远、[挪威]格罗姆斯洛德:《征收碳税对中国经济与温室气体排放的影响》,载《世界经济与政治》2002 年第 8 期;李伟等:《关于碳税问题的研究》,载《税务研究》2008 年第 3 期;朱永彬、刘晓、王铮:《碳税政策的减排效果及其对我国经济的影响分析》,载《中国软科学》2010 年第 4 期;王金南、严刚等:《应对气候变化的中国碳税政策研究》,载《中国环境科学》2009 年第 1 期;苏明、傅志华等:《我国开征碳税的效果预测和影响评价》,载《经济研究参考》2009 年第 72 期;姚昕、刘希颖:《基于增长视角的中国最优碳税研究》,载《经济研究》2010 年第 11 期;曹静:《走低碳发展之路:中国碳税政策的设计及 CGE 模型分析》,载《金融研究》2009 年第 12 期;张明文等:《碳税对经济增长、能源消费与收入分配的影响分析》,载《技术经济》2009 年第 6 期;苏明、傅志华等:《碳税的中国路径》,载《环境经济》2009 年第 9 期;刘洁、李文:《征收碳税对中国经济影响的实证》,载《中国人口·资源与环境》2011 年第 9 期;杨超、王锋、门明:《征收碳税对二氧化碳减排及宏观经济的影响分析》,载《统计研究》2011 年第 7 期;赵玉焕、范静文:《碳税对能源密集型产业国际竞争力影响研究》,载《中国人口·资源与环境》2012 年第 6 期。

到补充碳交易制度不足的作用。①

就第一个阶段研究的结论来看,学者们大多认为碳税作为碳价格机制具有与碳交易相同的实施效应,能够减少碳排放,提高能源效率,促进产业结构调整。苏明和傅志华领衔的中国财政科学研究院课题组长期以来持续关注中国开征碳税的相关问题。该课题组较为全面地论述了碳税的基本概念、必要性、可行性和碳税税制设计的基本要素。② 他们认为,碳税的实施有利于推动化石燃料和其他高耗能产品的价格上涨,从而抑制能源消费,抑制高耗能和高排放企业的增长,激励企业探索和利用可再生能源,促进产业结构的优化和调整。③ 该课题组使用可计算一般均衡模型(CGE 模型)综合分析了开征碳税对石油、煤炭、天然气、电力等行业的碳排放、产量、进出口、价格、税负、成本和利润等的影响效应;结论认为,碳税会显著增加此类行业的税负,推高相关能源密集型行业的产品价格,特别是电力价格。④ 该研究已经注意到碳税的征收对于居民收入和经济稳定的负面影响,特别对经济产出、居民消费、企业税负、行业利润水平等的影响。这一实证研究的结论和其他学者的相关分析基本一致。魏涛远等的研究认为碳税会使中国经济状况恶化,是一项成本较高的减排政策;但是其也注意到长期征收的碳税能够促进投资,从而抵消该政策的负面效应。⑤ 曹静使用相似的可计算一般均衡模型分析得出碳税的开征将提高化石燃料价格,增加金属冶炼、水泥制造和交通运输等行业的生产成本,并且这一效

① 参见石敏俊、袁永娜等:《碳减排政策:碳税、碳交易还是两者兼之?》,载《管理科学学报》2013年第9期;吴力波、钱浩祺、汤维祺:《基于动态边际减排成本模拟的碳排放权交易与碳税选择机制》,载《经济研究》2014年第9期;申嫦娥、田洲、田悦:《碳税、碳交易的机制比较与联合应用方案设计》,载《财政研究》2014年第11期;魏庆坡:《碳交易与碳税兼容性分析——兼论中国减排路径选择》,载《中国人口·资源与环境》2015年第5期;孙亚男:《碳交易市场中的碳税策略研究》,载《中国人口·资源与环境》2014年第3期;刘宇、肖宏伟、吕郢康:《多种税收返还模式下碳税对中国的经济影响——基于动态CGE模型》,载《财经研究》2015年第1期;朴英爱、杨志宇:《碳交易与碳税:有效的温室气体减排政策组合》,载《东北师大学报(哲学社会科学版)》2016年第4期;刘建梅:《经济新常态下碳税与碳排放权交易协调应用政策研究》,中央财经大学2016年博士学位论文;刘磊、张永强:《基于碳排放权交易市场的碳税制度研究》,载《税务研究》2019年第2期;张济建、丁露露、孙立成:《考虑阶梯式碳税与碳交易替代效应的企业碳排放决策研究》,载《中国人口·资源与环境》2019年第11期;王茹:《碳税与碳交易政策有效协同研究——基于要素嵌入修正的多源流理论分析》,载《财政研究》2021年第7期,等等。
② 参见苏明:《中国开征碳税:理论与政策》,中国环境科学出版社2011年版,第3—35页。
③ 参见苏明、傅志华等:《我国开征碳税的效果预测和影响评价》,载《环境经济》2009年第9期。
④ 参见苏明、傅志华等:《中国开征碳税的政策后果预测》,载《环境经济》2011年第4期。
⑤ 参见魏涛远、[挪威]格罗姆斯洛德:《征收碳税对中国经济与温室气体排放的影响》,载《世界经济与政治》2002年第8期。

应随碳税税率的提高而强化。① 姚昕和刘希颖的研究目的是在经济增长的约束条件下,通过构建中国的 DICE 模型分析中国经济图景下的最优碳税,并进而基于可计算一般均衡模型探讨不同水平的碳税对中国宏观经济的影响。其结论是:中国的碳税应当随时间而逐步上升(2008 年每吨7.314 元,2020 年上升至每吨 57.61 元),以降低政策对经济增长的负面影响;碳税会增加重工业、建筑业等高耗能行业的成本,促进可再生能源等产业的发展。② 陈诗一测度了中国工业的边际减排成本并据此估算碳税税率的合理区间,其研究认为碳税能够显著降低工业领域的碳排放强度。③ 王金男、朱永彬、周晟吕、杨超、刘洁、李文等同时期的研究结论也大都相同:一方面,认同从长期上看碳税具有显著的减排效应;另一方面,也意识到碳税的具体政策设计,特别是税率的确定,应当结合中国经济的实际,从较低税率开始,避免政策对居民收入和宏观经济稳定性的负面影响。这些研究表明,与碳交易机制下由市场形成价格不同,碳税需要由政策制定者确定一个最优税率,这可能是影响碳税制度有效性的关键因素。

就碳税第二阶段的研究来看,国内学者主要探讨的问题是在碳交易已经被确定为中国核心减缓机制的前提下碳税能否与之共存。从研究结论来看,中国学者赞同在碳交易实施的同时择机开征碳税,从而在未被碳交易所控排的行业或领域中建立一个并行的碳价格机制,形成与碳市场协同增效的复合型气候政策模式,服务于中国长期减排目标的实现。譬如,吴力波等基于威兹曼关于数量政策和价格政策的范式④运用可计算一般均衡模型分析了中国各省市 2007 年至 2020 年的边际减排成本曲线,认为碳交易制度更适用于现阶段的中国实际,随减排力度的强化则需要引入碳税制度。傅志华等在全面分析碳税和碳交易制度差异的前提下提出:碳税的覆盖面更广、更为公平,并且在中国国情下,开征碳税具有立法效力更高和征收更为灵活的独特优势;应考虑碳交易和碳税两种政策手段的并行和综合应用,为实现更为严格的碳减排目标和避免碳市场失灵而择机开征碳税。⑤ 宋国君等则认为:碳税和碳交易机制各有其优势,前者可以在实现减排的同时为国家能源转型提供公共资金,后者能更好地刺激先进企业加

---

① 参见曹静:《走低碳发展之路:中国碳税政策的设计及 CGE 模型分析》,载《金融研究》2009 年第 12 期。
② 参见姚昕、刘希颖:《基于增长视角的中国最优碳税研究》,载《经济研究》2010 年第 11 期。
③ 参见陈诗一:《边际减排成本与中国环境税改革》,载《中国社会科学》2011 年第 3 期。
④ See Weitzman M. L., *Prices vs. Quantities*, 41 The review of economic studies 477 (1974).
⑤ 参见中国财政科学研究院课题组、傅志华等:《在积极推进碳交易的同时择机开征碳税》,载《财政研究》2018 年第 4 期。

快技术进步和增强碳排放目标的确定性;二者可以基于排污许可证制度并行实施,在不同阶段起主导作用(2030 年之前以碳税为主导,2030 年之后以碳交易为主导)。① 可见,在有关碳税的经济学研究上,在地方碳市场试点工作启动且全国碳市场建设有序推进的前提下,学者关于碳减排机制的研究出现了一个显著的转变,即从碳税和碳交易两种碳价格机制孰更优的替代性选择转向二者并存是否更为有效且可行的问题上。②

值得注意的是,中国学者意识到在气候变化问题上发达国家和发展中国家存在认知的根本性差异,强调碳排放与发展权的内在联系,认为气候经济学的研究需要形成新的发展范式,并结合发展中国家的现状形成有中国特色的气候经济学话语体系。如潘家华教授认为:碳排放与生存和发展权益相关联,传统的环境经济学的外部性理论、"公地悲剧"的产权理论或者公共物品理论并不能给予充分的解释。③ 基于这一基本视角,以潘家华教授为代表的中国学者在气候经济学的分析中拓展了公平的概念,强调国际气候制度的构建应当重视"人际碳公平",并在此基础上提出了不同于西方国家的全球碳预算方案。其核心要旨是碳排放权的分配应当考虑历史排放责任,充分考虑代际公平,根据人均历史累计排放量确定各国的碳排放空间。④ 气候经济学中对公平问题的重视,说明气候变化问题的研究中经济学与伦理学研究的交叉融合(有关讨论见后一部分关于伦理学的讨论),表明根据经济学分析所形成的有效气候应对方案必须考虑到公平问题。任何不符合人类正义观的国际气候制度,即使在经济学上是有效的,也不会被接受。

3.有效性:气候政策设计的核心导向

综前所述,中外学者关于气候经济学的研究,虽然在分析范式和考量因素上有所不同,但目标是相同的,都是寻求应对气候变化能够实现成本效益均衡的最佳途径。这些研究推动形成了气候经济学研究的核心范式。在研究范畴上,气候变化被视为一个综合性、交叉性的学科领域,包括金融问题、贸易问题、法律问题、伦理问题、福利经济学问题、公共经济学和环境

---

① 参见宋国君、王语苓、姜艺婧:《基于"双碳"目标的碳排放控制政策设计》,载《中国人口·资源与环境》2021 年第 9 期。

② 参见谢来辉:《碳交易还是碳税? 理论与政策》,载《金融评论》2011 年第 6 期;李伯涛:《碳定价的政策工具选择争论:一个文献综述》,载《经济评论》2012 年第 2 期;石敏俊等:《碳减排政策:碳税、碳交易还是两者兼之?》,载《管理科学学报》2013 年第 9 期。

③ 参见潘家华:《气候变化经济学》,中国社会科学出版社 2018 年版,"前言"。

④ 参见潘家华、陈迎:《碳预算方案:一个公平,可持续的国际气候制度框架》,载《中国社会科学》2009 年第 5 期。

经济学问题。① 在气候经济学的视域下,气候变化的问题属性也具有多重性,具体包括外部性问题、公地悲剧、公共物品或是权益和福利分配的问题。虽然问题视角不一,但是基于经济学研究所提供的应对气候之对策选择却有共同之处,都是通过集体行动约束或者改变原有的导致气候变化问题产生的个体行为,即构建一种“制度”。② 由于气候变化是一个全球性问题,个体的行为会产生全球效应,那么所需要形成的制度也应是一个全球性的安全制度,即从全球治理的角度形成一种被普遍接受的对个体碳排放行为的集体控制。

个人因何需要接受这种集体控制? 中外学者的气候变化经济学研究有一个共同的目标设定,即必须将人类活动引起的全球变暖控制在不会导致不可逆转的灾难性后果的限度内。目前被普遍接受的观点是全球平均气温与工业革命之前相比不应超过 2 摄氏度;《巴黎协定》认可了这一目标,并提出应尽量实现 1.5 摄氏度的目标。也就是说,人类的经济社会活动所产生的温室气体排放量必须被限制在一个限度内。这是气候变化经济学研究的一个基本前提。斯特恩建议,该限度应当被设定在 450 ~ 550ppm。在此基础上,学者们得以探讨采取怎样的集体行动才能实现应对气候变化的效益均衡。这其中蕴含的基本逻辑是,应对气候变化必须首先确定可被允许的碳排放行为在现有条件下的稀缺性。正如康芒斯所言,“只有稀缺的东西,人们才会感到短缺或者想望;因为它们稀缺,取得它们就要受到集体行动的约束”③。稀缺性也解释了气候变化产生的根源,即缺乏集体约束的个人自利行为导致的环境负外部性超出了生态系统的平衡(外部性问题);或者,人类由于认知局限忽视公共资源(气候系统)的稀缺性而对其进行竞争性私用所导致的“公地悲剧”。④

如何解决此类问题? 诺德豪斯认为各类建议中可以现实使用的只有两种机制:通过政府法令与管制的数量限制,以及通过收费、补贴或税收的以价格为基础的方法。⑤ 在新制度经济学或产权经济学中,这些都属于产权制度的范畴。其本质都是将具有稀缺性的公共资源“产权化”:以排放标准为代表的政府法令或管制,确立的是政府对公共资源的产权;收费、补

---

① 参见潘家华:《气候变化经济学》,中国社会科学出版社 2018 年版,第 5 页。

② 参见[美]约翰·康芒斯:《制度经济学》,赵睿译,华夏出版社 2013 年版,第 62 页。

③ [美]约翰·康芒斯:《制度经济学》,赵睿译,华夏出版社 2013 年版,第 5—6 页。

④ See Shultz C. J. & Holbrook M. B., *Marketing and the Tragedy of the Commons: a Synthesis, Commentary, and Analysis for Action*, 18 Journal of Public Policy & Marketing 218 (1999).

⑤ 参见[美]威廉·诺德豪斯:《平衡问题:全球变暖政策的权衡》,梁小民译,东方出版中心 2020 年版,第 134—140 页。

贴或税收,包括排放权交易,其实是将公共资源产权化并通过有偿或无偿的方式让渡给市场主体,实现环境外部性的内部化,以市场竞争机制实现公共资源利用上的帕累托最优。[①]

应对气候变化的制度选择的问题在于,上述政策选项中何种可以作为全球性的制度框架,从而实现各国气候政策的协调,避免气候治理中的"搭便车"行为。对此,学者的争论围绕以数量控制为特征的国际碳交易制度和以价格控制为核心的国际碳税机制展开。[②] 诺德豪斯虽然更支持国际协调碳税机制,但是也承认国际碳交易更具有可行性。[③] 碳税和碳交易两种碳价格机制之间的优劣一直是中外气候经济学研究的热点问题。但是,孰为优并没有定论。在国家层面上可以选择二者并存,实现对本国温室气体的协同控制。[④] 在实践中,欧盟在选择碳市场作为超国家层面减缓制度的同时,并没有否定碳税在其成员国层面的实施。[⑤] 问题在于,国际气候制度应当以碳税为主还是以碳交易为主。这不仅需要考虑制度的减排效率,更重要的是要考虑其在国际政治上的可行性问题。之所以需要考虑可行性问题,是因为气候变化问题的解决只能基于国际政治的现实。

二、气候变化的政治与伦理解释

对于气候变化的灾难性后果,科学上已经做出了足够确定性的回答;对于应对气候变化的策略,经济学家也进行了充分的讨论和建议,给出了足够多的政策选项。但是,为何国际社会长期以来未能做出有效的行动?在当前民族国家体系下,如何才能形成有效的国际合作,构建合理的国际气候制度,从而推动碳减排的全球协同?更为关键的是,哪些因素阻碍了已经被确认有效的路径建议转变成具体的国际制度?对这些问题的思考与回答构成了国际气候政治的核心议题:国际气候谈判因何总陷入集体行动的困境,以及各国应当通过何种途径实现减排的全球合作从而走出这一

---

① 参见[美]丹尼尔·H.科尔:《污染与财产权:环境保护的所有权制度比较研究》,严厚福、王社坤译,北京大学出版社 2009 年版,第 14—15 页。

② See e. g., Goulder L. H. & Schein A. R., *Carbon Taxes Versus Cap and Trade: A Critical Review*, Climate Change Economics, 04(03)(2013);Weitzman M. L., *Voting on Prices vs. Voting on Quantities in a World Climate Assembly*, Research in Economics, 71(2), 199-211(2017).

③ Nordhaus W., *Climate Clubs: Overcoming Free-riding in International Climate Policy*, American Economic Review, 105(4), 1339-1370(2015),https://doi.org/10.1257/aer.15000001.

④ 参见傅志华等:《在积极推进碳交易的同时择机开征碳税》,载《财政研究》2018 年第 4 期;孙亚男:《碳交易市场中的碳税策略研究》,载《中国人口·资源与环境》2014 年第 3 期。

⑤ See Carattini S., Carvalho M. & Fankhauser S., *Overcoming Public Resistance to Carbon Taxes*, Wiley Interdiscip Rev. Clim. Change, 9(5), (2018),https://doi.org/10.1002/wcc.531.

困境。在民族国家体系下,国际气候政治的核心议题总逃不脱有关责任与利益分配的争论。这往往涉及发达国家是否应因其历史责任而承担主要减排义务的问题,涉及因何需要当代人为后代人的利益而承担减排的社会成本,即代内公平与代际公平的争论。将公平问题纳入国际气候政治的范畴表明气候与伦理问题存在内在关联。这种关联是必然的。因为受国内政治的约束,国家不会接受并执行其认为不公平的协议。正如埃里克·波斯纳等所述:在气候变化协议的缔结或国际气候制度生成过程中,伦理主张与可行性之间存在某种张力;挑战在于构建兼具道德性和可行性的协议。①

1. 国际气候制度的政治问题:制度可行性

气候政治议题的核心关切是:科学上的共识为何难以转化为政治共识并形成有效的全球气候行动,特别是减缓制度的国际合作。气候变化问题不仅关系到国际政治,而且也与国内政治相关。虽然学者普遍承认全球碳价格机制是有效的机制,但是这一方案所遭遇的最大障碍就是公众的反对。② 这种反对通过国内政治的民主决策机制成为国家在国际气候谈判中的政治立场。大卫·希尔曼等认为,作为公地悲剧的气候变化很大程度上可以归因于自由民主制,因为其本身存在生态缺陷。③ 现代的自由民主政体也拥有阻碍有效应对气候变化的结构特征。赫尔德等将这些特征概括为短期主义、自闭决策(决策时对外部性的忽略和跨边界外溢效应的轻视)、大利益集团的联合、倾向于迎合狭隘利益团体并导致公共决策前后不一;他们认为,气候变化议题横跨国内和国际领域的特征,会使气候变化解决方案在组织的分裂和国与国的竞争中不够成熟且缺乏协调,最终导致气候全球治理呈现无政府状态下的低效率。④ 政治上的自由主义与经济上的市场自由共同构成了气候变化问题产生的土壤。气候变化问题不仅是市场失灵问题,也是政府失灵问题——作为一项国际政治议题,其解决却依赖于国内政治进程。

---

① 参见[美]埃里克·波斯纳、[美]戴维·韦斯巴赫:《气候变化的正义》,李智、张键译,社会科学文献出版社 2011 年版,"引言",第 7 页。

② See S. Carattini, S. Kallbekken & A. Orlov, *How to Win Public Support for a Global Carbon Tax*, 565 Nature 289 (2019).

③ 参见[澳]大卫·希尔曼、[澳]约瑟夫·韦恩·史密斯:《气候变化的挑战与民主的失灵》,武锡申、李楠译,社会科学文献出版社 2009 年版,第 15—24 页。

④ 参见[英]戴维·赫尔德、[英]安格斯·赫维、[英]玛丽卡·西罗斯:《气候变化的治理:科学、经济学、政治学与伦理学》,谢来辉等译,社会科学文献出版社 2012 年版,第 103—129 页。

　　(1)对气候变化问题的政治学阐释:概要

　　吉登斯坚持,气候变化问题的解决有赖于形成向低碳经济发展的政治激合。① 所谓政治激合,是指在政治议题上气候政策与其他政治价值和目标的积极重叠或融合促进。吉登斯认为,国际社会(特别是那些主要的工业国家)并没有形成真正的"气候政治"。这主要是因为全球变暖带来的危险虽然很可怕,但是在日常生活中它并不是有形的、直接的、可见的,因此很多人都会选择袖手旁观而不采取实际的行动,然而,当气候变化的风险变得有形、直接并可见时,却已无法挽回。这就是气候政治的吉登斯悖论。② 如何解决这一悖论,吉登斯认为需要政治格局和政治思维"脱胎换骨"的改变。除应实现政治激合之外,吉登斯还提出两个重要概念:保障性政府和发展优先。从赋权型政府向保障性政府的转变,是气候变化时代民主体制的重大政治变革;③强调的是国家和政府在应对气候变化问题上的主要行为者和责任者的身份。吉登斯认为:就气候变化应对而言,国家应当更为积极协调并促进各方主体应对气候变化,并确保这些行动带来确定的减排成果;保障性国家不仅要动员本国公民采取行动,也应尽力在国际上成为气候行动的领导者。所谓发展优先,是指应保证发展中国家的发展机会,特别是"穷国",其发展机会不应因其经济活动的碳排放问题而被剥夺。吉登斯意识到其中所存在的伦理问题,认为气候变化会加剧发展的不平衡问题,以及发达国家与发展中国家在有关议题谈判上的博弈;但是,他乐观地预测,通过技术转让或其他机制,发展中国家不会复制工业国家的发展路径。④ 总之,吉登斯较为温和地批评了传统的国内政治(特别是自由政治传统)在气候变化问题形成上的作用和应对上的迟缓。基于保障性政府所推动的政治激合和经济激合,吉登斯所主张的是一种将低碳经济内嵌于经济社会发展和变迁过程的温和性转变:企业家和民众"自觉"地因激合的气候政策所形成的激励调整自己的行为偏好,从而实现对气候变化的减缓与适应。

　　哈里斯将气候政治行动失败的原因归结为当前国际政治体系的"根本性"缺陷,即民族国家体系下国家的政治行动只关注于狭隘的短期利益,因而难以在气候变化这一全球性问题的应对上形成真正的全球合作。缺乏

① See Anthony Giddens, *The Politics of Climate Change*, Polity Press, 2009, p. 8-9.

② 参见[英]安东尼·吉登斯:《气候变化的政治》,曹荣湘译,社会科学文献出版社 2009 年版,第2—5页。

③ 参见唐美丽、施慧娟:《从赋权型到保障型——吉登斯应对气候变化的国家思想研究》,载《阅江学刊》2013 年第 6 期。

④ See Anthony Giddens, *The Politics of Climate Change*, Polity Press, 2009, p. 9-10.

有效制度安排和"强制性"约束,国家往往因过于关注短期的经济利益而忽视生态利益,过于关注本国的利益优先,而放弃集体利益。在这一国际政治体系的固有缺陷下,主要的污染者并不承担减排义务;发展中国家也因要实现现代化生活方式而因循发达国家的发展路径而增加化石能源和工业品的消费。[1] 哈里斯认为,克服气候政治失败的关键是塑造气候领域的人本主义外交:气候外交应实现价值归属与规制对象的范式转移,实现以"人"为中心重构气候条约中的权利与责任体系。[2] 其意指,各国为应对气候变化所缔结条约并非为国家设定减排责任,而是要对直接导致气候变化的"人"的奢侈性排放行为实现规制。气候治理中对非国家行为体的关注,恰恰体现了国家这一极其重要的政治实体在塑造国际气候合作中所面临的困境。这种困境导致在国际气候谈判中,国家往往很难在国际协定的框架下作出可信赖的能够产生实质性减排后果的承诺,但这种承诺却是气候国际合作所必需的。[3] 如果缺乏国际合作,国家因为对本国产业竞争力丧失的担忧只能追逐短期利益。在经济全球化下,这似乎是一种无奈但必然的选择。在一个相互依赖且贸易、资本、技术等生产要素自由流动的全球化时代,国家缺乏强有力的措施干涉企业的经济决策,强监管的气候行动或许会降低本国市场对国际投资的吸引力。[4]

吉登斯和哈里斯所讨论的虽然是不同层面的气候政治问题,但是其要旨都是想说明在气候政策制定中存在的一个悖论:经济上最优的政策在政治上却是最不可行的。在民族国家体系下,国家作为以本国利益最大化为行为偏好的单一政治实体,[5] 由于"搭便车"问题的存在,[6] 在气候变化等

---

[1] See Paul G. Harris, *What's Wrong with Climate Politics and How to Fix It*, Polity Press, 2013, p. 19-25.

[2] See Paul G. Harris, *What's Wrong with Climate Politics and How to Fix It*, Polity Press, 2013, p. 26-30.

[3] See David G. Victor, *Global Warming: Why the 2 ℃ Goal Is a Political Delusion*, 459 Nature 909 (2009).

[4] See Stephen Hale, *The New Politics of Climate Change: Why We Are Failing and How We Will Succeed*, 19 Environmental Politics 255 (2010).

[5] See Jack L. Goldsmith & Eric A. Posner, *The Limit of International Law*, Oxford University Press, 2005, p. 4-5. 作者以理性选择学说创设了一个新的对于国家行为偏好的分析框架。其核心假设是国家作为理性的决策者,其参与国家交往(创设或者参与国际法、遵守或者不遵守国际法)的目的是促进本国利益最大化。在该分析框架下,国家利益不仅涵盖国家的安全或财富的增加,还包括在国际交往中代表国家行动的领导者们所认知的国家利益。

[6] See Nordhaus W., *Climate Clubs: Overcoming Free-riding in International Climate Policy*, 105 American Economic Review 1339 (2015).

全球性问题的解决上,似乎必然会陷入集体行动的困境。① 国家所采取的碳减排制度,也必须要在碳减排、经济稳定增长、居民福利等公共政策目标之间进行权衡(见前述关于碳减排政策选择的讨论或第二章的讨论)。人类所导致的气候危机本身,以及危机凸显以来有效且可行的国际气候制度的缓慢发展,说明了上述有效性和可行性悖论的存在。如果说经济学对气候问题的研究所要解决的是气候制度的有效性问题,那么从政治学角度对于气候问题的研究则主要是解决可行性问题,特别是民族国家所构成的当代国际社会结构特征下国际气候制度的可行性研究。前述吉登斯和哈里斯的研究代表了气候政治问题的两个基本面向:前者强调重构国家这一主要政治实体的内部行为偏好,实现政府公共职能的低碳化转向;后者则强调国家在国际交往中以人本主义重塑其在国际气候政治中的对外行为偏好,即其所称的“人本主义外交”。这种世界主义的构想显然不符合现实的国际政治结构。国际气候制度的演变仍是在威斯特伐利亚以来的民族国际体系内进行;国家仍作为单一政治实体为其所认为的利益最大化而进行国家本位的气候外交。在各国政府主导下的国际气候谈判,所期望构建的是一个综合的管理气候变化的规制体系。② 在这一现实场景下,国际政治学者对于气候问题的研究可以概括为以下两个重要方面:第一,国际气候制度的可行性困境,即一个综合而全面的气候制度,特别是减缓制度,因何难以成就。这主要是对《京都议定书》和哥本哈根会议失败的反思。③

① See Cole D. H. , *Climate Change and Collective Action*, 61 Current Legal Problems 229 (2008).

② See Keohane, Robert O. & David G. Victor, *The Regime Complex for Climate Change*, 9 Perspectives on Politics 7 (2011).

③ See e. g. , Underdal Arild, *Climate Change and International Relations (after Kyoto)*, 20 Annual Review of Political Science 169 (2017); Keohane, Robert O. , *The Global Politics of Climate Change: Challenge for Political Science*, 48 PS: Political Science & Politics 19 (2015); Bättig M. & Bernauer T. , *National Institutions and Global Public Goods: Are Democracies More Cooperative in Climate Change Policy?*, 63 International Organization 281 (2009); Rayner S, *How to Eat an Elephant: a Bottom-up Approach to Climate Policy*, 10 Climate Policy 615 (2010); Keohane, Robert O. & David G. Victor, *The Regime Complex for Climate Change*, 9 Perspectives on Politics 7 (2011); Grubb M. et al. , *Global Carbon Mechanisms: Lessons and Implications*, 104 Climatic Change 539 (2011); Victor, David G. , *The Collapse of The Kyoto Protocol and The Struggle to Slow Global Warming*, Princeton University Press, 2011; Bernauer, Thomas, *Climate Change Politics*, 16 Annual review of political science 421 (2013); Falkner, Robert, *The Nation-State, International Society, and the Global Environment*, The handbook of global climate and environment policy, 2013, p. 251 - 267; Falkner Robert, *American Hegemony and the Global Environment*, 7 International Studies Review 585 (2005); Keohane, Robert O. & Kal Raustiala, *Toward a post-Kyoto climate change architecture: a political analysis*, In: Aldy JE, Stavins RN, eds. Post-Kyoto International Climate Policy: Implementing Architectures for Agreement, Cambridge University Press, 2009, p. 372-400.

第二,有效的国际气候制度的可行性路径,即在反思《京都议定书》和哥本哈根会议失败的基础上,探究形成有效国际气候制度(特别是减缓的国际合作制度)或新协议的可行性路径;以及新协议(《巴黎协定》)下实现更有效或强有力的减排绩效的可行性路径。[①] 从内容看,前述第一个方面的研究主要关注的是《巴黎协定》之前综合性气候协定虽签署却难称有效或难以重签新的综合性气候协定的政治上的成因。这主要是从国际政治学的视角关注在国际气候谈判中的权力结构和国家利益分歧。其核心观点是民族国家体系下各国利益的多元化和不可调和的利益冲突减损了达成有效的国际气候协议的政治共识或基础。不同国家的学者基于其利益认同的差异,对成因的阐释也不尽相同。第二个方面的研究所探讨的是《巴黎协定》所应采纳的具有政治可行性的制度模式或制度路径。这些研究涉及该协定缔结之前国际政治上可行的减排方案的建议,也包括协定生效之后对协定所形成新的国际气候制度的国际政治学解释。

我国国内学者从政治学角度对国际气候制度的研究要旨在于阐释而非建构;阐释的目的主要是说明中国对于国际气候谈判陷入困境或出现新的动态应做怎样的应对,甚少从建构的层面提出具体的具有可行性的制度性建议。但是这并没有偏离气候政治学研究的核心关切,即科学上的共识

[①] See e. g. , Keohane, Robert O. & Michael Oppenheimer, *Paris: Beyond the Climate Dead End Through Pledge and Review?*, 4 Politics and governance 142 (2016); Symons J. , *Realist Climate Ethics: Promoting Climate Ambition Within the Classical Realist Tradition*, 45 Review of International Studies 141 (2019); Hovi, Jon et al. , *The Club Approach: A Gateway to Effective Climate Co-Operation?*, 49 British Journal of Political Science 1071 (2017); Victor D. , *Copenhagen II or Something New*, 4 Nature Climate Change 853 (2014); Underdal Arild, *Climate Change and International Relations (after Kyoto)*, 20 Annual Review of Political Science 169 (2017); Stewart Richard B. , Michael Oppenheimer & Bryce Rudyk, *Building Blocks: A Strategy for near-Term Action within the New Global Climate Framework*, 144 Climatic Change 1 (2017); Sælen Håkon, *Side-Payments: An Effective Instrument for Building Climate Clubs?*, 16 International Environmental Agreements: Politics, Law and Economics 909 (2016); Ampfer Robert, *Minilateralism or the Unfccc? The Political Feasibility of Climate Clubs*, 16 Global Environmental Politics 62 (2016); Falkner Robert, *A Minilateral Solution for Global Climate Change? On Bargaining Efficiency, Club Benefits, and International Legitimacy*, 14 Perspectives on Politics 87 (2016); Keohane, N. , A. Petsonk & A. Hanafi, *Toward a Club of Carbon Markets*, 144 Climatic Change 81 (2015); Unger Charlotte, Kathleen A. Mar & Konrad Gürtler, *A Club's Contribution to Global Climate Governance: The Case of the Climate and Clean Air Coalition*, 6 Palgrave Communications 99 (2020); Pihl Håkan, *A Climate Club as a Complementary Design to the Un Paris Agreement*, 3 Policy Design and Practice 45 (2020); Falkner Robert, Naghmeh Nasiritousi & Gunilla Reischl, *Climate Clubs: Politically Feasible and Desirable?*, 22 Climate Policy 480 (2021); Stua Michele, Colin Nolden & Michael Coulon, *Climate Clubs Embedded in Article 6 of the Paris Agreement*, 180 Resources, Conservation and Recycling (2022).

为何难以转化为政治共识并形成有效的全球气候行动或国际气候制度。从分析框架上来看,中国学者的思考并未超出国际政治学的基本框架,也是从气候变化议题中的权力结构和国家利益角度来思考国际气候谈判或国际气候制度发展常陷入困境的原因。① 从内容和结论上来看,国内学者的研究比较强调美国②、欧盟成员国③等历史排放大国和中国④、俄罗斯⑤、南非和巴西等发展中大国⑥对气候谈判议题的推动作用,并强调正是由于某些对历史排放应当承担减排责任的发达国家基于本国经济利益的考虑对应承担责任的推诿导致了气候谈判中国家利益的严重冲突和对立,以致难以形成减排共识,⑦进而导致了《京都议定书》的低效和哥本哈根会议的失败,从而无法构建有效的国际减排制度。从政策建议来看,中国学者主要关注的是全球气候治理变迁下中国基于其身份角色变化而如何因应的

① 参见庄贵阳:《后京都时代国际气候治理与中国的战略选择》,载《世界经济与政治》2008年第8期;张海滨:《关于哥本哈根气候变化大会之后国际气候合作的若干思考》,载《国际经济评论》2010年第4期;谢来辉:《领导者作用与全球气候治理的发展》,载《太平洋学报》2012年第1期;刘昌义等:《各国参与国际气候合作影响因素的实证分析》,载《世界经济与政治》2012年第4期;吴静等:《国际气候谈判中的国家集团分析》,载《中国科学院院刊》2013年第6期;王谋、潘家华:《气候安全的国际治理困境》,载《江淮论坛》2016年第2期。
② 参见张永香等:《美国退出〈巴黎协定〉对全球气候治理的影响》,载《气候变化研究进展》2017年第5期;周伟铎、庄贵阳:《美国重返〈巴黎协定〉后的全球气候治理:争夺领导力还是走向全球共识?》,载《太平洋学报》2021年第9期,等等。
③ 参见高小升:《欧盟后哥本哈根气候政策的变化及其影响》,载《德国研究》2013年第3期;李慧明:《欧盟在国际气候谈判中的政策立场分析》,载《世界经济与政治》2010年第2期;谢来辉:《为什么欧盟积极领导应对气候变化?》,载《世界经济与政治》2012年第8期,等等。
④ 参见张海滨:《中国在国际气候变化谈判中的立场:连续性与变化及其原因探析》,载《世界经济与政治》2006年第10期;陈迎:《国际气候制度的演进及对中国谈判立场的分析》,载《世界经济与政治》2007年第2期;庄贵阳:《后京都时代国际气候治理与中国的战略选择》,载《世界经济与政治》2008年第8期;汤伟:《迈向完整的国际领导:中国参与全球气候治理的角色分析》,载《社会科学》2017年第3期;李志斐、董亮、张海滨:《中国参与国际气候治理30年回顾》,载《中国人口·资源与环境》2021年第9期;李强:《"后巴黎时代"中国的全球气候治理话语权构建:内涵、挑战与路径选择》,载《国际论坛》2019年第6期,等等。
⑤ 参见姜睿:《气候政治的俄罗斯因素——俄罗斯参与国际气候合作的立场、问题与前景》,载《俄罗斯研究》2012年第4期;廖茂林、刘元玲、陈迎:《新形势下俄罗斯气候治理政策的发展演进》,载《国外社会科学》2022年第1期,等等。
⑥ 参见贺双荣:《哥本哈根世界气候大会:巴西的谈判地位、利益诉求及谈判策略》,载《拉丁美洲研究》2009年第6期;贺双荣:《巴西气候变化政策的演变及其影响因素》,载《拉丁美洲研究》2013年第6期;赵斌:《从边缘到中心:南非气候政治发展析论》,载《西亚非洲》2022年第1期;张海滨:《印度:一个国际气候变化谈判中有声有色的主角》,载《世界环境》2009年第1期;赵斌、高小升:《新兴大国气候政治的变化机制——以中国和印度为比较案例》,载《南亚研究》2014年第1期;左品、蒋平:《金砖国家参与全球气候治理的动因及合作机制分析》,载《国际观察》2017年第4期,等等。
⑦ 参见刘昌义:《各国参与国际气候合作影响因素的实证分析》,载《世界经济与政治》2012年第4期。

问题,主要的观点是中国已经取得了气候谈判中的结构性权力,作为负责任的大国已经成为全球气候治理的一个重要领导者;①正是中国与欧盟、美国、巴西等的国际合作奠定了《巴黎协定》这一新的综合性全球气候条约得以签署的政治共识;②中国也必将成为引领以《巴黎协定》为基础的当前和未来全球气候治理的重要力量,③应在未来积极推动国内的低碳经济发展和参与国际气候治理,通过气候外交增强全球气候治理中的中国话语权。④

虽然中外学者都基于现实主义的内核将影响国际气候合作达成的关键因素归因于各国国家利益的分歧和冲突,但是中国更强调国际气候合作的道义性或公平因素,⑤始终强调全球气候治理应以《联合国气候变化框架公约》为基本框架,并体现共同但有区别的责任原则。中国所塑造的国际气候制度的话语权具有鲜明的道义特征:一方面,强调发达国家基于历史排放责任有向发展中国家提供技术和资金援助的义务道德责任;⑥另一方面,中国作为发展中大国和碳排放大国,在积极推进本国绿色低碳发展以履行减排责任的同时,有义务探索适应发展中国家的减缓与适应模式,强化与发展中国家在气候变化框架下的产能和技术合作,形成合作共赢的全球气候治理模式。⑦ 中国积极参与全球气候合作并塑造具有道义特征的国际气候制度话语权,可以视为人类命运共同体理念在气候外交领

① 参见庄贵阳:《后京都时代国际气候治理与中国的战略选择》,载《世界经济与政治》2008 年第8 期;马建英:《国际气候制度在中国的内化》,载《世界经济与政治》2011 年第6 期;许琳、陈迎:《全球气候治理与中国的战略选择》,载《世界经济与政治》2013 年第1 期;肖兰兰:《中国在国际气候谈判中的身份定位及其对国际气候制度的建构》,载《太平洋学报》2013 年第2 期;李志斐、董亮、张海滨:《中国参与国际气候治理30 年回顾》,载《中国人口·资源与环境》2021 年第9 期,等等。

② 参见李强:《中美气候合作与〈巴黎协定〉》,载《理论视野》2016 年第3 期;曹慧:《全球气候治理中的中国与欧盟:理念、行动、分歧与合作》,载《欧洲研究》2015 年第5 期。

③ 参见何建坤:《〈巴黎协定〉后全球气候治理的形势与中国的引领作用》,载《中国环境管理》2018 年第1 期。

④ 参见于宏源:《〈巴黎协定〉、新的全球气候治理与中国的战略选择》,载《太平洋学报》2016 年第11 期;吕江:《〈巴黎协定〉:新的制度安排、不确定性及中国选择》,载《国际观察》2016 年第3 期。

⑤ 李强:《"后巴黎时代"中国的全球气候治理话语权构建:内涵、挑战与路径选择》,载《国际论坛》2019 年第6 期。

⑥ See Wei Shen & Lei Xie, *Can China Lead in Multilateral Environmental Negotiations? Internal Politics, Self-Depiction, and China's Contribution in Climate Change Regime and Mekong Governance*, 59 Eurasian Geography and Economics 708 (2019).

⑦ 参见何建坤:《〈巴黎协定〉后全球气候治理的形势与中国的引领作用》,载《中国环境管理》2018 年第1 期。

域的体现,①具有典型的道义现实主义特征。② 这与国外学者在气候变化政治问题上的现实主义和新自由制度主义不同。以罗伯特·基欧汉为代表的国际政治学者有关国际气候制度的研究,特别是对《京都议定书》模式失败的反思与可行性建议,对国际气候制度的演进具有建设性。

(2)国际气候制度:单一综合性条约或"制度丛结"

在罗伯特·基欧汉看来,气候变化是"世界政治"问题。③ 当今世界政治内在的结构多样性和利益多样性,使得国际气候制度(包含减缓和适应)更趋向于形成"制度丛结",而非单一综合性的国际法律制度。所谓"制度丛结"指的是一组松散地联系在一起的特定制度。在《联合国气候变化框架公约》生效之后,国际社会一直希望仿照保护臭氧层的《蒙特利尔议定书》形成一个单一的、综合性的条约体系和国际规章制度。这种努力的重要成果就是《京都议定书》。《京都议定书》试图仿照国际社会在解决臭氧层空洞问题上的旧智,为所有成员方设定一个统一的目标和时间表来实现强有力的减排约束。该协定既无有效性又缺乏可行性。一方面,全球温室气体排放量在协定实施期间并未被有效控制,仍在持续快速增长。据 IPCC 第五次评估报告,2011 年作为主要温室气体的二氧化碳在大气中的浓度达到 391ppm。④ 温室气体增长的趋势并未得到控制。⑤ 另一方面,协议为所有主要排放国设立量化减排目标和实践表的方式缺乏政治可行性。这是政治学者对国际气候制度研究的重点。表面上,遵守《京都议定书》的成本过高影响了国家参与并遵守该协定的意愿。譬如,美国退出该协定的重要理由就是遵守该协议会损害美国产业的国际竞争力。⑥

国际关系学者所探究的是表象之下有效的国际气候合作未能形成的政治学解释。最具有代表性的成果是罗伯特·基欧汉和戴维·维克托基

---

① 参见赵永琛:《试论习近平外交思想的辩证统一性》,载《国际问题研究》2018 年第 4 期。

② 参见阎学通:《道义现实主义的国际关系理论》,载《国际问题研究》2014 年第 5 期。

③ 参见[美]罗伯特·基欧汉:《世界政治研究中的大问题》,载[澳]克里斯蒂安·罗伊-斯米特、[英]邓昆·斯尼达尔编:《牛津国际关系手册》,方芳等译,译林出版社 2019 年版,第 778 页。

④ See IPCC, 2013: *Summary for Policymakers. In: Climate Change* 2013: *The Physical Science Basis. Contribution of Working Group I to the Fifth Assessment Report of the Intergovernmental Panel on Climate Change*, Cambridge University Press, 2013, p 11.

⑤ See Boden T. A., Marland G. & Andres R. J, *Global, Regional, and National Fossil-Fuel* CO_2 *Emissions*, Carbon Dioxide Information Analysis Center, Oak Ridge National Laboratory, U. S. Department of Energy, Oak Ridge, Tenn., U. S. A., 2017.

⑥ See Hovi Jon, Detlef F. Sprinz & Guri Bang, *Why the United States Did Not Become a Party to the Kyoto Protocol: German, Norwegian, and Us Perspectives*, 18 European Journal of International Relations 129 (2012).

于基欧汉所开创的国际合作理论的基本范式对国际气候政策合作困境的分析。① 维克托认为,有三个根植于地球物理学的事实是理解全球变暖何以成为政治挑战的关键。其一,全球变暖的规制需要大幅度减少温室气体排放。温室气体与传统的大气污染物不同,其产生来自驱动经济增长的化石燃料的使用。大幅度地削减温室气体会带来巨大的经济成本,并且需要对现有能源基础设施和能源体制进行改变。其二,二氧化碳在大气中的长期存续会导致"时间不一致性"问题,即减排成本与减排收益的产生在时间上的不同步性。这种不同步性使负担减排成本的人并不能享受到减排带来的收益。时间的不一致性会增加气候政治本就存在的不确定性问题。其三,二氧化碳等温室气体在大气中的极快扩散使发生在任何国家的减排行动都有助于全球变暖问题的解决。这激励各国积极开展国际合作以降低减排成本,但同时也提供了"搭便车"的契机。维克托认为,这些不可避免的事实使全球变暖问题的规制与传统大气污染物的规制不同,亟待在利益诉求大相径庭的国家之间构建能够促进更有效政策的国际合作或国际制度。② 作为一个全球性问题,应对气候变化的国际气候制度理应是单一、综合的体系;譬如,《蒙特利尔议定书》之于臭氧层空洞问题、WTO 法律体系之于国际贸易问题。然而,基欧汉和维克托基于国际合作理论的分析范式认为,有三个因素导致真正可行的国际气候制度只能是一个"制度丛结"。其一,利益分配。各国利益的多元化必然导致对国际气候制度的规制偏好不同。其二,不确定性。其使大多数政府无法确定建立一项成本高昂的全球制度能否带来预期的收益,也无法确定其他国家是否会做出或遵守具有可比性的减排承诺。气候变化问题的复杂性伴随着利益、权利、信息和信念的多样性。这增加了气候制度设计中的不确定性因素。其三,议题连接。综合性协定或制度的形成得益于议题连接所产生的对问题领域的整合。譬如,WTO 法律体系的形成就是基于贸易问题对其他领域的连接所产生的问题领域的扩展。国际气候制度的形态受气候变化各问题领域之间的连接整合性的影响。《京都议定书》之后的国际气候制度正是因为如此才表现为松散连接的"制度丛结"。③ 松散的国际气候制度必然导致国际合作的有效性不足,特别是各国减排规则的协调性不足。随着

① See Robert O. Keohane & David G. Victor, *Cooperation and Discord in Global Climate Policy*, 6 Nature Climate Change 570 (2016).

② See David G. Victor, *Why the United States Did Not Become a Party to the Kyoto Protocol: German, Norwegian, and Us Perspectives*, Cambridge University Press, 2011, p.39-42.

③ See Robert O. Keohane. & David G. Victor, *The Regime Complex for Climate Change*, 9 Perspectives on Politics 7 (2011).

《京都议定书》的谢幕,这一合作问题更为凸显。

结合前述气候经济学的讨论来看,松散的国际气候制度意味着理论上最有效的统一碳价难以通过一个单一的、综合性协定得以实现。国际政治学者并不认为这种"制度丛结"并非所谓的次优选择,而是"有效"的国际减缓合作所必需的选择。[1] 简言之,有效的国际气候制度并不可行。这也说明因何 2009 年哥本哈根会议未能形成普遍性的国际减排合作。在这一背景下,国际气候制度构建中的"去多边化"思潮开始兴起。经济学者(如诺德豪斯)主要从公共政策选择理论出发,认为若干个国家组成的气候俱乐部更能有效地解决"搭便车"现象。[2] 政治学者则从可行性角度构建了国际气候合作"次多边化""俱乐部化"的理论解释框架。最具有代表性的是基欧汉和维克托提出的试图解释现实国际气候合作模式何以偏离理论上最有效的综合性协定的分析框架。这一分析框架试图将公共政策选择理论解决"搭便车"问题的激励因素与国际合作"有效性"的关键因素"自我执行"融合。在该框架下,国际合作因其达成的协定是否可"自我执行"区分为两种类型的合作模式,即"协作"和"协调"。[3] 处于"协作"中的各方受"囚徒困境"的影响,需要有足够的激励或通过合作获得足够的收益才愿意参与国际合作并遵守国际协定的行为义务;而处于"协调"模式中的各方无须激励即自愿履行国际协定所设立的行为义务。在基于可否自我执行或能否对参与各方产生足够的激励相结合所形成的四个条件下(见表 1-1),国际气候合作呈现出多种模式。

表 1-1　国际协作与协调的预期形式

合作模式	潜在的共同收益:高	潜在的共同收益:低
协定不能自我执行(协作是合作的必要条件)	情景 A:高收益的协作实现是有可能的;但是,协作的推进会产生脱离的危险	情景 D:缺乏寻求协作的激励,虽然浅层次的协作限制了脱离的危险
协定能自我执行(协调是合作的充分条件)	情景 B:有限但有现实收益的协调有较大机会实现;潜在的收益是公开可预见的	情景 C:仅能实现潜在收益较低的简单协调

[1]　See Robert O. Keohane & David G. Victor, *Cooperation and Discord in Global Climate Policy*, 6 Nature Climate Change 570 (2016).

[2]　See Nordhaus W., *Climate Clubs: Overcoming Free-riding in International Climate Policy*, 105 American Economic Review 1339 (2015).

[3]　See Robert O. Keohane & David G. Victor, *Cooperation and Discord in Global Climate Policy*, 6 Nature Climate Change 570 (2016).

基欧汉和维克托认为,具有现实可行性的国际合作只会在情景 A、B 和 C 范围内存在。程度更高的减缓或规模更大的温室气体减排就属于情景 A 下的国际合作问题,强有力的能够有效解决气候变化问题的国际减缓制度必须包含能够降低成员方脱离减排行动可能性的制度设计。换言之,可行的国际减缓制度应当提供互惠或制裁的机制(譬如允许报复的 WTO 法律制度),①积累成员方持续参与协作并形成国际合作的长期收益。情景 B 下的国际合作范例是《蒙特利尔议定书》下国际社会对臭氧层空洞问题的治理。其启示在于,国际协调可以基于一个国家或若干国家愿意承担国际合作所需成本而得以实现。这一模式的国际合作事实上是在强调领导者对于国际合作达成的重要性。情景 C 解释了双边国际气候合作的可行性及其促成更有效国际合作的重要意义。譬如,中美双方在《巴黎协定》缔约之前达成的协作,其对于《巴黎协定》最终能够达成以"承诺与评估"为特征的国际减缓制度起到了重要的推动作用。此外,情景 C 也解释了若干个国家组成气候俱乐部对于国际合作的积极意义,为气候联盟、碳市场俱乐部等国际减缓制度设计提供了国际政治学上的理论基础。

虽然学者们关于气候政治的讨论均认为综合性协定并非国际气候合作的最佳方式,但是基于对气候治理问题的路径依赖,国际社会在妥协中仍然形成了继《京都议定书》之后新的综合性气候条约,即《巴黎协定》。从内容上来看,《巴黎协定》涵盖了减缓、适应、资金、技术、能力建设、透明度、遵约等核心议题,为今后相当长一段时间内的国际气候治理提供了规范基础。特别需要强调的是,《巴黎协定》的国际减缓机制与《京都议定书》存在较大差异。其摒弃了《京都议定书》中减缓义务的"双轨制",而是由各国根据本国国情进行自主的减排承诺,即法律拘束力明显不同于《京都议定书》模式下量化减排承诺的国家自主贡献。② 这种"自下而上"地确立各国减缓义务的方式,也说明经济学上最有效的制度并非国际政治现实中最为可行的制度。

《巴黎协定》的"自下而上"模式增加了各国减排目标确立的自主性和减缓行动的灵活性;同时也为成员方采取更有力的减排行动以实现协定所确立的较《联合国气候变化框架公约》更具有雄心的目标提供了必要的政策空间。国际政治学者们普遍认为,这种模式更符合气候国际合作的现实

① See Robert O. Keohane & David G. Victor, *Cooperation and Discord in Global Climate Policy*, 6 Nature Climate Change 570 (2016).

② See Bodansky D. , *The Legal Character of the Paris Agreement. Review of European*, 25 Comparative & International Environmental Law 142 (2016).

情景,因为其提供的灵活性为松散的多元化的气候"制度丛结"提供了国际法上的正当性。在《巴黎协定》提供的规范框架下,气候政治学的研究重点是能够实现更具雄心的减排目标的可行合作模式或制度安排。"俱乐部化"或"次多边化"是这些模式或制度建议的一个最显著特征。所谓俱乐部化或次多边化是指各国基于自主减排行动在多边体制之外以双边或区域的方式形成国际气候治理的俱乐部或减排联盟。

欧美学者中,罗伯特·福克纳对此问题的论述较为系统。福克纳用"全球协定"指称维克托所批判的综合性协定。相比之下,福克纳对以《京都议定书》为代表的"全球协定"模式做了更具体的界定,即以综合性、普遍参与性和法律拘束力的条约,依据事先确定的原则为缔约方"自上而下"地设定应当被普遍实施的各项气候政策和确定的目标。① 这种"全球协定"在哥本哈根会议后被更符合国际气候政治现实的"模块建构"方式所替代。有别于基欧汉相对理论化的解释,福克纳更倾向于强调国际气候政治在哥本哈根会议之后所发生的结构性权力变迁,特别是美国和中国对气候政治的积极参与。"模块建构"的本质是考虑政治现实的一种次优选择;其主旨是通过在减缓、适应、技术、能力建设或履约机制等单独领域的国际合作积累实现最终综合性协定的政治互信。② 因此,"模块建构"模式接近于前述表1-1中情景B下的国际合作模式。可见,福克纳与基欧汉、维克托等人的立场基本一致,认同诺德豪斯等所提出的气候俱乐部可以实现有效减排的观点,认为若干个大国作为领导者或先行者所形成的气候俱乐部可以强化国际社会的减缓行动。③ 基于其所认为的《巴黎协定》时代国际气候政治的现实——承认国内的政治行动是国际合作模式或制度的决定性因素,意识到虽然排放大国和发展中国家不愿意接受"强制性"的量化减排目标但是也愿意通过国内气候立法推动本国经济社会的低碳发展,④福克纳等认为《巴黎协定》下旨在推动更具雄心的减排目标实现的各类气候俱乐部,整体上有益于多边气候合作,能够通过打破大国之间的僵

---

① See Falkner R., Stephan H. & Vogler J., *International Climate Policy after Copenhagen*: *Towards a "Building Blocks"*, 1 Approach. Global Policy 252 (2010).

② See Falkner R., Stephan H. & Vogler J., *International Climate Policy after Copenhagen*: *Towards a "Building Blocks"*, 1 Approach. Global Policy 252 (2010).

③ See Falkner R., *A Minilateral Solution for Global Climate Change? On Bargaining Efficiency*, *Club Benefits*, *and International Legitimacy*, 14 Perspectives on Politics 87 (2016).

④ See Falkner R., *The Paris Agreement and the New Logic of International Climate Politics*, 92 International Affairs 1107 (2016).

局而提高多边气候谈判的绩效,①成为以《巴黎协定》为基础的气候多边治理的必要补充。

(3)小结:俱乐部减缓模式的共同特征和存在问题

概言之,基欧汉、维克托和福克纳所代表的国际政治学界在探讨可行的国际气候合作机制时所期望的是通过渐进性或者若干个国家之间的合作积累能够达成普遍性和综合性机制的政治互信。这与前文哈里斯等从国内政治角度思考所隐含的纯粹"自下而上"方式存在一定的差异。协调双方的立场能够设计出更为可行的国际合作制度。就减缓气候变化行动而言,既需要考虑科学事实所决定的形成强化减排行动的紧迫性和经济学对最优减缓制度的研究假设——全球统一或协调的碳价格机制,也需要考虑各国在减缓气候变化问题中的利益差异、国内政治的不确定性等因素,在"自上而下"和"自下而上"国际合作模式的协调与平衡中找到能够实现均衡"有效性"和"可行性"的制度模式。② 若干减缓目标和机制相同或相似的国家之间减缓制度的链接所形成的减缓联盟或减缓俱乐部,成为被经济学者和政治学者所共同认可的一种合作模式。③就减排的有效性而言,学者们认为其可以补充《巴黎协定》在减缓机制上的弱化。④

从西方学者建议的各类以减缓气候变化为目标的气候联盟或俱乐部〔如基欧汉等建议的建立在诸边协议基础上的碳市场俱乐部、⑤斯图阿所论证的《巴黎协定》第6条下自愿减排合作基础上的碳减排信用的国际互认、⑥经济合作与发展组织(OECD)成员方限制煤炭出口金融激励措施的

---

① See Falkner R., Nasiritousi N. & Reischl G., *Climate Clubs: Politically Feasible and Desirable?*, 22 Climate Policy 480 (2022).

② See Green J. F., Sterner T. & Wagner G., *A Balance of Bottom-up and Top-down in Linking Climate Policies*, 4 Nature Climate Change 1064 (2014).

③ See e. g., Paroussos L. et al., *Climate Clubs and the Macro-Economic Benefits of International Cooperation on Climate Policy*, 9 Nature Climate Change 542 (2019).

④ See Pihl H., *A Climate Club as a Complementary Design to the UN Paris Agreement*, 3 Policy Design and Practice 45 (2020).

⑤ See Keohane N., Petsonk A. & Hanafi A., *Toward a Club of Carbon Markets*, 144 Climatic Change 81 (2015).

⑥ See Stua M., Nolden C. & Coulon M., *Climate Clubs Embedded in Article 6 of the Paris Agreement*, 180 Resources, Conservation and Recycling (2022).

联盟、①旨在通过减少短期大气污染物排放的气候和清洁空气联盟、②北极地区国家间限制黑碳和甲烷排放的国家俱乐部等③]来看,有三个显著特征:第一,强调大国的参与和领导作用,特别是美国、欧盟等发达经济体的参与;④第二,为激励其他成员加入俱乐部实现更具有雄心的减排目标,往往会对联盟之外的成员实施激励或具有"惩罚性"的措施;⑤第三,气候俱乐部应具有开放性和包容性,能够为非国家行为体自愿参与提供制度化安排,以鼓励企业进行低碳技术创新。⑥ 以俱乐部方式推进国际合作,譬如基于碳市场连接所形成的碳市场俱乐部,或许能够强化当前的减排行动,为《巴黎协定》下更具雄心的减排目标之实现创造有利条件。但是,需要注意的是,气候俱乐部的倡议国往往是那些已经实现碳达峰的发达国家。这种在气候多边治理以外的诸边合作模式无疑是在强化欧盟和美国等在气候治理中的话语权。其所宣称的更有力的减排行动和减排目标为其所实施的具有歧视性的单边主义措施,譬如碳关税、碳边境调节机制(CBAM)等以减损发展中国家的贸易竞争力和收益为胁迫手段的贸易保护主义措施,提供了正当性。这使其可以进一步淡化其基于历史排放责任所应当承担的向发展中国家进行资金和技术支持的法律责任和道德责任。俱乐部并不一定会实现基欧汉和福克纳所希望的更有效的国际合作。发展中国家拒绝参与合作主要是基于气候正义的考虑。有效、可行的国际气候制度需符合被普遍接受的气候正义或气候伦理准则。

2. 国际气候制度的伦理问题:气候正义

国际社会达成气候协定促进国际合作减排,是一个综合自然、技术和

---

① See Liao J. C. , *The Club-based Climate Regime and OECD Negotiations on Restricting Coal-fired Power Export Finance*, 12 Global Policy 40 (2020).

② See Unger C. , Mar K. A. & Gürtler K. , *A Club's Contribution to Global Climate Governance: the Case of the Climate and Clean Air Coalition*, 6 Palgrave Communications (2020). 该行动是由孟加拉国、加拿大、加纳、墨西哥、瑞典和美国以及联合国环境规划署于 2012 年发起的。具体信息还可参见 CCAC (2014a) Framework for the Climate and Clean Air Coalition to reduce short-lived climate pollutants, Climate and Clean Air Coalition, http://www. ccacoalition. org/ru/resources/climate-and-clean-air-coalition-ccacframework-document。

③ See Aakre S. et al. , *Incentives for Small Clubs of Arctic Countries to Limit Black Carbon and Methane Emissions*, 8 Nature Climate Change 85 (2017).

④ See Hovi J. et al. , *The Club Approach: A Gateway to Effective Climate Co-operation?*, 49 British Journal of Political Science 1071 (2017).

⑤ See van den Bergh J. C. J. M. et al. , *A Dual-track Transition to Global Carbon Pricing*, 20 Climate Policy 1057 (2020).

⑥ See Martin N. & van den Bergh J. C. J. M. , *A Multi-Level Climate Club with National and Sub-National Members: Theory and Application to US States*, 14 Environmental Research Letters (2019).

社会科学有关研究成果进行决策的过程。任何气候决策都会涉及成本和利益的分配,都是隐含着价值判断的规范选择。① 可见,伦理或道德评价对于国际气候政策的制定具有基础性的作用。正如史蒂夫·范德海登指出的,"如果认为我们自身的行动不能公开的接受道德评价,或者不考虑各种利益问题,那么我们很难理解为什么气候变化造成了问题"②。正是因为气候伦理的根本性意义,在现实政治图景中所形成的国际气候制度自始即强调政策设计中的公平问题。《联合国气候变化框架公约》基于公平的考量,确立了共同但有区别的责任原则,从矫正正义和分配正义的视角强调发达国家的历史排放责任,奠定了《京都议定书》的伦理基础;《巴黎协定》下的"承诺和审评"模式强化了成员方减排的共同责任,弱化了京都模式下基于矫正正义和分配正义的伦理需求。③ 义务模式的转变产生了新的伦理困境:以可行性为导向的"自下而上"的义务设定,是否会导致《巴黎协定》下国际减排合作中对发展中国家气候伦理诉求的忽视,从而使国际气候制度欠缺道德基础而缺乏普遍性意义。譬如,学者所倡议的具有高度政治可行性的气候俱乐部,特别是发达国家所倡议或主导形成的减排联盟,往往会通过边境调节措施对其所认定的未实施有效减排政策的国家——这些国家往往是正处于工业化过程中未制定绝对碳排放总量控制目标的发展中国家——所来源的商品征收碳关税或者其他费用,以规制因各国碳监管水平的差异所可能导致的碳泄漏问题。这会导致气候资金从发展中国家向发达国家的流动。在发达国家仍怠于履行其在《巴黎协定》下对发展中国家的资金援助义务的背景下,这种资金流动显然是不符合被国际社会普遍认同的气候正义或气候公平观念的。如何避免类似伦理困境的产生,保证国际气候制度符合被普遍接受的气候公平和气候正义观念,是有效国际减排合作实现的必要条件。④

气候伦理的核心问题是如何在国家之间和代际之间公平地分担应对

---

① See Dooley K. et al., *Ethical Choices behind Quantifications of Fair Contributions under the Paris Agreement*, 11 Nature Climate Change 300 (2021).

② [美]史蒂夫·范德海登主编:《政治理论与全球气候变化》,殷培红、冯相昭等译,江苏人民出版社 2019 年版,第 42 页。

③ See Falkner R., *The Unavoidability of Justice-and Order-in International Climate Politics: from Kyoto to Paris and beyond*, 21 The British Journal of Politics and International Relations 270 (2019).

④ See Klinsky S. et al., *Why Equity Is Fundamental in Climate Change Policy Research*, 44 Global Environmental Change 170 (2017).

气候变化所产生的成本和收益。① 这种分配需要符合被国际社会普遍接受的气候正义理论或观念。概括来看,中外学者从伦理学角度对气候政策的讨论可以概括为两个方面:其一,对应被国际社会普遍接受的气候正义观的理论阐释;其二,符合上述气候正义观的国际减排制度的建构路径。前者涉及应然层面上气候正义的理论内涵;后者则主要与气候正义的实践价值有关。

当前国际社会存在关于气候正义的共识的前提是人类社会存在着应被普遍遵守的道德准则。李泽厚先生认为,康德所说的"绝对律令"或中国儒家传统中的"天理""良知"因何而来又因何而被绝对地服从和履行,是伦理学关键之所在。在其看来,具有普遍必然性的"绝对律令"的合理内核在于任何时空条件的人群作为人类总体生存延续的一部分,大体上有着共同或相似的要求或规范;即使不同人群有着不同的道德要求和伦理规范,也都同样要求个体用理性支配自己的感性行为,从而完成伦理行为和道德品格的"理性凝聚"。② 作为关系人类整体的生存延续的气候问题,应当存在具有普遍必然性的"道德律令"。罗尔斯认同此观点。他认为在多元的民主社会中,当公民讨论根本性的政治问题时,所诉诸的是一类合乎情理的关于正当和正义的政治性观念。这些正义原则包括:各人民(通过他们的政府所组织起来的)是自由且独立的;各人民是平等的,并且他们必须是那些关涉他们自身的协议的成员;各人民都要尊重人权,等等。③ 因此,在罗尔斯看来,国际正义的唯一目的是致力于创造和维护国际和平与安全的条件,而在任何社会中实现公民的基本人权就是实现这一目标的必要条件。④ 从基本人权角度解释正是著名哲学家亨利·舒伊对气候争议讨论的基本立场。

(1)国外学者关于气候正义的主流观点

作为较早关注气候正义问题的西方哲学家,亨利·舒伊的相关论述反映了《联合国气候变化框架公约》和《京都议定书》中国际社会关于气候正义问题的基本立场,即基于分配正义中的差别原则,要求发达国家基于其

---

① See Kanbur Ravi & Shue Henry (eds.), *Climate Justice*: *Integrating Economics and Philosophy*, Oxford University Press,2018, p.1-2.

② 参见李泽厚:《人类学历史本体论》(上卷),人民文学出版社 2019 年版,第 9、16、17 页。

③ 参见[美]约翰·罗尔斯:《万民法》,陈肖生译,吉林出版集团有限责任公司 2013 年版,第 16—17 页。

④ 参见徐向东:《罗尔斯的现实主义乌托邦》,载刘东主编:《中国学术》第 31 辑,商务印书馆 2012 年版;[美]约翰·罗尔斯:《万民法》,陈肖生译,吉林出版集团有限责任公司 2013 年版,"代译序",第 14 页。

历史排放所形成的财富优势承担强制性减排义务;并基于矫正正义和污染者付费原则,要求发达国家承担向发展中国家进行资金和技术转让的义务。亨利·舒伊认为,气候政策的设计必然要考虑正义问题,以避免国际气候制度出现"复合非正义"问题。① 气候变化的"复合非正义"问题主要表现为:导致当前温室效应的历史累计碳排放量主要来自已完成工业化的发达国家,并且这些国家因此从化石能源的消费中积累了大量的财富,并基于这些财富具备了更强的适应能力、低碳技术研发能力和在气候谈判中更多的话语权;历史排放量较少的国家,往往是正处于工业化进程中的且受气候变化负面影响最大的"穷国",在气候谈判中同时缺乏话语权,也因而会迫于霸权国家的压力而缔结对自己不公平的条约,这加剧了本就存在的不公平问题。因此,有效且可行的国际气候制度必须考虑气候变化应对成本国际分配中的正义问题,不能采纳美国政府双轨式谈判策略,即应优先达成有效的减缓制度,气候正义问题可嗣后解决。舒伊所提出的应将减排成本分配的正义问题纳入减缓制度的观点,为《联合国气候变化框架公约》中公平原则和共同但有区别的责任原则的确立提供了伦理学上的解释。此外,其关于应将公平问题纳入国际气候制度设计的观点,也为学界所接受。②

在其 1993 年发表的一篇高引用文章中,舒伊将气候政策制定中的分配正义问题概括为彼此关联的四个方面:其一,预防气候变化所产生成本的公平分配问题;其二,应对气候变化已产生的影响(如洪水)所产生成本的公平分配问题;其三,能够促使关于预防气候变化和应对气候变化的成本得以公平分配的国际谈判有效达成的财富分配的公平问题,即前述复合非正义中的背景非正义;其四,未来一段较长时期内温室气体排放权("碳

---

① See Shue H. , *The Unavoidability of Justice*, in A. Hurrell and B. Kingsbury eds, The international politics of the environment: Actors, Interests, and Institutions, Oxford Clarendon Press, 1992, p. 373 – 397. (Reprinted in Shue Henry, *Climate justice: Vulnerability and Protection*, Oxford University Press, USA, 2014, p. 36–44.)

② See e. g., Soltau, Friedrich, *Fairness in International Climate Change Law and Policy*, Cambridge University Press, 2009; Thorp, Teresa, *Climate justice: A voice for the future*, Springer, 2014; Jafry, Tahseen, Karin Helwig & Michael Mikulewicz eds, *Routledge Handbook of Climate Justice*, Routledge, Taylor & Francis Group, 2019; See also, Robinson, Mary & Tara Shine, *Achieving a Climate Justice Pathway to 1. 5℃*, 8 Nature Climate Change 564 (2018); Babatunde E. O. , *Distributive Justice in the Age of Climate Change*, 33 Canadian Journal of Law & Jurisprudence 263 (2020).

排放权")的分配问题。① 第一个方面是减缓气候变化中的正义问题,关键是谁应当承担避免气候变化损害的主要责任。为避免气候变化的进一步演化,国际社会势必要把全球大气中的温室气体含量稳定在不构成损害的水平上。这就产生了谁应当规制本国的能源活动而承担主要减排责任的问题。舒伊认为,从有关基本公平的共同观念出发,显然不能要求发展中国家以牺牲经济利益的方式限制本国的能源消费,为比自己更为富裕的国家提供经济上的便利。排放是"穷国"维护自己的基本发展权益所必需的;但是从伦理角度来看,发展中国家也应将碳排放限制在促进本国经济发展所必需的最小限度内。② 这种基于基本公平和基本人权角度所释明的发展中国家和发达国家排放的差别原则,为《京都议定书》下发达国家和发展中国家减缓义务承担的双轨制提供了道德依据。第二个方面是适应气候变化中的正义问题,即在已累计的温室气体排放所导致的气候变化损害不可避免的前提下,谁应当承担避免或减少损害发生的成本。第三个方面所关注的是气候谈判中的公平问题,意在避免复合非正义问题导致的法律责任与道德责任的冲突。第四个方面涉及对作为稀缺资源的碳排放空间的公平分配问题。③

　　舒伊还系统地论述了气候问题中的代际公平问题。虽然舒伊早期的文献中并未明确说明代际正义的问题,但是其所提出的复合非正义观念和排放权分配中的正义问题,其实质都隐含着基于伦理对未来代际人群的关注。气候政策的设计如果忽视、不考虑代际公平问题,也会导致显著的复合非正义问题。舒伊对气候变化领域代际正义的讨论的基本出发点来自其对人的基本权利不因时空而有所损益的观点。他认为,将来的人所享有的人身安全权是一项不能交易的基本权利,只要气候变化负面效应所致损害是可以避免的,该权利即不应被剥夺。④ 因此,气候经济学中关于气候政策效应评估的"贴现率"是一个伦理参数:其隐含的价值判断是轻视未来人群因气候变化所导致的损害。正是基于这样的前提,有经济学家建议

---

① See Shue H., *Subsistence Emissions and Luxury Emissions*, 15 Law & Policy 39 (1993). (Reprinted in Shue Henry, *Climate Justice: Vulnerability and Protection*, Oxford University Press, USA, 2014, p.47-67.)

② See Shue Henry, *Climate Justice: Vulnerability and Protection*, Oxford University Press, USA, 2014, p.50-51.

③ See Shue Henry, *Climate Justice: Vulnerability and Protection*, Oxford University Press, USA, 2014, p.51-58.

④ See Shue Henry, *Climate Justice: Vulnerability and Protection*, Oxford University Press, USA, 2014, p.162-179.

不应把大量的当前财富用于减缓未来的气候变化,而是应把财富投入高经济产出的领域以为后代积累更多的财富,使其能够适应任何未来的气候损害。舒伊认为,这种逻辑相当于允许主动伤害一个人,只要行为人为被害人投保了高额的伤害保险,这种做法在伦理上显然是不能被接受的。① 因此,国家在制定减缓政策时完全基于成本效益的"理性决策"而选择成本最低的减排行动可能会导致代际不正义,因为这会使未来人群付诸更大的成本;各国不能因为低碳技术的研发和实施成本高昂而放弃在当下对清洁能源技术进行巨额投资。舒伊认为,清洁发展机制虽然从经济学角度来看是以较低的成本实现了减排,但是延迟了"技术转型之时",即在该年度化石能源的燃烧因碳捕获技术的广泛利用而不再会导致全球范围内温室气体浓度的上升(其实质就是碳中和)。② 由此可见,经济上有效的政策设计并不一定符合气候正义原则。在舒伊看来,积极推动碳捕获技术和替代性清洁能源技术的研发和实施,是我们对于后代所应当承担的一种道德责任。当代人应当为解决共同的问题尽自己应尽的责任且不应消耗超出公平限度的应得公共资源。③

可见,舒伊的论述基本覆盖气候正义问题关注的基本内容:减缓正义与适应正义;代内正义与代际正义。其讨论框架奠定了气候正义问题的基本内容,④并成为气候伦理学中被普遍接受的观点。譬如,西蒙·凯内认为的两类气候正义问题,即成本分担的正义和损害避免的正义,分别对应减缓正义和适应正义。⑤ 史蒂夫·范德海登等也从相似的范式思考气候变化和伦理问题,认为气候伦理涉及全球公共物品分配中的公平问题、代际伦理问题和作为环境权利的排放份额分配中的公平问题。⑥ 这些气候伦理的主流学者大都赞同如下观点:其一,发达国家作为对当前累计的碳排放量承担主要历史责任的国家,并且基于其历史排放所积累的财富,应

---

① See Shue Henry, *Climate Justice: Vulnerability and Protection*, Oxford University Press, USA, 2014, p. 123-141.

② See Shue Henry, *Climate Justice: Vulnerability and Protection*, Oxford University Press, USA, 2014, p. 208-224.

③ See Shue Henry, *Climate Justice: Vulnerability and Protection*, Oxford University Press, USA, 2014, p. 225-239.

④ See Falkner R., *The Unavoidability of Justice-and Order-in International Climate Politics: from Kyoto to Paris and Beyond*, 21 The British Journal of Politics and International Relations 270 (2019).

⑤ See Simon Caney, *Two Kinds of Climate Justice: Avoiding Harm and Sharing Burdens*, 22 Journal of Political Philosophy 125 (2014).

⑥ 参见[美]史蒂夫·范德海登主编:《政治理论与全球气候变化》,殷培红等译,江苏人民出版社 2019 年版,第 17—104 页。

承担主要的减缓成本且应承担向发展中国家转移资金和技术以提高其适应气候变化能力的国际义务;其二,当代人基于对未来人群的道德责任,应采取即时的有效的减缓和适应气候行动,避免气候变化的收益(排放所带来的经济发展和福利提升)主要由当前世代所享受,而让未来人群承担气候变化主要成本(海平面上升、海洋酸化、灾难性气候等气候灾难)。

然而,《京都议定书》下减缓义务分配的双轨制虽然与各国的道德义务相匹配,但是存在有效性问题。这说明,气候政策的政治可行性与政策的合乎道德性之间存在对立关系。从合乎道义的角度来看,国家不应当牺牲伦理关切而仅从理性选择的角度做出对本国经济利益的实现最有利的选择,以获得政治上具有可行性的制度设计。因此,美国怠于采取减缓行动,不仅减损了《京都议定书》的有效性,同时也是对其应承担道德责任的违反。以美国芝加哥大学法学院的埃里克·波斯纳教授为代表的美国气候学者,并不完全认同完全基于道义思考气候正义问题,并对基于矫正正义和分配正义理论探讨气候正义的观点进行了系统批判。①

(2)对气候正义主流观点的批评及其批判

与舒伊等从道义角度强调气候正义在国际气候合作中的重要性不同,波斯纳教授是从福利主义的视角,强调国际气候合作应以实效为优先,其认为:第一,虽然国际法和国际关系中把国家作为独立的行为体,可以引起伤害或遭受伤害,但是支配个人行为的道德准则,如矫正正义和分配正义,并不一定能够适用于国家。从纯粹道义的角度,无视国家利益而仅以行为的对错作为标准的伦理论断是虚幻的。第二,国家基于理性选择只会接受对自己有利的国际气候协议。国家在国际交往中的行为偏好取决于其从自己国民福祉角度对国际合作中自身利益的理解。是否符合国际帕累托主义是国际协定能否被国家接受的关键性因素(即使道德判断会影响其选择)。福利主义的观点认为,增加某一个人的利益而不减少其他人的福利行为,本身就是符合伦理的"善"行。因此,全球气候协定的普遍参与只能建立在协定使所有国家都能从中受益的前提下,即符合国际帕累托主义。②

正是基于对道义主义或直觉正义下气候正义观点的批判,波斯纳教授

---

① See e. g. , Eric A. Posner & Cass R. Sunstein, *Climate Change Justice*, 96 Geo. L. J. 1565 (2008);Posner, Eric A. & Cass R. Sunstein, *Should Greenhouse Gas Permits Be Allocated on a Per Capita Basis*, 97 Calif. L. Rev. 51 (2009); Eric A. Posner et al. , *Climate Change Justice*, Princeton University Press, 2010.

② 参见[美]埃里克·波斯纳、[美]戴维·韦斯巴赫:《气候变化的正义》,李智、张键译,社会科学文献出版社 2011 年版,"引言",第 5—13 页。

认为,气候协议的首要目的在于能够实现有效的减排,这样才能使所有人获益,而非作为财富分配或实现矫正正义的工具。任何具有财富分配效果的气候协定或协定的实施事实上使发达国家承担主要减排成本或向"穷国"转移资金、技术的协定,都具有政治上的不可行性——发达国家的利益受损而不符合国际帕累托最优原则,从而无法实现有效减排这一首要目的,进而使全人类利益受损,而具有道德上的不可接受性。进而,其批判了其所概括的有关气候正义的三类观点:其一,要求发达国家基于分配正义中的差别原则而承担向发展中国家转让技术或资金(财富转移)的责任,并不符合分配正义。气候协议并非能有效地进行财富分配,减少人类社会不公平的有效政策工具。发达国家也有穷人;发展中国家也有富人。《联合国气候变化框架公约》和《京都议定书》基于共同但有区别的责任原则而由发达国家承担主要的减排成本,是对财富再分配的正当关切与应对气候变化问题的不当关联。[1] 其二,基于矫正正义理念而依据污染者付费原则或受益者付费原则,美国等发达国家应当就其历史排放所导致的气候损害和获得的经济利益承担主要减排责任或向发展中国家进行资金支付,会迫使很多并没有做错事的人向许多并未受害的人提供补偿。[2] 这种基于矫正正义的侵权性逻辑是在集体主义的基础上将国家视为可以独立承担道德责任的实体。然而气候变化问题中存在无法克服的侵权责任成立的犯错者和索赔者的身份问题、罪责问题、因果关系问题。[3] 其三,基于直觉正义而对全球排放空间这一公共资源进行人均分配,将因为发达国家(尤其是美国)的反对而缺乏可行性。从福利主义角度来看,以人均为基础的排放许可贸易的气候协定,大概率会导致巨额的财富从发达国家向人口大国(如印度和中国)转移;这明显不符合国际帕累托最优原则,因而不可能被各国所普遍接受,也不可能以其为基础达成一份包括所有或主要排放者的全球性协定。[4] 另外一个重要理由是,人均排放许可证(排放权)的实施效果是鼓励贫穷,会产生不当的激励使"穷国"继续扩大人口规模,从

① 参见[美]埃里克·波斯纳、[美]戴维·韦斯巴赫:《气候变化的正义》,李智、张键译,社会科学文献出版社 2011 年版,第 89—104 页。

② 参见[美]埃里克·波斯纳、[美]戴维·韦斯巴赫:《气候变化的正义》,李智、张键译,社会科学文献出版社 2011 年版,第 126—129 页。

③ 参见[美]埃里克·波斯纳、[美]戴维·韦斯巴赫:《气候变化的正义》,李智、张键译,社会科学文献出版社 2011 年版,第 131—151 页。

④ 参见[美]埃里克·波斯纳、[美]戴维·韦斯巴赫:《气候变化的正义》,李智、张键译,社会科学文献出版社 2011 年版,第 156—158 页。

而间接导致更大规模的能源消耗。①

客观来看,波斯纳教授对于气候正义主流观点的批判反映了哥本哈根会议前后各方对于以《京都议定书》为基础的国际减排制度的拒斥态度。这种拒斥的根源在于其实施并未带来显著的减排实效,并且不符合福利主义视角下可行国际协定所必须实现的国际帕累托最优,即协定应给所有国家带来收益而非损失。这种实效性的缺乏主要是因为除欧盟以外的伞形国家集团(以美国为代表)的碳排放量未能得到有效控制。② 有趣的是,美国也从气候正义的角度为其退出《京都议定书》并拒绝承担强制性减排义务寻求伦理上的辩护:中国等发展中大国未承担减排义务,美国受到了不公正的待遇。③ 波斯纳教授充分意识到只有达成一项能够取得减排实效的全球气候协定才能矫正气候变化这一全球外部性问题,并且认为美国不可能接受一项虽然符合主流气候正义观念但是使其国家利益受到损失的气候协定。其论辩的关键之一在于,个人才是基于气候正义承担道德责任的主体,"美国"作为一个政治实体不能以集体的方式承担道德责任,因为造成当前的气候变化负面效应的排放者是已经故去的美国人,而现在的"美国"是由不应对排放负责的美国人构成的。其通过否定集体责任原则的方式否定了基于主流气候正义观念而应由发达国家所承担的道德责任,从而认为气候正义或伦理问题不应成为气候政策设计所应考量的因素。问题是,当其主张气候政策因纳入气候伦理原则被美国反对因而缺乏可行性时,事实上默认了美国所享有的能够对国际气候谈判施加实质性影响的"权力"。这种权力并非某个美国人所享有的,而是作为国际政治实体的美国所享有的集体性霸权。这种霸权的来源恰恰是因为美国人基于未受任何限制的排放所积累的由作为集体性政治实体的美国所享有或支配的财富和实力。承认集体性权力却否定集体责任,这一割裂甚至对立的逻辑显然并不能被普遍认同。波斯纳教授有关气候正义的基本论点因而引发了较大的学术争议和批判。其中较为系统的批判来自美国著名的气候学者丹尼尔·法布尔(Daniel Farber)。

丹尼尔·法布尔认为波斯纳所主张的气候正义理论的主要谬误在于:

---

① 参见[美]埃里克·波斯纳、[美]戴维·韦斯巴赫:《气候变化的正义》,李智、张键译,社会科学文献出版社 2011 年版,第 165—171 页。

② See Field, Christopher B. et al. , *"Summary for Policymakers." Climate Change* 2014: *Impacts, Adaptation, and Vulnerability. Part A: Global and Sectoral Aspects. Contribution of Working Group* Ⅱ *to the Fifth Assessment Report of the Intergovernmental Panel on Climate Change*, Cambridge University Press, 2014, p. 1-32.

③ See US Senate Resolution 98 Congressional Record, Report No. 105-5412, June 1997.

第一,符合国际帕累托主义的气候协定是建立在成本效益分析方法之上的,其必然会低估经济欠发达国家因气候变化所导致的成本和收益。这种分析本就存在伦理缺陷,即认为孟加拉国人的"价值"远低于美国人的"价值"。第二,发达国家的历史排放责任所基于的是毋庸置疑的事实,即其以占世界1/8的人口贡献了全球40%的累计排放量。基于矫正正义的观念要求发达国家所承担的道德责任的实现形式,不仅有惩罚还包括补偿;为其过去的错误以国家名义承担赔偿责任是国际关系中的常态化事件,譬如第一次海湾战争中伊拉克对其导致的环境损害的赔偿。即使气候变化是由各国共同导致的,有多个成因,也不能否认对结果有实质性影响的个体应承担赔偿责任;正确的问题是发达国家基于其历史排放量承担多少赔偿义务,而非是否承担赔偿责任。第三,就代际正义问题而言,以资本市场利率作为折现率从经济学角度分析气候成本和收益的代际分配,有两个疏漏:其一,未来的投资收益积累可能无法抵冲气候变化所导致灾难性影响带来的成本或损失;其二,未来人群可能会重新使用化石能源。除此之外,丹尼尔·法布尔认为波斯纳的传统经济分析忽视了气候政策设计中不可忽视的不确定性,由此所测算的与气候伦理有关的成本或收益分配可能会缺乏可信的事实基础。[1] 基于以上原因,虽然波斯纳正确地意识到了伦理问题在气候政策分析中的重要性,但是未能克服气候经济学过于依赖成本效益分析而忽视气候正义在气候政策设计中重要意义的疏漏。气候伦理或气候正义应成为气候政策设计或气候制度评判的重要且不可或缺的维度。

(3)中国学者关于气候正义的基本立场

虽然中国学者基本上沿袭了西方学者有关减缓正义和适应正义的概念和分析框架;但是与他们相比,中国学者更强调气候正义对于全球气候协议的关键作用。譬如,陈俊认为,解决气候问题的最有效途径在于建立一个公正合理的全球治理机制,而公正合理的全球协议必须解决两个首要问题:一是谁应该承担应对气候变化所产生的成本;二是哪些人应该承担引起气候变化的责任。[2] 第一个问题主要是从分配正义的角度解释减缓气候变化和适应气候变化成本的公平分担问题;第二个问题则是从矫正正义的角度探究谁应当承担主要的减排责任并对气候变化已导致的损害负责。陈贻健则主张气候正义是统摄国际气候立法的根本价值:静态的价值

---

[1] See Daniel A. Farber, *Climate Justice*, 110 Mich. L. Rev. 985 (2011).

[2] 参见陈俊:《正义的排放:全球气候治理的道德基础研究》,社会科学文献出版社2018年版,第11—13、31页。

论意义上的气候正义是一个包含了安全、自由、平等、公正、效率和秩序等多元价值的价值综合体;动态的方法论意义上的气候正义则是将上述多重价值目标统摄在"将大气中温室气体的浓度稳定在防止气候系统受到危险的人为干涉水平上"这一基本目标下的协调方法。基于气候正义的统摄,多重价值方才有力序位:安全是底线性价值,是其他价值得以实现的基础和前提;自由是主导性和目的性价值,确立的是安全基础之上价值主体自主性需求的满足,平等和公正等则是协调性价值,前者强调主体资格确认和取得调整,后者强调分配和矫正过程与结果的调整;效率是辅助价值,对每一种价值的实现起补强作用;秩序是形式价值,满足的是前述价值对可预期制度形式的要求。气候正义的价值实践就是前述价值论和方法论的联系,其核心就是气候正义的制度化——以契合作为价值论和方法论的气候正义理念所具体化的基本伦理道德为标准,通过国际立法实现"正义"的权利义务配置,构建具有普遍性的法律规范体系。① 中国学者普遍赞同的观点是,在当前的国际政治现实中,全球气候协议的有效性取决于其是否被各国所接受,而各国所接受的协议必须对各方都是"公平"的,即符合被普遍接受的全球气候正义原则。

何种权利义务配置符合气候正义的价值实践? 这就是国际气候制度的核心伦理问题。与西方学者关注减缓和适应成本的分配问题不同,中国学者更为关注碳排放权分配中的正义问题,②将其视为减缓气候变化的一个基本策略。③ 正义的分配应贯彻人际公平的原则,即前文提及的波斯纳教授所反对的人均分配全球排放空间的观点。这种观点的逻辑前提是气候正义的平等原则;各国有平等的发展权,应基于公平的角度分配应对气候变化的成本。陈俊教授基于亨利·舒伊有关基本权利的概念,认为温室气体排放空间是每个人生存所必不可少的东西,是生存权的构成部分。因

---

① 参见陈贻健:《气候正义论——气候变化法律中的正义原理和制度构建》,中国政法大学出版社 2014 年版,"自序",第 7、41—44 页。

② 参见潘家华、陈迎:《碳预算方案:一个公平、可持续的国际气候制度框架》,载《中国社会科学》2009 年第 5 期;吴卫星:《后京都时代(2012~2020 年)碳排放权分配的战略构想——兼及"共同但有区别的责任"原则》,载《南京工业大学学报(社会科学版)》2010 年第 9 期;陈文颖、吴宗鑫、何建坤:《全球未来碳排放权"两个趋同"的分配方法》,载《清华大学学报(自然科学版)》2005 年第 6 期;何建坤、陈文颖、滕飞等:《全球长期减排目标与碳排放权分配原则》,载《气候变化研究进展》2009 年第 6 期;蔡文灿:《国际碳排放权分配方案的构建——基于全球公共物品和财产权的视角》,载《华侨大学学报(哲学社会科学版)》2013 年第 4 期;王慧慧等:《基于代际公平的碳排放权分配研究》,载《中国环境科学》2016 年第 6 期。

③ 参见陈俊:《正义的排放:全球气候治理的道德基础研究》,社会科学文献出版社 2018 年版,第 63 页。

此,所有人都应享有排放温室气体的权利;①所有国家都享有不可剥夺的平等发展权。② 全球气候正义应贯彻平等原则,即平等地分配碳排放空间这一稀缺公共资源。为了实现真正的公平,考虑到发达国家的历史责任并基于矫正正义理念,必须对当前的全球碳排放空间基于"差别原则"进行"再分配"。③ 差别原则的伦理基础来自生存排放权的优先性。发展中国家对现存的碳排放空间拥有优先的保障其基本发展的权利。这基于一个毋庸置疑的伦理事实:发达国家已占用绝大部分可用的全球碳排放空间,并因此富有;而广大发展中国家的历史排放总量和人均历史排放量远远小于发达国家,因而处于贫困或欠发达的状态,④遑论发达国家在历史上对当前的发展中国家的殖民与掠夺。差别原则为区别对待发达国家和发展中国家提供了伦理基础,是实现真正公平的必然要求。概言之,平等原则和差别原则所要实现的是实质意义上的平等;体现的是中国主流学者所坚持的应基于历史责任理解"共同但有区别的责任"原则的伦理内涵,普遍认为贯彻气候正义的国际气候合作必须考虑发达国家的历史排放责任以实现减缓责任和适应义务分配的公平。⑤ 值得注意的是,虽然学者大都认同碳排放权或碳预算人均分配的观点,但是待分配的排放空间起算的时间并不相同。这说明公平的分配方案必须确立合理的历史责任限度。⑥

就具体的分配方案而言,最具代表性的观点是潘家华教授所提出的各国碳排放空间或碳预算的分配应以人均历史累计排放量作为主要基准的观点。⑦ 该方案在对英国全球公共资源研究所提出的"紧缩趋同"方案和斯德哥尔摩环境研究所提出的温室发展权框架进行批判的基础上,提出国际碳排放权的分配应当从人的基本需求的有限性和地球系统承载的有限性出发,优先满足人的基本需求、遏制奢侈浪费,达成公平分担减排义务和

---

① 参见陈俊:《正义的排放:全球气候治理的道德基础研究》,社会科学文献出版社 2018 年版,第 39—41 页。
② 参见陈俊:《我们彼此亏欠什么:论全球气候正义》,载《哲学研究》2012 年第 7 期。
③ 参见陈俊:《论全球气候正义中的差异原则》,载《伦理学研究》2013 年第 3 期。
④ 参见陈俊:《全球气候正义与平等发展权》,载《哲学研究》2017 年第 1 期。
⑤ 参见和音:《构建公平合理、合作共赢的全球气候治理体系》,载《人民日报》2021 年 10 月 31 日,第 3 版;杨通进:《气候正义研究的三个焦点问题》,载《伦理学研究》2022 年第 1 期。
⑥ 参见姚晓娜、唐甜:《再议气候正义中的历史责任追究——历史责任的界定、合理与限度》,载《阅江学刊》2018 年第 4 期。
⑦ 参见潘家华、陈迎:《碳预算方案:一个公平、可持续的国际气候制度框架》,载《中国社会科学》2009 年第 5 期。

保护全球气候的双重目标。① 方案的核心是基于人际公平的理念按照当代的人口基数测算保障人类可持续发展的全球碳预算,②并自上而下地进行初始分配,再考虑自然因素和各国的实际需求,通过转移支付实现全球碳预算的总体平衡和各国碳预算的平衡。③ 这一方案的伦理基础是人均平等分配作为全球公共资源的全球碳排放空间或全球碳预算这一直觉正义观念。总的来看,对于作为气候正义核心内容的分配正义问题,中国学者大都秉持人均分配原则,并认为应以此为基础建构公平、公正的国际气候制度,保障发展中国家实现发展所必需的碳排放空间。④

(4)公道还是公平:国际气候制度的伦理共识

总体来看,中外学者对于气候正义的讨论基本上是在罗尔斯所建构的正义理论框架内进行的。无论是何种角度的诠释或者界分,诸如减排责任国际分配中的正义问题、排放空间或全球碳预算分配中的正义问题、气候变化所致损害的赔偿或补偿责任的承担问题,均是在分配正义和矫正正义的理论框架内探讨一种"公平"的制度安排。正因如此,从《联合国气候变化框架公约》到《巴黎协定》均强调国家应在"公平基础上"的"共同但有区别的责任"原则下履行减缓和适应气候变化义务。然而,围绕 CBDP 的争论表明,⑤作为公平的正义原则并不能弥合各国对于什么才是"正义"的气候制度的认知差异。这主要是因为不同国家从自己利益的"偏见"出发对于何谓"公平"有不同的理解。这种偏见在以平等自由原则为基石的作为

---

① 参见潘家华、陈迎:《碳预算方案:一个公平、可持续的国际气候制度框架》,载《中国社会科学》2009 年第 5 期。

② 参见潘家华、郑艳:《基于人际公平的碳排放概念及其理论含义》,载《世界经济与政治》2009 年第 10 期。

③ 参见潘家华、陈迎:《碳预算方案:一个公平、可持续的国际气候制度框架》,载《中国社会科学》2009 年第 5 期。

④ 如何建坤教授等提出的"人均累计排放趋同"原则。参见何建坤等:《全球长期减排目标与碳排放权分配原则》,载《气候变化研究进展》2009 年第 6 期。更多讨论可参见郑玉琳、翟晓东、马晨晨:《从典型碳排放权分配方案探析"气候公平"的发展方向》,载《中国环境管理》2017 年第 4 期;李钢、廖建辉:《基于碳资本存量的碳排放权分配方案》,载《中国社会科学》2015 年第 7 期;赵凤彩、尹力刚、高兰:《国际航空碳排放权分配公平性研究》,载《气候变化研究进展》2014 年第 6 期;蔡文灿:《国际碳排放权分配方案的构建——基于全球公共物品和财产权的视角》,载《华侨大学学报(哲学社会科学版)》2013 年第 4 期;王翊、黄余:《公平与不确定性:全球碳排放分配的关键问题》,载《中国人口·资源与环境》2011 年第 2 期。

⑤ See e. g. , Honkonen T. , *The Principle of Common But Differentiated Responsibility in Post-2012 Climate Negotiations*, 18 Review of European Community & International Environmental Law 257 (2009); Rosencranz A. & Jamwal K. , *Common but Differentiated Responsibilities and Respective Capabilities: Did This Principle Ever Exist?*, 50 Environmental Policy and Law 291 (2021).

公平的正义原则中是无法避免的,①特别是考虑到国际社会的无政府特征——作为主权独立和平等的单一主体,国家可以否定任何其认为会对其施加不公平影响的协议。建构在人权和平等尊重原则之上的罗尔斯的国际正义观念,②也无法确保其唯一目的的实现;国际正义所致力创造和维护的国际和平与安全的条件因国家所声称的维护其公平权益的"正当性"行为,如俄罗斯的特别军事行动,陷入了困境。在应对气候变化领域,美国基于其所声称的公平,两次退出了全球性气候协定,打击了解决全球变暖这一全球性问题的国际信心;各国基于各自"公平"的认识所付诸的国内减缓行动,仍无法确保国际气候协定所确立的长期目标的实现,③存在巨大的差距。作为公平的正义观念应引入布莱恩·巴利所阐释的"作为公道的正义"观念作为补充,以使平等自由的人民能够以不偏不倚的态度形成对公平的自我认知。所谓"作为公道的正义",是指依据理性条款达成一致意见的人们之间形成自由协议的基础所遵循的原则和规则;公道的行为意味着不受制于私人考虑的动机影响——公道正义存在着与个体主义先天的不相容性。④ 作为公道的正义与作为公平的正义具有相同的前提,即人们做出某项行为是他们所能理性选择的,是寻求与他人达成自由而无强制的协议的理性的人们所能接受的。可见,作为公道的正义之原则和规则与任何特权主张是不相容的,因为这些主张是以他人无法自由接受的根据为基础的。符合公道正义适用于所有人的协议必须建立在所有人平等的基本承诺之上。这种平等指向的是"人人生而平等"的理念,即不同种族或族群(包括在此基础上创设的民族国家)之成员利益应按照同一尺度加以衡量。

简言之,不偏不倚的平等观念应建立在一个被普遍接受的尺度之上。在伦理学的范畴内,这一尺度指向的就是康德所说的绝对律令,即人类整体之存续。换言之,国际气候制度在伦理学上的绝对律令即在于实现人类社会得以存续的外部客观世界的安全,即《联合国气候变化框架公约》所表述的"将大气中温室气体的浓度稳定在防止气候系统受到危险的人为干

① 参见[美]约翰·罗尔斯:《正义论》,何怀宏等译,中国社会科学出版社2009年版,第5页。
② 参见[美]约翰·罗尔斯:《万民法》,陈肖生译,吉林出版集团有限责任公司2013年版,"代译序",第14页。
③ See M. Pathak et al., 2022: *Technical Summary*, in Climate Change 2022: Mitigation of Climate Change, Contribution of Working Group Ⅲ to the Sixth Assessment Report of the Intergovernmental Panel on Climate Change, Cambridge University Press, 2022.
④ 参见[英]布莱恩·巴利:《作为公道的正义》,曹海军、允春喜译,江苏人民出版社2008年版,第12—13页。

扰的水平上",即保障人类社会的可持续发展的安全条件。只有人类整体存续和安全这一目标尺度,才可以不偏不倚地评判各类相互冲突的公平或善的观念。中外学者虽然秉持着不同面向的气候正义观念,却不能否认这一被普遍接受的伦理基础的存在。这也是为什么舒伊在强调发达国家作为减缓气候变化主要责任者的同时,主张不发达国家和发展中国家应把碳排放限制在促进本国经济发展所必需的最小限度内——在人类整体存续和安全这一目标尺度下,发达国家和发展中国家平等地承担着减缓气候变化的基本义务。人类整体存续和安全这一目标尺度只能建立在人类整体之利益优先于个体国家或族群之利益的整体性价值观和世界观基础之上。这种价值观和世界观与国际政治以民族国家自我利益最大化为尺度的现实主义价值观和世界观存在必然的紧张关系。易言之,建构在现实主义基础之上的以个体国家利益至上为导向的国际气候政治无法实现以人类整体存续和安全为尺度的气候正义。国际气候制度存在并将继续存在有效性、可行性与公正性之间的多重悖论。国际气候制度建构需要对国家利益之上的现有国际关系观进行改造,替代以一种新型的世界观,以实现人类命运共同体理念下的全球气候治理。

三、国际气候制度的三元结构与三重困境

社会科学对气候变化的阐释主要从经济学、政治学和伦理学三个领域展开。不同领域的研究的共同认知基础是气候或大气生态系统的全球公共资源属性。对于气候经济学而言,国际或国内气候制度所要解决的是"公地悲剧"和全球外部性问题,而有效的国际气候制度的构建是一个公共选择问题,必须要破解"搭便车"难题;对于气候政治学而言,气候问题涉及全球性公共资源的分配,所要解决的是国际合作中的"集体行动困境",需要构建一个具有国际政治可行性的实现减缓气候变化国际合作的国际气候制度;对于气候伦理学而言,气候制度要在维持人类整体生存和安全的前提下,避免或者矫正不公正的资源分配。虽然研究视角不同,但是研究的目的都是产出"最优"的埃利诺·奥斯特罗姆所指称的"人类组织安排"或集体行动制度,①以调控不同领域行为主体碳排放行为。解决全球变暖这一气候问题国际范围内的集体行动制度,可概称为"国际气候制度"。从现有的研究来看,国际气候制度需具备公正性、有效性和可行

---

① 参见[美]埃利诺·奥斯特罗姆:《公共事物的治理之道:集体行动治理的演进》,余逊达、陈旭东译,上海译文出版社 2012 年版,第 29—30 页。

性,才能形成解决全球气候变化这一问题所必需的全球合作。然而,悖论在于,这种三元结构特征也使得国际气候制度往往陷入困境,难以促成实质性的减排结果。IPCC 的最新评估报告称:人为影响以至少 2000 年来前所未有的速度使气候变暖;2019 年,大气中二氧化碳浓度至少为 200 万年来最高(高信度),甲烷和一氧化二氮的浓度至少为 80 万年来最高(很高信度);人类活动造成的气候变化已经影响到全球每个区域,导致了很多极端气候事件;自第五次评估报告以来,观测到的热浪、强降水、干旱和热带气旋等极端事件,特别是将其归因于人类影响的证据,均已增强。[①]IPCC在此科学发现基础上,认为国际社会应尽快采取更为深入和有力的减缓行动。[②] 这种深入和有力的减缓行动只能以能够实现真正的国际气候合作的国际气候制度为基础,特别是减缓领域的国际合作。

自 1988 年多伦多会议气候变化正式成为一项国际政治议程伊始,人类社会应对气候变化的国际合作或构造国际气候制度的集体行动,已经持续了三十余年,并形成了三个重要国际协定,即《联合国气候变化框架公约》《京都议定书》和《巴黎协定》。这三个协定试图在减缓、适应、技术、能力建设等方面达成有效的国际合作,但是因其存在的有效性、可行性和公正性悖论而无法有效扭转全球碳排放持续增长的趋势。

1. 有效性与可行性悖论

有效性与可行性悖论表现为:"有效的未必可行"和"可行的未必有效"。"有效的未必可行"所反映的是理论模型与现实社会规范之间固有的矛盾关系,即理论上最优的政策所必然面临的可行性困境。斯特恩测算的能够最有效地应对气候变化的碳价格为 50 美元/吨;2007 年戈尔对美国的建议是到 2050 年将二氧化碳降低至当时水平的 90%;诺德豪斯测算的最优碳价格是 2010 年 34 美元/吨、2015 年 42 美元/吨、2050 年 90 美元/吨、2100 年 202 美元/吨。[③] 然而,至今碳价格机制并未成为国际上普遍性

---

① 参见 IPCC 第六次评估报告第一工作组报告:《气候变化 2021:自然科学基础》,剑桥大学出版社[Masson Delmotte V. , P. Zhai, A. Pirani, S. L. Connors, C. Péan, S. Berger, N. Caud, Y. Chen, L. Goldfarb, M. I. Gomis, M. Huang, K. Leitzell, E. Lonnoy, J. B. R. Matthews, T. K. Maycock, T. Waterfield, O. Yelekçi, R. Yu, and B. Zhou (eds.)]。

② See IPCC, 2023: *Summary for Policymakers*, in Climate Change 2023: Synthesis Report. A Report of the Intergovernmental Panel on Climate Change. Contribution of Working Groups Ⅰ, Ⅱ and Ⅲ to the Sixth Assessment Report of the Intergovernmental Panel on Climate Change [Core Writing Team, H. Lee and J. Romero (eds.)]. IPCC, Geneva, Switzerland, p. 36(in press).

③ 参见[美]威廉·诺德豪斯:《平衡问题:全球变暖政策的权衡》,梁小民译,中国出版集团 2020年版,第 83—89 页。

的制度选择。① 全球统一碳价格也仅仅是作为一个思想实验而存在于经济学家的理论模型，并未成为国际气候制度的现实。② 学者更倾向于各国在最优碳价格指引下形成适应本国政治现实的减缓制度框架，因为单一的碳价格制度无法支撑一个有效、公正且被普遍接受的低碳化社会转型。③

"可行的未必有效"所反映的则是现实可行的制度选择在实际运行中的有效性困境，即政策在政治上越容易被普遍接受，则越无法获取目标达成所需要的实际效果。其典型例证是《联合国气候变化框架公约》和《巴黎协定》。

《联合国气候变化框架公约》是国际社会当前最具有普遍性的多边条约。其缔约方共计 198 个，比联合国的会员国（193 个）还要多。这充分说明该协定的高度国际政治可行性。其作为气候全球治理国际法的基本条约，奠定了国际气候变化法律制度的目标、基本原则、规则框架和国家应对气候变化所应承担的基本义务。但是，从义务的性质来看，缔约方所承担的主要是行为义务，而非结果义务，即缔约方善意地采取了公约所要求的行动，即使行动的效果不能实现公约的目的，也不会使缔约方承担国际法上的国家责任。从内容来看，这些义务主要是程序性的，比如：编制并报告国家排放清单、制定并公布国家适应行动、维护森林或湿地等碳汇、国家发展规划中纳入针对气候变化因素、促进气候变化领域的科技合作和信息交流，等等。《联合国气候变化框架公约》虽然确立了各国减缓和适应气候变化的基本义务体系，但是未能规定减缓的具体路径，也没有规定任何的强制性减排义务。缺乏履约机制和强制性法律义务的缺陷也使该公约相比生物多样性保护、臭氧层空洞问题等相关的国际环境公约"软"了一些。具有高度政治可行性的《联合国气候变化框架公约》的实施并未实现有效的减排。

与《联合国气候变化框架公约》相似，《巴黎协定》同样获得了国际社会的普遍政治认同。其缔约方有 194 个。在缔约过程中，《巴黎协定》协调和平衡美国、欧盟等发达缔约方和中国等发展中国家在协议形式上的核心

---

① See World Bank, *State and Trends of Carbon Pricing* 2022, The World Bank（May 24 2022）, http://hdl. handle. net/10986/37455. 据统计，截至 2022 年 4 月，全球已投入运行的碳定价工具共计 68 种，仅覆盖了全球约 23% 的温室气体排放。

② See Weitzman Martin L., *Can Negotiating a Uniform Carbon Price Help to Internalize the Global Warming Externality*?, 1 Journal of the Association of Environmental and Resource Economists 29（2014）.

③ See Bataille C., Guivarch C. & Hallegatte S. et al., *Carbon Prices across Countries*, 8 Nature Clim Change 648（2018）.

冲突,最终采纳了发展中国家的要求,将新协议仍保留在《联合国气候变化框架公约》的框架下。各缔约方在该协定项下的义务性质也是以非强制性的行为义务为主,条文表述更多的是使用"应当"(should)而非《京都议定书》下普遍使用的"应"(shall)。这似乎是一种退步。但是,有学者认为,《巴黎协定》所提供的是基于当前气候全球治理政治现实的可行政策。①《巴黎协定》在政治上的广泛参与,关键的原因在于吸取了《京都议定书》的失败教训,不再采取"自上而下"的义务设定模式,而是采用了一种混合模式,即"自主承诺+国际审评"模式。这一模式使得国家可以自行决定其减排行动或对国际减缓义务的履行方式,②符合国家主权原则。但是,这也导致在完成《联合国气候变化框架公约》长期目标最为关键的减缓行动上,《巴黎协定》的国际自主贡献机制相对《京都议定书》量化性的强制性减排目标设定,所产生的减排义务显然是弱化的。减排义务或者责任的弱化具有显著的激励参与的效应。

以弱化的减排义务换取气候治理上的全球参与,是不是一笔好的交易,可能需要留待历史来评判。但是,如果气候变化问题真的如科学界所发现的那样严峻,这种减排义务的弱化显然不能产生实现长期目标所需要的国际公共产品,存在显著的有效性困境。数据表明,《巴黎协定》下各国所承诺的国家自主贡献无法实现《联合国气候变化框架公约》所确立的减排目标。根据《巴黎协定》缔约方会议(CMA)秘书处的统计,在协定生效后有 160 多个国家提交了 NDCs。根据各国承诺的减排水平。2011 年之后的全球累计二氧化碳排放量预计到 2025 年将达到 541.7(523.6~555.8)千兆吨,到 2030 年将达到 748.2(722.8~771.7)千兆吨。与 1990 年、2000 年和 2010 年的全球排放量相比,执行国家自主贡献预案后的全球总排放量预计将有所增加:与 1990 年的全球排放水平相比,到 2025 年将增加 34%~46%,到 2030 年将增加 37%~52%;与 2000 年的全球排放水平相比,到 2025 年将增加 29%~40%,到 2030 年将增加 32%~45%;与 2010 年的全球排放水平相比,到 2025 年将增加 8%~18%,到 2030 年将增加 11%~22%。截至 21 世纪末的全球升温幅度不仅取决于从现在起到 2030 年的排放(这取决于国家自主贡献预案要求的努力水平以及努力的加强),还取决于 2030 年之后时期的排放水平。联合国环境规划署(UNEP)

①　See Bakker C., *The Paris Agreement on Climate Change: Balancing "Legal Force" and "Geographical Scope"*, 25 Italian Yearbook of International Law 299 (2015).

②　Robert Falkner, *The Paris Agreement and the New Logic of International Climate Politics*, 92 International Affairs 1107 (2016).

最新发布的《排放差距报告》确认了这一结论,认为综合各国的减排承诺,只能将21世纪末的温度上升降低到2.4~2.6℃。[①] 这显然无法实现《联合国气候变化框架公约》和《巴黎协定》所确立的2℃目标,遑论《巴黎协定》更具雄心的1.5℃目标。

2. 可行性与公正性悖论

国际气候制度可行性与公正性之间的悖论在于:"可行的并不公正"和"公正的并不可行"。"可行的并不公正"所指向的是国际气候制度所根植的国际政治现实所导致的制度本身所存在的不公正问题,或者说国际政治体系本身的不公正对于国际气候制度构建所产生的现实影响。这导致了国际气候制度的公正性困境。需注意的是,不公正的国际气候制度安排最终将因为受到不公正对待的国家反对而失去政治上的可接受性,陷入不可行的境地。

"可行的并不公正"中所提及的不公正主要源自国际气候制度构建中未能坚持差别原则,从而导致了制度设计对《联合国气候变化框架公约》所确立的公平基础上"共同但有区别的责任"原则的背离。其表现为在规则谈判过程中受益于不受限制的碳排放而发展的政治经济强国利用其议价优势迫使未能实质性利用其应享有的碳排放空间的其他国家达成对己不利的制度安排,即前文舒伊提及的"复合非正义"问题。《巴黎协定》的自主承诺方式并不能消除这一不公正问题;反之,该自主承诺方式以尊重各国的自决权为由承认了气候制度中存在的复合非正义问题。这种自主承诺方式的本质是各国基于本国的经济利益采用"使用者有权"的原则"圈占"作为全球共有物品的碳排放空间;而"使用者有权"的气候制度逻辑显然无法保障一个公正的全球排放限额分配方案。[②] 当全球气候制度的运行实效建立在成员方的自愿合作基础之上时,没有任何一个成员方愿意以损害其人民应享有的基本权利为代价而服从于国际气候制度。这会导致制度运行的有效性困境。

"公正的并不可行"是导致"可行的并不公正"中的有效性困境产生的国际政治现实主义逻辑的必然结果。强调应用权力实现本国利益最大化的国家不太可能放弃其政治经济优势达成对己不利的制度安排;即使基于某种长期利益的预期和利他的国际道德责任感达成某种公正的安排,这一

---

① UNEP, *Emissions Gap Report* 2022: *The Closing Window*, *Climate crisis calls for rapid transformation of societies*, Nairobi, p. 26-36.

② 参见[美]史蒂夫·范德海登主编:《政治理论与全球气候变化》,殷培红等译,江苏人民出版社2019年版,第63—65页。

偏离国家自利偏好的公正性安排也不会持久存续。

《京都议定书》所确立的减排义务"双轨制"的废弃是"公正的并不可行"的典型例证。义务的"双轨制"指的是,签署协定的《联合国气候变化框架公约》附件一所列发达国家应当履行《京都议定书》下第一承诺期(2008~2012 年)的具体减排义务(在 1990 年基础上至少减排 5.2%),并在 2012 年后承诺更大幅度的量化减排指标;发展中国家和未签署《京都议定书》的发达国家,应当履行《联合国气候变化框架公约》下的一般承诺,主要是自愿减排承诺。自蒙特利尔会议开始《京都议定书》第二承诺期的谈判伊始,中国等发展中国家就始终坚持"双轨制",强调新的承诺不应超出《联合国气候变化框架公约》和《京都议定书》的基本框架,发展中国家不应承担量化的强制减排义务,而是应从本国经济发展阶段出发,在"共同但有区别的责任"原则下采取促进可持续发展的应对和适应措施。这一立场被 2007 年的 COP13 认可。根据会议所最终形成的"巴厘岛路线图",发达国家缔约方要履行可测量、可报告和可核实的减排责任,对发展中国家减缓和适应气候变化的行动,也要以同样的方式提供技术、资金和能力建设方面的支持。[1]

《哥本哈根协定》虽然强化了对发展中国家的义务约束,但是,其仍坚持"巴厘岛路线图"的"双轨制"立场,要求《公约》附件一中发达国家缔约方,单独或者联合实现经济层面量化的 2020 年排放目标。然而,虽然国际气候合作因发达国家和发展中国家的妥协而未陷入破裂。但是,以发展中国家承诺相对明确的减排目标作为发达国家履行减排义务的条件,本身就预示着与气候公平原则相契合的双轨制义务模式的失败。德班气候大会上欧盟等发达经济体更进一步要求中国、印度等发展中国家共同承担可比的量化强制性减排承诺。"德班一揽子决定"在形式上虽然坚持了巴厘岛-哥本哈根以来一脉相承的双轨谈判机制和"共同但有区别的责任"原则,并决定《京都议定书》第二承诺期自 2013 年生效;[2]但是,缔约方决定建立"德班平台"作为 COP 的附属机构,负责拟定《联合国气候变化框架公

---

① 关于巴厘岛会议的成果文件,中文文本可见 http://unfccc.int/resource/docs/2007/cop13/chi/06a01c.pdf。巴厘岛会议的召开在 IPCC 披露其第四次评估报告之后,因此其重要的任务就是强化《联合国气候变化框架公约》的执行,并开始启动一个长期的谈判进程以解决《京都议定书》承诺期内以及承诺期结束后对于国际减排秩序迫切需求的问题。其行动计划第 2 条就是设立"长期合作行动问题特设工作组"就该长期行动形成工作成果并在 2009 年完成,以提交缔约方第 15 次会议通过。

② See Report of the Conference of the Parties on its seventeenth session, "Launching the Green Climate Fund" (3/CP. 17), FCCC/CP/2011/9/Add. 1.

约》下对所有缔约方适用的议定书、另一法律文书或者某种具有法律拘束力的议定成果。这事实上就是要另起炉灶,放弃义务的双轨制。在之后的多哈气候大会(2012)上,"双轨制"实质上已经被否定。加拿大、俄罗斯和日本退出《京都议定书》;为维持其作为国际气候行动领导者的角色,欧盟虽然愿意做出更高水平的减排承诺,但是该承诺是以其他发达国家履行同等的承诺和发展中国家根据其责任和能力做出适当贡献为前提条件的。[1]这体现了发达国家修正"共同但有区别的责任"原则的意图。这恰恰印证了舒伊关于"复合非正义"的论断,也动摇了《京都议定书》相对公平的制度框架。

减排义务的"双轨制"终结于《巴黎协定》要求各国均应按照"国家自主贡献"中的方式或水平承担同一减排责任。[2] 有学者基于对《巴黎协定》的文本分析,认为作为协定核心条款的第 4 条所确立的减排责任既包括以所有成员方为责任主体的集体减缓义务,如第 4 条第 1 款规定的缔约方整体为实现长期目标应尽快实现碳达峰并在公平的基础上实现碳中和;也包括以每一缔约方为责任主体的单独责任,如第 4 条第 2 款所规定的"各缔约方,无论发达国家或是发展中国家,均应按照协定要求编制、通报其NDCs,并采取国内减缓措施来履行 NDCs 所体现的国家减排责任"。[3] 这种由国家自主确定本国在条约项下减排目标和行动路线图的方式,或称"国家自主减排模式",[4]其实质是各国基于国家主权原则在保障其生存和发展限度内对碳排放空间进行自我设限。依据协定第 4 条、第 13 条、第 14条和第 15 条等相关条款,缔约方所应承担的单独责任中条文表述为"应当"而具有强制性义务特征的,主要是与 NDCs 的编制标准和提交方式有关的程序性义务,对各国减排行动的实质内容和力度并无强制性要求。[5]这种"自下而上"的减排义务自主承诺方式和以透明的、非对抗和非惩罚的"全球盘点"为特征的履约方式,虽然有利于凝聚政治共识从而打破《京

① See "Doha amendment to the Kyoto Protocol" or "Amendment to the Kyoto Protocol pursuant to its Article 3", paragraph 9 (1/CMP. 8), FCCC/KP/CMP/2012/13/Add. 1.

② See Daniel Klein, et al., *The Paris Agreement on climate change: Analysis and commentary*, Oxford University Press, 2017, p.141-145.

③ See Daniel Bodansky, *The Legal Character of the Paris Agreement*, 25 Review of European, Comparative & International Environmental Law 142 (2016).

④ 参见巢清尘、张永香等:《巴黎协定——全球气候治理的新起点》,载《气候变化研究进展》2016 年第 1 期。

⑤ 参见秦天宝:《论〈巴黎协定〉中"自下而上"机制及启示》,载《国际法研究》2016 年第 3 期。

都议定书》下国际气候合作的僵局,①但是弱化了《联合国气候变化框架公约》所确立的"共同但有区别的责任"原则下发达国家承担主要减排责任的强制性。诚如学者所言,《巴黎协定》下强调各自能力原则的国家自主减排模式并未从"原则"层面对基于"共同但有区别的责任"原则所形成的国际气候制度构成根本特征的改变,但是其也从"规范"意义上改变了国际气候制度的实质特征,对各国减排责任的履行方式构成"非颠覆性的重大变化"。② 具言之,各国基于各自国情做出减排承诺并善意履行该承诺的国家自主减排模式,强化了"共同但有区别的责任"原则中的"共同责任",即发展中国家也应当编制和通报 NDCs 并善意实施相应的减排行动;而基于"各自能力原则"的"区别责任"则要求发达国家应当设定涵盖全经济领域的绝对减排目标。可见,《巴黎协定》下发达国家和发展中国家所应承担的减排义务是具有同质性的非约束性义务,差别在于发达国家被鼓励做出符合其能力的更高水平的减排承诺,以实现协定所规定的长期减排目标。至此,能够贯彻差别原则的较为公正的义务承诺的双轨制被基本弃置。这验证了"公正的并不可行"的存在,公正的国际气候制度会陷入可行性困境。

在《巴黎协定》的自主承诺模式下,全球气候合作为克服集体行动的困境,必然陷入集团化和俱乐部减排模式。从理论研究来看,哥本哈根会议之后,"俱乐部"方式即被气候经济学和气候政治学的主流学者视为克服国际气候合作因"搭便车"效应而陷入集体行动困境的一种有效机制。③《巴黎协定》缔结之后,学者进一步阐明了该协定框架下以"俱乐部"方式强化减排行动的合法性、有效性和可行性,④并提出了若干具体的政策建议。譬如,基欧汉等所建议的建立在诸边协议基础上的碳市场俱乐部,⑤斯图阿所论证的《巴黎协定》第 6 条下自愿减排合作基础上的碳减排信用

---

① See David G. Victor, *Global warming gridlock: creating more effective strategies for protecting the planet*, Cambridge University Press, 2011, p. 1-10.

② 参见徐崇利:《〈巴黎协定〉制度变迁的性质与中国的推动作用》,载《法制与社会发展》2018年第 6 期。

③ See e. g. , Robert Falkner et al. , *International Climate Policy after Copenhagen: Towards a "Building Blocks" Approach*, 1 Global Policy 252 (2010).

④ See e. g. , Nicolas Lamp, *The Club Approach to Multilateral Trade Lawmaking*, 49 Vanderbilt Journal of Transnational Law 107 (2016); Robert Falkner et al. , *Climate Clubs: Politically Feasible and Desirable?*, 22 Climate Policy 480 (2021); Leonidas Paroussos et al. , *Climate Clubs and the Macro-economic Benefits of International Cooperation on Climate Policy*, 9 Nature Climate Change 542 (2019).

⑤ See N. Keohane et al. , *Toward a Club of Carbon Markets*, 144 Climatic Change 81 (2017).

的国际互认,①OECD 成员方限制煤炭出口金融激励措施的联盟,②旨在减少短期大气污染物排放的气候和清洁空气联盟,③北极地区国家间限制黑碳和甲烷排放的国家俱乐部;④欧盟和美国提出的促进气候友好型产品贸易的联盟等。无论以何种形式体现,"俱乐部"方式的合作均会涉及对非俱乐部成员或违规者的制裁。譬如诺德豪斯所建议的惩罚性关税;⑤欧洲学者提出的碳边境税或类似措施。⑥ IPCC 的权威性科学报告所重申的强化减排行动的紧迫性,⑦增加了通过"俱乐部"方式推动更高水平减排目标实现的正当性。但是,俱乐部或者非多边的减排联盟所设计的迫使其他成员参加的惩罚性机制,如碳关税、碳边境调解机制等,其实质仍在于利用俱乐部成员的权力迫使非成员接受对其不利或不公正的安排。通过这些碳边境调节机制所取得的财务收益,也不会通过某种国际转移支付制度"回退"到更需要资金的来源国以提高其应对气候变化能力,而该转移支付机制所实现的资金或财富的重新分配恰恰是环境税制双重红利实现所必需的。即使作为俱乐部或联盟成员的发达国家将通过碳关税等获取的资金注入全球气候基金,用于提升最不发达国家的适应能力建设,也不能被视为是公正的,因为发达国家本就承担向此类基金提供资金支持的义务;用来自别国的资金履行本国的国际义务,绝不可能被认为是公正的。因此,"可行的并不公正"的公正性困境是《巴黎协定》必须解决的一个问题。

3. 公正性与有效性悖论

国际气候制度公正性与有效性之间的悖论表现为:"有效的并不公正"和"公正的并不有效"。这两个悖论描述的是国际气候制度构建所面

① See Colin Nolden et al., *Climate Clubs Embedded in Article 6 of the Paris Agreement*, 180 Resources, Conservation and Recycling (2022).

② See Jessica C. Liao, *The Club-based Climate Regime and OECD Negotiations on Restricting Coal-fired Power Export Finance*, 12 Global Policy 40 (2021).

③ See Charlotte Unger et al., *A Club's Contribution to Global Climate Governance: the Case of the Climate and Clean Air Coalition*, 6 Palgrave Communication (2020). 该行动是由孟加拉国、加拿大、加纳、墨西哥、瑞典和美国政府以及联合国环境规划署发起的。

④ See Stine Aakre et al., *Incentives for Small Clubs of Arctic Countries to Limit Black Carbon and Methane Emissions*, 8 Nature Climate Change 85 (2017).

⑤ See William Nordhaus, *Climate Clubs: Overcoming Free-riding in International Climate Policy*, 105 American Economic Review 1339 (2015).

⑥ See Jeroen C. J. M. van den Bergh et al., *A Dual-track Transition to Global Carbon Pricing*, 20 Climate Policy 1057 (2020).

⑦ 参见 IPCC:《决策者摘要:政府间气候变化专门委员会第六次评估报告第一工作组报告——气候变化 2021:自然科学基础》,剑桥大学出版社 2021 年版。其关键政策结论是:从自然科学的角度来看,将人为引起的全球变暖限制在特定水平上需要限制累积二氧化碳排放并至少达到二氧化碳净零排放,同时需要大幅减少其他温室气体排放。

临气候伦理上的公平与政策经济效益之间的矛盾关系。矛盾根源是气候政策设计所基于的成本效益分析(CBA)所固有的道德困境或道德悖论。

作为理解人类行为后果的最佳方法,CBA 是对政策后果进行预见性分析的主流方式,被广泛应用于环境政策设计,特别是气候政策。[①] 前文提及的斯特恩和诺德豪斯的气候经济学分析,其核心均包含对全球变暖所导致的危害和减排成本的分析。[②] DICE 模型的目的就在于权衡减缓温室效应所采取步骤或政策的成本与收益,从而预测在不同排放情景下的最优政策选项。[③] CBA 需要以量化的方式比较不同情景和政策路径下的成本与收益。然而,气候问题的复杂性恰恰是难以量化的。孙斯坦认为 CBA 量化分析有三大挑战:其一,政策制定者缺乏必要的知识预测某项行为或政策的收益或成本;其二,政策制定者对分析所采取的货币化经济工具并不认同;其三,分析涉及的某些事项具有不可计量性,譬如尊严、荣耀等。[④] 鉴于生态和社会系统的复杂性,气候变化负面效应的范围和程度呈现出难以克服的不确定性,[⑤]使得难以量化的问题在应用于气候变化的 CBA 中可能更为显著。CBA 应用于气候治理的局限性,诸如分析者和政策制定者的个人伦理偏好、对决定分析结论和政策选择的变量的选择、贴现率设定的影响,[⑥]以及对生命损失等无法量化的价值进行货币化所固有的伦理缺陷等问题,[⑦]必然会导致基于其分析结果所制定的气候政策偏离气候正义的不公正分配问题。可见,公正性与有效性之间的矛盾关系是基于 CBA 设定气候政策所固有的问题。

"有效的并不公正"表明,经济学上有效的政策其实施结果会导致对

---

① See e. g. , Matthew D. Adler & Eric A. Posner, *Rethinking Cost-benefit Analysis*, 109 Yale LJ 165; Jonathan Masur & Eric Posner, *Climate Regulation and the Limits of Cost - Benefit Analysis*, 99 California Law Review 1557 (2011); Cass R. Sunstein, *The Real World of Cost-Benefit Analysis: Thirty - Six Questions (and Almost As Many Answers)*, 114 Columbia Law Review 167 (2014).

② 关于 DICE 模型中具体内容的描述,参见[美]威廉·D. 诺德豪斯:《管理全球共同体:气候变化经济学》,梁小民译,东方出版中心 2020 年版,第 1—90 页。

③ 参见[美]威廉·诺德豪斯:《变暖的世界:全球变暖的经济模型》,梁小民译,东方出版中心 2021 年版,第 4 页。

④ See Sunstein Cass R. , *The Limits of Quantification*, 102 California Law Review 1369 (2014).

⑤ See Daniel A. Farber, *Coping with Uncertainty: Cost - Benefit Analysis, the Precautionary Principle, and Climate Change*, 90 Wash. L. Rev. 1659 (2015).

⑥ See Jonathan Masur & Eric Posner, *Climate Regulation and the Limits of Cost - Benefit Analysis*, 99 California Law Review 1557 (2011).

⑦ See John Bronsteen, Christopher Buccafusco & Jonathan S. Masur, *Well-Being Analysis vs. Cost-Benefit Analysis*, 8 Duke Law Journal 1603 (2013).

气候正义目标的偏离,即能够实现经济效益最大化的气候政策会导致不公正的成本和收益的分配结果,从而陷入公正性的困境。"公正的并不有效"表明,公正的气候政策设计会导致经济利益的减损。如果从人类存续的角度看,即刻停止一切超出人类必需的化石燃料排放是最符合气候伦理的气候政策选择。但是,这一政策显然会造成巨大的经济损失且不可能被接受。美国反对《京都议定书》的一个重要理由就是该协定的实施会增加美国经济运行的成本。"有效的并不公正"和"公正的并不有效"表明,气候正义观念或原则是对气候政策的一种反向的弹性约束。当基于成本效益分析的气候政策为追逐经济利益的最大化而过于偏离公正性时,气候政策将会导致公正性困境而不能实现有效的国际合作,从而陷入与"可行的并不公正"相同的公正性困境。

四、如何走出国际气候制度的三重困境

总之,国际社会希望通过国际合作构建一个公正、可行且有效的国际减缓制度,然而往往陷入公正性、可行性和有效性困境。在《巴黎协定》下,各国虽然形成了强化国内减排行动和深化国际减缓合作的普遍政治共识,但是所提交的自主贡献累计减排效果却难以使《巴黎协定》所设定的长期减排目标成为现实。这种减排效果的有效性困境必须通过强化的国际减排合作方能得以解决。各国在达成新的国际减缓气候合作中仍需要克服强化的减缓承诺水平所带来的政治上的可行性问题和新的制度安排所产生的减排成本分配中的气候正义问题,除非各国能够找到走出国际气候合作困境的路径。然而,人类社会构建国际气候制度的历史和实践悲剧性地验证了经典的公地悲剧、囚徒困境和集体行动的困境等常见的用以分析国际气候问题的理论模型的预测性。[①] 在对全球气候资源这一"公共池塘"的占用问题上,有效的国际合作或人类组织安排似乎是难以达成的。人类文明难道注定笼罩在气候灾难的阴影中?17 世纪小冰期所导致的社会灾难是否必然重演,从而说明人类文明缺乏改造自然世界的能力?[②]

1. 奥斯特罗姆:公共事物的治理之道

从奥斯特罗姆所研究的水权和渔业权等公共资源的治理案例可见,人

[①] 参见[美]埃利诺·奥斯特罗姆:《公共事物的治理之道:集体行动治理的演进》,余逊达、陈旭东译,上海译文出版社 2012 年版,第 2—9、214 页。

[②] 参见[英]杰弗里·帕克:《全球危机:十七世纪的战争、气候变化与大灾难》,王爰译,社会科学文献出版社 2021 年版,"导论"。该著作反映了人类社会在面对 17 世纪小冰期这一气候危机时的脆弱性。作者认为,17 世纪的灾难说明骤然的气候变化是一种必然,人类社会必须在立即投资预防不可避免的自然灾害和等到灾害发生因不作为而付出更高代价之间做出选择。

类社会是可以就公共资源的占用达成有效的制度安排或者推动形成有效合作的制度变迁的。① 传统的理论模型,如公地悲剧或囚徒困境,往往会假设资源的占用者之间缺乏沟通,独立行动,没有人注意单个人行动的效应。② 这一假设与事实不符。即使在全球气候资源这一超大型公共资源的占用或治理问题上,占用者(国家和次国家行为体)也绝非缺乏沟通。联合国、区域国际组织、双边平台、城市联盟、企业界的信息沟通,已经成为气候治理机制的重要内容。传统的集体行动理论的另外一个问题是不重视制度供给过程中经常涉及的渐进的自主转变,即参与治理的行动主体从失败的经验中学习并调整行动或博弈策略。奥斯特罗姆认为,从建立小规模的最基本组织的成功或者失败的案例中吸取经验和教训,可以使群体中的人们得以在所创立的社会资本基础上,通过更大、更复杂的制度安排来解决较大的问题。③

奥斯特罗姆通过实证研究所概括的长期存续的公共资源自治理制度的设计原则主要包括以下方面:第一,清晰界定边界,即明确公共资源的权属且确定谁是有权占用公共资源的主体;第二,占用和供应规则应与当地条件一致,即公共资源的占用的时间、地点、技术和资源单位的占用规则要符合资源所在地区的社会经济条件;第三,集体选择的安排,即绝大多数受规则影响的个人应当能够参与对操作规则的修改——规则生成的民主性;第四,监督,即合理安排制度实施的监督者,一般应由公共资源的占用者本人或对占用者负有责任的人履行监督职责;第五,分级制裁,即对违反制度的占用者施加与违规行为的内容和严重性相匹配的制裁;第六,冲突解决规则,即制度实施中所产生的争议能够通过地方论坛或外部机制得以解决;第七,对组织权最低限度的认可,即占用者自行设计制度的权利不受外部权威的挑战;第八,嵌套式企业,即将占用、供应、监督、强制执行、冲突解决和治理活动在一个多层次的嵌套式企业或组织形式中进行。④

基于其对公共资源治理的研究结论,奥斯特罗姆认为,公地悲剧并非

---

① 参见[美]埃利诺·奥斯特罗姆:《公共事物的治理之道:集体行动治理的演进》,余逊达、陈旭东译,上海译文出版社 2012 年版,第 68—168 页。

② 参见[美]埃利诺·奥斯特罗姆:《公共事物的治理之道:集体行动治理的演进》,余逊达、陈旭东译,上海译文出版社 2012 年版,第 214 页。

③ 参见[美]埃利诺·奥斯特罗姆:《公共事物的治理之道:集体行动治理的演进》,余逊达、陈旭东译,上海译文出版社 2012 年版,第 221 页。

④ 参见[美]埃利诺·奥斯特罗姆:《公共事物的治理之道:集体行动治理的演进》,余逊达、陈旭东译,上海译文出版社 2012 年版,第 106—122 页。

不可避免,人类社会能够达成实现国际合作的国际气候制度。① 这种可能实现有效治理的国际气候制度将是一种"多中心"治理模式。该模式承认传统集体行动理论应引入人类行为理论的要义,并强调不同层面参与者之间信任和互惠的重要性。人类行为理论认为:处在不同社会组织中的个人不可能获知所有能够实现理性决策的信息,但是能够从组织行动的交往中进行学习,从而做出最有利的决策;在长期博弈的假设下,个体需要通过自愿的合作塑造可信赖的声誉以取得其他参与集体行动个体的信任,从而取得有利于自己的均衡结果;这种基于学习、信任而形成的互惠关系是实现合作的集体行动的核心特征。任何期望获得有效合作的集体行动安排,必须通过机制确保参与者之间的信任关系,相信其他参与者也会采取同样的有利于合作的行动。因此,能够实现国际合作的气候制度的关键因素在于,该制度所综合的各种机制安排能够使参与者相互信任,并愿意采取增加自身短期成本的约定行动,因为他们能够预见约定行动会产生自己和他人的长期利益,而且他们相信大多数其他人都在遵守规定。② 从国际气候制度演进的历程和国际关系无政府社会的假设来看,这种信任关系最不可能在全球层面上形成,因此一个统一的"自上而下"的气候治理制度,如《京都议定书》,是注定失败的行动。奥斯特罗姆所主张的国际气候制度是包容性的,允许不同层面的参与者(国家和各类非国家行为体,如国际组织、行业、企业和城市等)通过组成分散的自我治理组织,在信任的基础上通过不断调整治理策略达成有利于减排的制度安排。③

2. 萨贝尔和维克多的实验主义治理

在奥斯特罗姆和基欧汉所阐明的多中心国际气候治理结构内,查尔斯·萨贝尔和大卫·维克多对各国所采取的已经实现实质性减排成果的务实国际气候治理制度进行了较为系统的描述。他们将其称为"实验主义治理"模式。这种气候治理模式与基于外交形成"规范"的气候制度如《京都议定书》和《巴黎协定》相比,其在"规范"形成的模式上存在显著的不同。实验主义气候治理模式下的减缓标准或规则是一种被普遍接受的"通常实践";该实践是基于产生实效的基层治理实践所形成的,并被从这些实

---

① See Björn Vollan & Elinor Ostrom, *Cooperation and the Commons*, 330 Science 923 (2010).

② See Ostrom Elinor, *Polycentric Systems for Coping with Collective Action and Global Environmental Change*, 20 Global Environmental Change 550 (2010).

③ See Ostrom Elinor, *A Polycentric Approach for Coping with Climate Change*, Environmental Economics (2009).

践中所出现的新利益主体所普遍接受。① 简言之,其是参与气候全球治理的国际法主体通过其国际实践所形成的"习惯法"规范,而非以正式的气候外交所预先设定的"条约法"规范。

这种实验主义的治理模式强调的是各国和各行为主体对规范和标准创设的自主性与参与性。其治理原则为:其一,设定远期要实现的雄心目标并指明目标实现需要变革的方向并允许试错,因为最佳的行动方案在行动之初是不可知的,治理的问题存在较大的不确定性;其二,鼓励基层的自主行动并从取得实效的基层治理或减缓问题的创新实践中总结可推广的标准或通行模式,形成治理规范,并允许基层组织参与决策以确保治理规范能够适应不同区域的本地化需求;其三,基于基层自主治理实践或创新所形成的一般治理规范如经实践的检验具有显著的实际效果,即可以通过提供信息和全球最佳实践等范例的方式,推动形成与创新的治理实践相匹配的国际政治和经济模式——吉登斯所称的政治激合和经济激合。② 由此可见,实验主义的治理模式是通过相向而行的基层自主治理形成清洁发展和低碳发展的新利益共同体;这解决了公共事物治理的不确定前景下实现国际合作所需的互惠和信任得以产生的激励来源问题:从事创新的行动者能够从新实践中获得经济激励,并通过该实践的国际认可强化这一激励效应,从而塑造出参与新治理实践的互惠和信任。如果用"公地悲剧"的隐喻来说明,实验主义的治理就是通过基层创新在归属于自己的牧场上"创造"出单位营养更丰富的牧草新品种或消耗草料更少的羊群新品种,使牧羊人能够以相同的资源获得更多的产出而取得竞争优势,并鼓励和引导这些牧羊人推广自己的创新,形成新的牧羊人团体和新的牧场运营模式,获取更大经济利益。③

实验主义的气候治理模式矫正了既有的以《京都议定书》和《巴黎协定》为代表的气候治理实践所存在的错误假设。萨贝尔认为,控制臭氧层的《维也纳公约》和《蒙特利尔协定》成功的关键在于其基于实用主义的实验主义治理路径——充分考虑制度实施过程中的不确定性,通过总结并确认成功的经验不断扩大治理范围、调整治理目标,④而非预先设定的缺乏

---

① See Charles F. Sabel & David G. Victor, *Fixing the Climate: Strategies for an Uncertain World*, Princeton University Press, 2022, p. 2-3.

② See Charles F. Sabel & David G. Victor, *Fixing the Climate: Strategies for an Uncertain World*, Princeton University Press, 2022, p. 2.

③ See Charles F. Sabel & David G. Victor, *Fixing the Climate: Strategies for an Uncertain World*, Princeton University Press, 2022, p. 3.

④ See Charles F. Sabel & David G. Victor, *Fixing the Climate: Strategies for an Uncertain World*, Princeton University Press, 2022, p. 18-35.

灵活性的治理结构。在蒙特利尔机制下,解决问题的真正主体是那些身处技术创新前沿的工业企业。这些企业基于各缔约方本地化的监管政策不断进行新化学品的开发与测试。对于经实践检验成功的政策经验及其治理绩效,由各缔约方设立的技术专家组进行定期的评议;有效的经验通过评估得以积累,成为推动治理目标和治理对象调整的公共知识储备。以此为基础,各缔约方不断优化监管政策和更新治理责任。治理机制基于公共知识和本地化实践的互动而持续演进,不断扩大需实施国际管控的化学物品范围和调整监管目标。1985 年《维也纳公约》氟氯碳化物(CFCs);1990年《伦敦修正案》增加 4 组受控物质,包括 34 种全氟氯氢(HCFC),规定淘汰时间表;1992 年《哥本哈根修正案》将发达国家 CFCs 等受控物质的最终淘汰时间提前到 1996 年;1997 年《蒙特利尔修订案》对所有受控物质建立进出口许可证制度;1999 年《北京修正案》增加新的受控物质,确立对HCFC 的生产控制要求;2016 年《基加利修正案》将 HFC134 等 18 种氢氟碳化物(HFCs)列入受控名单,要求大部分发达国家到 2036 年削减 85%的HFCs,大部分发展中家在 2024 年冻结 HFCs 的生产和消费,到 2045 年削减 80%。“自上而下”的综合性定期评估机制和“自下而上”的基层技术创新,使得国际臭氧层治理机制持续收紧对各缔约方的约束。这一过程实现了专家治理与民主决策的有效融合:科学知识决定了调控的广泛目标,但是基层的治理实践决定了各缔约方的履约期限。

实现合作的激励来自对创新者的奖励,比如多边基金的资助和不受管控的生产和贸易许可所产生的经济优势。安于现状者的惩罚来自两个层面:一是产品因受控而丧失市场机会所造成的经济损失;二是被视为缺乏能力和对全球灾难性问题的无视所遭受的道德上的声誉损失——在信息全球化的当代国际社会中这也会导致其遭受经济损失。履约能带来稳定收益的预期,使各缔约方形成了较为稳定的共同承诺(98%的履约率),并在此基础上保证了管控受控化学物质的国际合作得以产生的信赖。① 治理臭氧层空洞的实验主义模式也因而取得了巨大的成功。世界气象组织和联合国环境规划署发布报告称:如果保持现行举措,南极臭氧空洞将在2066 年恢复到 1980 年的水平。② 这说明,人类社会通过有效的国际合作能够治理攸关文明存续的全球性环境危机。

---

① See Daniel H. Cole, *Advantages of a Polycentric Approach to Climate Change Policy*, 5 Nature Climate Change 114 (2015).

② See UNEP & WMO, *Scientific Assessment of Ozone Depletion*:2022 (*Ozone Research and Monitoring-GAW Report No.* 278), Geneva, 2022, p. 3-4.

对比取得实效的臭氧层治理,萨贝尔认为气候全球治理的失灵来自三个僵化的二分法假定。① 第一,"自上而下"和"自下而上"的二分法。这种二分法认为人类合作的集体组织形式要么是统摄在一个综合性协定所确定的目标和履约方式下,如《京都议定书》那样为承担减排义务的国家自上而下地设定强制性的量化减排目标;要么是由各参与者自行确定减排目标与形式,如《巴黎协定》下以 NDCs 为形式的自主承诺方式。既然《京都议定书》以失败告终,那么人类社会只能选择以《巴黎协定》下的自主减排承诺方式实现减缓气候变化的目标。实验主义气候治理模式并不认同这种狭隘的观点。其主张以自上而下设定的战略性目标和惩罚为自下而上的切实促进目标实现的创新指明方向。第二,专家治理和民主治理的二分法。这种二分法认为,人类的集体行动要么是有专业能力的技术和管理专家控制的阶层式治理模式,要么是成员或利益相关者以民主的方式实施自我治理。实验主义的治理则认为更有效的合作必须基于专家治理和民主治理的有机统一:实践中的成员和利益相关者更能发现真正的问题是什么,而有科学知识的专家则知晓以何种方式能解决问题。第三,组织与市场的二分法。这种二分法往往假定市场的方式是最有效的,比如总量控制与分配下的碳市场机制。然而,值得注意的是:那些具有颠覆性能够大幅度削减产品碳足迹的创新性技术变革,往往投资成本巨大且风险较高;而当前已经实施的碳市场制度很少能够达到促使这些创新性技术变革得以出现的碳价格水平。实验主义的治理强调并鼓励综合性的本地化制度。这些制度并不仅仅依赖于价格机制,还需要传统的标准制度和其他的命令与控制方式与价格机制的综合与协调。

可见,萨贝尔等主张的实验主义气候治理模式并不反对以多边的方式形成一个统一的全球治理框架。其所强调的是在共同的治理目标和治理框架下以更有效的方式调动本地化的治理实践,以激励那些能够实现大幅度碳减排的技术性变革出现。其认为,能够产生实效的国际气候合作来自基层行动者——特别是直接地由于其受治理制度调控的行为而获得利益或受到惩罚的企业——通过实验和利益调整同步进行的学习过程。② 实验主义的治理创设了与治理目标的实现有直接利益关系的利益共同体和信任共同体。其内在的治理逻辑与奥斯特罗姆所提及的多中心治理体制

---

① See Charles F. Sabel & David G. Victor, *Fixing the Climate*: *Strategies for an Uncertain World*, Princeton University Press 2022, p. 9-12.

② See Charles F. Sabel & David G. Victor, *Fixing the Climate*: *Strategies for an Uncertain World*, Princeton University Press 2022, p. 12.

并无根本性差异,只不过更进一步说明了实现国际合作所必需的学习和信任得以形成的"实验"过程,且更为强调在这一过程中需要建立一个统一的国际性机制或组织对实验"成功"的技术和政策进行综合性评估,从而形成具有普遍适用性的国际性标准或规范,作为推动新一轮实验性治理的起点。简言之,实验主义治理试图通过强化治理模式中的"自上而下"的制度建构"缝合"多中心治理模式下的分散式治理实践,从而使得这些分散的、以自我利益实现为导向的气候减缓行动能够实现相向而行,协同推进《巴黎协定》所确立目标之实现。

3. 人类命运共同体与全球气候治理:"共通"的国际气候制度

然而,气候危机的紧迫性不能容许人类社会经历漫长的多中心治理实践从而习得治理全球大气资源这一超大型公共资源的有效治理经验。即使奥斯特罗姆的多中心气候治理能够带来有效的减排结果,也仍有必要探讨协同这些不同层面的治理制度安排从而实现更优结果的可能性与可行性。这种能够实现协同效应的国际气候制度不应陷入前述有效性、可行性和公平性的困境。正如有些学者所指出的,虽然通过多中心治理体制、气候俱乐部或模块化(building blocks)气候制度建构等"自下而上"的气候政策设计路径,①能够实现有效的国际合作,但是这种由各个占用者或治理主体以"解构"的方式推进气候治理目标实现的路径安排仍有可能陷入"惯常路径"的困境——各国政府会以之为掩护规避减排责任。② 这种"自下而上"式的俱乐部或多中心治理体制如果要产生实质性的减排绩效,需要"自上而下"的机制进行补强。譬如,以联合国气候变化谈判机制——常态化的缔约方会议——作为"制度核心"(Institutional Center),对各参与主体的治理绩效进行持续性评估。这一机制也可以作为解决气候治理机制运行过程中所产生争议的一个公共平台。提出或赞同"自下而上"气候治理路径的主流学者并不反对通过国际制度"协调"(coordination)多中心或分

① See Daniel M. Bodansky, Seth A. Hoedl et al. , *Facilitating Linkage of Climate Policies through the Paris Outcome*, 16 Climate Policy 956 (2015); Robert Falkner, *A Minilateral Solution for Global Climate Change? On Bargaining Efficiency, Club Benefits, and International Legitimacy*, 14 Perspectives on Politics 87 (2016); Håkan Pihl, *A Climate Club as a Complementary Design to the UN Paris Agreement*, 3 Policy Design and Practice 45 (2020).

② See Charles F. Sabel & David G. Victor, *Governing Global Problems under Uncertainty: Making Bottom-up Climate Policy Work*, 144 Climatic Change 15 (2017).

散气候治理"模块"的必要性。① "自上而下"和"自下而上"的机制综合更能够实现全球气候治理的目标。② 气候或碳市场俱乐部必须以构建全球维度的合作为目的或主旨;③多中心的自主分散治理必须内嵌在全球多边治理的框架内,并与气候全球治理的多边进程"并轨"推进。④ 形成更有效气候治理集体行动的信任(Trust or Reciprocity)与学习(Experimentation)应在一个全球"共通"的制度框架内进行。所谓共通有两层含义:其一,各国采取相同的碳减缓机制安排,彼此之间可以通过借鉴和学习推进碳减缓制度的社会实验;其二,制度实施所实现的碳减缓成果具有国际可比性,有助于各国建立共同实现减排的信任关系,并且从减排成果的互认中实现互惠的结果。

构建全球共通的国际气候制度是气候全球治理领域构建人类命运共同体的必然要求。人类命运共同体是中国在人类社会处于大发展大变革大调整时期所提出的解决传统安全和非传统安全威胁的全球治理方案。人类命运共同体强调,当今世界,每个民族、每个国家的前途命运都紧紧联系在一起,是你中有我、我中有你的责任共同体和利益共同体。⑤ 就气候变化这一危及全球生态系统的非传统威胁和全球性灾难的治理而言,习近平总书记所提出的"大船论"准确地描述了人类命运共同体下有效的气候全球治理所需的国家间关系——"各国不是乘坐在190多条小船上,而是乘坐在一条命与共的大船上"。全球变暖所危及的是人类共同的唯一家园。

人类命运共同体理论对国际气候制度的指导性意义主要体现在以下

---

① See Robert Falkner, Naghmeh Nasiritousi & Gunilla Reischl, *International Climate Policy after Copenhagen: Towards a "Building Blocks" Approach*, 1 Global Policy 252 (2010); Nicolas Lamp, *The Club Approach to Multilateral Trade Lawmaking*, 49 Vanderbilt Journal of Transnational Law 107 (2016); Robert Falkner et al., *Climate Clubs: Politically Feasible and Desirable?*, 22 Climate Policy 480 (2021); Leonidas Paroussos, Antoine Mandel, Kostas Fragkiadakis et al., *Climate Clubs and the Macro-Economic Benefits of International Cooperation on Climate Policy*, 9 Nature Climate Change 542 (2019); N. Keohane, A. Petsonk & A. Hanafi, *Toward a Club of Carbon Markets*, 144 Climatic Change 81 (2017); Håkan Pihl, *A Climate Club as a Complementary Design to the UN Paris Agreement*, 3 Policy Design and Practice 45(2020).

② See Jessica F. Green, Thomas Sterner & Gernot Wagner, *A Balance of Bottom-up and Top-Down in Linking Climate Policies*, 4 Nature Climate Change 1064 (2014).

③ See Michele Stua, Colin Nolden & Michael Coulon, *Climate Clubs Embedded in Article 6 of the Paris Agreement*, 180 Resources, Conservation and Recycling (2022).

④ See Jeroen C. J. M. van den Bergh et al., *A Dual-Track Transition to Global Carbon Pricing*, 20 Climate Policy 1057 (2020).

⑤ 参见中共中央宣传部、中华人民共和国外交部编:《习近平外交思想学习纲要》,人民出版社、学习出版社 2021 年版,第 49—51、106 页。

三个方面。

第一，以"合作共赢"的世界观矫正国家自利的行为偏好，确立国家在国际气候合作中能够基于互信实现互惠的基本意识，为国际气候制度的有效性奠定基础。

人类命运共同体的构建需要以人类命运共同体意识的形成为必要条件。党的十八大报告提出，继续促进人类和平与发展，"要倡导人类命运共同体意识，在追求本国利益时兼顾他国合理关切，在谋求本国发展中促进各国共同发展，建立更加平等均衡的新型全球发展伙伴关系，同舟共济，权责共担，增进人类共同利益"。其隐含的基本逻辑是以共同体意识引导国家和非国家行为体不能只关注自我利益的最大化，而应考虑他者合理的利益关切。这与传统的集体行动理论中对行为体行为利益的自利动机明显不同。传统的导致集体行动困境或公地悲剧的行为偏好被设定为资源稀缺性下对自我利益最大化的追逐，利益的分配是竞争性的、排他性的。奥斯特罗姆和萨贝尔等对人类集体行动实践的观察和研究也表明，个体在进行公共资源的管理或者占用时能够基于信任、互惠和实验主义治理以利他的方式形成对公共资源的合作管理机制，塑造并维护共同体利益的实现。这体现了人的社会性；对于气候全球治理问题而言，则体现的是国际社会的共生性。人类命运共同体意识的形成是客观的，也是必然的。在彼此相互依赖的当今世界，各国只能存在于国际共生关系之中。国家作为国际社会的基本行为体，彼此之间利益的多元化会导致国家间利益关系的对立与矛盾，但是这种矛盾不能突破国际社会共生性的底线；利益和权力必须共生于国际社会，进而得以形成和行使。[1] 在这种对立统一关系中进行国际气候治理，各国应确立正确的义利观，尊重他国的发展利益，以切实减缓行动实现《联合国气候变化框架公约》所确立的目标，实现人类社会的可持续发展。

第二，以共同体观矫正气候治理中国家的狭隘的安全观，以共同体意识下的正确义利观和利益共同体为基础推动构建共建共享的安全共同体，塑造有利于国际合作达成的国际政治共识，提高对国际气候制度的政治认同。

在传统的国际政治观下，各国出于对本国安全的维护，在国际关系中追逐支配他国的权力，即牺牲或者损害他国的安全以追逐如空中楼阁的本

---

[1] 参见金应忠：《试论人类命运共同体意识——兼论国际社会共生性》，载《国际观察》2014 年第 1 期。

国绝对安全。这种国际政治观是安全悖论的根源,使人类社会建构和平的国际秩序的集体行动陷入困境;这种传统的权力观和安全观也是气候全球治理陷入集体行动困境的决定性因素之一。因各国的区位特征不同,各国气候脆弱性程度的差异决定了各国在气候政治和气候外交中的立场存在明显的差异。脆弱性较大的小岛国和最不发达国家因全球变暖所导致的安全困境,成为国际气候制度构建最为积极的推动者和支持者。譬如,小岛国分别在联合国国际法院和国际海洋法庭发起了有关气候变化问题的咨询案,试图明晰国际气候治理的国际法规范基础和相应的责任体系。与之相比,受气候变化影响不大的国家或者从气候变化中受益的大国,譬如美国、俄罗斯、加拿大等,在国际气候政治中就倾向于较为保守的态度。譬如,美国布什政府对《京都议定书》的否定几乎使该协定成为一纸废文;俄罗斯的加入虽然使该协定从法律上生效,但是因其不做任何努力即可从协定中获益的事实,给该协定加上了不公平的标签;加拿大等国在《京都议定书》第二承诺期谈判中的后退立场,彻底终结了该协定;在《巴黎协定》替代《京都议定书》后,美国特朗普政府对该协定的退出使该协定在生效之初就蒙上了难以落实的阴影。对个体安全和在国际社会中权力的追逐还使国际政治实践中共同安全事项劣后于本国安全事项,或者共同安全问题的解决被国家因本国安全利益所采取的政治行动所干扰甚至打断。例如,俄乌冲突对欧洲能源结构产生影响,进而干扰欧盟低碳化和零碳化进程。这种地缘政治的冲突也使安全利益存在冲突,对立的大国甚至难以在气候变化等全球安全问题的解决上达成共识。人类命运共同体所倡导的共同安全观就是旨在改变传统的"弱肉强食"的国际关系观和国家安全观,强调全球化时代中彼此依赖的国际社会成员,在传统安全威胁与非传统安全威胁彼此交织和相互转化的时代背景下,应考虑人类整体存续之安全,构建共建共享的安全共同体。① 气候全球治理就是构建安全共同体的重要实践。人类拥有共同的唯一家园,全球变暖继续演化将威胁人类整体赖以生存的大气和海洋等生态系统。为了人类社会的共同安全与存续,各国应积极采取切实的减缓行动,形成国内气候政治与国际气候政治的协同,而非陷入所谓"民主的失灵",使关系人类共同安全的气候国际政治进程劣后或受制于国内政治。

第三,以超越全球正义的正确义利观,为国际共生关系中的国际气候

---

① 参见郝立新、周康林:《构建人类命运共同体——全球治理的中国方案》,载《马克思主义与现实》2017 年第 6 期。

合作提供价值基准,保障国际气候制度不偏离气候全球治理的伦理共识。

人类命运共同体在价值观或伦理意义上所追求的是超越民族国家体系的一种合作共赢、"美美与共"的大同理想和多元文化认同下的"共同价值"。这种价值观和伦理观以建构在共同体意识之上的共同利益的形成为物质基础,又以共同体构建过程中所塑造的这种新型文明观促进和强化共同体意识和共同体利益;其在当前国际关系中必然体现为超越民族国家体系下"全球正义"与"空间正义"的正确义利观。① 人类命运共同体理念下的义利观应当以公平、正义为基础,推动国际秩序向更加开放、包容、普惠、平衡、共赢的方向发展,从而推动国际社会迈向真正的共同体阶段,从更高层次上解决人类未来的命运问题。② 以人类命运共同体下的义利观为指导的气候全球治理,才能真正形成作为公道的正义观念,实现气候治理中的全球正义价值。之所以如此,是因为只有在涉及人类整体存续和安全这一终极命题或伦理目的时,各国和不同国籍的人才实现了真正意义上的平等——我们都在这艘唯一的面临沉没的大船上,无一例外。只有在涉及人类整体之存续的绝对道德律令下,才能够形成被普遍接受的气候正义观念,能够有效且可行地改善人类整体之安全境遇的减排成本分担原则才有可能被普遍视为公平且符合气候正义观念,才有可能形成符合公道正义观念的"各尽所能、能者多劳"的减缓责任分配原则,并在此基础上形成气候全球治理的命运共同体。③

总而言之,作为中国参与全球治理的基本方略,人类命运共同体已经被国际社会所认可,被写入联合国安理会和人权理事会决议,被第 71 届联合国大会主席彼得·汤姆森赞誉为"人类在这个星球上的唯一未来"的伟大方案。人类命运共同体强调全球问题需要全球应对,应践行真正的多边主义。对气候变化等非传统全球安全问题的解决,应坚持通过共商、共建、共享的原则,形成以国际法为基础的国际秩序。气候治理中的多边主义践行的关键在于形成被各国普遍接受的符合有效、可行和公平标准的全球共通性制度安排,并在此制度框架内以实验主义的治理逻辑,在参与治理的国家和各类非国家行为体中塑造气候利益共同体。

---

① 参见徐艳玲、李聪:《"人类命运共同体"价值意蕴的三重维度》,载《科学社会主义》2016 年第 3 期。

② 参见张辉:《人类命运共同体:国际法社会基础理论的当代发展》,载《中国社会科学》2018 年第 5 期。

③ 参见徐祥民:《气候共同体责任分担的法理》,载《中国法学》2023 年第 5 期。

第二章 国际碳交易制度:现实选择 与制度演进

走出气候全球治理的集体行动困境和相关制度悖论的关键在于践行人类命运共同体理论指导的多边主义治理路径,以全球"共通"的制度安排塑造实现有效减排的涵盖国家和非国家行动者的利益共同体和责任共同体。何种减缓制度能够作为实现全球合作的制度核心或共通性框架?就这一问题而言,主流学者的建议大致相同,均认为应将全球碳定价或碳价格机制作为承载塑造全球减排信任和利益共同体的基本机制。全球碳价格应以碳税制度还是碳交易制度为实现路径?从实践来看,国际碳交易是更为现实可行的一种选择:其已经被应用于国际减缓合作的实践,并被作为未来全球气候治理基本框架的《巴黎协定》所继承和发展。

一、碳定价机制:全球"共通"的制度安排

在国际碳减排的实施机制上,自斯特恩释明气候变化的外部性效应并认为减排的核心问题在于形成"碳定价"机制之后,碳交易和碳税为代表的"成本效益"机制即成为学者的主要研究对象①。考虑到实施的可行性,《京都议定书》采纳了科斯理论框架下的排放权交易方式,构建了清洁发展机制和合作履行机制,作为国际减缓合作的基本制度安排。碳税则主要体现在国内立法中,如波兰、丹麦、挪威和瑞典等国。日本、韩国、新西兰、哥斯达黎加和中国也对碳税的征收进行了长期的研究。但是,在国际层面上并未能出现诺德豪斯所建议的国际协调碳税的制度实践。随着《京都议定书》的失败,虽有学者质疑以清洁发展机制为主体的全球碳交易市场的有效性,认为其是一种无效的政府补贴,②但是从《巴黎协定》第6条对市场化合作减排制度的继承来看,碳价格制度仍被普遍视为实现《联合国气候变化框架公约》项下全球减缓目标的主要政策选项。鉴于此,以诺德豪斯、威兹曼和斯蒂格利茨为代表的学者系统地探究了以全球碳价格制

---

① 参见庄贵阳、陈迎:《国际气候制度与中国》,世界知识出版社 2005 年版。

② See Axel Michaelowa, *Failures of Global Carbon Markets and CDM?*, 11 Climate Policy 839 (2011).

度推进《巴黎协定》各项目标实现的必要性。[1]这些观点事实上反映了国际主流气候学者对于国际减缓制度的理解。其基本共识或立论前提在于,从奥斯特罗姆等关于公共资源治理理论的视角来看,《巴黎协定》项下的"承诺和审评"是以各国的自主承诺为基础的,因此不能解决"搭便车"问题,必然会陷入集体行动的困境,而无法实现协定所设定的目标。[2]虽然基于不同的理论路径和分析视角,各位学者提出了不同的全球碳定价实施方案,但是就其对国际减缓合作形成的价值而言,大致有以下两个共同结论。

第一,各国如果能够就碳定价达成协议,即使是关于最低碳价(Carbon Price Floor Arrangement)的共同承诺且不采用统一的形式,也能实现有效(efficient)的减排。David Mackay 等认为,《京都议定书》的失败表明各国不可能形成一个基于量化减排目标的全球总量控制与分配制度,更合理可行的方案是就碳定价机制形成普遍性承诺,即各国承诺以总量控制与分配机制(碳交易)、碳税或兼具二者的混合性制度在其法权控制领域内对化石能源的使用所导致的碳排放进行定价,从而使全球范围内的主要碳排放行为承担一个不低于所达成的全球最低碳价格的法定成本。[3] Ian Parry则认为,全球共同的碳定价安排能够促进国家利益的实现,特别是考虑到该机制所能实现的财政收益和对环境外部性问题的协同规制效应,如对来自固定设施和机动车污染的环境外部性和社会损失的矫正。[4] Richard 认为,这种全球性的关于最低国内碳价格的国际承诺虽然也难以达成,但是相对于全球性的自上而下的总量控制与分配制度而言,显然更易于被各国所接受。[5] 在这一兼顾各国政策灵活性的全球协调最低碳定价机制下,各国可以自行保有并利用碳定价机制所获得的财政收益,不至于因此受到国内政治上的反对,从而满足了国际气候制度有效性和可行性的基本条件。

---

[1] 这些学者除已提到的诺德豪斯、斯蒂格利茨、威兹曼之外,还有 Richard Cooper、Peter Cramton、Ottmar Edenhofer、Christian Gillier、David Mackay、Alex Ockenfels、Steven Stoft、Jean Tirole 等。此外,国际政治学领域的基欧汉、维克托等著名学者也支持以碳定价机制促进国际减排合作。

[2] See Peter Cramton et al., *Global Carbon Pricing*:*The Path to Climate Cooperation*, MIT Press, 2017, p. 1-3.

[3] See Peter Cramton et al., *Global Carbon Pricing*:*The Path to Climate Cooperation*, MIT Press, 2017, p. 1-3,32-85; David J. C. Mackay et al., *Price Carbon—I Will If You Will*, 526 Nature 315 (2015).

[4] See Peter Cramton et al., *Global Carbon Pricing*:*The Path to Climate Cooperation*, MIT Press, 2017, p. 14-25.

[5] See Peter Cramton et al., *Global Carbon Pricing*:*The Path to Climate Cooperation*, MIT Press, 2017, p. 95-97.

基于已经设立的绿色气候基金机制,可以实现碳定价机制下的收入从富国向发展中国家和最不发达国家的转移,以促使这些国家接受一个更高的全球最低碳价安排——鉴于发达国家已经在公约和协定项下承诺向发展中国家和最不发达国家提供减缓和适应气候变化的资金——这一安排在不招致发达国家和发展中国家反对的同时,能够实现国际减缓合作中的气候正义。

第二,在当前民族国家体系下,全球最低碳价制度的达成是试验性的。其实现路径应体现为"自下而上"的渐进式路径。诺德豪斯等建议通过次多边或气候俱乐部方式在较小范围内凝聚以协调碳价机制推进国际合作的共识,再逐步以贸易制裁或优惠为激励措施引导更多国家加入最低碳价格承诺。① 事实上,自哥本哈根会议之后,"俱乐部"方式即被气候经济学和气候政治学的主流学者视为克服国际气候合作因"搭便车"效应而陷入集体行动困境的一种有效机制。②《巴黎协定》缔结之后,学者进一步阐明了该协定框架下以"俱乐部"方式强化减排行动的合法性、有效性和可行性,③并提出了若干具体的政策建议。譬如,前文已提及的基欧汉等所建议的建立在诸边协议基础上的碳市场俱乐部,④斯图阿所论证的《巴黎协定》第6条下自愿减排合作基础上的碳减排信用的国际互认,⑤OECD 成员方限制煤炭出口金融激励措施的联盟,⑥旨在减少短期大气污染物排放的气候和清洁空气联盟,⑦北极地区国家间限制黑碳和甲烷排放的国家俱乐部,⑧欧盟和美国提出的促进气候友好型产品贸易的联盟,等等。

---

① See Peter Cramton et al., *Global Carbon Pricing: The Path to Climate Cooperation*, MIT Press, 2017, p. 113-121.

② See Robert Falkner et al., *International Climate Policy after Copenhagen: Towards a "Building Blocks" Approach*, 1 Global Policy 252 (2010).

③ See Nicolas Lamp, *The Club Approach to Multilateral Trade Lawmaking*, 49 Vanderbilt Journal of Transnational Law 107 (2016); Robert Falkner et al., *Climate Clubs: Politically Feasible and Desirable?*, 22 Climate Policy 480 (2021); Leonidas Paroussos et al., *Climate Clubs and the Macro-economic Benefits of International Cooperation on Climate Policy*, 9 Nature Climate Change 542 (2019).

④ See N. Keohane et al., *Toward a Club of Carbon Markets*, 144 Climatic Change (2017).

⑤ See Colin Nolden et al., *Climate Clubs Embedded in Article 6 of the Paris Agreement*, 180 Resources, Conservation and Recycling (2022).

⑥ See Jessica C. Liao, *The Club-based Climate Regime and OECD Negotiations on Restricting Coal-fired Power Export Finance*, 12 Global Policy (2021).

⑦ See Charlotte Unger et al., *A Club's Contribution to Global Climate Governance: the Case of the Climate and Clean Air Coalition*, 6 Palgrave Communications (2020). 该行动是由孟加拉国、加拿大、加纳、墨西哥、瑞典和美国政府以及联合国环境规划署发起的。

⑧ See Stine Aakre et al., *Incentives for Small Clubs of Arctic Countries to Limit Black Carbon and Methane Emissions*, 8 Nature Climate Change 85 (2017).

概言之,全球碳定价是学界所倡议的实现国际减缓合作的重要政策工具。基于这种制度安排,各国通过国际协调直接以处于国家管辖权范围内的碳排放主体为规制对象,避免为国家设置具体的排放义务,从而实现了前文哈里斯所主张的"人本主义"气候治理,即以"人"为中心重构气候条约中的权利与责任体系。碳定价机制作为符合成本效益原则的环境经济治理手段,其对气候外部性问题的规制是以市场竞争为低碳技术创新及其应用推广赋能,从而实现古登斯所言的经济激合;在这一过程中,创新塑造了能够从低碳经济模式中获益的市场利益共同体,其与萨贝尔所提出的实验主义治理逻辑相契合。在低碳经济能够获益的稳定预期下,参与气候治理的国家和非国家行为体也能够形成实现国际减排合作的信任和互惠关系,即相信博弈对手会做出符合纳什均衡的实质性减排行动,从而在奥斯特罗姆所提出的多中心治理模式中实现与长期减排目标相契合的集体合作。各国基于本国的国情采取多元化的方式实现对碳排放行为的定价,并愿意做出在推动全球减缓目标实现所必需的碳价格最低水平之上的基本承诺,也是契合人类命运共同体理念、为解决全球变暖这一公共问题的"相向而行"。但是,学者目前所建议的全球碳定价机制仍呈现出"自下而上"的分散治理特征。全球气候问题的共同性和紧迫性正在为单边主义和保护主义的行动提供借口。在形成更为广泛的利益共同体的过程中,小院高墙式的"次多边合作"所形成的气候俱乐部所声称能够推动更广范围减缓合作的"惩罚性"机制,譬如欧盟和美国等建议的碳关税或碳边境调节措施,正在演化为具有歧视性的碳贸易壁垒。人类命运共同体理念下的气候合作只能在真正的多边主义框架下实现,在"共通"的国际减缓制度框架内推进更为切实的减排行动。需进一步思考的问题是,碳税和碳交易两种定价机制,何者能够作为这种"共通"的国际减排政策框架,协调各国多元化的国内碳定价机制,推动更为有效的国际减排合作?

二、全球碳定价机制的选择:碳税与碳交易

有学者认为,《巴黎协定》事实上保留了国家间通过合作履行减排责任的可能性,使《京都议定书》建立的清洁发展机制和合作履行机制有望延续。[①] 问题在于,2015年《巴黎协定》衔接 JP 下相关减排机制的具体路径尚缺乏具体的探讨。此外,学者对国际层面上碳税征收的可行性也进行

---

① See Jane A. Leggett & Richard K. Lattanzio, *Climate Change*: *Frequently Asked Questions about the* 2015 *Paris Agreement*, Congressional Research Service, 2016.

了研究,如诺德豪斯提出的全球范围的协调碳税制度(Harmonized Carbon Tax)。在国内碳减排机制构建上,学者有关碳减排机制的讨论仍主要围绕"碳定价"展开。譬如,诺阿·考夫曼等为世界自然基金会编撰的有关碳定价机制的研究报告①以及劳伦斯·H.高德尔等就该问题提交给美国国家经济研究局(NBER)的研究报告②。国内外学者就碳税和碳交易之间的选择问题,已经有较为深入的论述。碳税语境下的"碳"指的是人为排放的二氧化碳,是化石燃料燃烧过程中所排放的二氧化碳。③ 自北欧国家如波兰、丹麦、挪威、瑞典在 20 世纪 90 年代初引入碳税立法开始,该制度已经成为世界范围内比较通行的控制温室气体排放的法律机制。④ 荷兰、斯洛文尼亚、英国、澳大利亚、美国科罗拉多州的布德市、加拿大魁北克省和英属哥伦比亚省、爱尔兰、印度等国家和地区也进行了碳税立法。日本、⑤韩国、新西兰、哥斯达黎加和中国,⑥也就碳税的开征进行了长期的研究。从我国学者的研究结论来看,碳税征收的必要性问题已经得到较为充分的讨论和基本的认同。学界普遍认为从应对气候变化、促进能源结构调

---

① Noah Kaufman, Michael Obeiter & Eleanor Krause, *Putting a Price on Carbon*: *Reducing Emissions*, World Resources Institute (2016).

② Lawrence H. Goulder & Andrew R. Schein, *Carbon Taxes versus Cap and Trade*: *A Critical Review*, 4 Climate Change Economics (2013).

③ 参见毛涛:《碳税立法研究》,中国政法大学出版社 2013 年版,第 23 页。

④ 参见曹明德:《中国参与国际气候治理的法律立场和策略:以气候正义为视角》,载《中国法学》2016 年第 1 期。

⑤ 参见刘家松、张志红:《日本碳税发展历程及启示》,载《税务研究》2016 年第 8 期;刘家松:《日本碳税:历程、成效、经验及中国借鉴》,载《财政研究》2014 年第 12 期。日本曾考虑在 2007 年将二氧化碳作为一个独立的税种予以征收,但是考虑其所导致的重复征税和成本增加,在 2011 年 10 月时对这一税种进行改革,将碳税征收方式由环境税独立税改为石油税和煤炭税附件,即资源税下的一个附加税种。

⑥ 我国学者对于碳税的研究主要有三个角度:第一,对国外碳税立法经验的评述和借鉴。参见赵静敏、赵爱文:《碳减排约束下国外碳税实施的经验与启示》,载《管理世界》2016 年第 12 期;苏明、傅志华、许文等:《碳税的国际经验与借鉴》,载《环境经济》2009 年第 9 期。第二,我国开征碳税的可行性和必要性。参见中国财政科学研究院课题组:《在积极推进碳交易的同时择机开征碳税》,载《财政研究》2018 年第 4 期;郑国洪:《中国税收政策调整的低碳发展效应研究》,载《财政研究》2017 年第 7 期;李莹:《碳税与现存税制交互效应的一般均衡分析——基于税间交互效应的视角》,载《湖南社会科学》2016 年第 5 期;朱永彬、刘晓、王铮:《碳税政策的减排效果及其对我国经济的影响分析》,载《中国软科学》2010 年第 4 期;刘洁、李文:《征收碳税对中国经济影响的实证》,载《中国人口·资源与环境》2011 年第 9 期。第三,我国碳税立法的制度设计。参见苏明、傅志华、许文等:《碳税的中国路径》,载《环境经济》2009 年第 9 期;张梓太:《关于我国碳税立法的几点思考》,载《法学杂志》2010 年第 2 期;李传轩:《应对气候变化的碳税立法框架研究》,载《法学杂志》2010 年第 6 期;李永刚:《中国开征碳税的无险性分析——兼议碳税设计》,载《中央财经大学学报》2012 年第 2 期;杨颖:《我国开征碳税的理论基础与碳税制度设计研究》,载《宏观经济研究》2017 年第 10 期。

整、促进绿色低碳发展等目的出发，有必要择时进行碳税立法。[①] 分歧在于应当以何种路径进行碳税立法设计：将其作为环境税语境下的独立税种抑或在资源税改革中体现碳税征收的要素；在生产环节征收抑或在消费环节征收；税基和税率应如何确定，等等。但是从前述有关国际气候制度的三重悖论来看，国际碳交易制度是全球碳定价机制更具有现实可能性的选择。

1. 国际协调碳税的不可行性

碳税作为价格法，最终也是通过市场机制来推动减排。经济学的常识和国际气候变化政治的现状告诉我们，依靠愿望、信任、有责任感的公众、环境道德和内疚感来实现主要的减排目标，是不现实的。在当前市场经济全球化的时代，只有提高碳价格才能够在有上百万家企业和数以亿计人口的庞大地区实现显著而持续的有利于减缓气候变化的行为激励。通过碳税制度来提高碳价格，可以为社会提供明确的何种消费品是高碳商品和服务的信号，引导对其的节约使用；可以引导厂商通过提高能源效率和引入低碳能源的方式替代现有的生产；可以为低碳技术创新、低碳产品或替代性生产流程的创造提供市场激励。学者相关研究认为，碳税具有成本确定、规则和执行简单、可操作性强等优点。但是，当我们讨论国际层面上的协调碳税征收时，从现状来看，诺德豪斯的建议似乎并不可行，虽然其在经济学上可能是最优的。

第一，统一的协调碳税忽视了各国气候脆弱性不同和减缓成本上的差异。此前阐释各国在气候谈判中的不同立场时，已经对各国因气候变化脆弱性和减缓成本的差异而在国际气候合作中的态度差异予以论述。气候脆弱性和减缓成本上的差异，决定了补偿气候变化所导致的外部成本支出因各国的国情而有较大的差异。这也说明了各国碳税税率为何会有较大的差异。基于不同的国情，各国各自开征的碳税肯定要采取符合本国国情的最优税率。

有研究表明，碳税税率与碳排放企业和减排产品生产企业所在市场的

---

① 参见苏明、傅志华、许文等：《我国开征碳税的效果预测和影响评价》，载《经济研究参考》2009年第72期；苏明、傅志华、许文等：《我国开征碳税的效果预测和影响评价》，载《环境经济》2009年第9期；高萍：《开征碳税的必要性、路径选择与要素设计》，载《税务研究》2011年第1期；张博、徐承红：《开征碳税的条件及碳税的动态调整》，载《中国人口·资源与环境》2013年第6期；李永刚：《中国开征碳税的无险性分析——兼议碳税设计》，载《中央财经大学学报》2012年第2期；李永刚：《中国碳税风险与碳税设计》，载《社会科学研究》2011年第4期。

结构有重要关联。① 当两个市场都接近完全竞争市场的时候,碳税最优税率等于每单位二氧化碳排放所造成的边际社会损失;当碳排放企业所在市场接近完全竞争市场,而减排产品生产企业所在市场由几家企业垄断时,政府规制部门应该设定高于碳排放边际社会损失的碳税税率;当减排产品生产企业所在市场接近完全竞争市场,而碳排放企业所在市场由几家企业垄断时,政府规制部门设定的碳税税率应该低于碳排放边际社会损失;若两个市场都具有一定的垄断力量,则此时碳税最优税率是不确定的,关键要看哪个市场垄断力量相对较大。另外,碳税税率水平还受企业技术水平的影响,企业减排技术水平的提高会影响政府规制的效果。比如,范允奇等通过能源要素和碳税效应引入总量生产函数进行分析,认为最优碳税的正相关因素包括居民对环境质量的重视程度、人均总产出、能源的污染系数、环境自净能力、人均能源消费等;而负相关因素则涉及碳税对资本产出的弹性影响量、碳税对能源产出的弹性影响量、环境质量、居民效用的时间折现率等。根据其研究结论,即便是在中国这样一个统一的国家里,不同区域的碳税最优税率水平也存在较大差异,遑论全球范围内设定一个均一的最优税率。② 姚昕、刘希颖更早的研究发现,在保障经济增长的前提下,中国最优碳税是一个动态的渐进过程;随着经济增长,经济社会承受力不断提高,最优碳税额逐渐上升,其在早期应当设定一个较低的税率避免经济冲击。③

第二,国内开征碳税存在一定的政治障碍。有学者认为税收是历史的主要推动力。这一假说或许夸大了税收的作用,但是,在国家政治生活中,税收从来都不是一件小事。正如查尔斯·亚当斯所说,愤怒的纳税人可以成为建立压迫性税收的政府的致命威胁。④ 历史表明,税收问题往往是国家内部战争重要的导火索,如英国内战、法国大革命等。在当代社会,任何一项新税种的确立和开征也都会带来社会的躁动。碳税的征收显然会增加生产和生活的成本。如果民众认为增加的成本超出了合理的范围,就会因对税法上量能征税原则的违反而造成反对的声音。相对于所谓的双重红利,民众和当局可能更为关切自身的经济利益。澳大利亚碳税制

① 参见张金灿、仲伟周:《碳税最优税率确定的完全信息静态博弈分析》,载《中国人口·资源与环境》2015 年第 5 期。

② 参见范允奇、李晓钟:《碳税最优税率模型设计与实证研究——基于中国省级面板数据的测算》,载《财政论丛》2013 年第 1 期。

③ 参见姚昕、刘希颖:《基于增长视角的中国最优碳税研究》,载《经济研究》2010 年第 3 期。

④ 参见[美]查尔斯·亚当斯:《善与恶:税收在文明进程中的影响》,翟继光译,中国政法大学出版社 2013 年版,第 8 页。

度的废止和法国碳税计划的难产即说明了这一事实。① 北欧国家碳税制度得以维持的原因可能在于,作为福利国家本身税负较高,民众对于新的税种更容易接受。从反对征收碳税的原因来看,主要的争论在于应当由谁来承担这一税收:个人认为有温室气体排放的企业才应当成为纳税主体;而企业则认为碳税造成的额外支出会降低其国际竞争力。

第三,税收属于国家主权的核心构成,很难形成协调征税的国际共识。在国际税法中,国家税收主权原则作为基本原则,导致了各国在税收立法上各行其是。在国际税收中一国在决定其实行怎样的涉外税收制度以及如何实行这一制度等方面有完全的自主权。任何人、任何国家和国际组织都应尊重他国的税收主权。国家税收主权原则还决定了在涉外税收的立法上,一个国家可以任意地制定本国的涉外税法,包括税收管辖的确定,税基与税率的确定,以及避免双重征税、防止避税与逃税措施的确定等。任何一个国家不能要求他国必须实行某种涉外税收法律制度。在国际税法领域,不存在对国家税收管辖权产生限制的法律,也不存在对国家税收主权其他方面产生影响的法律。国际协调碳税,既存在要求各国统一征收碳税从而限制各国税收管辖权的问题,也存在要求按照所谓的最优税率予以征收会对国家税收法定主权造成干预的问题。简言之,税收主权具有明显的绝对性,世界上不存在对税收主权进行限制的一般国际税法,税收专约不为缔约方创设国际法上的法律义务,也不构成对税收主权的限制。这可能是国际协调碳税从未进入国际气候谈判领域政策选项的重要原因。欧盟航空碳税的停摆,说明国际上试图通过区域内或国家内的单边行动对跨境排放行为征收碳税的制度性尝试,也会因为国际社会的反对而无功。这也反映出在当前国际气候政治的环境下达成有关国际碳税机制的困难。

---

① 2011年7月10日,当时的澳大利亚总理吉拉德宣布,澳大利亚政府将对碳排放征税,价格为每吨二氧化碳征收23澳大利亚元(按当时的汇率约合24.70美元),并从2012年7月1日正式开始征收。为减少争议,她同时宣布,政府将对澳大利亚家庭用户和商家给予一定补偿。比如,将拨款92亿澳大利亚元支持就业和工业,拨款150亿澳大利亚元用于补偿家庭额外开支。当年11月8日,澳大利议会通过了征收碳税法案,使得碳税成为正式的法律。但是,这项法律执行了不过一年半,新上台的陆克文政府宣布,将于2014年的7月1日废除碳税征收法案。法国的碳税征收同样一波三折。2009年9月,当时的法国总统萨科齐宣布法国将从2010年1月1日起在国内征收碳税,征税标准初步定为每吨二氧化碳17欧元。同时,每升汽油和柴油将分别附加碳税0.04欧元和0.045欧元。据估算,如果实施这项碳税政策,平均每户法国家庭每年将分摊74欧元的碳税。但是,2009年12月29日,法国宪法委员会却宣布这项二氧化碳排放税法案无效,这使得法国的碳税还没有开征就胎死腹中。2013年7月,法国政府再次对外宣布,将于2014年开始征收碳税。参见吴凯:《比较法视野下的环境税内在合法性论要——以夭折的澳大利亚碳税为镜鉴的考察》,载《财税法论丛》第15卷。顾玉清、李永群:《法国碳税法案被批"生态帝国主义"》,载《人民日报》2010年1月12日,第21版。

第四,碳税并不必然带来温室气体排放的降低。减弱碳税作为减排政策具有可行性的一个关键原因可能还在于其本身效应上的问题,即碳税可能并不必然带来温室气体排放总量的降低。主张协调碳税的诺德豪斯认为,碳税的劣势在于它没有明显驱动世界经济向特定气候稳定转变的能力,比如限定二氧化碳浓度或者限定全球温度上升。对于碳税制度的批评最终可能还是要追溯至科斯对于庇古税理论的批判上,毕竟政府并不是无所不知的,其所确定的所谓最优碳税税率可能并不能反映碳排放的均衡价格。通过市场形成最优碳价格的总量控制与交易制度即碳交易制度,成为学者所提出促进全球碳减排的另一方案。

2. 作为现实选择的国际碳交易机制

碳排放权交易制度是通过排放配额或者排放权的市场交易将其排放而导致的社会外部成本内部化,从而激励排放主体减排的一种机制。这种典型的"成本—效益"减排方式,其理论渊源被认为是基于科斯对交易成本的理论洞见而发展的产权理论,[1]其制度渊源是排污权交易制度,[2]国际法渊源及其基本制度框架来自《京都议定书》所确定的国际排放贸易机制、合作履行机制和清洁发展机制,[3]其制度范本则是相对完善的欧盟碳排放交易制度。在温室气体排放交易制度下,无论是总量控制交易模式抑或基线信用交易模式,被纳入主体所获得的配额排放量(emission allowance)或者信用额度(carbon credit)都在一定履行期间内逐渐减少。减少的速率取决于当前的碳排放水平和履行期间结束所预期达到的减排目标。

从纳入主体的行业范围来看,主要是达到一定规模的固定排放源或者燃烧装置,比如欧盟《2003年碳排放交易指令》最初所覆盖的行业类型就在于那些高碳排放(热能消耗20兆瓦)的大型能源企业、钢铁企业、化工业、造纸业、玻璃制造业、水泥和建筑材料的生产者等,之后则延伸至航空

---

① 科斯认为通过产权的明晰化可以充分发挥市场的作用,使市场在公权力不介入的情况下以最优方式实现环境资源的最优配置。根据科斯定理(Coase Theorem),在交易成本为零的情况下,无论法律对权利如何界定,只要交易自由,资源都可以通过市场机制得到有效配置。尽管在实践中交易成本为零的情况并不存在,但是该理论仍有一定应用价值。第一,它说明产权制度可被用于负外部性问题的解决。明晰的产权界定会使交易各方尽可能降低交易成本,实现效率的最大化。第二,在交易成本正常存在的情况下,法律对于权利的不同界定和不同的初始分配会影响到交易成本,也会带来不同效率的资源配置。See Ronald Coase, *The Problem of Social Cost*, 3 Journal of Law and Economics 1 (1960).

② 参见蔡守秋、张建伟:《论排污权交易的法律问题》,载《河南大学学报(社会科学版)》2003年第5期;曹明德:《排污权交易制度探析》,载《法律科学(西北政法学院学报)》2004年第4期。

③ 参见《京都议定书》第6、12条。

企业、制氨和制铝业等。我国碳排放交易市场试点地,比如北京、上海、广东等省市也同样对强制参与的企业主体设定了相应的阈值标准,一般只将年二氧化碳排放量 1 万吨以上固定设施或者重点行业工商企业纳入控排范围。① 美国加利福尼亚州的总量与控制碳排放交易最初也只适用于大型工业设施,比如每年排放 2.5 万吨以上二氧化碳当量的精炼厂、水泥生产企业和化工企业,电力供应商和电力生产企业,以及每年提供 2.5 万吨以上二氧化碳的供应商。但是,这并不能简单地将该制度局限于固定排放源的温室气体控制,通过对汽车制造业、交通运输企业的覆盖,其可以延伸适用于移动排放源。

相对于碳税机制,抛开通常学者对二者比较中所阐明碳交易制度的比较优势,②仅从促进碳减排的国际协作角度而言,碳交易制度是更为现实的选择。碳交易制度无论是在国际层面还是国内层面,都已经成为制度现实,有更为丰富的实践和接受度。在国际层面上,《京都议定书》创设了国际碳交易机制,并推动形成了欧盟超国家层面上碳交易市场的建构和运行。在国内层面上,含欧盟碳市场在内,全球已经有 19 个碳市场,所涉及的经济体 GDP 占全球的 50% 左右。这其中包括中国的全国性碳市场,新西兰和韩国的全国性碳市场,以及加拿大魁北克省和安大略省以及日本东京都的地方性碳市场。更为重要的是,《京都议定书》下的清洁发展机制、美国的西部气候行动下的涵盖美国 7 个州和加拿大 4 个省的跨国区域碳市场、全球航空业碳排放交易机制等,为碳交易的国际协同提供了制度范例和制度经验。全球各种层次的碳市场制度设计,为全球碳市场的形成提供了丰富、多层次、多维度的实践经验和案例。更为重要的是,这些实践和经验能够反映碳市场构建和运行的内在规律和一般特征。不同国家对这些内在规律和一般特征的借鉴和推行,客观上推动着碳交易全球共同观念的形成。

以国际碳交易为实现碳定价的基本制度框架以促进国际减缓合作的

---

① 北京针对的是直接或者间接排放二氧化碳 1 万吨以上的固定设施;上海则针对钢铁、石化、化工、有色、电力、建材、纺织、造纸、橡胶、化纤等工业行业 2010~2011 年中任何一年二氧化碳排放量 2 万吨及以上的重点排放企业,以及航空、港口、机场、铁路、商业、宾馆、金融等非工业行业 2010~2011 年中任何一年二氧化碳排放量 1 万吨及以上的重点排放企业;天津则针对钢铁、化工、电力、热力、石化、油气开采等重点排放行业和民用建筑领域中 2009 年以来排放二氧化碳 2 万吨以上的企业或单位。

② 对碳税和碳交易进行比较,是气候制度研究中的一个重点。从学理上来看,碳交易至少在两点上有比较优势:第一,作为数量型的监管制度设计,与减排目标有更为直接的关联性;第二,基于交易所形成的碳价格更接近真正的均衡价格。

理由,除已被学界关于碳税与碳交易制度的选择论证所涉及的之外,还在于碳交易制度与前述能够实现国际减缓合作的实验主义治理路径和多中心治理路径高度契合。碳交易制度的运行和碳定价机制的实现是在对碳排放权进行明确的产权化界定之后的自愿交易所创设的碳市场中实现的。这种市场的建构和运行需要多主体参与:作为监管者和初始分配者的政府;因排放量较大而被纳入管控,以传统的化石燃料为基本能源消耗的重点排放单位;提供交易平台和其他交易管理职能的交易机构和交易平台;提供交易信息发现服务和居间服务的专业服务商;提供碳排放核算和报告服务的第三方核查机构;为排放单位提供能源合同管理或其他碳管理服务的专业机构;开发并参与碳排放权衍生品的金融从业机构;自愿碳中和的非控排企业或个人,等等。这些参与碳交易的市场主体随着碳市场中碳交易机制推广和跨国交易的展开,群体不断扩大,形成了全球范围内从低碳经济发展中获益的庞大群体。在获益的同时,这些全球范围内对碳市场运行存在共同利益的行动主体创新动机不断强化,特别是控排企业和参与交易的能够从技术创新产生碳汇收益的科技企业,形成了萨贝尔所称的实验主义治理下的推进国际合作的利益共同体和信任共同体。奥斯特罗姆所称的能够实现国际气候合作相向而行的多中心治理模式也因此得以形成。

三、国际碳交易制度的历史演进

从历史发展来看,国际层面的碳交易制度主要经历了两个阶段。一是《京都议定书》下的国际碳交易制度。二是《巴黎协定》对《京都议定书》国际碳交易制度的继承与重构,即该协定第 6 条有关市场合作促成国际减缓合作的安排。

1. 源起:《京都议定书》时期的国际碳交易

《京都议定书》作为《联合国气候变化框架公约》下温室气体减排义务的具体实施规则,初步形成了气候变化治理的国际法之治。国际碳排放交易机制是《京都议定书》所创设的应对气候变化国际合作的核心机制。

(1)国际碳交易机制的确立

根据《联合国气候变化框架公约》中共同但有区别的责任原则,《京都议定书》只设定了《公约》附件一的 38 个工业发达国家的温室气体(涉及二氧化碳、甲烷、氧化亚氮、氢氟碳化物、全氟碳化、六氟化硫等六种被管制气体)减排义务。在减排目标上,《京都议定书》要求这些国家在 2008~2012 年的第一承诺期内将温室气体的排放量在 1990 年的基础上集体削减 5.2%,以 5 年的平均值为准。因为各国 1990 年的基线排放量(baseline)存在较大差异,各方的具体减排任务也不尽相同:欧盟为 8%、美国为 7%、日本和加拿大各为 6%、东欧各国为 6% 至 8%;新西兰、俄罗斯和乌克兰被允许与 1990 年的水平持平;爱尔兰、澳大利亚和挪威却分别可以比 1990 年的水平增加 10%、8% 和 1%。①

为了使《公约》附件一中的国家可以灵活履约并激励《联合国气候变化框架公约》下的发展中国家缔约方参与减排行动,《京都议定书》引入了履约的灵活机制,制定了合作履行机制、国际排放贸易机制和清洁发展机制。② 合作履行机制是承担减排义务的发达国家之间的国际合作机制。它使国家之间可以通过项目级的合作实现温室气体减排抵消额的跨境转让。比如,根据《京都议定书》下有关碳汇的安排,欧盟可以投资俄罗斯1990 年以来的造林和重新造林项目,该项目产生的温室气体减排经核准后可以转移给欧盟,作为其履行《京都议定书》下减排目标的减排量。当然,这一被转让的额度对于俄罗斯的影响只是其被设定的减排目标所允许的最高排放限额的扣除。对于俄罗斯而言,由于 1990 年以来的经济萎缩,排放限额即便因合作履行机制而被扣除,也不影响其在《京都议定书》项下义务的履行。国际排放贸易机制也是发达国家之间合作履行的方式。其来自美国等伞形集团国家所提出的案文,目的在于将其国内成功的二氧化硫排放许可证贸易制度引入温室气体的全球治理中。与合作履行机制下允许转让的通过投资项目所获得的低价减排单位不同,排放贸易交易的是各国被允许的排放量。排放贸易机制的理论实质与二氧化硫的排污权交易制度相同,都是排放配额的交易。相同的是,AAU 和 ERU 都可以进入该类排放配额交易的流通市场,比如欧洲气候交易所、原芝加哥气候交易所等,进行金融交易。这就是气候全球治理中"碳金融"的起源。③

与合作履行机制及排放贸易机制不同的是,《京都议定书》所设立的第三种灵活履约机制清洁发展机制则是发达国家和发展中国家之间的合作。具体而言,清洁发展机制可以实现通过项目的合作,由发达国家向发展中国家提供资金和技术投资于可以产生"经核证的减排量"的低碳项目,而该核证减排量可以用于履行发达国家在《京都议定书》下的量化减排义务。④ 清洁发展机制的理念来自巴西提交的要求发达国家承担温室

① 参见《京都议定书》第 3 条。

② 参见《京都议定书》第 6 条。

③ 参见[美]索尼亚·拉巴特、[美]罗德尼·R. 怀特:《碳金融:碳减排良方还是金融陷阱》,王震、王宇等译,石油工业出版社 2010 年版,第 125—139 页。

④ See Joanna I. Lewis, *The Evolving Role of Carbon Finance in Promoting Renewable Energy Development in China*, 38 Energy Policy 2875 (2010).

气体减排义务案文中的"清洁发展基金"(Clean Development Fund)。巴西认为,如果发达国家没有兑现《联合国气候变化框架公约》和《京都议定书》下的相关减排承诺,就应当受到罚款;①罚金可以用以建立清洁发展基金,用于资助发展中国家的自愿减排,推动其清洁生产领域的项目开展,比如节能锅炉改造。清洁发展机制被视为一个双赢的机制安排——发展中国家通过项目级的合作可以获得更好的技术、获得实现减排所需要的资金,促进本国的环境保护和可持续发展;发达国家通过清洁发展机制可以远低于国内的成本实现《京都议定书》下的减排义务履行,节约资金,也可以通过这种方式将本国的技术、产品和观念输入发展中国家。

《京都议定书》还在共同但有区别的责任原则基础上设定了发展中国家编制和提交国家信息通报和国家排放清单的义务,并规定发达国家应当向发展中国家提供新的额外的资金,帮助发展中国家缔约方支付履行有关承诺所引起的全部增加费用。这些条款充分考虑了在气候全球治理上发达国家的历史责任和国际义务以及发展中国家的减排潜力,符合环境正义的一般要求,确保了全球气候行动广泛的参与基础。② 与《联合国气候变化框架公约》在履约机制上的软弱一脉相承,《京都议定书》也是仅规定了不遵守程序的原则性框架——《京都议定书》第 18 条规定缔约方会议(COP)应当通过适当并有效的程序和机制,借此确定和处理不遵守该协定的情势,包括就后果列出一个指示性清单。③《京都议定书》在履行机制上对《蒙特利尔议定书》的借鉴是不完全的。④

(2)《京都议定书》下的合作履行机制和国际排放贸易机制

合作履行机制的国际法基础是《京都议定书》第 6 条第 1 款。该款规定,为履行第 3 条的承诺的目的,《公约》附件一所列任一缔约方可以向任何其他此类缔约方转让或从它们获得由任何经济部门旨在减少温室气体的各种源的人为排放或增强各种"汇"的人为清除的项目所产生的排放减少单位(ERUs)。该款还规定,缔约方如果拟以此方式履行其减排义务,应满足如下条件:①项目须经有关缔约方批准;②项目须能减少"源"的排放或增强"汇"的清除,且该减少或增强对任何以其他方式发生的减少或增强是额外的;③缔约方必须遵守《京都议定书》第 5 条和第 7 条规定的义

---

① See G. Boyle, J. Kirton et al. , *Transitioning from the CDM to a Clean Development Fund*, 3 Carbon & Climate Law Review 9 (2009).

② 参见何一鸣:《国际气候谈判研究》,中国经济出版社 2012 年版,第 29 页。

③ 参见《京都议定书》第 18 条。

④ 参见金慧华:《试论〈蒙特利尔议定书〉的遵守控制程序》,载《法商研究》2004 年第 2 期。

务,使用 IPCC 确定的核算方法和标准,并按照要求提交年度清单;④减少排放单位的获得应是对为履行依《京都议定书》第 3 条规定的减排承诺而采取的本国行动的补充。由此可见,合作履行机制是发达国家之间通过转让 ERU 来合作履行其应承担的强制性量化减排义务的一种补充方式,与清洁发展机制存在重大区别。

作为发达国家和经济转轨国家通过互相协助履行议定书减排承诺的一项具体措施,合作履行机制与本国减排措施的不同在于,它通过帮助其他缔约方减少"二氧化碳排放源"或增加"碳汇"来达到本国减排的承诺。在该机制下,一个发达国家通过投入技术和资金的方式与经济转轨国家合作实施温室气体减排或吸收温室气体的项目,其所实现的温室气体减排或吸收量,转让给投入技术和资金的发达国家缔约方,用于其履行在议定书下的义务,同时从转让这些温室气体减排或吸收量的发达国家的"分配数量"中扣减相应的数量。

合作履行机制对参与的国家制定了基本的资格要求,这些要求包括:必须是《京都议定书》的缔约方;已经建立了审批合作履行机制项目的国内机构;具有批准合作履行机制项目的指南和程序;已经计算和登记了 AAU;建立了计算国家温室气体排放的清单核算制度和机制;建立了国家登记簿;每年提交最新要求的温室气体排放清单;提交了 AAU 的补充资料,并对本国 AAU 进行调整。根据《马拉喀什协定》,《公约》附件一国家可以批准其国内的法律实体如企业、非政府组织和其他实体参加合作履行机制项目。

合作履行机制项目一般需要满足两个基本条件:首先,必须获得各参与方政府的批准,通常是两个参与方。需要政府批准主要是考虑到项目所产生的减排量或碳化的吸收量,必须获得主办国政府认可才能够签发。其次,项目所产生的减排量或碳汇的吸收量必须是额外的,必须因为有了这个项目才会产生这样的效益。这与清洁发展机制项目的要求基本一致。《马拉喀什协定》还规定了项目应该满足的其他要求,包括环境影响评价、采用恰当的基准线和监测方案等。

《京都议定书》关于国际排放贸易机制的规定在第 17 条:《公约》缔约方会议应就排放贸易,特别是其核查、报告和责任确定相关的原则、方式、规则和指南;为履行其依第 3 条规定的承诺的目的,附件 B 所列缔约方可以参与排放贸易;任何此种贸易应是对为实现该条规定的量化的限制和减少排放的承诺之目的而采取的本国行动的补充。国际排放贸易机制允许《公约》附件一发达缔约方向其他《公约》附件一缔约方购买温室气体排放额度,即依据《京都议定书》第3条规定计算的AAU,以实现其量化减排义务。与合作履行机制相比,参与国际排放贸易机制的缔约方是直接转让AAU,不需要基于具有温室气体减排或碳汇吸收效果的项目来实施这种合作。可交易的AAU来自转让方在量化减排义务目标的限度内通过可持续发展项目的实施所实现的AAU余量。该部分余量如不用于减排目标的履行,只能被注销;若转让给其他承担同样量化减排约束的缔约方适用,则可以促进国际减排合作。从实践来看,国际排放贸易机制以东欧国家与西欧国家之间和欧盟成员国之间的排放权交易为主。通过国际排放贸易机制,承担量化减排义务的《公约》附件一缔约方之间可以通过AAU、ERU等实现国际减排合作;减排成本较高的国家,比如西欧一些发达的工业国家通过获取来自东欧等转型经济体的低成本排放额度或减排信用降低履约成本。该机制保障了欧盟等发达缔约方实现其减排承诺的灵活性。

参与国际排放贸易机制的资格要求与合作履行机制的要求基本相同,主要包括:为《京都议定书》的缔约方;能够计算和登记AAU;能够进行温室气体国家清单的核算与报告;建立了国家登记簿;每年提交所要求的最近年份的年度国家温室气体清单,包括年度清单报告;提交有关AAU的补充资料,并能够进行相应的调整。依据有关决定,《京都议定书》的"遵约委员会"的"强制执行机构"有权对参与的《公约》附件一缔约方是否符合资格要求进行审查和认定。根据要求,《公约》附件一所列每一缔约方应当在其登记簿上保持"承诺期间储存水平",也就是满足其承诺期所需减排抵消额的基本数量。对"承诺期间储存水平"的具体要求是其数量不应低于依据《京都议定书》第3条第7款和第8款所计算的该缔约方AAU的90%,或者不应低于该缔约方最近年份经过审评的国家清单数量的5倍,以上述两者较低的为准。此外,缔约方被要求从根据《京都议定书》第3条第7款和第8款建立确定其AAU起,直到履行承诺的宽限时间到期,其任何行动都不应该使其持有履行《京都议定书》的减排抵消额数量低于必要的"承诺期储存水平"。这样做的最主要的目的是防止有些发达国家对其拥有的AAU实施投机性交易,扰乱国际社会履行《京都议定书》这一严肃的行为。这事实上是为了确保各国履约的AAU主要基于本国的减排行动,而非购入的减排信用。

(3)清洁发展机制

清洁发展机制是《京都议定书》所确定的实现发达国家和发展中国家合作减排的制度安排。根据《京都议定书》第12条的规定,清洁发展机制属于发达国家和发展中国家间所开展的一种基于项目的碳排放交易。在程序上，清洁发展机制项目需在联合国注册，并获得联合国清洁发展机制执行理事会（EB）的认可之后，才可以其核证减排量参与交易。

清洁发展机制下的核证减排量的交易发生在《京都议定书》下承担量化减排义务的发达国家和不承担量化减排义务的发展中国家之间。据统计，中国是国际碳排放权市场中核证减排量的最大供应方。清洁发展机制的初衷是想设计出一种互惠互利的制度，一方面，《公约》附件Ⅰ缔约方代表的发达国家能够将排放义务的履约转移至减排成本较低的发展中国家，履约方式相对灵活；另一方面，非《公约》附件一缔约方覆盖的发展中国家也可以通过清洁发展机制项目从发达国家获得一定的资金技术援助。清洁发展机制作为《京都议定书》框架下国际的主要碳交易实践，形成了初步的全球碳市场的概念。① 其在实施中体现的制度经验也为《巴黎协定》时代的国际碳交易制度的构建提供了借鉴。

A. 清洁发展机制的概述：功能定位

清洁发展机制是在发达国家承担强制性减排义务下通过取得发展中国家的减排成果，将其作为本国国际减排履行的机制安排。清洁发展机制是项目基础上的国际碳交易：发展中国家境内投资建设符合清洁发展要求的设施或者项目，比如植树造林、可再生能源设施项目等，根据 IPCC 发布的核算方法对该项目或设施所实现的碳清除量进行核算，由发展中国家政府按照一定的标准向执行理事会注册，执行理事会经审核后签发核证减排量，并登记在自己所维持的信用登记和交易平台上；承担减排义务的发达国家有偿取得核证减排量以履行《京都议定书》下的法定义务。在功能上，通过核证减排量的跨境转移，在以符合成本效益的原则实现应对气候变化的同时，还可以促进低碳技术在发展中国家的推广和资金向发展中国家的流动，从而提高发展中国家应对气候变化的能力。概括来看，清洁发展机制至少实现了以下目的。

第一，对于国家而言，可以实现碳减排与可持续发展的兼顾。大多数项目不仅具有碳减排方面的效益，还能够在发展中国家产生一定的环境和社会效益。这些可持续发展的好处包括：从资金、技术方面来看，这些项目可以为那些有利于转向更繁荣的更低碳强度的经济发展模式的项目带来资金，帮助发展中国家将投资优先权界定为符合可持续发展目标的项目。因为投资的项目通常是那些替代老旧的、低效的化石燃料技术，或者带来

---

① See Michael Wara, *Is the Global Carbon Market Working*?, 445 Nature 595 (2007).

环境可持续发展的新技术工业,能降低发展中国家对化石燃料的进口依存度,增进能源效率和节能。从环境效益来看,通过减少化石燃料尤其是煤的消耗降低空气和水资源污染,进而改善水资源供应,降低土壤侵蚀和保护生物多样性。从社会效益方面来看,项目鼓励和允许私人和公共部门的积极参与,能够为目标区域和收入群体创造就业机会、增加收入,并改善当地能源的自给程度。对东道国而言,可以促进偏远地区的发展。

第二,对于企业而言,可以在其经济活动中实现生态利益与经济利益的兼顾。清洁发展机制项目要求企业按照国际标准和规范运作。这对于现代企业制度的建立和增强企业的国际竞争力是很有利的,可以促进企业的规范化运作、提高企业的技术水平、提升企业形象以及为企业培训一支专业化的管理和技术队伍,增强企业的国际竞争力。通过清洁发展机制,项目业主还可以获得先进的技术,提高资金能源使用效率,减少排污,还能出售经核证的减排量来获得额外收益。例如,水电和风电企业除了出售电量之外,还可以出售减排量来获得额外的收益。

B.清洁发展机制的机构设置

从整个执行过程来看,参与清洁发展机制的机构主要涉及项目所有者、项目所在国政府、核实项目的指定运管主体(DOE)、清洁发展机制的执行理事会以及缔约方会议。

清洁发展机制项目业主的主要职责或者功能在于:负责按照执行理事会颁布的标准格式对项目的温室气体排放进行核算和报告,并将报告提交所在国政府进行核准,申请一个获得授权的经营实体(OE)对其报告进行核证。经过独立的第三方OE核证后,项目方可获得注册,业主需要执行项目并根据项目核算报告中提出的监测方案对项目的实施进行持续性监测;在项目实施一定期间(一般为一年)后,业主需邀请DOE对项目产生的减排量进行核实。业主可以包括私有或者共有实体。《京都议定书》的各缔约方可以对参与清洁发展机制的企业实体设定资格条件。比如中国就规定,只有中资企业和中资控股企业,才能对外参加清洁发展机制项目。

项目所在国政府的职责在于判断报批的清洁发展机制项目是否符合可持续发展要求,决定是否批准向其报送的在其境内实施的项目为清洁发展机制项目。项目所在国政府可以通过颁布政策、建立专门机构的方式管理其国内机构与其他发达国家机构开展清洁发展机制合作。参与的国家必须满足一定的资格标准。即所有的参与国家必须符合以下三个基本要求:自愿参与清洁发展机制;建立国家级主管机构;批准《京都议定书》。

DOE是经授权的能够对项目的排放情况进行核实的独立第三方专业

机构,是清洁发展机制项目中的专业中介机构,是进行碳会计核算和认证的"会计事务所"。其主要依据 COP 和项目所在国政府发布的各项有关规则对项目方提交的申请进行核证,确认合格后提交执行理事会进行批准注册。OE 应当在项目执行之后对项目所产生的温室气体减排量进行核实,并向清洁发展机制执行理事会申请签发温室气体减排抵消额。DOE 的职能与项目活动的质量、颁发给项目参与者的信用额数量以及《京都议定书》的环境完整性密切相关。因此,DOE 在获得执行理事会认证合格和被 COP 指定履行作为经营实体的职责以前,必须满足以下条件:第一,具备必要的技术、环境和方法学方面的专门知识以及胜任行使合格性审定、核实和核证职责方面的能力;第二,具有财务稳定性,已办理保险,有开展活动必需的资源;第三,对处理因其活动产生的法律责任和债务有充分安排;第四,制定了成文的内部程序;第五,设立了确保其行使经营实体职责的管理结构;第六,能够实施可信、独立、不歧视和透明的工作方式;第七,能够充分保护从项目参与者处获得的信息的机密性。

执行理事会是清洁发展机制的国际主管机关,是清洁发展机制实施的最高监督机构,承担批准清洁发展机制项目的注册和签发可交易碳信用证书的职能。申请的清洁发展机制项目只有通过核准,减排量才能成为正式有效的可用于国际交易的"核证减排量"。执行理事会的重要职责包括:第一,就清洁发展机制规则的细化、修订和解释等向缔约方会议提出建议;第二,就其自身的议事规则的修订或补充向缔约方会议提出建议;第三,向缔约方会议的每届会议报告其活动;第四,审批新的基准线和监测方法学;第五,登记注册项目活动;第六,评审小规模项目活动的简化规则,并向缔约方会议提出建议;第七,负责认证经营实体,并就经营实体的指定向缔约方会议提出建议;第八,审查经营实体的认证标准并向缔约方会议提出建议;第九,向缔约方会议报告项目活动的区域分布状况;第十,向公众公布其编制的所有技术报告;第十一,向公众公开所有已经批准的规则、程序、方式和标准;第十二,发展并维持清洁发展机制项目登记簿;第十三,发展并维持可公开查阅的项目活动数据库。

除此之外,对清洁发展机制项目所产生的减排信用的买方也有一定的资格要求。首先,其所在国列入《公约》附件一,就必须完成《京都议定书》第 3 条规定的分配排放数量,必须建立国家层面上的温室气体排放评价体系,必须建立国家层面的清洁发展机制项目注册机构,已经按要求提交年度清单报告,并设立专门的账户管理系统记载购入的清洁发展机制下的减排信用。其次,所在国需批准作为买方参与清洁发展机制项目。目前国际上的买家主要是中介和基金,只有少数为终端买家。在签订合同的时候,一般都会要求买方出具保证书,保证其具有买方资格,如果因为买方资格问题而使合同不能履行或者出现其他问题,均应由买方承担责任。

C. 清洁发展机制下核证减排量的签发和管理

理论上,任何有益于碳减排的技术都可以作为清洁发展机制项目的技术。比如,提高能源效率的技术,包括提高供能效率方面的技术和提高用能效率方面的技术;新能源和可再生能源技术;温室气体回收利用技术,如煤矿甲烷、垃圾填埋沼气回收技术、废弃能源回收技术,等等。因此,清洁发展机制项目的内容一般会涉及:第一,改善终端能源利用效率,比如高效的电力传输与分配、高效照明设备;第二,改善供应方能源效率,比如清洁煤技术、燃气发电、油气减少管道泄漏等;第三,可再生能源项目;第四,替代燃料技术,如煤层气的回收利用;第五,农牧业有关的改良耕种方法、改良肥料管理和使用方法、禽畜废弃物排放甲烷的回收利用等;第六,工业过程中的能效和节能减排;第七,城市固体废弃物的处理;第八,交通领域的燃料转换、公共交通推广;第九,碳汇项目,如造林;第十,建筑的能源更新和减排改造等。一言以蔽之,所有能够实现 IPCC 温室气体清单指南下源排放的减除和汇增加的项目。

然而,只有符合要求的清洁发展机制项目才有可能被签发核证减排量。根据有关规则,合格的清洁发展机制项目应满足以下标准:第一,项目须经参与项目的缔约方政府批准。第二,在缓解气候变化方面产生真实的、可测量的、长期的效益。也就是说,清洁发展机制项目实施所导致的减排量必须是可以测量的,比如沼气回收发电项目、光伏发电项目、植树造林项目等。这些项目的核算与报告方法都已经公布实施,企业可据以测算。但是,如果项目生产的设备用于消费,而企业无法对消费中产生的碳减排量准确核算,对于以清洁发展为主业的企业而言,减排量就是无法测算的。比如,生产节能灯泡、供应家庭用光伏发电设备、生产符合低碳要求的家电产品等。企业无法准确核算产品的使用情况,因而也无法准确测定其减排量。但是,从国家清单的角度看,这些减排量又是可以估算的。第三,项目相对于排放基准值而言必须能够产生温室气体减排量,产生的减排量必须具有"额外性"。第四,项目必须能够促进东道国的可持续发展,须经过环境影响评价,并且如果会带来其他环境问题,应提出解决这些环境问题的办法。第五,项目所采用的建立基准线的方法和监测的方法应经过批准。建立基准线时应该充分考虑国家和行业的政策和规划,还应该选择合理的边界并充分考虑项目可能产生的碳泄漏问题。

额外性要求是清洁发展机制项目被签发核证减排量的核心要求。额外性的确定有程序和实体性规则上的双重要求,必须由第三方独立的 OE 证实:该项目活动所产生的减排量相对没有该项目活动的情况,即基准线情况下产生的任务减排是额外的。基准线的选择包括三种方法:其一,现有实际排放量、历史排放量,视可适用性而定;其二,在考虑了投资障碍的情况下,一种代表有经济吸引力的主流技术所产生的排放量;其三,过去 5 年在类似社会、经济、环境和技术状况下开展的,效能在同一类别位居前20%的类似项目活动的平均排放量。如果项目的排放低于基准线水平,并且证明自己不属于基准线,则该项目具有额外性。额外性的减排既可以来自直接减排,也可以来自间接减排。所谓直接减排是指通过某种方式分解或利用温室气体来达到直接减少人类的温室气体排放,或者直接捕捉已排放的温室气体。间接减排一般通过减少化石能源的消耗实现,最为常见的是可再生能源项目,如风力发电、水力发电等。

合格的可以产生额外性的清洁发展机制项目,一般需要完成以下程序才可以获得核证减排量的签发。

第一,项目设计。这主要由投资者和清洁发展机制项目所在国的企业联合编写。其一般应涵盖以下内容:项目的一段描述、阐述基准线确定方法、项目时间表和获得期限、监测方法和计划、温室气体排放量的计算、环境影响评价、利益相关者对项目的意见。

第二,项目批准。项目获得批准的一个重要前提是东道国政府和潜在买方政府的清洁发展机制主管机构达成共识,并各自出具一份官方项目批准函以确保该项目能够充分满足双方国内的政策法规。各国的清洁发展机制主管机构负责评价申报的项目、证明企业自愿参与该项目、项目符合东道国的规定且有助于该国实现可持续发展。一般审查的内容包括参与资格、设计文件、确定基准线的方法学问题和温室气体减排量、可转让温室气体减排量的价格、资金和技术转让条件、预计转让的计入期限、监测计划、预计促进可持续发展的效果。中国目前的清洁发展机制主管机构是生态环境部。

第三,项目审定阶段,即 OE 对项目第三方进行独立认证活动,以确保项目能产生合格、可交易的减排量。OE 的主要职责是以项目设计文件为依据,对所建议的项目进行核证(validation),并向执行理事会出具报告,申请对清洁发展机制项目进行登记注册。核证过程中,OE 应当通过适当方式向公众公开项目设计文件,并且允许缔约方、利益相关者和《联合国气候变化框架公约》认可的非政府组织对项目的设计进行评论;根据审查和评论的结果,再决定是否审定该项目活动,并且将结果告知项目参与者。

第四,项目注册阶段。如果 OE 确认提交的项目符合清洁发展机制的要求,其就以核证报告的方式向执行理事会提出注册申请。正式的核证报告应当包含项目设计文件、东道国的书面批准以及公众意见的处理状况。执行理事会在收到注册请求之日起 8 周内,如果参与项目的缔约方或执行理事会 3 个或者 3 个以上的理事没有提出重新审查的要求,则项目自动通过注册。执行理事会应当在收到注册申请后的第二次会议之前作出决定。如果项目被执行理事会驳回,企业可以进行适当的修改,重新提出申请。

第五,项目的实施、监测和报告,即国内碳交易下的监测、报告和核查(MRV)机制。监测活动由项目企业承担,而且必须严格按照注册的项目设计文件中的监测计划进行。监测活动的结果应当向 OE 进行报告。执行理事会还可能要求项目企业向国内制定清洁发展政策的主管机关提交项目运行的监测报告。监测和报告是减排信用转让协议中卖方的核心义务和条款。其一般均会要求卖方必须根据注册的项目文件和国际规则执行项目和监控温室气体减排,应每年至少一次准备一份监控报告并提交给买方。

第六,项目减排量的核查与验证。核查一般是由 OE 负责的。这是一个对注册的清洁发展机制项目减排量进行周期性审查和确定的过程。根据核查的监测数据、计算程序和方法,可以计算出项目的减排量。如果 OE 认为检测方法正确,项目的文档完备而且透明,则 OE 应基于项目的核查报告完成一份书面的核证报告,证明在一个特定的时间段内,项目取得了经核查的减排量。负责核证和核查的 OE 原则上应当由不同的第三方核证机构承担,但是,项目企业可以申请执行理事会采用同一个实体。在实践中,买卖双方签订的协议中会由卖方向买方提供 OE 的清单,由买方选择。

第七,核证减排量的签发。OE 提交给执行理事会的核证报告,实际上就是申请执行理事会签发与核查减排量相等的核证减排量。如果在执行理事会收到签发请求之日起 15 日之内,参与项目的缔约方或至少 3 个执行理事会的成员没有提出对签发申请进行审查,可以认为签发的申请自动获得批准。如果缔约方或者 3 个以上的执行理事会理事提出了审查要求,则执行理事会就会对核证报告进行审查;如果决定进行审查,审查内容也仍只局限在是否有欺骗、渎职行为及其资格问题。审查应在确定审查之日起 30 日内完成。核证减排量在签发时的分配由执行理事会进行:一定比例的核证减排量作为管理费用开支;2%的核证减排量作为适应基金存入特定的账户中;剩下的部分作为项目注册时的约定存入有关缔约方或项目参与方的账户中。核证减排量可以被承担京都承诺的发达国家用来完成其在《京都议定书》下的义务。例如,私人投资者可以用这些减排量完成其在国内的气候变化减排义务,或者将这些碳信用额作为商品与其他公司或者政府进行交易。

《京都议定书》下的国际碳交易机制虽然饱受指责,[①]但是,这一机制促进了向发展中国家的资金转移,提高了发展中国家的气候适应能力和可持续发展的能力。[②] 从未来国际碳市场建构或者国际碳价格机制的形成来看,《京都议定书》机制的确立和运行说明了在全球范围内将国家和企业纳入市场安排合作机制下的可行性。《京都议定书》机制对于全球统一的碳市场的形成至少做了如下的准备。

第一,培养了以市场合作实现国际减排的共识,促成了国际碳交易市场的创设与发展。京都三机制衍生出越来越多的区域和国家碳交易机制,通过连接京都三机制形成的是一个全球碳排放交易网。第二,围绕核证减排量签发所形成的各方行动主体依据国际法所促成的全球气候合作,初步形成了涉及缔约方大会、执行理事会、缔约方政府、缔约方政策制定主管机构、OE、项目企业和国际投资者的治理格局,特别是执行理事会对于项目减排量的签发与管理所积累的经验,为未来全球碳市场管理者的建立及其职能确立提供了借鉴。综合比较《巴黎协定》下的碳交易机制建构和《京都议定书》下的机制建构来看,二者在交易产品、减排信用核算与签发、核算与报告、注册登记系统设置和避免减排信用的双重适用等方

---

① 比如碳交易对于生态价值的经济化,碳交易的无效性,碳交易对发展中国家发展权的剥夺和对资本主义霸权的巩固,碳交易的人际殖民、种际殖民,等等。需要注意的是,这些对于碳交易机制的指责建立在碳交易被解释和赋予超出其本身职能的基础之上,更多的指责并非针对碳交易本身,而是针对碳交易所意图解决的不可持续的当前社会经济组织方式。碳交易作为气候变化外部性问题的解决手段承受了人们对于气候变化本身的指责;对碳交易的指责与其说是对发达国家利用发展中国家的减排低成本履行其国际义务的方式的指责,不如说是对发达国家主导下的国际经济秩序在 CDM 等国际碳交易机制下的投资体制内涵的指责;对国际碳交易导致不公正的道德指责,指向的并非作为国际法规则的碳交易机制下各国在国际法上权责不平衡或者无效,而是国际政治本身。van den Bergh et al. , *Assessing Criticisms of Carbon Pricing*, 18 International Review of Environmental and Resource Economics 315 (2024).

② 联合国 2018 年发布的有关清洁发展机制的统计报告显示,2001 年至 2017 年,清洁发展机制推动向 140 个国家的低碳投资,其中包括 36 个全球最不发达国家;撬动了 3000 多亿美元的气候和可持续发展相关融资。参见联合国气候行动报告:《清洁发展机制的成果:激励气候行动》(2011—2018),载 https://unfccc. int/sites/default/files/resource/UNFCCC_CDM_report_2018. pdf,最后访问时间:2024 年 8 月 4 日。

面,均有极大的相似性。第三,在规范上,对可国际交易的碳信用产生的合法性基础进行了基本的阐明;在技术上,对形成碳减排信用所必需的核算与报告指南的程序机制,形成了较为统一的做法。

对于国际碳交易制度的未来建构,特别是《巴黎协定》框架下未来全球碳市场机制的形成,《京都议定书》的教训在于:第一,缺乏共同国际法义务约束下的国家间减排信用的交易,会导致机制运行过程中的无效问题。第二,国家作为直接的交易主体,可能并不会导致有效率的结果。原因在于,国家在参与碳交易的过程中,并不是以经济效益的最大化为其行为导向的,可能更为关注的是碳交易安排中的政治权力的分配。允许一国企业与另外一国主权之间的碳交易,或许更能促进有效率的减排,更贴合进行以市场机制为基础的国际减排合作。第三,过于灵活的核证减排机制可能会损害碳交易制度的完整性。减排信用的产生应当有国际通行的标准和方法,避免各国以国家自主权方式设定灵活性的变通方式,削弱数据核算和报告的可比性和一致性。第四,应避免以减排信用作为国际义务履行的基本机制,因为这会助长各国牟利的动机,导致数据造假和欺诈行为。第五,应当提高管理效率,降低碳交易机制运行过程中的交易成本。主体多元会产生信息交换、磋商的交易费用,也意味着繁复程序产生的庞杂的行政费用。

《京都议定书》因其未能纳入美国等排放大国,因而陷入了无法实现有效减排的困境。出于使条约生效之目的,《京都议定书》对俄罗斯等转型国家设定了较低的排放限制,使之无须付诸任何减排行动,即可从因经济衰退而产生的可转让 ERUs 中获利,导致了国际社会对《京都议定书》下国际碳交易制度公正性的批评。有效性和公正性困境的存在,使得《京都议定书》最终被国际社会所废弃。各国开始探求在新的全球性气候协定框架内达成新的以市场化合作方式进行减排的制度安排。

2. 重构:《巴黎协定》下的国际碳交易

从文本来看,《巴黎协定》重构了全球层面上实施碳交易机制的法律基础。《巴黎协定》第 6 条规定允许并鼓励国家间通过自愿的国际协作履行本国 NDC 下的减缓目标。《巴黎协定》第 6 条第 1 款规定:"有些缔约方可选择自愿合作,执行它们的国家自主贡献,以能够提高它们减缓和适应行动的力度,并促进可持续发展和环境完整。"这一条款应当从广义上理解,其潜在地涵盖了所有其他可能在《巴黎协定》履行中出现的国家合作模式,事实上是通过对国家的广泛授权,鼓励国际合作。这对于全球气候变化的解决是极为关键的因素。《巴黎协定》设计了两种基于碳交易的国家碳减排合作方式,即第 6 条第 2 款下成员方之间的国际转让减缓成果交易以及第 6 条第 4 款下基于项目的核证减排量(与清洁发展机制下的核证减排量相区别)的国际转让。为促进上述两项制度的实施,《巴黎协定》第 6 条第 7 款要求缔约方应当尽快制定"通过本条第四款所述机制的规则、模式和程序"。附属科学技术咨询机构(SBSTA)被要求制定指南作为上述两项制度的具体实施细则,以避免《巴黎协定》下 NDCs 和 ITMOs 的双重核算。① 该机构制定了两个文件,即《关于〈巴黎协定〉第六条第二款所述合作方法的指南》(以下简称《PA 6.2 指南》)以及《根据〈巴黎协定〉第六条第四款所建立机制的规则、模式和程序》(以下简称《PA 6.4 规则》)。② 作为相关机制实施细则的最终谈判文本,这两个文件吸纳了各国的主要立场和建议,奠定了各国在《巴黎协定》下基于碳交易促进全球减排合作的基本政策框架,并被格拉斯哥气候变化大会所认可。③

(1)《PA 6.2 指南》下的 ITMOs 机制

《PA 6.2 指南》规范的是各国自愿以 ITMOs 来履行其 NDCs 下减排义务的国际碳交易机制(以下简称 PA 6.2 机制)。该指南规定了 ITMOs 的定义、参与方的责任,ITMOs 的签发与管理,NDCs 义务的履行,ITMOs 应用于 NDCs 义务履行的指南、ITMOs 的报告与审核、注册系统,ITMOs 使用的保障和限制等内容。这些规则确立了《巴黎协定》下 ITMOs 全球交易的基本框架。

A. 交易标的和主体:国家之间基于 ITMOs 的合作减排

从定义来看,ITMOs 必须是根据 NDCs 所确定的基准排放水平经过技术革新或综合能源利用所实现的可比、可计量的实际净减排。ITMOs 应以 "tCO_2^e"表示,其核算方法必须依据 IPCC 所建议的并经过《巴黎协定》缔约方会议讨论通过的核算方法。这主要是为保证 ITMOs 与缔约方 NDCs 的测算和计量相一致。为保证可追溯性,《PA 6.2 指南》要求,所有的

① See Decision 8/CMA. 1, *Matters relating to Article 6 of the Paris Agreement and paragraphs* 36-40 *of decision* 1/*CP.* 21, UNFCCC/PA/CMA/2018/3/Add. 1.

② See Subsidiary Body for Scientific and Technological Advice (SBSTA), *Draft CMA decision on guidance on cooperative approaches referred to in Article* 6, *paragraph* 2, *of the Paris Agreement* (hereinafter as "PA 6.2 Guidance"), https://unfccc. int/documents/186331; Matters relating to Article 6 of the Paris Agreement: Rules, modalities and procedures for the mechanism established by Article 6, paragraph 4, of the Paris Agreement (hereinafter as "PA 6.4 Rules"), https://unfccc. int/documents/204686, last visit in May 25, 2021.

③ See Decision 2/CMA. 3, *Guidance on Cooperative Approaches Referred to in Article* 6, *Paragraph* 2, *of the Paris Agreement*; Decision 3/CMA. 3, *Rules, Modalities and Procedures for the Mechanism Established by Article* 6, *Paragraph* 4, *of the Paris Agreement.*

ITMOs 均应当在一个注册系统中予以登记,并进行可识别的数据管理。ITMOs 管理应避免双重核算,当国家将其所有的 ITMOs 在系统中进行报告和注册后,即不可以再被用以履行本国在《巴黎协定》下的国家自主贡献义务或者任何其他的合规义务,并应在依据《联合国气候变化框架公约》第 4 条和《巴黎协定》第 4 条编制的排放清单和国家自主贡献报告中进行相应调减。

在《巴黎协定》下,只有国家才可以编制并报告其 NDCs,即只有国家才可以持有并交易 ITMO。缔约方参与以 ITMOs 为标的的全球性碳交易应满足以下条件:其一,必须已经按照《巴黎协定》第 4 条第 2 款和《巴黎协定第 13 条所述行动和支助透明度框架的模式、程序和指南》的规定完成本国温室气体排放清单的核算和报告,并提交了本国的 NDCs。[①] 其二,必须根据《巴黎协定》第 6 条第 3 款公开同意以 ITMOs 履行 NDCs 义务或者实现其他国际减缓目的。其三,必须确保本国的 ITMOs 能够被"检索"或者追踪管理,即需要通过建立 ITMOs 的国家登记簿记录 ITMOs 的创设、首次交易、转让、获取、持有、注销、使用、自愿注销、基于全球排放减缓的目的所进行的强制性注销等交易管理行为,并将其与国际注册系统实现数据对接。其四,在 ITMOs 转让后,应及时将已转让的 ITMOs 所表征的减排量在国内相关登记或者核算机制中注销或者单独核算。

B. 国家因 ITMOs 交易的调整和报告义务:避免双重核算

确保 ITMOs 适应不同时间跨度的 NDCs 义务的履行并避免双重核算,是《巴黎协定》下市场化合作减排得以有序有效运转的核心问题。[②] 为此,《PA 6.2 指南》设计了较为详细的 ITMOs 交易后调整机制和国家报告义务。[③] 所谓的调整(adjustments),主要是指 ITMOs 的使用导致的各国 NDCs 的调整。这种调整基于 ITMOs 的不同有两种基本模式:一种是以吨计算的不同温室气体的减排结果,另一种是以 tCO_2^e 计量的减缓成果。对于前者而言,转让国和受让国均要根据《巴黎协定》第 4 条第 12 款、第 6 条第 2 款和第 13 条第 13 款的对应规则,从本国的 NDCs 所对应的减缓目标

---

①　See Decision 18/CMA. 1, *Modalities, procedures and guidelines for the transparency framework for action and support referred to in Article* 13 *of the Paris Agreement*, UFCCC/PA/CMA/2018/3/Add. 2.

②　See Lambert Schneider et al., *Double Counting and the Paris Agreement Rulebook*, 366 Science 180 (2019).

③　See "PA 6.2 Guidance", Article Ⅲ: Corresponding adjustments.

中予以减除或增加。① 对于后者而言,调整相对较为简易,因为在各国为核算 NDCs 所进行的国家排放清单报告中所使用的单位也是 tCO_2^e。缔约方只需要在 NDCs 义务履行核算时的排放清单报告中对转让给他国或者受让自他国的 ITMOs 予以相应的减增即可。另一种调整涉及对不同时间跨度的 NDCs 的协调问题。在《巴黎协定》下,各国所承诺的 NDCs 义务可能是跨年度的,也有以单一年度的形式体现的。对于 NDCs 涉及多个年度的缔约方,譬如在 5 年内实现碳减排比某一基准年度降低 40% 的 NDCs 承诺,缔约方可以选择在该期间内每一年度均进行调整或者在 NDCs 履行期末合并调整。

　　ITMOs 的转让与各国所承诺 NDCs 义务的履行与否直接相关,并直接影响《巴黎协定》能否实现其所设定的长期目标。因此,参与 ITMOs 机制的缔约方应当在其 NDCs 履行期初或在首次转让或受让 ITMOs 时,报告以下内容:第一,说明其已经履行了前述参与《巴黎协定》第 6 条第 2 款机制或者《巴黎协定》第 6 条第 4 款机制所应当履行的缔约方义务;第二,缔约方 NDCs 承诺的起止时间;第三,采取何种方式调整转让或者受让 ITMOs 所导致的 NDCs 下减缓义务的变化;第四,以 tCO_2^e 所表述的其所承诺的 NDCs 义务的总量,包括产业部门、排放源、温室气体类型、NDCs 的涵盖期间和相关年度的排放和减排数据以及履行 NDCs 后应当达到的排放水平,如果无法对上述数据进行量化,应当提供量化方法。②

　　C. ITMOs 交易的国际监管:国际机构和数据平台

　　从《PA 6.2 指南》来看,CMA 及其设立的相关专家委员会是对 ITMOs 实施全面常态化监管的国际机构。CMA 被赋予了广泛的职权对成员方 ITMOs 的使用进行国际监管:③第一,转让的数量要求:一国所持有的 ITMOs 每次转让只能在确定的限额下进行或者必须高于一定数量;第二,持有的最低要求:国家必须在国际注册系统中(下文的国际登记簿)持有一定数量的 ITMOs 才可参与市场合作减排;第三,履行补充原则:受让的 ITMOs 只能作为各国履行其 NDCs 的补充;第四,结转条件:当 NDCs 为年度目标时,当期的 ITMOs 只有满足一定条件才可结转至后续年度使用;第五,来源限制:仅允许来自 NDCs 中所覆盖的产业部门或者排放源的

---

① See Decision 5/CMA.1, *Modalities and procedures for the operation and use of a public registry referred to in Article* 4, *paragraph* 12, *of the Paris Agreement*, UNFCCC/PA/CMA/2018/3/Add.1.

② See "PA 6.2 Guidance", Article Ⅲ: Corresponding adjustments.

③ See "PA 6.2 Guidance", Article Ⅲ(E): Limits to the transfer and use of ITMOs.

ITMOs 进入国际转让市场;第六,非歧视要求:即各国不应在 ITMOs 的转让交易中不当地对按照同一标准产生或者认证的来自不同国家的 ITMOs 进行选择性交易。

ITMOs 的创设、转让、受让和适用等具体问题的监督管理职责,被赋予 CMA 下成立的专门性委员会。该委员会有权审查成员方使用 ITMOs 履行 NDCs 义务是否符合《巴黎协定》的相关规则。① 审查的范围包括:第一,缔约方相关报告义务中所涉及的各类信息和数据的真实性;第二,《PA 6.2 指南》中所提及的常态化信息以及缔约方因受让和转让 ITMOs 后对本国 NDCs 予以调整的数据信息的真实性与可靠性。专家委员会还有权向各缔约方提出建议,敦促其履行指南有关要求;在发现缔约方的做法与指南存在抵触时,可以向《巴黎协定》遵约委员会报告。这表明了碳交易制度与《巴黎协定》下遵约机制的联结。

就 ITMOs 交易的数据平台,《PA 6.2 指南》提出,应在缔约方秘书处设立并维持一个国际登记簿(international registry),作为登载 ITMOs 创设、转让和使用等交易信息的基础设施;各缔约方也应设立本国 ITMOs 的登记管理系统。② 通过 ITMOs 有关交易信息在国际和国内平台中的交换、统计和整理,CMA 可以核查参加合作机制各缔约方有关核算和报告义务是否与指南相一致,并可以生成全球范围内关于 ITMOs 的年度报告。

D. 小结:ITMOs 机制与合作履行机制和国际排放贸易机制的差异

ITMOs 机制的实质就是全球范围内的、以国家为主体的国家碳排放权交易,是对合作履行机制和国际排放贸易机制的继承和统合。差异在于,京都模式下各国的排放总量是"自上而下"确定的;而在 ITMOs 机制下,各国排放限额是以 NDCs 为基准的"自我限制"。在京都模式下,国家的"碳排放权"是"自上而下"地由国际社会所确定的;而巴黎模式下,国家的"碳排放权"是各国结合本国历史排放和减排潜力等因素自行"声索"并经国际社会按照《巴黎协定》下的履约机制和遵约盘点机制确认并监督执行的。与《京都议定书》下仅有发达国家承诺减排义务相比,《巴黎协定》的国家自主承诺保障了更具普遍性的涵盖发达国家和发展中国家的减排承诺。这种承诺同样构成各国在《巴黎协定》下应当履行的条约义务,为全球范围内国家间的碳排放权交易提供了法治基础。简言之,PA 6.2 机制的最终目的或发展形态就是《巴黎协定》下所有国家均可自愿参与的以

---

① See "PA 6.2 Guidance", Article Ⅴ: Review.
② See "PA 6.2 Guidance", Article Ⅵ: Recording and tracking.

ITMOs 为交易对象的全球性碳市场。

(2)《PA 6.4 规则》下的可持续发展机制

ITMOs 机制从范围上已经将发展中国家纳入合作减排的范围,是否仍有必要在《巴黎协定》下维持《京都议定书》下的清洁发展机制,继续促进发达国家和发展中国家之间基于核证减排量交易所形成的减排合作? 如果维持,如何保障所交易的核证减排量未被项目所在国用于履行本国NDCs 的承诺? 从围绕《巴黎协定》下新市场机制的争论来看,各国虽然对基线确立和信用签发的"自上而下"或"自下而上"方式颇有争议,[1]但是保留基线和信用机制以促进非国家行为体参与国际和合作仍是全球共识。因此,《巴黎协定》第 6 条第 4 款得以制定,并明确其目的是"支持可持续发展",并被称为"可持续发展机制"(以下简称 PA 6.4 机制)。[2]

根据《PA 6.4 规则》,PA 6.4 机制是国家自愿实施的以可持续发展项目所产生的"核证减排量"为交易客体的国际碳信用交易机制。《PA 6.4 规则》下的核证减排量(以下简称 A6.4ERs)被定义为基于真实的、可计量的、对气候变化有长期益处的减缓成果而商品化的国际碳金融产品,计量单位也是"tCO_2^e"。A6.4ERs 的签发必须满足"额外性"的要求,以避免双重核算,[3]即其所表征的碳减排量应从未被任何缔约方或者碳交易主体用于 NDCs 义务的履行或者其他任何《巴黎协定》第 6 条机制之外的碳减排义务的履行。

PA 6.4 机制所希望构建的是受国际监管的全球范围内的碳信用交易机制。因此,虽然自愿参加的国家有确定产生核证减排量基线(baseline)的自主权,也有权管理本国项目产生的可用于国际转让的 A6.4ERs,但是其与 PA 6.2 机制相比具有较为明显的"自上而下"特征。

A. 参与方应在国际机构指导下协调行动

第一,CMA 是监管《巴黎协定》第 6 条第 4 款机制的最高权力机关,[4]并通过下设的监管机构对 A6.4ERs 的有关交易予以管理。CMA 选举组建该监管机构并制定该机构的运作机制。对于《PA 6.4 规则》更为具体的实施细则、模式和程序机制及有关的各类事务,CMA 有最终决定权。

---

[1]　参见曾文革、党庶枫:《〈巴黎协定〉国家自主贡献下的新市场机制探析》,载《中国人口·资源与环境》2017 年第 9 期。

[2]　参见高帅、李梦宇、段茂盛等:《〈巴黎协定〉下的国际碳市场机制:基本形式和前景展望》,载《气候变化研究进展》2019 年第 3 期。

[3]　See Lambert Schneider et al. , *Double Counting and the Paris Agreement Rulebook*, 366 Science 180 (2019).

[4]　See "PA 6.4 Rules", Article Ⅱ.

PA 6.4 机制的直接主管机构,①监管机构应由《巴黎协定》下一定数量的缔约方代表构成。监管机构的核心职责是在 CMA 的指导下负责 PA 6.4 机制下的注册管理、A6.4ERs 的签发和交易活动,是该机制的执行机关。

第二,在 CMA 的监管机构的指导下,A6.4ERs 的来源国承担主要的信息披露义务并对 A6.4ERs 项目实施具体的监督管理职责。② 缔约方只有承担如下义务才可以参与 PA 6.4 机制:其一,设立与监管机构对接的管理指定运管机构;其二,提供产生 A6.4ERs 的减缓行动或项目的所有信息,包括但不限于减缓行动的类型、该行动对于碳减排或 NDCs 的贡献、确立排放基准的方法和核算机制的方法学、碳信用的有效期限、基准方法或者方法学与其 NDCs 和长期的减排战略契合性等;其三,负责设立并运行有关的国家登记注册管理系统;其四,就已转让的 A6.4ERs 对本国 NDCs 进行调整,避免同一减排量被重复核算认定。可见,A6.4ERs 的发行具有自下而上的性质,但是其交易管理所应遵守的规则并非由缔约方自决,而是自上而下由 CMA 等国际机构确定,从而保障不同国家的不同项目所产生的 A6.4ERs 的可比性。《PA 6.4 规则》明确规定,对 A6.4ERs 进行核算和报告的方法学虽可由来源国或者监事部门制定,但是均需要获得 CMA 的认可。方法学应当公开、透明、可比,并综合各种因素进行谨慎测算,特别是计算方法的选择、情景分析的设定、排放因子、数据来源、关键影响因素。

第三,运营可持续发展项目的公私组织只有满足 CMA 确定的条件才可以成为 PA 6.4 机制下国际碳交易的适格主体。除有能力且按照上述方法学进行碳排放核算和报告外,其所运营的项目还需要满足两个基本条件才有可能被签发可进行国际交易的 A6.4ERs。其一,项目必须能够实际减少已产生的碳排放或避免碳排放的增加;其二,被签发的碳减排信用(emission reductions credits)必须具备额外性。额外性要求揭示了 PA 6.4 机制与清洁发展机制的内在联系。

B. PA 6.4 机制下交易过程对清洁发展机制的继承和发展

PA 6.4 机制下的 A6.4ERs 交易过程与京都模式下清洁发展机制的交易过程基本相同,均涉及项目的国内核准、碳信用在管理平台的注册和签发、碳信用的交易管理等基本问题。具体如下。

第一,DOE 许可(authorization)并发放碳减排证书(certification)。③

---

① See "PA 6.4 Rules", Article Ⅲ: Supervisory Body.

② See "PA 6.4 Rules", Article Ⅳ: Participation responsibilities.

③ See "PA 6.4 Rules", Article Ⅴ(C) and (D).

受理项目提交的申请后,DOE 应当确认该项目的减缓行动是本国可持续发展目标的构成部分,并作为核查机构,根据监管机构的规则,对项目运转中取得的碳减排量进行核验,签发碳减排证书,确认项目产生的减缓成果具有额外性和可交易性,并向监管部门申请对该项目进行注册。与清洁发展机制相比,PA 6.4 机制的不同在于,项目必须说明其与所在国家的 NDCs 之间的关系并且需要在证书签发后对本国的 NDCs 进行调整。

第一,监管机构注册并签发 A6.4ERs。[1] 在 DOE 通报的有关项目信息基础上,如果监管机构认为 DOE 的检验和证书的颁发符合其制定的相关要求,应按照规则在全球性注册登记管理平台(MRA)对项目进行注册并签发相应数量的 A6.4ERs,[2]可以收取一定的注册费用作为其运营管理经费。取得 A6.4ERs 的项目方,还应当从其收益中向气候脆弱性较高的发展中国家进行资金转移。这表明《巴黎协定》下的碳交易可以实现与资金机制的议题联结。与清洁发展机制相比,PA 6.4 机制所实现的并非单维度的由发达国家向发展中国家的气候技术与资金的流动,发展中国家之间也可借此实现技术和资金的扩散。

第三,MRA 对 A6.4ERs 的账户操作和交易管理。MRA 应设立待处理账户(pending account)、持有账户(holding account)、退出账户(retirement account)和注销账户(cancellation account)等。缔约方均可以申请设立持有账户,对来自本国的、经本国许可和相应的 DOE 核准的项目所获签发的 A6.4ERs 进行管理。MRA 应当在签发信息中对来源国用以国际交易而履行 NDCs 义务或用于其他目的的 ERs 进行标示。CMA 下的秘书处作为 MRA 的主管当局,在监管机构的指导下负责 MRA 的运行和管理。[3]

可见,PA 6.4 机制继承和发展了《京都议定书》下的清洁发展机制,并且因缔约方在《巴黎协定》所消弭的《公约》附件一和非《公约》附件一缔约方之间履约义务上的差异,实现了对清洁发展机制和合作履行机制的统合。这种机制在理论上可以形成非国家行为体之间核证减排量的跨境转让,即以碳信用为交易对象的全球碳市场。

问题在于,《巴黎协定》所延续、发展甚至强化的以 ITMOs 和 A6.4ERs 的转让为内容的国际碳交易机制能否"孵化"出全球统一碳价格,从而以清晰稳定的价格信号推动全球碳中和所急需的低碳技术的研发和应对气

---

① See "PA 6.4 Rules", Article V(E) and (H).

② See "PA 6.4 Rules", Article V(J).

③ See "PA 6.4 Rules", Article VI: Mechanism registry.

候变化的巨量资金投入，从而解决日趋严峻的气候挑战？这需要对该协定下的国际碳交易模式进行具体分析，客观衡量其全球协同的可能性和困境。

四、《巴黎协定》下国际碳交易制度的两种模式

结合前述有关 PA 6.2 机制和 PA 6.4 机制的规范分析可见，《巴黎协定》下的国际碳交易有两种基本形态：模式 1，国家作为交易主体的以 ITMOs 所表征的国家碳排放权之间的国际交易；模式 2，以碳配额或碳信用为客体的以非国家行为体为主的国际碳交易。这两个模式下的交易标的虽然计量单位都是"tCO_2^e"，但是属于不同类型的"商品"。前者的产生基础是国家在《巴黎协定》下减排义务的超额完成，核算依据或"生产标准"是以国家为核算单位的碳排放核算与报告规则。后者的来源是企业或其他公私实体所实施的与排放基准（baseline）或惯常生产方式（business as usual）相比排放更少或能够增加碳汇的可持续发展项目或清洁生产项目；核算依据是以企业或基本排放单位为核算实体和核算边界的碳会计规则。

1. 模式 1：国家之间的 ITMOs 交易和协同困境

PA 6.2 机制是以国家为交易主体、以 ITMOs 为交易标的的国际碳交易机制。从性质上来看，ITMOs 产生于国家通过 NDCs 承诺声索的本国在《巴黎协定》下的"碳排放权"或者说自我施加的总量控制。如果国家在 NDCs 所对应的承诺期内积极推进碳中和行动，大力发展可再生能源、碳捕获和储存以及碳汇，就有可能提前或者超量完成本国 NDCs 承诺下的减排义务，从而产生本国在《巴黎协定》下碳排放权的盈余，即 ITMOs。国家可以选择将这部分盈余转让给《巴黎协定》下其他未能完成 NDCs 下减排任务的成员方，从而形成以 ITMOs 为交易客体、《巴黎协定》成员方自愿参与的碳排放权交易。交易的关键是各国碳排放核算与报告的真实性、透明度和可比性。因此，参加该交易的成员方应当按照 CMA 所确定的方法学进行核算和报告。此外，《巴黎协定》的遵约机制和透明度框架也为 ITMOs 的开展提供了一定的基础，特别是"全球盘点"制度和遵约委员会的确立。另一个关键的问题是双重核算问题，即避免国家将已转让的 ITMOs 所表征的碳排放权仍然在本国的 NDCs 中予以核算或者"一权两卖"。为避免这一问题，《PA 6.2 指南》围绕 ITMOs 的交易管理构建了相对完善的国际监管机制，包括国家因 ITMOs 交易所产生的国家排放清单的调整和报告义务、管理机构和交易平台等。

国家之间以 ITMOs 为对象的全球碳交易兼具自下而上和自下而上的

特征,试图在国家多样化的减排行动与统一的国际监管之间实现国家发展自主权与全球气候治理的平衡。第一,作为碳交易核心问题之一的"总量"控制并未由国际性机构参考全球碳预算"自上而下"地确定,[①]而是基于各国"自下而上"的自我分散式约束聚合而成。这是因为:《巴黎协定》并未继承《京都议定书》"自上而下"的为《公约》附件一国家确立量化减排义务的模式,ITMOs 产生的基础是成员方自下而上的减排承诺。第二,这种交易机制下的"碳排放配额"(量化可比的 ITMOs)的"初始分配"并非由某一国际机构自上而下来确定,而是由各成员方在统一的核算报告规则下自行核算并按照《巴黎协定》所确定的报告程序"声索"取得的。相比《京都议定书》下的国际排放贸易机制以及基于该议定书所建构的欧盟碳交易机制下各成员方初始碳排放权的获取,这种机制具有典型的自下而上的特征。这会诱发道德风险,即成员方为获取 ITMOs 转让的收益而伪造排放数据。然而,更为根本的问题是各成员方 NDCs 聚合而成的总量控制缺乏刚性约束。为增加该机制的有效性,PA 6.2 机制也存在"自上而下"的内容:其一,建立管理 ITMOs 交易的国际机构;其二,建立承载 ITMOs 交易和交易过程监管的统一数据平台。

在该模式下,即使各国国内的减排制度相异,也可实现减排的国际合作。譬如,A 和 B 两国均是《巴黎协定》下的缔约方,A 国施行碳交易制度,减缓成果体现为盈余的碳排放配额;B 国施行碳税或者其他以污染者付费原则为基础构建的命令与控制机制。如果 A 国出现盈余,B 国却未能在"全球盘点"前完成既定的减缓目标,需要购入他国减缓成果。B 国可以直接以税款或者特许权收入通过国际登记簿获取 A 国的 ITMOs,以履行本国 NDCs 下的减排承诺。按照《巴黎协定》的要求,A 国如果将盈余碳配额转化为 ITMOs,即应把该部分盈余配额在本国的碳交易系统中注销(可参见图 2-1)。反之,如果 A 国未能完成其 NDCs,也可从 B 国购入 ITMOs作为自愿遵约的补充。首先,直接以其在配额分配中获取的资金从 B 国购入其超额完成目标所实现的 ITMOs,价格按照 B 国碳税所体现的碳价格计算或者双方协商确定;其次,购入的 ITMOs 通过国内程序转化为本国碳配额,交易的价格因本国碳配额的短缺可能会高于 B 国以碳税所体现的单位碳价格。

---

① See Pierre Friedlingstein et al., *Global Carbon Budget* 2020, 12 Earth System Science Data Discussions 1 (2020).

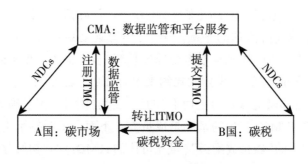

图 2-1 模式 1 的国际碳交易

国家之间基于 ITMOs 可以实现碳减排的国际合作。考虑到《巴黎协定》缔约方的广泛性,这种合作是可以在全球维度上进行的。据《联合国气候变化框架公约》官网统计,目前已经有 192 个缔约方提交了其 NDCs。然而,这种广泛参与能否转化为减排义务履行的全球协同,并进而形成相对统一的全球碳价格,仍存在较大的不确定性。主要原因如下。

第一,技术障碍。各缔约方提交的 NDCs 在期限、目标和覆盖范围上存在较多差异,难以形成可比的核算 ITMOs 的基准。根据缔约方会议秘书处有关 NDCs 的综合报告,并非所有的缔约方都能够提交总量控制的减排目标,仍有部分缔约方在其 NDCs 中仅就其减排战略、政策等予以说明;在做出量化减排承诺的缔约方中,并非所有的缔约方都以碳排放总量的减少为目标,有相当一部分缔约方承诺了碳排放强度削减目标或作出其他形式的量化承诺,且目标所覆盖的经济部门并不统一;即使承诺了总量的减排目标,但是减排水平也不同,原因在于各国确定的减排基准(2005 年或 2010 年)和减排期间(2025 年、2030 年或 2050 年)并不相同,且减排比例也相差较大(9.8%～75%)。① 各国承诺的 NDCs 是生产 ITMOs 的“原材料”。上述差异带来的后果就是,不同国家的 ITMOs 虽然计量单位相同,但是其所体现的减排效益和碳社会成本差异甚大。在自愿基础上开展的 ITMOs 交易,可能会出现部分缔约方基于环境完整性的考量,不愿接受承诺水平较低国家所持有的 ITMOs。部分承诺水平相近的国家,更愿意组成减排联盟进行限定区域内的国际合作。在 NDCs 中承诺非量化、非总量、部分经济部门或较短期减排目标的国家,大都是碳核算能力较差或者经济仍处于工业化进程中的发展中国家和最不发达国家。俱乐部化或联盟化的国际减排合作,将会导致发达国家之间借气候合作淡化其历史责

① UNFCCC, *Aggregate Effect of the Intended Nationally Determined Contributions: An Update*, FCCC/CP/2016/2.

任,排斥发展中国家参与全球合作减排,逃避在《联合国气候变化框架公约》下应当承担的资金和技术转移义务。

第二,道德困境。全球减排合作中对发展中国家参与机会的限制或者剥夺将侵蚀气候全球治理得以维持的道德基础。长期以来,发达国家基于历史排放先行并主要承担减排义务,一直是国际气候合作的基本原则。这主要是基于公平的考量。根据矫正正义,发达国家的工业化和城镇化是造成温室气体超量排放的主要原因,其应当承担主要的减排成本和责任。因此,《联合国气候变化框架公约》和《京都议定书》一直坚持减排义务的双轨制,基于共同但有区别的责任原则,由发达国家承担强制性量化减排义务,对发展中国家的减排不作强制性约束。《巴黎协定》虽然取消了双轨制,并淡化了共同但有区别的责任原则,但是仍要求发达国家"继续带头,努力实现全经济范围绝对减排目标",并继续承担对发展中国家减缓和适应行动的资金支持义务。在 ITMOs 机制下,发展中国家可再生能源发展空间和传统能源能效提升空间较大,减排潜力大,理论上更易成为 ITMOs 的出让方。然而,该机制的自愿性和发达国家减排合作的小集团化,或使这种可能成为镜花水月。甚至,基于发达国家的压力,部分发展中国家会作出超出其能力的减排承诺,导致承诺履行不了而成为 ITMOs 的需求方,发达国家基于其先进的技术研发和实施能力而成为 ITMOs 的出让方,形成违反公平原则的资金流动。一项早期的研究发现,如果考虑到跨境资本的流动,《京都议定书》机制下最大的受益者可能会是美国;[1]另一项研究表明,如果全球减排目标被限定在 450ppm,所有国家都承担减排义务,部分发展中国家可能会成为全球碳市场的买方,比如中国将从 2030年开始从他国购入碳配额。[2]

第三,政治阻碍。这来自两个方面:其一,基于全球协议下的减排义务履行而导致的对外资金支付所遭遇的国内政治阻力;其二,为确保 ITMOs 的可比和环境完整性而接受国际监管所导致的对本国气候政策自主权丧失的忧虑。[3] 在各国未能接受气候变化所代表的人类共同利益及相关规则具有国际法上更高位阶效力的现状下,任何潜在的以本国福利的丧失而

[1]　See Robert Shackleton Warwick J. McKibbin & Peter J. Wilcoxen, *What to Expect from an International System of Tradable Permits for Carbon Emissions*, 21 Resource And Energy Economics 319 (1999).

[2]　See Gabrial Anandarajah et al., *Carbon Tax vs. Cap - and - Trade: Implications on Developing Countries Emissions*, 33rd IAEE International Conference 2010.

[3]　See Jessica F. Green et al., *A Balance of Bottom - up and Top - down in Linking Climate Policies*, 4 Nature Climate Change 1064 (2014).

促进他国国民福利提高的行动,都会遭遇国内政治上的非议。① 这是《京都议定书》失败的重要原因,也是《巴黎协定》目标实现所必须解决的现实困境。

2. 模式 2:碳配额或碳信用的跨境转让和协同困境

模式 2 涵盖了《巴黎协定》生效后全球范围内非国家行为体之间所有形态的跨境碳配额和碳信用的交易、核证和抵消行为。该种模式的国际碳交易有三种形式。

第一, PA 6. 4 机制下的 A6. 4ERs 的跨境转移。该机制是对《京都议定书》下清洁发展机制和合作履行机制的继承、发展与统合。《PA 6. 4 规则》规定,一国境内符合要求的可持续发展项目或者设施,可以经过本国 DOE 和 CMA 下监管机构的审核,获得在 MRA 注册的 A6. 4ERs。A6. 4ERs 与 CDM 机制下的核证减排量不同,其交易主体包括缔约方以及缔约方境内的受规制公私实体。缔约方可以通过 MRA 获取他国持有的 A6. 4ERs 用于履行本国的 NDCs。换言之,缔约方持有的 A6. 4ERs 可以转化成为 ITMOs。缔约方的公私实体也可取得 A6. 4ERs 用于履行清缴义务或者自愿的碳中和行动。为避免双重核算,一旦这一部分 A6. 4ERs 对应的减排量被用于国家 NDCs 的兑现或者企业碳合规义务的履行,即不应当再计入本国的减排量用以兑现本国的 NDCs。这种数据监管的实现依赖于 PA 6. 2 机制和 PA 6. 4 机制下的数据平台之间的数据交换和信息共享。

第二,实现碳市场连接或者以微多边方式建立的区域性或国际性减排联盟内的碳配额或碳信用的跨境转移。② 从实践来看,主要是较为成熟的碳市场(如欧盟)与其他同类型碳市场(如瑞士、挪威和冰岛)的直接对接、③美国加利福尼亚州和加拿大魁北克省的区域碳市场,④以及学者所建议经连接而形成的国际性碳市场,⑤或者部分以碳交易为本国减排核心机

---

① See Eric A. Posner & Cass R. Sunstein, *Climate Change Justice*, 96 Georgetown Law Journal 1565 (2008).

② Matthew Ranson & Robert Stavins, *Linkage of Greenhouse Gas Emissions Trading Systems: Learning from Experience*, 16 Climate Policy 284 (2016).

③ See Angelica P. Rutherford, *Linking Emissions Trading Schemes: Lessons from the EU-Swiss ETSs*, 8 Carbon & Climate Law Review 282 (2014).

④ 参见易兰、贺倩、李朝鹏等:《碳市场建设路径研究:国际经验及对中国的启示》,载《气候变化研究进展》2019 年第 3 期。

⑤ See Shen Yingi & Feng Jinheng, *Linking China's ETS with the EU ETS: Possibilities and Institutional Challenges*, 47 Environmental Policy and Law 127 (2017).

制的国家所形成的国际碳市场俱乐部或减排联盟。① 碳配额或信用的跨国流通是交易的基本内容。如瑞士企业所持有的本国碳配额可以直接在欧盟市场进行流通；瑞士企业也可以购入欧盟碳配额履行其在瑞士国家碳市场下的清缴义务。② 此外，在实现碳市场连接或区域性减排安排的前提下，受规制实体可以通过取得来自他国的碳抵消信用以履行本国的配额清缴义务，从而实现碳信用在限定区域内的跨境流通。在实践中，欧盟、瑞士、新西兰、日本东京碳市场均规定了此类机制。被转让用以履行清缴义务的碳信用主要来自清洁发展机制下的核证减排量。原因是，核证减排量的签发有国际可比的数据监管，能够满足额外性的要求。

第三，行业性的全球碳抵消机制，如国际民航组织（ICAO）的国际航空碳抵消和减排计划（CORSIA）。③ 根据国际民航组织有关文件④，缔约方境内符合标准的航空公司应就其国际航班的碳排放情况进行核查和报告，并在此基础上取得两类减排量用以履行该航班的碳抵消要求。一类是使用符合可持续性标准的合格燃料所生成的减排量；另一类则是符合标准的"排放单位"，即经认可的各类 ERs。国际航空碳抵消和减排计划所设立的合格标准主要包括该减排信用的额外性、排放基准的真实可信性、可量化且可核查性、排放数据监管的完整性和透明度、可持续性且未被用于任何减缓义务的履行等要求。⑤ 按照这一标准，国际民航组织所认可的可用于 CORSIA 的排放单位主要来自清洁发展机制下签发的核证减排量、减少毁林和森林退化所致排放（REDD+）项目的森林碳汇、中国核证自愿减排量、美国加利福尼亚州碳抵消信用等。国际航空碳抵消和减排计划下的碳抵消义务履行（见图 2-2 所示），实现的是经认可的可持续发展项目所产生的碳信用的全球流转。

---

① See Michele Stua, *From the Paris Agreement to a Low-Carbon Bretton Woods*: *Rationale for the Establishment of a Mitigation Alliance*, Springer, 2017, p.69-81.

② See The Agreement Between The European Union And The Swiss Confederation On The Linking Of Their Greenhouse Gas Emissions Trading Systems, Article 4.

③ 参见刘勇、朱瑜：《气候变化全球治理的新发展——国际航空业碳抵消与削减机制》，载《北京理工大学学报（社会科学版）》2019 年第 3 期。

④ See ICAO, Environmental Technical Manual, Volume IV, Procedures for demonstrating compliance with the Carbon Offsetting and Reduction Scheme for International Aviation (CORSIA), second edition, Doc 9501.

⑤ See ICAO, CORSIA Emissions Unit Eligibility Criteria (March 2019), https://www.icao.int/environmental-protection/CORSIA/Documents/ICAO_Document_09.pdf.

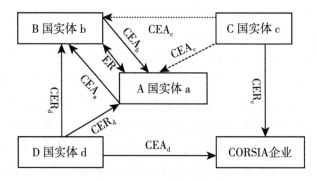

图 2-2 模式 2 的国际碳交易

注:A 国和 B 国有本国碳市场并形成了碳市场连接(linking);C 国有碳市场但未以任何方式与他国碳市场实现连接;D 国代表大部分没有建立碳市场,以其他方式推进碳减排的发展中国家和最不发达国家。图中 CEA 意指碳配额(Carbon Emission Allowance);CEA_a 指来自 A 国的碳配额;同理,CEA_b 和 CEA_c 分别指来自 B 国和 C 国的碳配额;CER_d 指来自 D 国的核证减排量。

可国际转让的碳配额或者碳信用虽然都来自企业或其他公私实体运营管理的可持续发展项目或者清洁生产项目,且计量单位相同(均为 tCO_2^e),但是其监管基础不同。这一监管差异事实上造成了不同碳市场所签发或流通的碳配额或碳信用来源或"生产方式"的差异。这种差异直接决定了其国际流通潜力,即在何种范围内被国家或者公私实体接受作为减排义务的履行标的。就碳配额而言,无论是在国内交易还是国际转让,均产生于被控排企业或者设施被分配的碳配额与其实际排放所需上缴配额之间的盈余性差额。其全球流通度取决于有多少个国家和地区实施了碳市场机制且彼此之间基于碳市场连接实现了对碳配额的国际互认。[1] 就可转让的减排量(Emission Reductions, ERs)而言,决定因素则是其所对应的减排量本身的"质量"标准,即依据何种核算指南被核证为具有额外性。在 A6.4ERs 之前,被普遍接受的碳信用是清洁发展机制下的核证减排量。但是,应当注意的是,以 ERs 为客体的国际碳交易具有明显需方市场的特征,且往往会受到严格的管控。参与碳市场的被控排企业,其使用 ERs 履行控排义务的权利会受到本国监管部门的控制,且使用比例主要呈下降趋势。以欧盟和瑞士碳市场为例,在 2012~2020 年(《京都议定书》第二承诺期),可用 ERs 予以履约的比例最高不得超过其应缴纳配额总量的 11%;此外,可用以履约的 ERs 仅限于来自最不发达国家的清洁发展机制项目和

---

[1] See Daniel M. Bodansky et al., *Facilitating Linkage of Climate Policies through the Paris Outcome*, 16 Climate Policy 956(2016).

其他国家(含发展中国家和其他参与合作履行机制的发达国家)2013 年之前注册的清洁发展机制项目所签发核证减排量。限制 ERs 的使用也是中国试点碳市场的普遍实践;允许的比例为企业被分配碳配额总量的 5% ~ 10%,且来源仅限于非控排企业经国家发展和改革委员会核证的自愿减排量。

碳配额的跨境转让所推动的减排协同主要存在于成熟的碳市场且形成碳市场连接的国家、地区和组织之间。比如,欧盟和瑞士,魁北克和加州。大部分国家,即使是已经有国内碳市场的中国、韩国、日本等,跨境的碳配额交易也并未成为现实。此类国际减排合作,其范围和程度受限于各国国内的监管政策。国际航空业对碳信用的需求会对该领域的减排合作有积极的推动作用,但是其程度取决于被纳入该计划的国际航空企业未来碳抵消的实际需求。国际航海业未来对于碳抵消信用的需求所导致的减排国际合作,也是如此。①

值得注意的是,模式 2 国际碳交易呈现明显的发达国家主导的态势。这主要是因为《京都议定书》下发达国家作为承担量化减排义务的主体,较早地形成了以碳市场和碳税等碳价格制度推动国内减排的局面。基于碳配额的减排合作,其全球协同的程度取决于未来有多少个国家采取碳市场机制并实现碳市场的连接。在这一进程中,欧盟等成熟的碳市场具有主导权。即使未来在《巴黎协定》框架下认可发展中国家的可持续发展项目可以获得具有全球流通性的 A6.4ERs,但是这些 6.4ERs 是否可以成功流转,仍取决于在碳市场标准制定上拥有主导权的国家是否愿意接受。国际航空业对碳信用的需求能否驱动未来 A6.4ERs 的全球流转,也不确定。特别是,随着欧盟等将航空业和航运业纳入其碳市场的监管范围,②这种不确定性还将增加。

即使中国建立碳市场的示范效应会进一步推动该机制在全球范围内特别是发展中国家的扩展,通过碳市场的连接实现模式 2 下碳交易的全球协同仍会面临困境。碳市场连接本身虽然能够基于规模效应降低减排成本,但是仍会遭遇与 ITMOs 的国际协同所类似的技术性障碍和政治阻碍。

---

① See IMO, Invitation to Member States to Encourage Voluntary Cooperation between the Port and Shipping Sectors to Contribute To Reducing GHG Emissions from Ships, Resolution Mepc. 323 (74) (17 May, 2019).

② See European Commission, Proposal for a Directive of the European Parliament and of the Council amending Directive 2003/87/EC as regards aviation's contribution to the Union's economy-wide emission reduction target and appropriately implementing a global market-based measure, COM (2021) 552 final.

技术障碍主要来自不同碳市场制度设计的差异。这些差异主要体现为总量控制的差异(绝对总量或相对总量)、配额分配方式的差异(免费为主或是拍卖为主)、运行和交易管理的差异(履约期和价格调控机制等)。政治阻碍主要来自两个方面:其一,政府对本国碳市场的国际化所可能丧失的监管主权;①其二,碳市场连接后不同区域的碳价格差价所导致的福利损失,比如原本碳价较高的国家中的卖家因碳市场连接交易机会减少或者原碳价较低的国家中的买家因碳市场连接所产生的成本增加。② 需要说明的是,这种福利损失并不是阻碍碳市场连接的主要因素,因为也有研究表明碳市场连接会降低减缓成本并提高碳市场机制的有效性。③

问题在于,若干国家之间以碳市场连接所构建的"微多边"机制很难形成真正的全球协同,也难以塑造一个能够生成全球统一碳价格的"全球碳市场"。其一,碳交易俱乐部具有排外性,仅有可能在经济发展水平相近、国内碳市场成熟度较高的个别国家间形成连接,大部分发展中国家都将被排除在外,难以实现真正的全球合作。其二,为规制碳泄漏问题并保护本国产业的竞争力,跨区域或超国家性碳市场必然会采取边境调节措施,譬如碳关税,对其他国家的产品或服务进行歧视。这会凸显气候变化与经济发展之间的矛盾,降低各国采取积极的减排行动的意愿。其三,基于项目的可持续发展机制,随着更多的成员方的加入,需要更为复杂的规则设计和监管安排,以保障碳信用产生的额外性和避免减排成果的双重核算;碳价格的差异也难以形成确定的全球碳价格信号。④ 复杂的制度建构无法在缺乏以市场机制治理污染问题制度能力的发展中国家得以实施。虽然《巴黎协定》规则提供了实现碳交易之全球协同的规范基础,⑤仍需要探究其可能的实现路径。

---

① See Lars H. Gulbrandsen et al. , *The Political Roots of Divergence in Carbon Market Design*: *Implications for Linking*, 19 Climate Policy 427 (2018).

② See Niels Anger, *Emissions Trading beyond Europe*: *Linking Schemes in a Post-Kyoto World*, 30 Energy Economics 2028 (2008); Torbjørg Jevnaker & Jørgen Wettestad, *Linked Carbon Markets*: *Silver Bullet*, *or Castle in the Air?*, 6 Climate Law 142 (2016).

③ See Zhongyu Ma et al. , *Linking Emissions Trading Schemes*: *Economic Valuation of a Joint China-Japan-Korea Carbon Market*, 11 Sustainability 5303 (2019); Michael A. Mehling, Gilbert E. Metcalf & Robert N. Stavins, *Linking Climate Policies to Advance Global Mitigation*, 359 Science 997 (2018).

④ See Jessica F. Green, *Don't Link Carbon Markets*, 543 Nature 484 (2017).

⑤ See Daniel Klein et al. , *The Paris Agreement and Climate Change*: *Analysis and Commentary*, Oxford University Press, 2017, p. 179-195.

3. 小结:《巴黎协定》下碳交易机制全球协同的不确定性

虽然《巴黎协定》所提供的规范基础为国家之间和非国家行为体之间的国际碳交易提供了空间,但是,这些碳交易能否实现全球层面上的协同并形成统一碳价格,仍存在不确定性。

第一,完全基于自愿的 ITMOs 交易能否实现其所设计的目的,取决于能否形成对 ITMOs 的实际需求。这需要审视国家 NDCs 中目标与行动之间的关系以及 NDCs 承诺在《巴黎协定》下的义务性质。前者决定了国家能否产生对 ITMOs 的需求,后者则决定了国家是否应将该需求转化为实际的碳交易。

首先,在《巴黎协定》自下而上的承诺方式下,各国基于共同但有区别的责任原则和各自能力所确立的减排目标与行动,应难以形成对 ITMOs 和 A6.4ERs 的有效需求。与《京都议定书》有自上而下的确定性量化减排目标约束不同,成员方“自下而上”的自我承诺显然不会超出本国能力范围的减排目标。联合国环境规划署发布的《排放差距报告 2019》称,各国的 NDCs 承诺水平与《联合国气候变化框架公约》和《巴黎协定》所确定目标的实现仍相距甚远。如欲实现 2 摄氏度目标,各国至 2030 年应在当前 NDCs 的年度排放水平上减少 15 $GtCO_2^e$;而实现 1.5 摄氏度目标,需减少 32 $GtCO_2^e$。虽然在 IPCC 发布其 1.5 摄氏度目标的特别报告后,各国竞相承诺 2050 年左右的碳中和目标,并修改了其 NDCs;但是,其为保证环境完整性和减排的有效性,往往也会严格限制与本国碳监管水平相差甚远的 ITMOs 的购进。

其次,《巴黎协定》的责任体系难以保障国家之间 ITMOs 交易的有效实施。这事实上是所有国际气候制度无法回避的一个困境。在主权国家所构成的无政府社会中,缺乏使国家遵守国际条约义务的惩罚性机制和资金质押机制。[①] 就 ITMOs 为客体的国际碳交易机制而言,以自我约束为特征的 NDCs 是国家声索取得的碳排放权。因此,当国家未能实现 NDCs 下的减排目标时,是否意味着国家违背了在《巴黎协定》下应承担的条约义务,从而构成国际不法行为,需要购入他国的 ITMOs 以承担相应国家责任? 如果国家不采取这一方式承担责任,有无其他的惩罚性机制施加了同等程度的责任? 从条文来看,成员方毫无疑问在《巴黎协定》下负有提交

---

① 参见徐斌:《国际碳排放交易的自我实施难题———一个合同执行的视角》,载《北京师范大学学报(社会科学版)》2014 年第 5 期。

NDCs 并依据 NDCs 采取减缓行动的条约法上的义务。① 这一义务虽然是以"自下而上"的方式做出的,但是并未否定各国在国际法上仍有善意履行该义务的责任。② 然而,《巴黎协定》本身并未规定成员方不能履行 NDCs 下减排义务的具体法律责任,而是通过强化的透明度规则和"全球盘点"等遵约机制,强化对成员方未履约的负面评价。有学者认为,这种软法约束性比强制性规范更为有效;③但是,如果缺乏有拘束力的条约义务和具体国家责任,国家减缓气候变化的政治意愿可能并不稳固。④

第二,碳配额和碳信用(包括核证减排量和未来 A6.4ERs)国际流转的范围和规模均取决于受到或自愿接受碳监管的控排企业或者实体为达到碳合规所产生的实际需求。而这一实际需求极易受到本国碳监管制度变化的影响。以欧盟为例,在限制控排设施以碳信用履约的同时,还通过立法引入碳边境调节机制"迫使"他国对标欧盟的碳监管水平或者"移植"欧盟碳市场的标准。⑤ 这一措施所增加的对于碳边境调节机制电子凭证的需求或会降低受影响企业购入碳信用的意愿。其原因是取得碳信用还需要向欧盟主管机关提供各类文件证明该碳信用所代表的减排量是真实可信的,即使其所获取的是核证减排量或 A6.4ERs 这样的国际金融产品。这增加了企业的合规成本和交易成本;受碳边境调节机制影响的出口国企业将更倾向于购买欧盟签发的碳边境调节机制电子凭证而非碳信用以实现碳合规。即使该制度能够推进更多的国家和地区以碳市场为本国的减缓机制,也并不意味着新设碳市场国家所签发的碳配额能够实现全球性流通。大部分发展中国家所设定的总量控制目标和交易管理体系很难达到欧盟的标准;市场上碳配额的价格必然会大幅度低于欧盟碳配额且容易出现价格波动。以碳市场连接对此类碳配额认可,一方面会使欧盟境内以低碳技术创新实现碳配额盈余的高新技术企业从碳市场中的获益减少,从而降低碳市场对于技术创新投资的激励效应;另一方面可能会使欧盟碳市场

---

① See Benoit Mayer, *International Law Obligations Arising in Relation to Nationally Determined Contributions*, 7 Transnational environmental law 251 (2018).

② 参见徐崇利:《〈巴黎协定〉制度变迁的性质与中国的推动作用》,载《法制与社会发展》2018 年第 6 期。

③ See David G. Victor, *Global Warming Gridlock: Creating More Effective Strategies for Protecting the Planet*, Cambridge University Press, 2011, p.225-226.

④ See Peter Lawrence & Daryl Wong, *Soft Law in the Paris Climate Agreement: Strength or Weakness?*, 26 Review of European Comparative & International Environmental Law 276 (2017).

⑤ See European Commission, *Proposal for a Regulation of the European Parliament and of the Council establishing a carbon border adjustment mechanism*, COM(2021) 564 final.

因碳配额的价格波动而出现体系性风险。碳边境调节机制和对碳信用的拒斥就是欧盟等碳市场的防火墙；被排斥的是发展中国家通过碳配额和碳信用参与全球碳市场的机会，特别是那些以非碳价格机制推进国内减缓行动的发展中国家。

因此，《巴黎协定》下的国际碳交易如欲实现真正的全球协同，至少仍需做到三点。

第一，确保发展中国家的实质性参与，且不应导致违反基本的气候正义的结果。《京都议定书》是通过清洁发展机制实现这一目标的。《巴黎协定》否定了双轨制，弱化了发达国家的历史排放责任，所有国家均应承担基于 NDCs 的减排义务。自愿的 ITMOs 模式为发达国家组建排斥发展中国家参与的俱乐部提供了机会。如何避免以欧盟和美国为代表的发达经济体主导全球碳排放贸易，导致发展中国家因丧失碳定价权或以较低价格出让本国碳排放权益而遭受损失，①成为《巴黎协定》下新的市场化减排国际合作机制必须解决的问题。

第二，有足够的包容性，能够使未实施碳价格机制国家及其国内实体参与。在《巴黎协定》下，此类国家可以通过参与 PA 6.4 机制，使本国国内的企业或者其他实体获取按照国际监管规则签发的 A6.4ERs，从而参与全球碳交易。但是，这一可能性受制于各国碳市场或者国际行业性碳抵消项目对 ERs 的实际需求；而这一实际需求也会因碳市场收紧对 ERs 的认可和将国际航运或航海企业纳入本国碳监管的实践而削弱。

第三，能够实现与资金、技术、损失与赔偿等其他气候议题的连接，强化交易机制的自我实施。在《巴黎协定》仅规定成员方通报和核查其 NDCs 的程序义务而未明确结果责任的现状下，②仅靠声誉机制并不能保证国家在本国行动不能兑现 NDCs 下承诺时通过获取他国的 ITMOs 实现该承诺。有效的国际气候制度应当能够对不合作者进行惩罚。譬如，承担资金和技术援助的发达国家在未能兑现承诺时如果拒绝从发展中国家获取 ITMOs，即可从全球气候基金中向发展中国家按照较高碳价进行给付获取 ITMOs 或者 ERs，用于发达国家的减排义务履行。这样就实现了碳交易与资金机制的连接：一方面可以激励发展中国家的国内减排行动，另一方面体现对不合作国家的惩罚。

---

① 参见谢来辉：《全球排放贸易体系：一个幻想?》，载《国际经济评论》2012 年第 4 期。

② See Daniel Bodansky, *The Legal Character of the Paris Agreement*, 25 Review of European, Comparative & International Environmental Law 142 (2016).

第三章 《巴黎协定》下全球碳市场构建路径

《巴黎协定》为碳交易的全球协同提供了规范基础。这种碳交易的全球协同所形成的就是能够产生全球碳价格的全球碳市场。在该协定通过后,学者就全球协作减排之制度构建提出了各种方案。这些方案的最大特征是回避讨论全球维度上的碳预算方案或者国家碳排放责任,强调国家自主的"自下而上"合作。但是纯粹的自下而上的分散治理或实验主义式治理路径,并不能促生长期减缓目标实现的国际合作,需要探讨一种均衡的碳市场建构路径。

一、全球碳价格机制的双轨渐进式方案

碳市场连接方案最具典型性且讨论最为充分。[①] 在此基础上,有学者近期提出了全球碳价格机制构建的"双轨渐进式"方案,具有很大的参考意义。所谓双轨包含以下内容:其一,在区域或者次多边层面上由已经实施碳价格制度(碳税或者碳交易)的国家和地区组建国际碳价格联盟,并通过碳边境调节机制或者其他机制迫使或激励其他国家和地区加入该联盟,不断扩展联盟覆盖范围;其二,在多边层面上,碳价格联盟国通过在联合国气候变化谈判中统一行动,推动全球碳价格机制成为全球气候谈判议题,并通过相应决策机制将实施全球碳价格制度确立为具有约束力的国际义务,为成员方的国内减缓制度的监管强度设立最低约束(不低于碳价格联盟国家的平均碳税税率或碳配额价格)。碳价格联盟的成员扩展及其碳

---

① See N. Keohane, A. Petsonk & A. Hanafi, *Toward a Club of Carbon Markets*, 144 Climatic Change 81 (2015); Victoria Alexeeva & Niels Anger, *The Globalization of the Carbon Market: Welfare and Competitiveness Effects of Linking Emissions Trading Schemes*, 21 Mitigation and Adaptation Strategies for Global Change 905 (2015); Jevnaker T. & Wettestad J., *Linked Carbon Markets: Silver Bullet, or Castle in the Air?*, 6 Climate Law 142 (2016); Mehling M. A., Metcalf G. E. & Stavins R. N., *Linking Climate Policies to Advance Global Mitigation*, 359 Science 997 (2018); Jobst Heitzig & Ulrike Kornek, *Bottom-up Linking of Carbon Markets under Far-Sighted Cap Coordination and Reversibility*, 8 Nature Climate Change 204 (2018); Ma Z., Cai S., Ye W. & Gu A., *Linking Emissions Trading Schemes: Economic Valuation of a Joint China-Japan-Korea Carbon Market*, 11 Sustainability 5303 (2019).

价格标准的国际化,最终的目的是通过渐进式的国际协调,形成与《巴黎协定》的减缓目标(1.5℃和2℃)相匹配的全球均衡碳价格。[1]

双轨之间并不是割裂的,而是协同强化、彼此促进、互为前提的(见图3-1)。

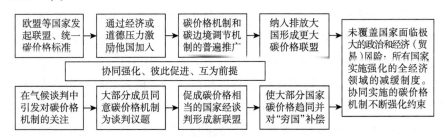

图3-1 全球碳价格机制的双轨渐进路径

碳价格联盟的形成使得有关国家能够在气候谈判中协同行动,将实施碳价格机制作为主要的国际减缓制度安排纳入联合国气候变化谈判之中,增加碳价格机制在气候谈判议题中的吸引力,从而使更多的成员方考虑并在其内部施行碳价格制度。更多的国家采取碳价格制度可以增加该制度实施的规模效应,并强化此类国家在全球气候谈判中的影响力,进而强化实施碳价格的国家所采取的碳边境调节机制的正当性及其对非参与国家的贸易影响,迫使更多的国家倾向于施行碳价格制度,以最终形成统一的全球碳价格。

这一方案考虑了《巴黎协定》下各国减排承诺"自下而上"的本质和对各类国际减排合作机制的鼓励,充分认识到全球气候治理所存在的集体行动困境和"搭便车"问题,也预见了作为关键激励要素的碳边境调节机制所遇到的合法性问题,具有一定的可行性。但有学者评论称,该方案是一个"好主意",但"注定失败"。理由是:其一,全球碳价格机制的效益缺乏实证支持;其二,各国国内政策极为复杂且多元化,碳价格差异较大,很难形成连接或者协同;其三,碳边境调节机制的激励效应有限;其四,以共识为决策机制的全球气候谈判可能会因为部分国家的反对而难以将全球碳价格机制作为重要议题纳入谈判。[2]

客观来看,"双轨方案"是对学界已充分讨论的以"自下而上"的碳市场连接或减排联盟驱动全球碳减排制度的方案设计的强化。其核心是由

① See Jeroen C. J. M. van den Bergh et al. , *A Dual-track Transition to Global Carbon Pricing*, 20 Climate Policy 1057 (2020).

② See Erik Haites, *A Dual-track Transition to Global Carbon Pricing*: *Nice Idea*, *but Doomed to Fail*, 20 Climate Policy 1344 (2020).

若干国家主导碳价格机制的推行,并基于国家良好实践的示范效应和类似碳边境调节机制的诱导,不断强化其他国家对于碳价格机制的认同,自发、渐进地形成碳税或者碳交易的全球协同。其可行性短板主要如下:

其一,全球层面的碳价格机制只能在碳税或者碳交易中二选其一,二者并存只会增加制度设计的复杂性并降低其可行性。从学者关于碳价格机制的研究来看,在国内碳减排制度安排上可以实现碳税和碳交易的并存,[1]譬如对未被碳交易所覆盖的行业施行碳税;[2]但是,在国际气候制度的选择上极少有人坚持碳税和碳交易并存的二元模式。斯特恩在其被广泛关注的报告中分析了碳减排全球政策框架的必要性及其形成所依赖的条件,虽未指明全球碳价格机制应以何种方式体现,但是从其论述来看倾向于将《京都议定书》机制下的碳交易模式作为全球政策框架,因为该机制更能促进企业等市场主体参与国际气候合作。[3] 此后,学者以《京都议定书》机制为样本,对《京都议定书》下构建全球碳市场的问题进行反思,[4]形成了以碳市场连接推进全球碳减排合作的研究思潮。基于《京都议定书》机制的已有实践、学者的相关研究和国家层面碳市场的丰富实践,《巴黎协定》继承和发展了《京都议定书》机制下的国际碳交易制度,为基于碳交易制度的各国减排制度的全球协同提供了基本的政策框架。[5] 基于ITMOs 的国际碳交易可以实现国家层面上碳税和碳交易制度的国际合作,也可以实现与其他非碳价格制度的协调,只要国家能够实现对本国减缓成果的符合国际标准的核算与报告。

其二,将碳边境调节机制等碳贸易壁垒作为对未采取国家减缓行动或搭便车者的惩罚机制,可能适得其反,损害碳减排全球协同的政治共识。在双轨推进全球碳价格机制的方案设计中,碳边境调节机制是实施"选择性激励"以破解气候治理集体困境的关键环节:[6]一是作为惩罚机制,对来

① See Billy Pizer, *Combining Price and Quantity Controls to Mitigate Global Climate Change*, 85 Journal of Public Economics 409 (2002).
② 参见魏庆坡:《碳交易与碳税兼容性分析——兼论中国减排路径选择》,载《中国人口·资源与环境》2015 年第 5 期。
③ See Nicholas Stern, *The Economics of Climate Change:The Stern Review*, Cambridge University Press, 2008, p. 450-465.
④ See Robert Falkner, *A Minilateral Solution for Global Climate Change? On Bargaining Efficiency, Club Benefits, and International Legitimacy*, 14 Perspectives on Politics 87 (2016).
⑤ See Michele Stua, *From the Paris Agreement to a Low-carbon Bretton Woods:Rationale for The Establishment of a Mitigation Alliance*, Springer International Publishing, 2017, p. 3.
⑥ 参见[美]曼瑟尔·奥尔森:《集体行动的逻辑》,陈郁等译,上海人民出版社 1995 年版,第 28—35 页。

自未施行碳价格机制国家的商品加征关税或采取其他措施,迫使该国为挽回贸易损失而采取对应行动;二是作为激励机制,通过国际转移支付,[1]激励发展中国家和最不发达国家强化减缓制度能力并在国内施行碳价格机制。问题是:碳边境调节机制能否达到其预设的目标? 碳边境调节机制与WTO 多边贸易规则之间的固有冲突,并不会因为该机制实施过程中对非歧视原则的遵守而避免。在引用《关税及贸易总协定》第 20 条为本国环境措施进行抗辩的贸易争端中,比如美国汽油标准案、美国海虾海龟案,专家组或上诉机构在确认清洁空气、濒危野生动物属于《关税及贸易总协定》第 20 条保护的对象并认定单边环境措施与环境保护有关后,最终均以措施违反 WTO 的基本精神而宣告措施违反 WTO 规则。关键原因是,WTO下的非歧视原则的待遇标准是以"相似产品"为基础的;而确定"相似产品"的关键是产品本身的物理或化学特征,而非其生产方法或生产过程(PPM)。生产过程中的碳排放量差异,并不是 WTO 规则下区分产品相似性的要素。[2] 以产品中的碳排放量是否受到国内规制为标准,对来自施行碳价格机制国家和非碳价格机制国家或地区的相同产品决定是否施加碳关税,是与 WTO 的非歧视原则相抵触的,必定会导致贸易冲突。有紧密贸易关系的国家之间将因碳关税的实施而破坏相对稳固的国际经贸关系,并进而影响气候国际合作的政治互信。中国就曾批评欧盟碳关税是贸易保护主义。贸易关联度不高的国家也不会因为 CBAM 而改变本国的既有政策。因此,以碳关税撬动碳价格机制的推广前景并不明确。此外,"双轨方案"建议碳关税征纳的资金可以通过资金转移形成对发展中国家实施并参与碳价格机制联盟的激励。问题是:如何确保这一目标的实现? 以碳关税获取资金的国家如何保障资金跨境"回流"的政治可行性,并确保资金能够用于碳减排相关的技术研发和行动? 如何区分这一资金与发达国家承担的气候资金,保障发达国家的技术和资金义务不会因碳关税而弱化? 以本国福利最大化为行为偏好的碳关税的征收国,显然没有足够的利益动机去返还被纳入本国财政控制的资金。

其三,"双轨方案"试图对国际社会中大部分未实施碳价格机制的国家施加强制性约束,与《巴黎协定》的基本治理逻辑相悖。部分国家以碳关税为惩罚机制推广碳价格机制,其本质上属于国家执行国际法上义务的

---

① See Jeroen C. J. M. van den Bergh, *Rebound Policy in the Paris Agreement: Instrument Comparison and Climate-club Revenue Offsets*, 17 Climate Policy 801 (2017).

② See Deok - Young Park, *Legal Issues on Climate Change and International Trade Law*, Springer, 2016, p. 3-5.

自助行为。如果有待执行的国际义务来自双方形成的条约,遵约方可以自助方式迫使另一方实施特定行为,作为违反义务的责任形式。但是,对于气候变化这一"人类共同之关切"下国家应承担减排义务的执行,某一国家的自助行为显然缺乏国际法上的正当性。从国家基于保护的义务或以人权保护为名而未经联合国授权所采取的各类行动后果来看,某个国家凭借其国际地位或国际政治权力对国际法的自助实施,带来的是对国际法更为严重的违反和人道主义灾难。在气候全球治理的历史进程中,依托以《联合国气候变化框架公约》和《巴黎协定》为基础的国际气候制度推进国家间减排行动的全球协同,始终是主要趋势。《巴黎协定》虽以"自下而上"的减排承诺为核心机制,但是总体规则在强化的透明度规则、数据监管要求、"全球盘点"机制和遵约制度的补强下仍基本实现了"自上而下"与"自下而上"的平衡。① 因此,任何基于《巴黎协定》的国际减排制度也应体现这一平衡:以"自下而上"保证国家参与该机制的自愿性,奠定机制运行的合法性和可行性基础;以"自上而下"的机制约束和规范国家的自主行动,使之与公约的治理目标相匹配,保障制度运行的有效性。就"双轨方案"而言,各国碳价格机制连接构建有统一目标约束和趋同化管理规则的区域性或次多边性碳联盟,体现了"自上而下"与"自下而上"的平衡。② 但是,国际气候谈判中对碳价格议题的引入与机制确立,需要强化"自上而下"的制度设计,从而确保该议题能够被持续、充分地讨论和论证。

可见,"双轨方案"至少可以从两个方面予以改进:其一,简化制度设计,在国际层面选择一种碳价格机制协调各方国内多元化的减排制度安排。考虑到碳市场在国际范围内的普遍实践和已存在的碳市场连接实例,以及《巴黎协定》第 6 条第 2 款和第 4 款的规定,应在国际碳交易制度框架下实现各国碳减排制度在《巴黎协定》下全球协同。其二,强化顶层国际制度设计,在《巴黎协定》框架内设立负责碳交易全球协同的常设机构,负责监督碳边境调节机制符合其设计目的,并推进相关碳市场议题在全球层面上的谈判、立法和实施推进。

二、《巴黎协定》下全球碳市场构建的设想

基于《巴黎协定》关于碳交易制度的相关规则,考虑到该制度在未来

---

① See Lukas Hermwille et al. , *Catalyzing Mitigation Ambition under the Paris Agreement: Elements for an Effective Global Stocktake*, 19 Climate Policy 988 (2019).

② See Jessica F. Green, Thomas Sterner & Gernot Wagner, *A Balance of Bottom-up and Top-down in Linking Climate Policies*, 4 Nature Climate Change 1064 (2014).

推进各国碳减排制度所存在的不确定性,应借鉴并反思全球碳价格机制构建的有关方案。鉴于气候变化问题越来越紧迫,气候全球治理应进一步强化国际减排合作并完善现有国际气候制度的顶层设计,从而形成碳交易的全球协同:

第一,根据《巴黎协定》第 6 条的规定设立 CMA 下负责以市场化方式推进全球减排的国际机构,比如 CMA 可以综合 PA 6.2 机制下的专家委员会或 PA 6.4 机制下的监事局,设立一个全球碳交易监督管理机构。《京都议定书》下成立的执行理事会结束其作为清洁发展机制、合作履行机制和国际碳排放贸易机制的职能机关后,可以通过 CMA 的确认,继续履行 ITMOs 和 ERs 的签发、核证、上交和注销等管理职能。EB 应接受 CMA 的业务指导,并由 CMA 确定其在《巴黎协定》下的工作职责与职能内容。EB 应当根据 CMA 的建议或决定建立一个全球碳交易系统(Global Emission Trading System,GETS),实现对 PA 6.2 机制下的 IR 和 PA 6.4 机制下的 MRA 的统合和全球碳排放配额的签发、登记、交易和核销管理。依据《巴黎协定》职能被强化的 EB 应当被定性为受 CMA 领导的政府间国际组织,其目标是将全球气候治理中的以碳市场推动国际气候合作的机制机构化、组织化。

第二,创设一个全球性碳金融产品,即全球碳排放配额,作为国家和其他各类非国家行为体以碳交易方式实现国际气候合作的“一般等价物”。具体功能类似于国际货币基金组织的特别提款权。全球碳排放配额在交易中所塑造的碳价格就是全球碳价格。通过全球碳排放配额对 ITMOs 和 ERs 的“通兑”,无论成员方是否以碳市场机制统筹本国减排政策,均可以在 CMA 和 EB 的国际监管和协调下,基于国际可比的不同边界内的碳排放的核算与报告制度,实现国家和非国家实体参与的碳交易,实现容纳各种不同碳减排制度和不同层次行为主体的全球减排合作。

基于全球碳预算确立方式和具体交易管理过程的差异,全球碳市场的构建有两种路径可供考虑:一种是较理想化的设计,另一种是较现实的设计。

1.模式 A:“自上而下”的全球统一碳市场

“自上而下”的全球统一碳市场是对《京都议定书》机制的修正与超越。这一相对理想化的全球碳市场建构可做如下的目标预设:

(1)“自上而下”确定履行期内的全球碳预算和碳配额

CMA 将 IPCC 所建议或核算的 2035 年之前或者 2050 年之前实现 1.5 摄氏度目标作为全球的碳排放情景分析下的一个较长履行期间的全球碳

预算,确定履行期间(比如2020~2035年)内全球碳排放配额的总量,并按照一定的标准将全球配额分配至各成员方。所有《巴黎协定》的成员方均应当在GETS下设立国家账户,由EB向该账户签发碳排放配额。分配标准可以根据各国的历史排放数据进行测算,并应考虑公平和气候责任问题,比如潘家华教授建议的以人均历史累积碳排放为基础的全球碳预算方案。[①] 作为管理全球气候变化事务的最高权力机构,CMA应当制定全球碳排放配额的分配标准。之所以确定一个较长履行期,就是为了避免出现大范围的历史排放较多致使期初就存在碳预算赤字的问题。

(2)全球碳排放配额的初始分配和初始交易

EB按照CMA所确定的分配标准对各国进行碳排放的分配后,各国基于经济发展情况的不同和未来发展方式的预判,结合本国在《巴黎协定》下进行温室气体核算和报告时对碳排放情景的分析,可以形成未来较长时间内(2050年以前)本国碳预算的核算。部分国家因能力的不足而无法核算时,IPCC应当提供技术咨询,帮助其进行核算。根据核算结果,国家如果发现存在碳预算赤字,即分配其排放的数据已经用尽,待分配碳预算或者在可预见的履行期内碳预算确定不足,则可以向有预算盈余的国家发起申购请求。初始交易应当在EB的监督下完成,确保各国在GETS下所持有的初始碳排放额度达到其所设定的最低持有数量要求。

(3)国家对全球碳排放配额的管理和运营

国家取得全球碳排放配额后,如果本国的减缓机制以碳交易机制为主,全球碳排放配额(GCEA)即成为本国碳交易机制下的碳配额总量。实施碳交易的国家可以向EB备案,将其在GETS下的全球碳排放配额转移登记至本国的碳交易平台,按照本国的碳交易机制设计,进行排放配额的初始分配和配额管理等。实现转换后,各国所发行的国家碳配额虽然在计量单位上等同于全球碳排放配额,但是国家配额也只能在本国或实现碳市场连接的区域范围内进行交易,不能直接用于全球碳交易市场下国家减排义务的履行。如果国家采取的是碳税或者其他非碳价格机制,该国在GETS的账户按照EB的规则持有全球碳排放配额,待履约期届满时,根据CMA所确定的报告方法核算碳排放量并进行相应的核销。

---

① 参见潘家华、陈迎:《碳预算方案:一个公平、可持续的国际气候制度框架》,载《中国社会科学》2009年第5期。潘家华教授提出应以人文发展理论为出发点,以人均历史累计排放为基准测算各国的全球碳预算份额。除此之外,德国全球环境变化咨询委员会的碳预算方案也以人均排放为基准予以核算,并建议依据污染者付费原则、预防性原则和公平原则来对未来的排放权进行分配。

（4）全球碳排放配额的国家间交易及其注销

鉴于国家温室气体清单数据核算的复杂性，全球碳市场的履约期至少应当以 5 年为一期。每一履行期结束的当年内，国家在完成《巴黎协定》下的"全球盘点"后，应当将数据格式调整为与全球碳预算相同的模式。EB 按照"全球盘点"后的数据，对各国应当上缴的全球碳排放配额进行核算，通报各国在一定的期限内完成全球碳排放配额的上缴与核销，并公布 GETS 内各国的账户数据，告知各国 GETS 内各国全球碳排放配额的盈余或者赤字信息。存在赤字的国家可以自行与存在盈余的国家达成转让交易，或者由 EB 进行统一的核算与结算，根据各国的出价确定一个全球碳排放配额的指导性价格，集中进行撮合交易。完成全球碳市场下相应配额的履行义务后，EB 进行下一履行期内全球碳排放配额的核算和交易管理。在全球碳市场机制下，不建议设置全球碳排放配额的跨期存储机制，以避免数据核算、履约和分配过程过于复杂，减少投机行为。

（5）对于减排信用的适用问题

应允许经 EB 认证的国际核证减排量（CERs 或 A6.4ERs）抵消减排义务。这可以鼓励发达国家向发展中国家的低碳投资和低碳技术转移。对于符合清洁发展机制的项目所产生的核证减排量，如果意图转移至项目所在国之外的国家用于其全球碳排放配额义务的履行，经 EB 核证后，可以在 GETS 内对各国的全球碳排放配额进行调整。这一调整应当在最终核算时予以确认，购进核证减排量的国家应当向监管部门报告其取得的核证减排量数量，并将其核算在其需要上缴的全球碳排放配额总量内。转让核证减排量的国家应当向监事局报告其国家信息清单内是否将核证减排量所代表的减排量核算在内：如果已作核减，则不作调整；如果未作核减，EB 应当在其上缴的全球碳排放配额总量内做核减后，再核算其应当缴纳的配额义务。譬如，A 国企业某一水电开发项目履行期内产生 1000 万吨的核证减排量，并将其转让给 B 国企业，则在 B 国根据其 NDCs 中承诺上缴的全球碳排放配额中应增加该数额的核证减排量；而 A 国不应将该笔核证减排量作为本国在履行期内实现的碳减排量而计入实际缴付的全球碳排放配额中。

上述设计下的全球碳市场涵盖了清洁发展机制和《巴黎协定》下的国际转让减缓成果机制，可以在实现全球碳减排总量控制的基础上实现各国减排义务履行的市场化合作：在对清洁发展机制的容纳下，可以实现对发展中国家的资金转移和技术转移；可以从全球碳排放配额转移所实现的资金交付中抽取一定比例的资金，实现全球气候基金的归集；可以实现碳价格机制对于各国的约束和管理,促进各国采取低碳技术,从而实现向低碳经济发展的政治激合和经济激合。

客观来看,上述设计在当前气候政治的图景下存在严重的可行性问题。全球碳预算方案和初始分配标准,极大可能因各国的利益冲突而无法在 CMA 通过并形成有效决议。各国碳排放配额的分配事实上就是对各国全球碳预算下碳排放权的分配,是对各国发展空间的设定。在当前的国际气候谈判集团化和利益多元化的格局下,达成一致的可能性较低。

2. 模式 B:"自下而上"的碳市场分立与全球协同

与模式 A 相比,模式 B 强调对国家自愿减排承诺的尊重,基于国家自己提出的 NDCs 义务推动市场合作减排的全球性协同。

(1)依据 NDCs 确定全球排放总量并进行配额

EB 仍应当根据全球的碳预算确定一定履行期内的全球碳排放总量并进行配额。与模式 A 不同的是,EB 所确定的配额总量并不是根据 IPCC 所测算的统一全球碳预算加以确定的,而是"自下而上"地根据各成员方所提交的 NDCs 确定的。

在《巴黎协定》下,各国所提交的 NDCs 可能并不是一定时期内总碳排放量的控制目标,而是碳排放强度的相对减少。[1] 但是,在 IPCC 所确定的核算指南和《联合国气候变化框架公约》所确立的国家清单报告义务下,[2] EB 可以换算出国家承诺内的碳排放总量,也可以要求国家自行核算一定履行期内的各年度平均排放量或者履行期内年度累计的总排放量。在各国进行报告或者 EB 自行核算后,即可以确定一定期间内(比如 2020~2035 年或 2035~2050 年)各国累计的全球碳预算总量。当确定一个较长时期的总量控制目标后,EB 可以结合《巴黎协定》下的"全球盘点"机制,以 5 年为一个履行期,基于各国申报的 NDCs 向各国分配碳排放配额。

(2)全球碳排放配额分配与管理:本国 NDCs 的配额化

与模式 A 相同,EB 建立一个全球统一的注册登记平台,对其发放的全球碳排放配额进行管理。在 EB 建立的 GETS 内,监管机构向各成员方签发与其 NDCs 相匹配的全球碳排放配额。对于那些承诺期与履行期不

---

① 如中国提交的承诺就是碳排放强度的降低,而非总量的减少。参见生态环境部:《中华人民共和国气候变化第三次国家信息通报》(2018 年 12 月),第 14 页。中国 2030 年的自主行动目标是:二氧化碳排放 2030 年左右达到峰值并争取尽早达峰;单位国内生产总值二氧化碳排放比 2005 年下降 60%~65%。

② See IPCC, 2019 *Refinement to the 2006 IPCC Guidelines for National Greenhouse Gas Inventories*, https://www.ipcc.ch/report/2019-refinement-to-the-2006-ipcc-guidelines-for-national-greenhouse-gas-inventories/, last visit on June 19, 2020.

相符的成员方,IPCC 可以制定调整指南,经 CMA 讨论后通过,从而将其 NDCs 下不同的时间序列与全球碳市场的运营相匹配。履行期的协调旨在确保各成员方的自主权,在此前提下实现减排行动的一致性。各成员方在 GETS 内持有的碳排放配额就是其 NDCs 的配额化体现。考虑到并非所有提交 NDCs 的成员方均会自愿加入该机制,对于此类成员方,其对应的全球碳排放配额可以由 EB 代为持有。

(3)全球碳排放配额的交易与注销

在履行期内,各国可以根据本国气候行动的现状,进行碳排放配额的交易。如果由于经济快速发展,一国在履行期内的预期排放量将会超出其本国 NDCs 承诺的限度,可以在履行期结束前向其他国家发出申购请求;如果有国家在履行期内实现了重大的技术突破,极大提高了能源效率或者减少了能源消耗,预期能够提前完成本国的 NDCs,确定能够在履行期末出现 GETS 下本国账户内碳排放配额的盈余,就可以进行出售。具体价格由双方协定。这事实上就是履行期内的《巴黎协定》框架下 ITMOs 的转让。在履行期末,EB 应根据 CMA 所进行的"全球盘点",对各国账户内的碳排放配额进行核销:对于未能履行其 NDCs 的成员方,EB 应当通知其通过购入碳排放配额的方式履行义务。EB 可以根据"全球盘点"情况和核销情况,公布各国的碳排放配额账户清单,由各国进行交易或者撮合交易。对于那些未能提交碳排放配额以履行 NDCs 义务的国家,EB 应当依照履行期内成交的碳排放配额所体现的平均碳价格,要求成员方承担因未履行《巴黎协定》下 NDCs 义务所产生的责任。

(4)对清洁发展机制下核证减排量的容纳

在此路径下的 GETS 仍可以实现对核证减排量的认证与核发。需注意的是,在全球碳市场建构下,核证减排量核发所基于的额外性应当受到更为严格的限制。EB 可以对核证减排量来源国的全球碳排放配额在系统内进行对等的注销。基于核证减排量的转让所进行的调整与《巴黎协定》下 A6.4ERs 的调整机制应保持一致。

基于"自下而上"的方式所建构的全球碳市场事实上就是对《巴黎协定》下 ITMO 和 ERs 所形成的国家之间市场合作机制的全球化塑造和表达。其核心要旨在于国家在 GETS 内所获得的碳排放配额是本国自行核算和承诺的,是 NDCs 的配额化管理。这一方式下的全球碳市场至少可以实现对《京都议定书》下清洁发展机制的继承和国家间碳排放权的交易,从而形成一个全球碳价格,对各国怠于履行本国 NDCs 的国家责任进行量化;而且在实现交易的过程中,也可以实现碳交易机制与适应、资金、技术、透明度、履行、损害与赔偿责任等机制的连接。这种自下而上的方式存在的问题在于气候治理的有效性方面。有效性的补足需要强化"自上而下"的约束,激励国家采取更强有力的措施。比如,参照 IPCC 对全球碳预算的建议,由 CMA 确定一个减排系数,在每一履行期末调减全球碳预算总量,强化目标约束。

3. 全球碳市场的构成要素

无论是"自上而下"的统一建构还是"自下而上"的协同建构,最终希望实现的都是能够形成全球统一碳价格的碳交易市场。模式 A 和模式 B 虽然有所区别,但是均强调应有一个总量控制的概念。只不过在模式 A 下,全球碳预算的总量是自上而下的基于实现长期目标所必需的总量限额而确定的;模式 B 下的总量是基于各国提交的 NDCs 测算之后加总所形成的。总量控制的概念是全球碳市场区别于国际碳市场连接的关键因素。由此,也可得出一个基本的结论,即全球碳市场建构的制度基础是在国际层面所形成的全球碳预算确定机制和全球碳排放配额分配和交易机制。在此前提下,全球碳市场的构成要素主要如下:

(1)全球碳市场的管理机构

全球碳市场的管理机构是指负责确定全球碳排放总量,并按照一定标准向各国进行国家碳排放权分配,并对各国在履行期内的年度碳排放进行核算,从而确定各国是否需要进行国家之间碳交易的国际性机构。广义上的管理机构还应当包括各国国内碳交易的主管机构或负责本国碳排放核算和报告的主管机构。

在国际层面上,全球碳市场的管理机构至少应包括如下内容:

第一,负责确定全球一定履行期内碳预算的科学机构。

从现状来看,IPCC 可以承担这一职能。首先,IPCC 一直是《联合国气候变化框架公约》和《巴黎协定》所确定的被各国接受和承认的进行全球气候变化研究的权威性政府间国家组织。长期以来,IPCC 通过研究和发布权威性的全球气候变化评估报告,为国际气候变化合作提供科学支撑。根据 IPCC 第六次全球气候评估报告,从已确定的框架来看,主要涉及对气候系统和人类碳足迹状况和趋势的评估、与《巴黎协定》目标达成的有关科学证据的评估、碳排放和气候风险之间的关系评估、在不同发展路径下减缓和适应措施的经济与社会成本效益分析、可持续发展下的适应与减缓战略评估以及金融和其他支撑战略建议等。其次,IPCC 有能力通过不同的碳排放情景分析对《联合国气候变化框架公约》和《巴黎协定》所确定的国际气候合作下的全球碳排放空间进行测算。长期以来,为了回应《联合国气候变化框架公约》的要求,IPCC 通过情景分析,对不同路径下实现《联合国气候变化框架公约》的目标之可能性进行研究,得出了可信的被国际社会接受的研究结论。比如,IPCC 在其发布的关于《巴黎协定》所确立的1.5 摄氏度排放情景的特别报告中,对《巴黎协定》所设定的 1.5 摄氏度目标的内涵进行了分析,认为:人类活动所导致的全球气候变化效应已经达到了 1.0 摄氏度的程度;如果在当前的排放路径下,2030~2052 年,全球平均升温就可达到 1.5 摄氏度。除此之外,IPCC 还对其他影响 1.5 摄氏度的因素进行了评估。主要结论是:工业革命以来的碳排放存量,其温室气体效应将会持续数个世纪,但是,这些效应不会导致全球气温达到 1.5 摄氏度的程度;人类社会当前所遭受的气候风险将会超出 1.5 摄氏度所可能导致的风险程度,但是低于《联合国气候变化框架公约》所设定的 2 摄氏度所隐含的风险程度,这取决于不同区域变暖的程度和速度、地理位置、发展和脆弱性程度以及适应和减缓措施的选择和实施。①

IPCC 基于排放路径的情景分析确定了在何种情形下才可以实现《联合国气候变化框架公约》和《巴黎协定》所确定的长期目标。在这种情形下,IPCC 所描述的是大气中的温室气体的平均浓度路径,即温室气体在大气中的含量。结合斯特恩的分析来看,这可以较为便利地转换为在既定的时间跨度内(2050 年之前或 2100 年之前)仍可以允许的碳排放量,即一定时间范围内大气生态系统可以承载的温室气体排放量,即大气环境容量。碳交易制度下的所设定的"总量"事实上就是量化的大气环境容量。IPCC作为被国际社会所接受的权威性的关于气候变化研究的科学机构,其按照气候经济学通行的方法所测定的一定时间内的碳排放总量,从现实来看,更容易被各国接受为权威的全球碳预算。但是,在全球碳市场的架构下,IPCC 只负责中立地以科学的态度确定全球碳排放总量;至于如何在各国间进行总量控制下的碳排放额分配,应当由一个独立的国际机构负责。

第二,用以确定碳排放配额总量和在各国间对碳排放配额进行国别分配的管理机构和交易系统,即 GETS。

结合国际气候合作的历史和现状来看,《京都议定书》下的 EB 可以成

---

① IPCC, 2018: *Summary for Policymakers*, in Global Warming of 1.5℃. An IPCC Special Report on the impacts of global warming of 1.5℃ above pre-industrial levels and related global greenhouse gas emission pathways, in the context of strengthening the global response to the threat of climate change, sustainable development, and efforts to eradicate poverty [Masson-Delmotte V., P. Zhai, H.-O. Pörtner, D. Roberts, J. Skea, P. R. Shukla, A. Pirani, W. Moufouma-Okia, C. Péan, R. Pidcock, S. Connors, J. B. R. Matthews, Y. Chen, X. Zhou, M. I. Gomis, E. Lonnoy, T. Maycock, M. Tignor, and T. Waterfield (eds.)].

为对碳排放额进行总量确定和配额分配、注册、转让、结算和注销的管理机构。EB 是《京都议定书》下负责清洁发展机制运行的管理机构,在清洁发展机制长期运作的过程中已经积累了丰富的对核证减排量进行认证和管理的经验。清洁发展机制作为《京都议定书》下国际气候合作的重要范例,事实上就是发达国家与发展中国家之间的碳排放交易。EB 作为依托《联合国气候变化框架公约》和《京都议定书》所建立的负责执行条约的政府间机构,有被各缔约方接受的基础。EB 所认证发行的核证减排量已经具有国际性碳交易产品的特征,并已经成为一项重要的国际金融资产。在《京都议定书》第二承诺期结束后,EB 的存续在《巴黎协定》下仍然有其必要性和规范基础(如《巴黎协定》第 6 条的自愿国际协作减排机制中的监管机构,其事实上就是 EB 职能的延续)。

第三,承担温室气体排放监测、报告和核查的全球碳市场监督机构。

在《巴黎协定》下,这一机构可以是负责"全球盘点"的缔约方会议(CMA)。在《巴黎协定》下,CMA 下设秘书处,秘书处实质上负责接收各缔约方提交的 INDC 和"全球盘点"。根据《巴黎协定》,秘书处应当设立登记簿对各缔约方提交的 INDC 进行登记。从职责来看,CMA 将负责核查各缔约方在一定履行期内是否完成了自行承诺的减排任务,并对各国自愿协作的减排合作机制进行审查。其工作的实质内容必然包含对各国排放清单的核查。这种排放量的核查过程与碳交易的 MRV 机制下的对交易主体排放数据的监测、报告与核查,在工作机理上是相同的,目的都在于确定国家是否在一个设定的数量限制下进行了合规排放。在《巴黎协定》下,设定的数量限制是国家自行声索的;在碳交易的 MRV 机制下,数量限制是有关机构根据环境容量所设定的。国家自行声索的 INDC,毫无疑问,也应受到一定期间内大气环境容量的限制;因为如果超出了这个容量限制,INDC 将因为与其目的相悖而失去意义。在大气环境容量限度内设定的共通性,决定了在全球碳市场下,国家所声索的 INDC 和 IPCC 所设定的碳排放额的同源性。

(2)全球碳市场的交易主体

全球碳市场的交易主体,在碳交易的理论建构中,就是谁享有碳排放权的问题。国家、企业和个人在不同意义上,都是碳排放权的主体。

在气候全球治理的国际法语境下,国家是碳排放权的基本主体。首先,根据国家主权原则,国家对于其领土内的自然资源享有永久主权,①有

---

① 参见《巴黎协定》第 2 条。

权使用本国境内的化石能源且有权决定以何种方式利用。其次,国家享有发展权,有权利用化石燃料推动工业化和现代化进程,保障国民福祉。①再次,国家是气候变化国际法的立法者。国家通过参与气候变化国际谈判和缔结气候变化公约的方式,为气候全球治理立法,创设了规范国际气候合作的国际法渊源,奠定了国际碳交易制度和碳排放权存在和实施的国际法基础。碳交易制度作为减缓气候变化重要机制的确立,是国家在《京都议定书》下的国际法创设行为。最后,国家是承担减缓和适应气候变化国际责任的首要责任主体。《联合国气候变化框架公约》所确定并为《巴黎协定》所重述和发展的目标要求,即"将大气中温室气体的浓度稳定在防止气候系统受到危险的人为干扰的水平上",构成了国家应对气候变化的国家责任,也为国家碳排放行为的自由设定了限度,即构成了国家碳排放权的"环境容量"。

因此,国家的碳排放权就是国家基于《联合国气候变化框架公约》等国际气候条约,在按照一定的原则和方式所分配的全球大气环境容量限度内排放温室气体的集体性权利。国家碳排放权这一概念是权利和责任的统一体。国家除有权利享有与被分配的全球大气环境容量份额相对应的碳排放空间,也有责任通过合理的国内治理使得国家边界内的碳排放不超过这一限度。作为权利,国家碳排放权是对构成国家的人类族群生存和发展权利的保障,是一种具有自然权利性质的集体性人权,即发展权。作为责任,国家碳排放权是对气候变化这一共同责任的分配,分配的原则就是共同但有区别的责任原则。在《京都议定书》的框架下,根据共同但有区别的责任原则,通过"自上而下"的方式确认并分配国家的全球大气环境容量;②在《巴黎协定》下,全球的大气环境容量也是以"自上而下"的方式确定,但是分配却由各国根据本国的能力予以"声索",具有"自下而上"的特征。

各国所享有或者"声索"的大气环境容量经过国内法的转化就成为国家所设定的减排目标。比如德国、法国、捷克、希腊等国在《京都议定书》

① 关于碳排放权的国家发展权的讨论,参见王明远:《论碳排放权的准物权和发展权属性》,载《中国法学》2010年第6期。

② 《京都议定书》第3条规定:"附件一所列缔约方应个别地或共同地确保其在附件A中所列温室气体的人为二氧化碳当量排放总量不超过按照附件B中量化的限制和减少排放的承诺和根据本条的规定所计算的分配数量,以使其在2008年至2012年承诺期内这些气体的全部排放量从1990年水平至少减少5%。"可见,发达国家和工业国家所承担的《联合国气候变化框架公约》下的减排义务,是通过国际条约的方式在国际层面上统一确定并分配给各国予以遵守的。

下所承担的至 2012 年国家碳排放量在 1990 年基准上降低 8%；欧盟在《多哈修正案》中所承诺的到 2020 年在 1990 年基准上降低 20%～30%；中国的"国家自主贡献文件"所涵盖的关于 2030 年达到碳排放峰值、碳排放强度比 2005 年降低 60%～65% 等目标。这些目标将通过不同的方式或者原则转化成各国国内应对气候变化法上减缓行动的总量控制目标，即国家领土范围的个人和企业所享有的"大气环境容量"。国家在国际法上的"大气环境容量"通过国际法向国内法的转化，就成为国内气候变化法意义下的大气环境容量。此后，个人和企业才成为碳排放权的主体。

国际法上的国家碳排放权在国内法上存在一个性质转化的问题，即从国家应当享有的权利转化为国家作为公共治理主体所应当承担的维持国内碳排放量不超过其"国际法定"大气环境容量的职责。这是因为国家在国际法上的权利是国家作为受托人代表其国民所享有的。国际气候变化法上所确立的具有稀缺性的全球大气环境容量，归根结底保护的是实实在在的"人"。

个人才是碳排放权的真正主体。个人所享有的碳排放权是基于自然法所享有而为实在法所重申的。在这个意义上，个人所享有的碳排放权是其应享有的环境权的一部分，是基于人的生存权所应当享有的对环境公共资源的社会性权利。[1] 但是，这一权利并非没有边界。在可持续发展的目标约束下，大气环境容量资源由于其自净能力的限度而存在一定时间和空间上的稀缺性。气候变化作为"人类共同关切之事项"[2]决定了个人所享有的碳排放权不应当损害整体人类的存续。在碳排放权这一概念上存在个人利益与公共利益的冲突与协调，从而衍生了国家作为公共利益最终受托人对个人碳排放行为予以规制的正当性。

国家通过规制个人的碳排放行为意图实现的就是对气候变化这一外部性问题的矫正，以及经济社会发展与碳排放的脱钩。如何规制才能实现帕累托最优？

国家需要通过成本效益分析确定碳的社会成本，并使这一成本通过一

---

[1] 日本环境法学者大须贺明认为，日本宪法的生存权条款是日本公民环境权的宪法依据。参见赵红梅、于文轩：《环境权的法理念解析与法技术构造——一种社会法的解读》，载《法商研究》2004 年第 3 期。

[2] 该概念最早出现在联合国《关于为人类今世后代保护气候变化》的第 43/53 号决议中。该决议认为，考虑到气候改变影响全人类，应在全球性方案范围内应对气候变化问题，并承认"气候变化是人类共同关心的问题，因为气候是维持地球上生命的一项必要条件"。参见秦天宝：《国际法的新概念"人类共同关切事项"初探——以〈生物多样性公约〉为例的考察》，载《法学评论》2006 年第 5 期。

定的机制由全社会承担。人人均担的"人头税"方式虽然最有效率,但是违反了能力纳税原则而最不公平。① 生活简朴、自给自足实现"碳中和"的"陶渊明"与驾驶布加迪威龙的富豪在这种制度下承担均等的社会成本,反而会鼓励碳排放的增加。这种机制就是国内的碳交易机制。在这个机制下,企业才开始成为主要的碳排放权主体。企业作为个人的联合,是个人社会存在的一种体现。作为法律上的拟制主体,国家碳交易制度下的企业是碳排放权的拟制主体。参加碳交易的企业所享有的碳排放权,已不再是自然权利,而是法律所创设的法律权利。

参加碳交易的控排企业是碳排放权的法律拟制主体。在大气污染治理中,国家一般是基于末端治理或者新源控制的原则在生产环节对污染物施加管制。② 相对于分散的个人,建立在现代会计制度上的企业能够更为准确地核算其生产行为中的资源耗费量,从而能够生成较为准确和全面的碳排放数据;国家相应地也更容易对企业的碳排放行为进行监测。企业耗费能源排放温室气体所生产的产品,最终会进入消费环节而为个人所消费。将碳的社会成本通过制度的设定内部化从而体现在产品的价格上,相当于间接依据个人消费的碳排放量对个人收取了其应当支付的碳成本。个人消费得越多,所支付的碳成本也越多。

企业的碳排放权与企业的法人格一样,都是法律为了实现一定的社会目标所创设的,其表现为国家依据公权力所特许的一定限度的大气环境容量。在应对气候变化成为社会控制目标之前,大气环境容量被视为没有限度的公共资源,企业享有向环境中自由排放温室气体的无限权利,因此也没有必要创设所谓的企业的碳排放权对该等行为予以规制。当国家意识到气候变化的灾难性后果时,自由放任的排放行为必然会因其负外部性效应而被予以规制,比如通过排放许可、排放收费和总量控制等制度,向企业分配其可以支配的大气容量资源,企业则需要向国家支付相应的费用且只能在国家许可的限度内进行排放。可见企业的碳排放权是从国家原始取得的特许权,是国家通过行政许可授予的一种"公权"。③ 作为特许权,企业的碳排放权必须依据一定的客观标准确定。各国确立企业之碳排放权主要依据的是结合经济技术条件和温室气体对于大气环境的影响特征所确定的关于向大气中排放温室气体的控制性规定,一般表现为某一排放源

① 参见彭宁、石坚、龚辉文:《人头税制度与评述》,载《涉外税务》1996 年第 2 期。
② 参见秦虎、张建宇:《以〈清洁空气法〉为例简析美国环境管理体系》,载《环境科学研究》2005 年第 4 期。
③ 参见王慧:《论碳排放权的特许权本质》,载《法制与社会发展》2017 年第 6 期。

许可排放温室气体的最高限度或者单位产品的限制性排放标准,如企业在碳排放交易制度下根据其历史排放数据和减排因子所确定的一定履行期的碳排放配额。

国家对企业碳排放权的规制主要是因为工业革命以来导致全球变暖的存量碳排放基本来自人类追求物质生活的富足而建立的营利性组织即企业的经济活动。企业才是推动工业革命和能源革命并消耗大量化石能源的实际主体。社会大分工已经使个人基本生活需求不再仅通过自给自足的个体或者家庭劳动而得到满足,而是由为了满足个人需求甚至创造个人需求的不同行业的企业的生产和销售来满足。能源、交通运输、工业等这些主要的源类别所描述或界定的是构成该等行业的生产或销售相关产品的企业共同体。导致土地利用变化的主要力量也并非个体的人,而是使用企业所生产的机械力量的有组织的个人;对亚马孙雨林等主要森林实施有组织砍伐从而导致其固碳能力退化的并非长久以来生活在其中的原住民,而是跨国公司或者企业化的以营利为目的的林场。通过对企业碳排放权的规制从而使得其碳排放行为的外部性内部化,最终将由个人来承担这些商品中所隐含的碳社会成本。

从主体角度来看,国家通过制定有关国内应对气候变化的法律所直接规制的是企业的经济社会活动,间接调整的是个人的消费行为;对个人碳排放行为的直接调整,考虑到个人碳排放权的社会性和整体性[①],并非通过实在法上设定的法定义务所实现,而主要通过以"碳中和"为目标的法律教育和道德约束[②]来实现,比如对低碳生活、低碳消费、低碳出行等社会道德观念的确立。从国家通过国际气候变化法和国内应对气候变化法律制度所最终要实现的维持保障人类可持续发展的大气资源环境容量的目标来看,既需要通过强制性的法律直接对社会生产环节中的碳排放予以控制并间接影响消费环节的个人碳排放权的适当行使,也有必要通过法律的教育和宣示功能促进低碳生活理念和社会道德情操的培育。也只有如此,国家在国际层面上才更有可能履行在气候全球治理下所承担的国家责任。

(3)全球碳市场的交易标的

在气候治理的全球维度上,理想的全球碳排放配额应当是由 GETS 根

---

① 个人碳排放权属于公民环境权的构成,是一种整体性权利。该权利主要保障个体作为社会整体之构成的社会性权利。这种权利是为了保障公民基于碳排放量在社会中生存和发展的基本权益。参见赵红梅、于文轩:《环境权的法理念解析与法技术构造——一种社会法的解读》,载《法商研究》2004 年第 3 期。

② 参见刘画洁:《个人碳排放行为的法律规制——以碳中和理念为中心》,载《江淮论坛》2012 年第 4 期。

据全球碳预算所确定的一定履行期内的碳排放总量控制下的全球配额,即全球碳排放配额的确定和分配采用的是一种自上而下分配的机制。但是在《巴黎协定》框架下,自上而下的全球碳排放配额分配可能是无法实现的,因为其与国家自主贡献所形成的自下而上的治理模式有所冲突。鉴于国家所提出的 INDC 和全球碳排放配额事实上均是在大气环境容量下的碳排放数量限制,在全球碳市场的框架下,可以通过一定的制度设计实现二者的协调;特别是考虑到各国 INDC 并不全部体现为一定时间限度内碳排放总量的表达,比如中国的 INDC 就是一定时间限度内碳排放强度的降低,而非总量的降低。从现实来看,在各国碳排放峰值并未达到的情况下,各国也不太可能承诺碳排放总量递减的 INDC。在这种情况下,如何实现对各国碳排放额分配与 INDC 的协调,将决定全球碳市场是否有可能成为一种现实的选择。为实现与 INDC 的协调,全球碳市场上的交易产品应当体现一定的灵活性。具体而言,与《巴黎协定》所兼容的全球碳市场上的全球碳排放配额可以做如下的设定:

首先,GETS 应当根据 IPCC 所确定的全球碳预算确定全球碳市场上的碳排放额总量,并根据各国在全球碳预算中的份额对碳排放额进行分配。这种分配可以做如下的区分:对于国内已经运行碳市场的《巴黎协定》缔约方,可以根据国家所确定的国内总量控制目标,再结合其 INDC 和该国在碳预算中的份额,进行碳排放额的实际分配;对于愿意加入《巴黎协定》下的国际协作、履行 INDC 下减缓目标的国家,可以进行实际的碳排放额分配,并在 GETS 内注册;对于未在国内实施碳交易也没有加入《巴黎协定》第 6 条机制的国家,可以进行虚拟的分配,即在 GETS 内将相应的碳排放额指定给特定国家。对于实际分配的碳排放额,各国可以通过在 GETS 内的注册进行实际的控制、占有和管理;对于虚拟分配的碳排放额,可以由 EB 代为持有和管理。其次,碳排放额应当以二氧化碳当量进行表示,以涵盖被纳入《联合国气候变化框架公约》和《巴黎协定》管控的各类温室气体。具体的系数测算,应当由 IPCC 制定相应的指南。再次,全球碳排放配额的总量应当由 IPCC 结合全球碳预算和各国的 INDC 进行确定。最后,全球碳市场下应当以碳排放额为唯一的交易标的,ITMOs 和 A6.4ERs 均可以被全球碳排放配额所吸纳。各国在缔约方会议进行"全球盘点"后,如果发现未能履行其在 INDC 下的减排承诺,即应当通过向 GETS 申购碳排放额或者与在 GETS 账户中有盈余碳排放额的国家达成转让协议的方式,取得一定的碳排放额,以履行《巴黎协定》下的减排义务。也就是说,PA 6.2 机制下的 ITMOs 可以被全球碳排放配额所吸纳。同样地,

A6.4ERs 也可以表示为全球碳排放配额。从增加全球碳预算的角度来看,在预算内按照配额进行排放和通过碳存量的消除与碳排放的减少,本质上都体现了经济社会活动的碳排放不能超过既定的碳预算,即约束是相同的。

三、协调与统一:全球碳市场构建的现实路径

气候变化问题的公共物品特征决定了以理性选择本国利益最大化来决定行为偏好的各国,在国际气候谈判中必然根据本国的气候脆弱性和减缓成本等因素进行成本效益的考量;只有在参加集体行动能够获得收益的前提下才愿意达成一致的行动,形成有效的国际气候法制。在面对全球公共物品的国际非零和博弈中,缺乏"世界政府"提供强制性干预的国际缔约活动在囚徒困境下所能达成的纳什均衡必然是次优的国际气候制度,即存在履约机制缺陷的《联合国气候变化框架公约》、存在环境完整性缺陷和有效性问题的《京都议定书》、法律拘束力不足而以"自下而上"减缓目标承诺为核心的《巴黎协定》。

为走出集体行动的困境,国际社会应当在《巴黎协定》框架下通过非政治的方式将所有在《联合国气候变化框架公约》下应当承担"共同"责任的缔约方纳入一个可被接受的国际合作机制中。在该国际机制下,所有对气候变化负有义务的国家、地区、团体、企业和个人,可以不因其相异的文化、意识形态、政治体制、宗教等共同参与气候全球治理,使气候治理国际合作能够真正地协调多元化利益冲突。根据奥尔森在其集体行动理论中所提供的思路,在当前国际社会仍存在威斯特伐利亚困境的背景下,选择性激励应当是一种有效的打破集体困境的方法。清洁发展机制就是一个针对发展中国家的选择性激励,目的在于通过资金和技术的转移促使发展中国家参与国际气候合作。此外,允许以森林碳汇履行《京都议定书》下的责任,也是一个针对加拿大、日本、俄罗斯等国家的选择性激励。在国际气候谈判进程中出现的选择性激励,其实质是在碳价格机制的基础上,通过形成碳信用的跨境转移实现对能够参与碳减排并有积极成果的国家的资金支付。这与经济学家所提出的全球应对气候变化的建议不谋而合,即通过形成有效的碳价格机制,实现导致气候变化问题的人为碳排放行为的外部成本的内部化。

考虑到学者所建议的国际协调碳税存在政治上的不可行性,构建国际碳交易制度即成为更值得考虑的选择。欧盟和中国等排放大国等对碳交易制度的选择表明了该制度本身的可行性,《京都议定书》下已经实施的

清洁发展机制等国际碳交易实践也提供了有益的制度经验。特别是结合碳预算方案而进行的国际碳交易也能够实现气候治理对于基本公平的遵守,即有效、公平的国际碳减排制度应当在人均历史累积碳排放所测算的各国碳预算的基础上予以构建。《巴黎协定》下发达国家和发展中国家均已经设定自己的减排目标,且中国等发展中排放大国均已着手建立本国的碳交易制度,通过碳交易机制的一体化建立斯特恩所提出的全球协定框架①的条件已经具备。因此,在欧盟、中国等均以碳交易制度为减缓行动的核心制度和《巴黎协定》允许并鼓励减缓成果跨国转移的背景下,为有效应对气候变化以实现《联合国气候变化框架公约》所确立的气候全球治理的长期目标,并在治理过程中实现基本的气候正义,国际社会可以在碳预算的基础上实现当前各国国内碳交易制度的协调,并最终形成全球统一的碳交易制度体系。这一形成全球碳市场的社会历史进程可以分为两个阶段:第一,通过"协调"各国的减排努力达成全球碳预算的基本共识,并在寻求共识的过程中通过碳市场连接和碳减排量的全球交易实现全球碳价的国际互认;第二,在形成全球碳预算共识的基础上,达成具有拘束力的有关全球碳预算的全球性协议,并在此基础上建构碳交易全球市场。

1. 协调:形成全球碳市场的国际共识

协调的目的在于形成碳预算的国际共识,在《巴黎协定》现有框架下通过各国碳交易制度的国际协同形成碳价协调的全球碳交易市场。

第一,各国应在2018年IPCC提出有关1.5摄氏度目标的基础上,形成有关碳预算的国际共识,即便不能够让各国接受一个强制性的碳预算方案,也应当尽量形成一个考虑历史排放责任的具有公信力的碳预算方案,并敦促各国根据该碳预算方案修正本国在《巴黎协定》下作出的INDC,从而形成能够确保长期目标实现的减排目标承诺。在提出碳预算方案时,我国作为发展中大国,应当与巴西、南非和印度等发展中国家继续保持在当前气候谈判中的协商和沟通机制,尽可能形成统一的步调,共同

① 斯特恩2008年提出全球协定框架的关键要素在于:第一,在长期减排目标确定的情况下,发达国家和发展中国家制定国家级的减排目标。第二,实施国家减排和碳交易计划,主要是实现碳交易的一体化,特别是对于发展中国家的涵盖。在其设想下,发达国家应当同意接受2020年削减20%~40%;2050年至少减排80%;发展中国家以发达国家的表现为条件,最迟到2020年制定目标,并制定可信的、到2050年达到人均2吨的目标;快速增长的中等收入国家在2020年或之前达到峰值。当然,其还提出在全球协定框架形成的过程中,国际金融机构的参与、技术的开发和示范、与毁林作斗争同样具有重要意义。从其建议来看,最为关键的其实还是为发展中国家设计较为简单的提供碳信用的方式,建立有效的交易规制,形成足够激励的碳流量,从而让发展中国家参与国际协议。

提出相关案文。根据我国学界有关碳预算方案研究的成果,以潘家华教授2009年的研究所形成的碳预算方案和德国全球环境变化咨询委员会碳预算方案为基础,国际社会可能需要根据近几年来新的碳排放数据,对碳预算方案中确定人口的基准年、预算起始年和终止年进行调整,重新计算各国的人均碳预算,明确各国在2020年后的碳排放空间。综合衡量有关历史责任和政治上的可行性,建议以2015年作为预算的起始年,根据IPCC在2018年发布的评估报告所进行的情景分析确认2015年至2050年全球各国的碳预算总量。为避免某些国家通过操纵人口增长获得不当碳预算,建议借鉴德国全球环境变化咨询委员会对于人口基数的计算方法,以2007年至2015年各国的平均人口计算全球人均碳预算。

第二,在形成的有关全球碳预算的初步共识前提下,欧盟和中国等已经建立碳交易制度的大国,向有意向以碳交易制度来推动本国减缓行动并向低碳转型的发达国家和发展中国家提供构建碳交易制度的协助。考虑到中国2017年新建全国碳交易市场,运行机制仍有待完善之处,且《巴黎协定》下各国均已作出相关的INDC,这一在国家层面上建立碳交易制度的过程不可能在短期内完成。但是,碳交易制度的建构至少应在2025年对《巴黎协定》下各缔约方减缓进展的第一次"全球盘点"之前完成。

第三,通过双边、区域或者多边的方式实现各国碳交易市场的连接,即碳配额的跨境转让和认可。这种国家间碳交易市场的连接可以是分阶段的:首先,实现发达国家和地区间碳交易市场的连接,比如欧盟碳交易市场与日本和美国当前区域碳交易市场的连接。在《京都议定书》下的合作履行机制的基础上,发达国家已经存在国际碳交易市场作为配额和核证减排量的交易场所和价格发现机制,比如之前的芝加哥气候交易所、欧洲气候交易所、欧洲能源交易所等。其次,实现发达国家和发展中国家之间的配额互相交易。这不同于清洁发展机制下承担量化减排义务的发达国家对于核证减排量的认可和交易,而是直接进行了各国间配额的交易,比如欧盟碳交易市场上企业可以通过购入中国碳排放配额或中国核证自愿减排量履行其应当缴付的欧盟碳配额的短缺。最后,实现各国已建成碳交易市场的互联互通。

第四,设立专门性的协调各国碳配额价格的国际机构,比如世界银行、EB或者德国全球环境变化咨询委员会建议的世界气候银行或者上述国际机构联合设立新的专门性的全球碳交易系统(GETS),作为各国的碳排放配额交易的中介机构。该机构不负责核实各国所发放的碳配额或者项目性核证减排量,而仅仅作为全球碳交易的投资中介机构。

可以借鉴国际货币基金组织的职能界定 GETS 的功能:首先,GETS 可以作为各国碳交易市场的储备机构,在必要时通过购入后者售出的相应碳配额,平抑各国碳市场上的碳价波动,将各国碳价格维持在一个合理的位置。其次,为保障 GETS 能够履行该职能,作为该中心会员的实施碳交易制度的国家应当按照其在全球碳预算所占的比例向中心缴存会费,作为启动资金。基于共同但有区别的责任原则且作为履行《联合国气候变化框架公约》下的资金义务,发达国家应当缴纳现金(可兑换的国际货币形式),发展中国家可以缴存相当于应交会费的本国所发放的本国碳配额,具体单价按照该配额初始分配时核定的碳价确定。最后,该中心应当按照 SDR 的设计,在征求各成员同意的前提下,发行具有通兑功能的全球性碳排放配额或者全球碳信用,并按照确定特别提款权现值的一篮子货币方式确定全球碳排放配额的碳价格,最终形成动态调整的全球碳排放配额相对于各国碳配额的兑换比例,并予以公布。

通过 GETS,本国碳配额存在短缺的国家可以按照上述通兑比例购入他国盈余的碳配额或者核证减排量用以履约;当某一成员方国内碳配额交易价格出现下跌从而影响该机制的价格激励效应时,GETS 可以建议该国启动碳价格平抑机制或者直接根据成立时的授权进行市场操作,从其在相应国家开设的碳交易账户购入碳配额作为备用。GETS 从各国购入的碳配额,各国应当在本国碳预算账户中予以核销;GETS 基于维持全球范围内碳价格稳定而购入的成员方碳配额,可以增发全球碳排放配额的方式予以冲销。为避免 GETS 的营利动机所可能带来的非中立性,各国可以组成监察委员会,定期对 GETS 的账户和市场操作进行审计,确保其购入和转让中的盈利用于支持发展中国家适应能力建立或其他低碳技术研发。

GETS 应当定位为政府间国际碳金融机构,以各国制定的碳交易主管机构为交易对手。GETS 除作为各国碳价格协调机构之外,还可以通过与 IPCC 和《联合国气候变化框架公约》的合作,确定碳信用相对于各国碳配额的价值,从而逐渐形成全球统一的碳价,即 GETS 从长远看可以成为全球碳价格的制定机构;但是基于制衡的目的,GETS 不应当被赋予清洁发展机制下 EB 的职能,即接受各国减排项目的注册和核证减排量的发放。GETS 应当与其他国际金融机构保持良好关系,在其资金短缺时,可以其持有的碳排放配额为抵押借出资金用于短期周转。

2. 统一:构建国际碳交易全球市场

随着各国逐渐建立并完善碳交易制度,并在《巴黎协定》增强的透明度机制的监督下强化本国的减缓制度建设,实现碳排放峰值,应当考虑建立统一的全球碳市场。建构全球统一碳市场的前提是各国就全球碳预算达成新的协议,从而形成有效的分配各国碳预算的国际法制。2025 年应当是一个重要的时间节点:《巴黎协定》缔约方会议应当根据已经达成的透明度机制对各国该协定生效之后的减缓行动进行第一次"全球盘点"。该"全球盘点"应当根据 IPCC 在 2018 年作出的评估报告,客观评价各国减排行动的有效性,并根据评估结果开展碳预算的国际谈判和缔约。根据过往国际气候谈判的经验,在《巴黎协定》没有法律约束力的自下而上的减缓承诺模式下,将来的这次"全球盘点"大概率是一个令人失望的结果。

到那时,各国应当重启新的谈判以寻求强化的能够实现长期减排目标的机制。中国、印度、巴西等国因逐渐增长的碳排放将成为决定未来全球气候谈判格局的重要力量;从近期动向来看,中国和印度都是以人均碳排放分配减排责任的碳预算方案的坚定支持者。我国在全球化中地位的上升也有助于提出的全球碳预算方案在国际社会获得认可。基于维护我国碳排放空间的必要,应当研究并提出以人均历史累积碳排放量为标准的全球碳预算方案,并推动该方案成为全球碳市场构建的基础。

以全球碳预算为基础的国际碳交易统一市场应至少具备以下三个核心要素:

第一,成立独立的全球碳预算管理机构,负责各国碳预算的核算、拨付、流转和结算。由于碳预算是以人均碳排放权为单位核发的,其同样表现为碳汇或者碳信用。也就是说,各国碳交易制度下合法的一个单位的碳配额所代表的排放权或者减排单位与一个单位的碳预算同样是 1 吨 CO_2°。也就是说碳预算下的碳排放权等同于全球碳排放配额。具体的碳市场运营应当授权给协调各国碳交易市场的 GETS。为保证气候全球治理机构的延续性,可以合并《巴黎协定》下负责"全球盘点"的遵约理事会和负责清洁发展机制的 EB,设立全球碳预算的管理机构。IPCC 可作为该机构的科学咨询机构。

第二,以 GETS 为全球碳市场运营管理机构,统一负责全球碳排放配额的分配、转让和核销。在全球碳预算管理机构核算并分发各国碳预算后,GETS 对应发行同样数量的碳排放配额,并通过各国在 GETS 开设的国家碳交易账户将碳排放配额按照其应得的碳预算数额予以核发。完成核发后,各国应当在其国内碳市场上按照一定的方式进行本国碳排放配额与全球碳排放配额的替换。这一替换过程可能是渐进的,涵盖企业持有的本国碳配额应当按照此时全球碳排放配额相对于本国碳配额的兑换比例,在该国碳交易机构所确定的一个履行期内完成换购。完成换购后,各国企业即应以其持有的全球碳排放配额来履行其在本国碳交易制度下的配额核销义务。对于各国已经运行成熟的碳交易市场而言,这一换购只是以国家信用为支持对市场上流通的碳汇形式予以更新,并不涉及保障碳市场平稳运行的其他机制,比如监督、报告和核查机制。

第三,各国国家碳市场平台负责本国碳排放配额的储存、分配、管理和核销:在本国出现碳预算赤字时,向 GETS 发出申购碳排放配额的请求,由 GETS 按照全球统一碳价格向其转让从其他有碳预算盈余的国家账户受让的碳排放配额;在本国出现碳预算盈余时,向 GETS 发出转让的要约,碳排放配额受让后即按照当时的全球碳价格向其支付其需要的国际货币。为保障全球碳交易市场的运行,GETS 和各国碳交易市场的平台建构应尽量采取同样的数据元结构,以保障信息的联通。

第四章　全球碳市场机制构建的可行性分析

国际气候制度必须受制于国际政治的现实。前述有关全球碳市场构建的方案与路径展望必须建立在现实可行的基础之上。这就需要对国际气候制度中已经形成的能够为碳交易的全球协同或全球碳市场的构建提供支撑的国际观念和具体制度进行阐明。首先,需要考虑形成全球碳预算的可行性问题。这主要涉及全球碳预算研究的理论进展。其次,碳排放核算标准的国际趋同化所保障的减缓成果的公开、透明和可比。这是形成作为碳交易国际合作基础的信任和互惠的前提,即信任对方的减缓成果并愿意接受其商品化产品的可流通性。相关排放核算和报告规则的国际"共通"保障了统一的交易平台能够得以建立,提供了碳交易全球协同和全球碳市场实现的技术可行性。最后,作为制度样本的全球范围内的国际碳交易实践,构成了碳交易全球协同得以实现的现实基础。

一、全球碳预算:全球碳排放总量控制的理论基础

有效的全球减排制度必须能够兼顾公平与效率。运行良好的碳交易制度基于市场机制下的配额交易,可以形成接近均衡减排成本的碳价格,从而实现减排的效率。碳交易制度在国际层面上如何设计和运行才能更好地体现公平原则,其关键即在于确认各国气候变化的责任,即如何以一种符合气候伦理的方式分配各国可继续排放的空间。气候公平这一价值判断的落实需要处理好以下关系:第一,历史累计排放与当前排放的关系,从而公正且客观地履行共同但有区别的责任原则;第二,生存排放与奢侈排放的关系,要在生存排放得到保证的前提下,关注减少奢侈排放的潜力挖掘;第三,生产性排放与消费性排放的关系,调整生产和生活方式;第四,当前与未来的关系,即应在不降低当前生活水平的基础上为未来预留发展空间,也就是代际冲突与代际公平的问题。

上述关系落实的关键在于,从当前的排放现状出发,结合《联合国气候变化框架公约》所设立的长期目标,合理地在各国间分配碳减排责任。最优的选择当然是通过国际谈判由国际性机构自上而下地对各国的减排责任予以分配,现状所能实现的只能是由各国自行结合国情做出减排承诺。

在《巴黎协定》下,各国的 INDC 也应当根据一定的标准评判其承诺相对于长期目标的有效性。而评判的标准也是各国应当承担的减排责任。应当承担的减排责任是一个应然的概念,是基于气候正义的要求对于各国减排能力和减排责任的评判。因此,修正或者补足碳交易制度公平性不足的关键,即在于根据符合气候正义基本考量的方案对各国的碳排放空间予以分配,即制订符合国际公平和代际公平的碳预算方案。

1. 碳预算的概念与意义:结合英国气候变化法的解读

碳预算方案的初衷即在于应对国际气候谈判对公平原则的不同解读导致的僵局。从前述有关国际气候谈判双轨制的建立和逐渐消失可以看出,在有关碳减排责任的公平承担上,发展中国家和发达国家存在不可调和的矛盾。虽然通过《巴黎协定》达成了调和,但是发展中国家和发达国家之间的根本矛盾并没有得到彻底解决,INDC 所体现的是泛化的共同责任原则,并没有实现真正的公平——发达国家的历史责任在《巴黎协定》下已经被淡化。基于 INDC 建立的气候制度框架,如何才能体现历史排放的不均衡,特别是考虑到现在的全球气候变化的主要成因是发达国家工业革命以来 200 多年间持续的累积排放的事实。强调发展中国家当前的排放增量,是发达国家推卸其历史责任的手段。在《京都议定书》模式下,发达国家缔约方减排的主要特点是指定起始和终止年份,并以起始年排放水平为基础,承诺在终止年份完成按照各国自愿承诺的特定比例的减排义务。在这种模式下,减排承诺依赖过去的排放水平,即默认历史排放差异的合理性,即所谓的"祖父原则"。对于发展中国家而言,如果接受这种祖父原则,意味着其排放水平将永远低于发达国家。所以《京都议定书》下的碳交易机制所实现的减排公平的含义是人均排放终点而非全过程的趋同。这种方式显然极大地压缩了发展中国家的发展空间。

在碳预算方案中,所谓的预算指的是在不触发全球变暖的灾难性临界点的前提下,在一段时间内能够允许排放到大气层中的温室气体排放总量。碳预算方案的核心内容在于预算总量的确定和公平分配方式的选择。与《巴黎协定》下 INDC 所体现的自下而上的方式不同,碳预算方案体现的是自上而下的方法学,具有更强的约束性。

在有关预算总量的确定上,国际社会已有公认的临界点,即"德班平台"形成的并为《巴黎协定》所确认的 2 摄氏度目标。IPCC 也曾提出有关其后稳定临界点的理论,认为到 2050 年应将二氧化碳浓度控制在450ppm~550ppm。无论是 2 摄氏度的阈值目标抑或浓度目标,未来各国面临有限的排放空间是确定的。2009 年发表在《自然杂志》上的一篇文章认为,避免 2 摄氏度的临界点出现的排放空间,自工业革命以来为 3.67 万亿吨二氧化碳,但是迄今人类社会已经消耗掉一半左右的排放空间;随着全球碳排放的增长,这一空间显然在不断缩小。

在各国碳预算的分配方式上,无论是潘家华教授等提出的中国方案,抑或德国全球环境变化咨询委员会提出的德国方案,都坚持以人均的方式进行分配。其基本出发点即在于,碳排放权是人类的一项基本权利和基本需求,基于人均的方式更符合公平原则。潘家华教授提出了人均历史累计的方式。这种分配方式考虑到了各国人均历史累计排放对于全球升温的贡献力的问题,显然比其他按照经济体量等分配的方式更加符合气候公平和正义。

2. 全球碳预算的方案

对全球碳排放空间进行预算管理,是继"紧缩趋同"[1]和"祖父原则"之后,解决如何在不同国家间进行分配这一挑战性问题的新的方案。随着中国深度参与气候变化问题应对,中国学者也逐渐对这一问题形成自己的独特看法。中国国家气候中心的罗勇等在强调历史责任的"巴西案文"[2]基础上,分析了人均历史累计排放对于全球增温的贡献率,定量阐述了历史累计排放的责任区别。其研究表明,各国二氧化碳的历史排放和其对全球升温的影响具有很强的相关性,因此,基于历史排放来确定各国的历史责任并进一步来分配碳排放预算的方法是有科学依据的。丁仲礼等论证了"人均累计排放指标"最能体现共同但有区别的责任原则和公平正义准则。张志强教授在 2008 年正式提出了"工业化历史累计人均排放量"的概念,并对全球各国工业化历史人均累计排放量进行了核算。潘家华教授在 2006 年提出人均"历史碳存量"和"现实碳流量"的碳标方法,并在此基础

---

① "紧缩趋同"是一种基于人均碳排放的减排思路,具有一定影响。国内外学者有多种不同的设计,具体包括:1990 年全球公共研究所提出的"紧缩与趋同方案";2005 年,陈文颖等提出的"一个标准,两个趋同"方案;2006 年,霍恩等提出的"共同而有区别的紧缩方案"。2008 年 4 月,斯特恩新报告《打破气候变化僵局:低碳未来的全球协议》中的方案也基于此原则,主张 2050 年各国人均排放上限 2 吨,发达国家先减排,发展中国家 2020 年开始制定减排目标。参见潘家华、郑艳:《基于人际公平的碳排放概念及其理论含义》,载《世界经济与政治》2009 年第 10 期。

② "巴西案文"是巴西在京都会议前夕提交给 UNFCCC 的文件,是考虑历史责任方案的代表性提案。因为温室气体在大气中有一定的寿命期,今天的全球气候变化主要是发达国家自工业革命以来 200 多年间温室气体排放的累积效应造成的;因此,在考虑现实排放责任的同时,追溯历史责任,才能更好地体现公平。巴西案文原本只针对发达国家,后来发达国家学者将这一方案扩展到发展中国家。中国学者认为,这种基于历史责任的减排义务分担方法,只考虑国家的排放总量而未考虑人均排放量,只强调污染者要为历史排放付费而没有考虑处于不同发展阶段的各国当前及未来发展需求,因此,从公平角度看依然失之偏颇。

上演化为基于人均历史累计排放和保护全球气候的碳预算方案。[1]

（1）中国方案

中国碳预算方案的出发点是人文发展理论：从人的基本需求的有限性和地球系统承载能力的有限性理论出发，强调国际气候制度应当优先保障人的基本需求，遏制奢侈浪费，同时满足公平分担减排义务和保护全球气候的双重目标。该方案所依据的是全球普遍认同的公平理念。其一，公平的本意强调的就是人与人之间的公平。对这一公平理念的遵守表明，尽管全球气候治理中以国家为主体，并通过国家间的气候谈判来解决气候变化问题，但是，最终符合伦理学的气候治理上的公平并非国家间的公平，而是人与人之间的公平。也就是说，气候治理的出发点是人的行为的规制，而其归宿也是人之需求的满足。气候全球治理必须尊重和保障人类生存和发展的基本人权。其二，人与人之间在气候治理权责分配上的公平，关键是保障现在生活在地球上的当代人的权利，使每个人都能公平地享有作为地球公共资源的碳排放权。在选定基准年人口作为排放权分配基础的问题上，考虑到碳排放本身源于人的消费需求，合理的气候制度不应鼓励通过人口增加来获取更多的排放权，且技术进步导致未来人口获取同样的消费所需的碳排放低于当代人群，以当代人口数量为排放权分配的基础似乎更加符合公平的要求。其三，人与人之间公平的实现，应当包括历史、现实和未来全过程的存量公平。如何衡量这一存量公平，可能就需要选择适当期间内的总累计排放量来衡量。由于温室气体是伴随工业化、城市化和现代化而迅速增加的，因此以工业化早期为起始年可能更有意义。此外，工业化、城市化进程的完成表明城市基础设施、房屋建筑和区域性的交通、水利等基础设施基本到位，一旦完成，无须继续增加，只需对存量维护和更新。发展中国家开始工业化进程较晚，历史上消耗排放权较少，积累的社会财富较少，其当代人的发展水平也较低，基本需求尚未满足的现象仍普遍存在，因而未来在实现工业化进程中的排放需求较大。历史排放与未来需求之间存在负相关关系，因此寻求从历史、现实到未来全过程的存量公平，较之默认历史排放不公平而只看未来剩余排放空间的分担方法，更具合理性。其四，人与人之间的公平还需要考虑人所聚居的国家的具体国情，充分考虑气候、地理、资源禀赋等自然因素对未来满足基本需求的影响，从而对碳排放量进行客观必要的调整。这与《巴黎协定》下从各自能

---

[1]　潘家华、陈迎：《碳预算方案：一个公平、可持续的国际气候制度框架》，载《中国社会科学》2009年第5期。

力出发对公平原则的解读相吻合。

结合当前的科学研究,碳预算的中国方案为简化制度设计的框架,将450ppm作为确定碳排放预算额度的临界点。全球碳预算就是从起始年(1900年)到评估年(2050年)累积的全球排放总量。在不同的情景分析和减排路径下,所计算得出的全球碳预算并不相同。潘家华教授应用的情景分析方法设定了A和B两种未来排放路径模式,并以2005年为评估基准年,2050年为评估截止年。模式A假设全球排放在2015年封顶,峰值高于2005年水平大约10%;模式B假设全球排放在2025年封顶,峰值高于2005年水平大约20%。根据其研究,在模式A情景下,1900~2050年的151年间全球碳预算约为2.27万亿吨二氧化碳,2005年全球总人口大约64.6亿,人均累计排放约为352.5吨二氧化碳,平均到每人每年的碳预算约为2.33吨二氧化碳。如果按模式B情景计算,1900~2050年这151年间,按2005年人口总量平均,人均累积总量为376.7吨二氧化碳,每人年均为2.5吨二氧化碳。也就是说,要想实现《联合国气候变化框架公约》所希望的气候稳定,全球人均年排放水平就只有2.33~2.5吨二氧化碳。

考虑到当前全球的人均累计碳排放已经超出上述数值,且发达国家的数值要高于发展中国家,可见全球的碳预算总量在当前的技术经济和消费格局下只能满足65亿人口的基本需求。从公平的角度看,在全球有限的碳预算约束下,每一个"地球村民"均有分享保障基本需求的权利。从社会福利改进的角度看,在边际水平上,高收入群体的排放增量所带来的福利改善递减,甚至为负;而低收入群体的排放增量所带来的福利改善却处于递增阶段。这就意味着,高收入群体带有奢侈消费性质的高排放,占用了低收入群体用于满足基本需求乃至生存的碳预算。伦理学意义上的公平和经济学意义上的福利改进,均要求有限的全球碳预算应该为"地球村民"人均分享。因此,中国的全球碳预算初始分配,要求按地球人均核定。

由于各国人口规模相去甚远,以此为依据进行的各国碳预算初始分配表明,一个国家在总体上的温室气体排放空间取决于其基准年人口占全球总人口的比例。由于人口众多,中国和印度以国家政治实体为单元的碳预算初始分配总额最大;而经济相对发达但人口相对较少的加拿大、澳大利亚按人口平均的初始分配碳预算总量则相对较小。

碳预算的初始分配只是简单人均,并未考虑国情特点。考虑到国际气候谈判中各国国情不同,碳预算方案的初始分配也应当结合一定的因素进行调整和转移支付。其一,气候因素。气候因素主要影响各国的建筑物耗能和碳排放。发达国家作为成熟经济体,其建筑物能耗大约占其终端能源消费的 1/3,其中用于供热和制冷的能耗约占建筑物能耗的 1/2。因此,可以拿出全球碳预算的 1/6 进行调整。衡量各国自然气候条件和人口分布情况的重要指标是经人口加权的采暖度日数和制冷度日数。依据该指标进行调整的结果是,气候比较寒冷的国家如俄罗斯、加拿大和气候相对较热的国家如印度、印度尼西亚,碳预算都有所增加;而气候相对温和的国家如南非、澳大利亚、墨西哥、巴西,碳预算则略有减少,调整幅度在 -10% 至14%。其二,地理因素。地理因素主要影响各国交通耗能和碳排放。发达国家作为成熟经济体,其交通部门的能耗占其终端能源消费的 1/3 左右。人口的平均出行里程和运输距离与地域分布密切相关。因此,可将全球碳预算的 1/3 根据各国地理因素进行重新分配。衡量人口地域分布的重要指标是受人为活动影响的国土面积。依据该指标进行调整的结果是,地广人稀的国家如澳大利亚、加拿大、俄罗斯碳预算有较大上升,而人口密度较高的国家如韩国、日本、印度碳预算则略有减少。其三,能源资源禀赋。资源禀赋,尤其是能源资源禀赋与能源消费结构有一定关系。发达国家凭借较强的经济实力可以摆脱资源禀赋的约束,例如,日本资源匮乏,其消费的石油几乎都来自进口;但发展中国家的能源消费结构往往受到本国能源资源禀赋的极大制约。为了满足同样的能源需求,煤炭资源禀赋多或者以煤炭为主要能源的国家碳排放量更大。因此,需要对能源消费结构较重的国家予以补偿。但是,对能源消费结构较重国家的碳预算补偿应该适当,否则将不利于鼓励各国在促进低碳能源或可再生能源开发方面努力。

在碳预算方案下,必然会产生实际需求的碳预算转移支付。这本质上是各国基于本国的碳预算赤字,通过借入他国的碳预算盈余实现国家间的碳排放交易。这种转移制度主要发生在发达国家和发展中国家之间。根据前面的计算,维持全球气候稳定的人均碳预算为 2.33~2.5 吨二氧化碳。在现实情况下,发达国家的人均累计碳排放早已远超该数值。例如,美国 1971 年二氧化碳人均排放量达 21 吨,2006 年虽有所降低但仍高达 19 吨;即使是能源效率较高的日本,1971 年二氧化碳人均排放量也达7.24 吨,超出预算两倍,2006 年则增加到 9.49 吨。可见,不论是过去还是现在,发达国家多已出现高额碳预算赤字。而发展中国家由于工业化起步晚、进程慢、水平低,历史和现实排放多低于其碳预算额度。例如,印度1971 年二氧化碳人均排放量只有 0.36 吨,即使到 2006 年也只有 1.13吨,有 50% 以上的年度预算盈余。孟加拉国 1971 年二氧化碳人均排放量只有 0.04 吨,到 2006 年也只有 0.24 吨。中国 1971 年二氧化碳人均排放量只有 0.95 吨,有 60% 的年度预算盈余;到 2000 年已达 2.41 吨,年度预算与使用大体持平;到 2006 年升至 4.27 吨,年度排放量已超出预算的 83%。

显然,碳预算的转移支付是必要的。首先,发达国家的历史欠账需要偿还,否则预算难以平衡。其次,发达国家对未来的碳预算已全部透支,一些老牌的工业化国家如英国、美国等,已经没有任何预算可用,但是根据伦理学和经济学原理,基本需求的碳预算又必须保证。因此,对发达国家来讲,需要有碳预算的国际转移支付。对一些工业化程度较高的发展中国家来讲,未来超过碳预算的排放,也可能存在转移支付的必要。

（2）德国和印度方案

与碳预算的中国方案相似,德国全球环境变化咨询委员会的碳预算方案也以人均排放为基准进行核算。该方案建议根据污染者付费原则、预防性原则和公平原则来对未来的排放权进行分配。在长期目标上,该方案与潘家华教授的选择相同,都是以 2 摄氏度为长期目标,并以 2050 年为碳预算的截止年,即其方法也是在 2 摄氏度的临界点或者警戒线内,对某一个特定时期内来自化石能源排放的可以被允许的二氧化碳总量进行计算。其模型计算涉及 4 个政治参数,即可以通过谈判确定的参数,如总预算的开始时间和结束时间、实现气温上升不超过 2 摄氏度的概率和人口基准年。该方案认为,为避免某些国家人口的快速增长导致不公平的分配,可以选择一定时间内的平均人口代替某个具体年份的人口数字来计算和分配全球碳预算。以哪一个年份为预算年的开始关系到待分配的全球碳预算的总量和相关政策在政治和经济上的可行性。该方案提出两个选择:第一,以历史责任为原则选择 1990 年作为预算开始的年份。选择 1990年,是因为 IPCC 在 1990 年发布了第一次评估报告,各国开始了解气候问题以及该问题产生的原因。但是,根据该方案的计算,虽然以 1990 年作为起始年有 75% 的概率实现长期目标,但是,在此情境下,美国、俄罗斯、德国、日本等国均已经碳破产,可能会导致政治上的反对而使方案不可执行。第二,以未来责任为主,选择 2010 年作为预算开始年,并以 2010 年人口为分配基准,可能更具有建设性,并使得方案有更多的谈判空间。该方案还建议以新的气候条约开始实施的年份为人口的基准年。根据其算法,2010~2050 年,全球还有 7500 亿吨二氧化碳排放量可供分配,即全球碳预算总量为 7500 亿吨。在该方案下,每个人在 2010 年开始的 40 年里还有110 吨碳预算可供使用,约 2.7 吨/人。这高于潘家华教授测算的 2.33~2.5 吨的数据。该方案提出以全球的碳排放交易计划实现国家预算的管理;这种碳交易可以在双边和多边上开展,并可以为国家减排提供激励,特别是实现对发展中国家的减排活动的资金支持。该方案还提出要建立世界气候银行指导各国碳预算的使用,比如监督国家或国家集团的真实排放水平以及气候政策和法律的执行水平。

印度的碳预算方案则采取动态分配方式:首先,对于历史排放部分(1970~2010 年),按照人口流量计算该国应得的公平份额;其次,对于未来排放部分,选择以 2009 年的人口存量为基准进行分配计算。根据该计算结果,印度对全球未来碳排放路径中不同时期的人均预算进行了区分:2009~2020 年,人均年碳排放不得超过 7 吨;2020~2040 年,减至人均 4吨;2040 年以后,进一步减至 2 吨的水平。

发达国家的碳预算国际转移制度,其实就是通过国际市场购入他国的碳预算盈余。这一交易所实现的其实就是碳排放权从盈余国向预算赤字国的转移,与清洁发展机制下项目配额从发展中国家向发达国家的转让形式是相似的。因此,中国学者认为,碳预算方案从本质上来看是以限额—贸易机制为基础的,碳预算一旦确定,就在全球、国家和个人这三个层面都设定了排放上限,因此,原则上国家之间和个人之间的排放贸易就可以开展。[1] 此外,由于这种碳预算是在全球层面上进行的,相应的排放贸易天然具有国际碳交易的属性和特征。

3. 碳预算为基础的全球碳交易之制度设计

碳预算涉及初始分配、调整、转移支付、市场、资金机制,以及报告、核查和遵约机制等,其实施需要一整套相应的国际气候制度。这其中包括相应的市场机制,即碳预算方案与国际碳交易市场的形成有必然的关联。

碳预算方案的限额体现在三个层面上:第一,全球层面,是为了保护全球气候,经科学论证和政治认同的温室气体排放总量;第二,国家层面,是根据一国人口和自然社会经济调整后的国家碳预算总额;第三,个人层面,由于碳预算属于每个人,是保障每个人的基本需求的,故完全可以预算到人,且一旦预算核定,国际和人际的贸易原则上就可以进行。在现代国家,由于涉及碳排放权这一国家所创设的权利和不可分的气候公共资源的处分,个人碳预算之间的交易或者个人向他国转让碳预算的交易,显然存在可行性上的问题,也许只能委托国家作为最终的受托人进行预算盈余和赤字的盘点和经营。也就是说,在全球碳预算所确定的总量控制下,只有两个层面的预算转移支付:第一,各国之间的预算转移支付;第二,国家碳预算总额之下的国内有关主体之间的碳预算的转移支付。这种转移支付可以通过市场来进行,即形成国际碳交易市场和国家内部的碳交易市场。因此,学者普遍将国际碳交易作为碳预算方案的重要执行机制,并提出了在全球碳预算上限基础上的全球排放贸易计划。提出这一计划的是前日

---

[1] 参见潘家华、陈迎:《碳预算方案:一个公平、可持续的国际气候制度框架》,载《中国社会科学》2009 年第 5 期。

本全球环境保护大使 Mutsuyoshi Nishimura。

根据其设想,这一全球排放贸易体系将按照以下步骤运作:第一,通过碳预算限制全球排放量,不再按照国别设定国家排放上限。第二,由世界机构确定排放额度,建立像国际货币基金组织或世界银行这样的国际组织来确定碳预算总额的配额,然后根据各国公认的公平原则将该配额免费分发给各个国家。第三,各国就碳预算的公平分配法则达成共识。第四,根据污染者付费的原则,由各国设立统一的全球性碳市场,形成单一的全球碳价。在这个市场上,各国的温室气体排放企业都必须在燃烧化石燃料之前购买排放配额。第五,各国必须且只能在全球碳市场上以拍卖形式出售其免费获取的排放配额,获得的收益即为各国的国家财富。各国政府应根据重要性原则将该笔资金用于为本国人民提供基本能源服务、低碳转型、工业现代化、防治森林砍伐等国家层面的适应行动。第六,对化石燃料进行简单而有效的监测和市场管制。比如,各国企业进口化石燃料时应当向国家海关提供排放配额申请,在国内运输化石燃料也需要向相关的政府部门登记。各国政府可以委托国际货币基金组织或者世界银行对该全球排放贸易体系进行合理管理,避免碳价的大幅度波动。

这一建立在碳预算方案上的全球碳交易市场,虽然在当前气候全球谈判的共识下仍缺乏可行性,但是也为未来气候全球治理国际碳交易制度的统一提供了思路。最为重要的是,全球碳预算这一概念的形成,为全球维度上碳排放总量的确定提供了理论基础。考虑到当前国际气候合作的现状,形成一个能够被各国所普遍接受的碳预算方案,在政治上几乎不具有可行性;但是,基于当前的气候科学研究,对全球碳预算的总量进行测量是具有可行性的。[①] 对于全球碳市场的构建而言,在前文所述的模式 2下,并不需要真实地对各国的碳排放量进行配额,而是根据各国提交的INDC,结合测算出来的一定履行期内的全球碳预算,确定本履行期内全球碳排放配额总量,从而形成对各国履行期内的排放约束。这种约束本身并不构成各国的国际法义务。但是在《巴黎协定》下,随着遵约机制的完善,特别是"全球盘点"机制的实施,基于碳预算而由全球碳市场主管机构GETS 所发行的各国碳配额,将会成为各国进行自愿履约合作的标准。

二、碳交易管理的数据基础:碳排放核算标准的趋同性

如果不能够在可比的基础上对各国的温室气体排放进行核算,就无法

---

① 参见崔学勤等:《2℃和 1.5℃目标下全球碳预算及排放路径》,载《中国环境科学》2017 年第11 期。

对各国在全球碳预算基础上是否需要购入全球碳排放配额以履行国家减排义务进行核查。换言之,碳排放核算全球标准的形成是奠定碳交易基础和维持碳交易制度的另一技术支撑。从构建碳交易制度的基本要素来看,排放总量、交易主体和配额初始分配量的确定以及交易主体的排放量监测、报告与核查,都需要建立在碳排放核算与报告的基础上。全球碳市场的建构至少在国家层面和企业层面需要形成碳排放核算与报告的标准化方法。从实践来看,各国均已形成了国家、地方和企业三个层次的温室气体核算与报告方法,对本国不同排放边界内碳排放进行可比的核算。为保证碳排放核算的国际可比,IPCC 专门就国家排放清单的编制制定了核算指南。

1. 国家碳排放核算的方法和实例

各国往往会参考《联合国气候变化框架公约》项下所应当提交的国家信息通报中的历史数据去确认哪些行业或者部门的排放单位会构成本国范围内的主要温室气体排放主体。这些数据形成的国家温室气体清单是以国家整体为统计单位而归集的。为保证主要减排责任国数据的可比性,《联合国气候变化框架公约》通过相应文件指导缔约方数据搜集和报送的技术手段、核算方法、报告程序和形式。较为重要的文件包括在第五次缔约方会议(1999 年 10 月 25 日至 11 月 5 日,德国波恩)所通过的《联合国气候变化框架公约》附件一所列缔约方国家信息通报编制指南、温室气体清单技术审查指南、全球气候观测系统报告编写指南等,IPCC 所编制的国家温室气体清单指南,《马拉喀什协定》中与《京都议定书》下义务履行有关温室气体监测、报告和审查机制,《京都议定书》第 7 条第 2 款下通报指南,等等。① 温室气体核算与报告关键的问题是方法学的选择,IPCC所提供的核算方法的适用主体是在《联合国气候变化框架公约》下承担报

① See 3/CP. 5: Guidelines for the preparation of national communications by Parties included in Annex I to the Convention, Part I: UNFCCC reporting guidelines on annual inventories; 4/CP. 5: Guidelines for the preparation of national communications by Parties included in Annex I to the Convention, Part II: UNFCCC reporting guidelines on national communications; 5/CP. 5: Research and systematic observation; 6/CP. 5: Guidelines for the technical review of greenhouse gas inventories from Parties included in Annex I to the Convention; IPCC Guidelines for National Greenhouse Gas Inventories; Decision 15/CMP. 1: Guidelines for the preparation of the information required under Article 7 of the Kyoto Protocol; IPCC Guidelines for National Greenhouse Gas Inventories. 另可参考: UNFCCC: Annotated outline of the National Inventory Report including reporting elements under the Kyoto Protocol and Kyoto Protocol Reference Manual on Accounting of Emission and Assigned Amount, https://unfccc. int/files/national _ reports/annex _ i _ ghg _ inventories/reporting _ requirements/application/pdf/annotated _ nir _ outline. pdf and http://unfccc. int/resource/docs/publications/08_unfccc_kp_ref_manual. pdf。

告义务的国家。以下即对 IPCC 有关的核算指南进行简要的介绍,并以中国第二次国家信息通报为例予以说明。

(1)IPCC 的核算指南:基本框架和以能源活动为例的核算方法

以可比的方法编制国家清单是《联合国气候变化框架公约》要求各个国家承担的义务之一。"可比"就是要求制定一个国际的核算与报告的指南。这一任务是由 IPCC 承担的。IPCC 的清单方法学指南,是世界各国编制国家清单的基本依据;但是对于清单的技术规范和参考标准,不同国家会在 IPCC 清单指南的基础上根据具体国情略有调整。IPCC 第 1 版清单指南是《IPCC 国家温室气体清单指南(1995)》,之后就很快修订为《IPCC 国家温室气体清单指南(1996)》(以下简称《1996 年 IPCC 指南》),并在此基础上出版了与《1996 年 IPCC 指南》配合使用的《2000 年优良做法和不确定性管理指南》和《土地利用、土地利用变化和林业优良做法指南》。《IPCC 国家温室气体清单指南(2006)》(以下简称《2006 年 IPCC 指南》)在整合《1996 年 IPCC 指南》、《2000 年优良做法和不确定性管理指南》和《土地利用、土地利用变化和林业优良做法指南》的基础上,构架了更新、更完善也更复杂的方法学体系。由于其复杂性和支撑数据较难获得,《2006 年 IPCC 指南》一直未得到发展中国家的使用。2006 年之后,IPCC 陆续出版了 2 个增补指南:《2006 年 IPCC 国家温室气体清单指南 2013 年增补:湿地》(以下简称《湿地增补指南》)和《2013 年京都议定书补充方法和良好做法指南》。2006 年以来,新的生产工艺和技术不断出现,带来新的排放特征,这需要在国家清单编制中有所体现。同时随着科研人员对温室气体排放认知能力提升和科学研究的进展,更加精细化的排放因子和核算方法学逐渐被公开发表,清单指南需要充分纳入最新科学研究成果。《巴黎协定》的通过和生效也促使 IPCC 制定一份具有综合性的、全面反映最新进展并且适用于所有缔约方的"统一"清单方法学指南,从而开始了《IPCC 国家温室气体清单指南(2019)》(以下简称《2019 年 IPCC 指南》)的制定。根据 IPCC 第 44 次全会决议,《2019 年 IPCC 指南》在内容上并不是一个独立指南,需要和《2006 年 IPCC 指南》《湿地增补指南》联合使用,即《2019 年 IPCC 指南》并未取代《2006 年 IPCC 指南》,而是修订、补充和完善了《2006 年 IPCC 指南》。因此,《2019 年 IPCC 指南》和《2006 年 IPCC 指南》在结构上完全一致,均分为 5 卷,分别为第 1 卷(总论)、第 2 卷(能源)、第 3 卷(工业过程和产品使用)、第 4 卷(农业、林业和其他土地利用)和第 5 卷(废弃物)。

清单可用于估算国家温室气体人为源排放和汇清除清单。根据《2006

年 IPCC 指南》，国家可以估算的源排放领域主要有以下类别：能源、工业过程和产品使用、农业林业和其他土地利用、废弃物和其他形式的源排放活动（主要是大气中的氮沉积所导致的一氧化二氮间接排放）。前四大类别的排放核算构成指南的主要内容。其中，能源领域的源排放活动主要涉及三类：一是能源产业、制造产业和建筑业、运输业和其他产业的燃料燃烧；二是源于固体燃料、石油和天然气等燃料的逸散燃烧；三是二氧化碳的运输与储存。工业过程和产品使用领域的源排放活动主要涉及采矿工业、化学工业、金属工业、电子工业、燃料和溶剂使用的非能源产品的制造与使用、臭氧损耗物质氟化替代物以及其他产品制造和使用。土地利用方面的源排放活动主要涉及林地、农地、草地、湿地、聚居地等土地的利用变化，以及与土地利用有关的牲畜和粪便管理过程中的排放活动、土壤管理中的一氧化二氮（N_2O）排放、石灰和尿素使用过程中的二氧化碳排放等。废弃物领域的源排放活动涉及固体废弃物的处理和生物处理、废弃物的焚化和露天燃烧、废水处理与排放等活动。通过该指南，各国可以对本国边界内具有全球增温趋势的以下气体的排放量进行测算：二氧化碳、甲烷、氧化亚氮、氢氟烃、全氟碳、六氟化硫、三氟化氮、氟化碳、卤化醚和其他卤烃。[1]《2006 年 IPCC 指南》以三种详细程度就估算方法提供建议，从方法 1（缺省方法）到方法 3（最详细的方法）。所提供的建议包括：方法的数学说明，有关排放因子或用于得出估算值的其他参数的信息，以及用于估算净排放量总体水平（源排放减汇清除）的活动数据来源。如果加以正确运用，所有三级方法均可以提供没有偏差的估算；一般而言，从方法 1 到方法 3，准确性和精度不断提高。将估算方法分为三级，可以使清单编制者选择使用与其资源情况相一致的方法，并将工作重点放在对国家排放总量和趋势贡献最大的排放和清除类别上。

　　《2006 年 IPCC 指南》是借助决策树（见图 4-1）来应用分级方法的。决策树指导各国根据国家情况选择估算所考虑类别的方法级别。国家情况包括所需数据的可获得性以及所考虑类别对国家总排放量和清除量及其走势的贡献度。就国家总排放量和趋势而言，最重要的类别称作关键类别。对于关键类别，决策树一般要求采用方法 2 或方法 3。不过，《2006 年 IPCC 指南》同时指出，当有证据证明数据收集费用会严重妨碍获得用于估算其他关键类别的资源时，也可以采用方法 1。

---

[1] 参见政府间气候变化专门委员会：《2006 年 IPCC 国家温室气体清单指南》，日本全球环境战略研究所出版，"概述"部分，第 5—7 页。

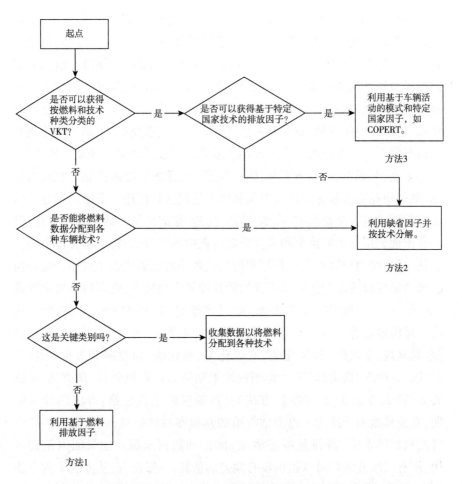

图 4-1　IPCC 的决策树示例(道路运输中排放的甲烷和一氧化二氮)

《2006 年 IPCC 指南》还就以下方面提供了建议:(1)确保数据收集具有代表性,保证时间序列的一致性;(2)估算类别层面上及整个清单的不确定性;(3)质量保证与质量控制程序指导,以在清单编制过程中提供交叉审核;(4)应将信息编制文件、存档并报告,以便对清单估算进行评审和评估。该指南还使用分级方法学和决策树以及交叉性建议,确保可用于编制和更新清单的有限资源得到最有效的利用,并可确保以透明的方式审核和报告清单。

以下以能源活动中的清单核算为例,对 IPCC 指南的核算方法学做简要的概述。

在《1996 年 IPCC 指南》和优良做法指南中,最常用的简单方法学方式是,把有关人类活动发生程度的信息(又称活动数据或 AD)与量化单位活动的排放量或清除量的系数结合起来。这些系数称作"排放因子"(EF)。

因此,基本的方程是:排放量=活动数据×排放因子。在能源部门,燃料消费量可构成活动数据,而每单位被消耗燃料排放的二氧化碳的质量可以是一个排放因子。有些情况下,可以对基本方程进行修改,以便纳入除估算因子外的其他估算参数。对于涉及时滞(如原料在垃圾中腐烂或制冷剂从冷却设备中泄漏需要一定时间)的情况,则提供了其他方法,如一阶衰减模型等。

能源系统存在于主要靠化石燃料燃烧驱动的大部分经济体。在燃烧过程中,化石燃料中的碳和氢气主要转化为二氧化碳和水,所释放燃料中的化学能量作为热能。该热能一般可直接应用,或用于产生机械能(会有某些转化损失),通常用于发电或运输。能源部门是温室气体排放清单中的最重要部门。在发达国家,其贡献一般占二氧化碳排放量的90%以上和温室气体总排放量的75%。二氧化碳数量一般占能源部门排放量的95%,其余的为甲烷和氧化亚氮。固定源燃烧通常造成能源部门温室气体排放的约70%。这些排放的大约一半与能源工业中的燃烧相关,主要是发电厂和炼油厂。移动源燃烧(道路和其他交通)造成能源部门约1/4的排放量。

在清单下,能源部门作为一种源类别,主要涉及以下能源活动:一次性能源资源的勘探和利用;一次性能源资源在炼油厂和发电厂中被转化为更有用的能源形式;燃料的输送和分配;固定设施和移动设备中的燃料利用。这些活动通过燃烧引起排放和溢散排放,或非燃烧引起排放。国家按照指南编制本国排放清单时可以把燃料燃烧定义为:材料在旨在为某流程提供热量或机械功的设备内有意氧化的过程,或者是不在设备内部使用的材料有意氧化的过程。如此定义的目的是把独特的用于生产性能源利用的燃料燃烧活动与其他能源利用形式区分开来,比如,在工业化学反应中作为碳氢化合物被利用或作为工业产品中的碳氢化合物原料被利用等。

化石燃料的燃烧是人类碳排放的主要来源。《2006 年 IPCC 指南》提供了估算化石燃料燃烧所致碳排放的三种方法以及一个参考方法。参考方法可以帮助清单编制者在只能获得非常有限的资源和数据结构时,基于对部门核算结果的核查完成国家温室气体排放清单的初步编制。《2006年 IPCC 指南》按照排放气体的种类来估算碳排放。在燃烧过程中,大部分碳以二氧化碳形式被排放;此外,部分碳以一氧化碳、甲烷或非甲烷挥发性有机化合物(NMVOCs)等形式被排放。作为非二氧化碳种类排出的多数碳最终也会在大气中被氧化成二氧化碳。为保障碳排放核算的准确性,指南仍为这些非二氧化碳形式的排放提供了估算方法。从国家碳排放清单的编制来看,核算方法的一致性是减缓成果可比性的基础。以下即对

《2006 年 IPCC 指南》关于燃料燃烧的三种基本方法进行简要说明。[①]

方法 1 的核算主要依据的是燃烧的燃料数量（通常来自国家能源统计）和平均排放因子。排放因子取决于不同燃料的碳含量；燃烧条件（燃烧效率、在矿渣和炉灰等物中的碳残留）等不具有决定效应。为提高核算的可比性，IPCC 设定了不同形式燃料的缺省排放因子（参见表 4-1）。[②]如果清单编制者能够获取并精确统计其核算边界和核算期间内的燃料耗用数量，即可以根据方法 1 得出燃料燃烧直接排放的二氧化碳的精确估算结果。方法 2 则是在方法 1 的基础上以特定国家的排放因子替代缺省排放因子。这种排放因子的差异来自不同国家的特定燃料、燃烧技术等情况的差异。譬如，同样是一次能源，不同国家所出产或使用的煤炭存在高位发热量和低位发热量的差异，各国火力发电技术的差异也会产生能量转化效率的差异。这些都会产生因国别而异的排放因子的差异。如果清单编制国的国别排放因子确实衍自使用的不同批次燃料的碳含量的详细数据，或者衍自国家使用的燃烧技术的更详细信息，方法 2 中对缺省因子的替代可以减少估算的不确定性。方法 3 则是在方法 2 的基础上适用更为详细的行业数据或企业级数据。此类数据的搜集建立在对排放源的持续监测上。就二氧化碳排放而言，这种监测成本过于高昂。因此，方法 3 主要应用于对非二氧化碳气体的估量，比如能够以合理成本实现持续监测的二氧化硫或氮氧化物等已经建立较完备监测体系的传统污染物。

表 4-1 燃料的缺省排放因子

燃料类型		碳含量（kg/GJ）	缺省二氧化碳因子	CO_2（kg/TJ）		
				缺省值	95%置信区间	
					较低	较高
Crude Oil 原油		20.0	1	73300	71100	75500
Orimulsion 沥青质矿物燃料		21.0	1	77000	69300	85400
Natural Gas Liquids 天然气液体		17.5	1	64200	58300	70400
Gasoline 汽油	车用汽油	18.9	1	69300	67500	73000
	航空汽油	19.1	1	70000	67500	73000
	喷气机汽油	19.1	1	70000	67500	73000

---

① 参见政府间气候变化专门委员会：《2006 年 IPCC 国家温室气体清单指南》，日本全球环境战略研究所出版，第 2 卷"能源"部分，第 1.4—1.9 页。

② 参见政府间气候变化专门委员会：《2006 年 IPCC 国家温室气体清单指南》，日本全球环境战略研究所出版，第 2 卷"能源"部分，第 1.21—1.24 页。

燃料类型	碳含量（kg/GJ）	缺省二氧化碳因子	CO₂（kg/TJ）		
			缺省值	95%置信区间	
				较低	较高
Jet Kerosene 煤油	19.5	1	71500	69700	74400
Other Kerosene 其他煤油	19.6	1	71900	70800	73700
Shale Oil 页岩油	20.0	1	73300	67800	79200
Gas/Diesel Oil 汽油/柴油	20.2	1	74100	72600	74800
Residual Fuel Oil 残留燃料油	21.1	1	77400	75500	78800
Liquefied Petroleum Gases 液化石油气	17.2	1	63100	61600	65600
Ethane 乙烷	16.8	1	61600	56500	68600

资料来源:节选自 2006 年 IPCC 清单指南。

注:缺省值=碳含量×缺省二氧化碳因子×44/12×1000。

清单编制者可以依据 IPCC 指南提供的决策树(参见图 4-2)选择以何种方法完成对本国能源部门排放数据的估算。对每个源类别和温室气体,清单编制者可选择使用不同的方法。这取决于不同源类别或排放类型在国家排放总量中的重要性、工作人手、先进模式及基础统计数据的可获取性等。从估算的准确性上来看,《2006 年 IPCC 指南》鼓励国家使用方法 3,只有在缺乏详细的数据基础而无法估算出具体的国别排放因子的情况下,才建议使用方法 2。任何方法的使用都应该建立在相对准确的数据基础之上。这些数据应来自国家对于燃料数据和排放因子等的持续测量。

决策树所提及的测量为持续测量。持续测量正日益普遍可以获得,而可获得性的这种增加部分为规章压力和排放贸易所驱动。决策树允许在方法 3 中所适用的可获得持续测量数据应用于方法 1 和方法 2 下的相同排放活动的数据估算。这种持续测量一般仅可用于较大的工业来源,因此其主要来自固定排放源的燃料燃烧过程。对于燃料燃烧的二氧化碳排放,特别是来自气态或液态燃料的排放估算,持续测量主要是统计燃烧前燃料的碳含量;对于质量差异较大的固体燃料,对烟囱的持续监测和数据统计可以提供二氧化碳之外的其他温室气体的较为准确的排放数据。然而对于移动排放源,比如道路运输领域的碳排放核算,也可以使用特定的技术监测方法来估算氮氧化物和甲烷的排放。就相应的二氧化碳排放而言,使用方法 1 中的燃料数量和排放因子的估算方法,就可以得到相对准确的估算。《2006年IPCC指南》中对于估算方法的决策建议是对于相同的源类别的不同气体，可以应用不同的方法。这体现了指南方法学的灵活性，以使其可以为不同情况的国家提供相对一致的核算方法，从而在尽量降低不确定性的情况下保障各国温室气体数据核算标准的同一性和可比性。

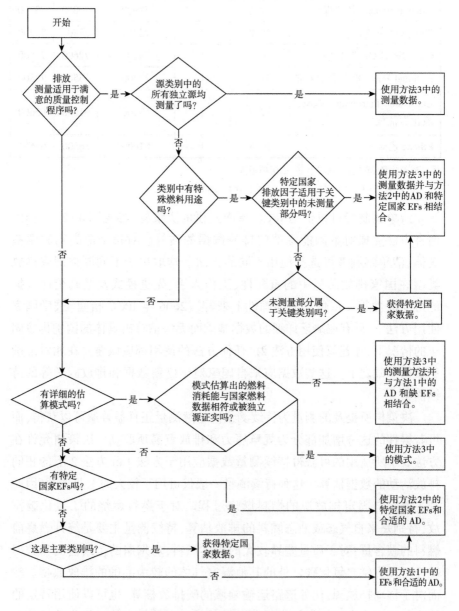

图4-2 估算燃料燃烧产生的、排放的通用决策树

　　方法学选定之后就需要进行活动数据的搜集。在能源部门,活动数据一般为燃烧的燃料数量。这类数据足以进行方法 1 分析。较高层级方法需要关于燃料特性和应用的燃烧技术的额外数据。为了确保透明性和可比性,需要使用关于燃料类型的一致分类方案。IPCC 清单指南提供了燃料的定义、表示活动数据的单位、关于活动数据可能来源的指南,以及关于时间序列一致性的指南。指南认为,必须制定通用的燃料术语和定义,以便各国一致地描述燃料燃烧活动的排放。对于燃料的定义,主要基于国际能源署(International Energy Agency, IEA)的定义。这些燃料涵盖:液态天然气、汽油、航空煤油、其他煤油、页岩油、柴油、液化石油气、残留燃料、乙烷、石油精、地沥青、润滑剂、石油焦、无烟煤、炼焦煤、其他沥青煤、褐煤、油页岩和焦油砂、焦炭、煤焦油、泥炭、固体生物燃料、液态生物燃料、气态生物燃料等。国际能源署关于燃料的定义是各国通行的定义。这奠定了核算结论的可比性基础。

　　活动数据源的确定也是影响核算结论质量的重要因素。IPCC 清单指南认为通过官方认可的国家机构收集的燃料统计资料,通常是最合适且可获得的活动数据。IPCC 推荐使用国际能源署和联合国的标准。这两个国际组织都是通过问卷系统从他们成员方的国家管理部门收集能源资料的。因此其收集的资料为官方资料,可以作为可信的活动数据源。

　　对于排放因子,IPCC 比较详细地确定了上述各类燃料的二氧化碳和其他温室气体的缺省排放因子。

　　节选说明见表 4-1。

　　为保障核算的准确性,《2006 年 IPCC 指南》还规定了不确定性的处理方法。[1] 指南中的不确定性主要是指估算过程中因缺乏对于真实数值的了解所导致的结果误差;其通常表述为可能数值的范围(置信区间)或以可能性为特征的概率密度函数。排放清单中使用的置信区间通常是 95%。从统计学角度来看,所谓 95% 的置信区间是指所统计的数据有 95% 的概率是真实数值。估算结果的不确定性来自活动数据的不确定性。以能源部门为例,估算所需要的活动数据,比如燃料燃烧数量和燃料排放因子,大部分来自国家和国际能源平衡以及能源统计。比如国际能源署即有特定国家燃料的净发热值(NCA)。因此,关于燃料燃烧统计或能源平衡的不确定性信息,可从国家或国际负责机构获取(如表 4-1)。如果无法获得进一

---

① 参见政府间气候变化专门委员会:《2006 年 IPCC 国家温室气体清单指南》,Simon Eggleston 等编著,日本全球环境战略研究所出版,第 1 卷"一般指导"第 3 章"不确定性",第 3.5—3.12 页。

步数据,应假定将推荐的化石燃料燃烧数据的缺省不确定性范围,增加或减去5%。能源平衡统计表所给定的"统计差别",也可以用来探求数据的不确定性。"统计差别"通常衍自燃料供给和燃料需求的数据之间的差别。其值的逐年变量反映所有基本燃料数据(包括其相互联系)中的累积不确定性。因此,"统计差别"变量可以表明特定燃料的所有供给和需求数据的综合不确定性。然而,如果存在"统计差别",能源平衡统计数据的精确性就令人怀疑。在此情况下,估算方应该按照"统计差别"未给出进行处理,并应对所搜集的活动数据质量进行审查,提高基础活动数据的准确性。为增加数据核算的准确性,IPCC指南还对燃料在各部门之间重复核算的可能进行了处理,并规定了相应的处理方法。[1]

2019年IPCC清单的主要修订在于:第一,完善了活动水平数据获取方法,强调了企业级数据对于国家清单的重要作用。2006年以来,随着企业层面监测技术的进步和快速普及,企业级数据越来越完善,例如烟气排放连续监测系统(continuous emission monitoring system)、企业在线能源/环境直报系统等的使用,使得利用企业层面数据(指南中精度最高的方法3)支撑国家清单成为可能,并且会极大提高国家清单的精度和可验证性。同时,由于不同国家和区域碳市场的快速发展,企业层面的温室气体排放报告和核查数据逐渐完整,这些数据都经过多方核查并纳入碳交易市场机制,因而数据质量较高,可以很好地支持国家清单编制。第二,首次完整提出基于大气浓度(遥感测量和地面基站测量)反演温室气体排放量,进而验证传统自下而上清单结果的方法。传统的温室气体排放核算主要通过排放因子和活动水平计算获得自上而下基于大气浓度的反演排放量,其基于观测的温室气体浓度和气象场资料,利用地面排放网格定标,结合反演模式"自上而下"核算区域源汇及变化状况,是国家温室气体清单检验和校正的重要手段。这为《巴黎协定》下的"全球盘点"制度和强化的履约机制和透明度机制要求,提供了新的机制支持。

在能源部门的核算上,《2019年IPCC指南》修订全部针对逃逸排放,即在化石能源的开采、加工转换、运输和终端消费过程出现的泄漏、排空和火炬燃烧排放等。相比化石燃料燃烧,逃逸环节的排放源细碎分散、排放特征复杂、监测和控制难度大,因此不确定性较大。《2006年IPCC指南》制订以来,化石燃料开采和加工等环节的技术系统发生了重大变革,尤以非常规油

---

[1] 参见政府间气候变化专门委员会:《2006年IPCC国家温室气体清单指南》,Simon Eggleston 等编著,日本全球环境战略研究所出版,第2卷"能源"部分,第1.29页。

气开采技术发展为突出代表,《2019 年 IPCC 指南》在这些方面作出了重要修订。

为了适应国家在《巴黎协定》下所承担的减排义务的特征,2019 年 IPCC 清单指南修订,对活动水平获取以及不确定性分析都做了较大的改进,特别是注意到协调控制温室气体和大气污染物清单的意义。油气系统排放因子得到全面更新,新生产工艺和技术以及之前被忽略的环节得到了充分体现。《2006 年 IPCC 指南》中对于油气系统提供了分别适用于发达国家和发展中国家的两套排放因子体系;这两套体系中的很多数据本身是一样的,但不确定性范围有区别,针对发展中国家的数据通常被赋予更高的不确定性上限。2019 年的更新中,两套排放因子体系合二为一,但为部分排放源提供了基于技术分类的不同缺省值。非常规油气开采、近海油气开采和运输、液化天然气接收站、煤气输配和加气站逃逸等环节的排放源和排放因子都得到了补充,排放因子体系的完整性得到提升。在常规天然气开采环节,提供了基于天然气产量和井口数量的排放因子;并明确指出,如果条件具备,基于井口数量的核算方法更加准确。

2019 年指南还补充了煤炭生产逃逸排放源及排放因子,增补了煤炭井工开采和露天开采的二氧化碳逃逸排放核算方法和排放因子。增补的排放因子来源相对广泛。例如,井工开采二氧化碳逃逸排放因子参考了澳大利亚、日本、捷克、斯洛伐克、斯洛文尼亚、俄罗斯、乌克兰、中国、印度和南非等国文献;露天开采二氧化碳逃逸排放因子参考了澳大利亚、日本、哈萨克斯坦和南非等国数据。

由上可见,IPCC 就确保清单编制所有步骤(从数据收集到报告)的质量提供了指导意见。根据 IPCC 所进行的核算和报告可以产出符合《联合国气候变化框架公约》数据质量要求的清单报告,即具备透明度、一致性、完整性和可比性的数据。这些排放数据将构成国家 NDCs 承诺和评估国家是否履行了本国 NDCs 承诺的数据基础。

(2)中国的第三次国家信息通报与国家自主贡献

我国按照《联合国气候变化框架公约》的要求在 2004 年和 2012 年分别提交了气候变化国家信息通报,并在 2019 年提交第三次国家信息通报。在核算中,信息通报所依据的主要是 IPCC 清单指南。在《巴黎协定》生效之前,按照要求,我国及时向缔约方会议提交了本国的 NDCs,构成《巴黎协定》生效的基础。

从我国第三次信息通报来看,依据 IPCC 清单指南的核算与报告,能够较为全面地反映我国在气候变化中所进行的努力和取得的减排成果。从内容上来看,我国第三次国家信息通报共有 8 部分内容,分别是:国情和应对气候变化机构安排,国家温室气体清单,气候变化的影响与适应,减缓气候变化的政策与行动,资金技术和能力建设需求,实现公约目标的其他相关信息,香港特别行政区应对气候变化的基本信息,以及澳门特别行政区应对气候变化的基本信息。

在最为核心的第二部分国家温室气体清单中,信息通报核算并报告了 2010 年中国的国家温室气体清单以及分领域的温室气体排放,并对比分析了 2005 年的国家温室气体清单信息。这些信息是确定国家未来二氧化碳排放变化趋势的基础,因而也是制定气候变化适应政策和证实减缓效果的基础。

根据核算,2010 年中国温室气体排放总量约为 95.51 亿吨二氧化碳当量,其中二氧化碳、甲烷、氧化亚氮和含氟气体所占的比重分别为 80.4%、12.2%、5.7%和 1.7%。土地利用变化和林业的温室气体吸收汇约为 9.93 亿吨二氧化碳当量。若不包括土地利用、土地利用变化和林业,2010 年中国温室气体排放总量约为 105.44 亿吨二氧化碳当量。从所涉及的不同领域来看,2010 年中国能源活动、工业生产过程、废弃物处理及其他方面的温室气体排放量分别为 82.83 亿吨、13.01 亿吨、8.28 亿吨和 1.32 亿吨二氧化碳当量;在不考虑土地利用变化和林业的情况下,4 个领域在排放总量中的比重分别约为 78.6%、12.3%、7.9%和 1.3%。根据核算,能源活动和工业生产过程是中国二氧化碳排放的主要来源。

在分领域的报告中,以能源活动为例,2010 年中国能源活动清单的报告范围包括燃料燃烧和逃逸排放。燃料燃烧覆盖能源工业、制造业和建筑业、交通运输业、其他行业和其他类别下的二氧化碳、甲烷和氧化亚氮排放;"其他"报告的是生物质燃料燃烧的甲烷和氧化亚氮排放以及非能源利用的二氧化碳排放。逃逸排放覆盖固体燃料和油气系统的甲烷排放。能源活动清单还以信息项的形式报告了国际燃料仓的二氧化碳、甲烷和氧化亚氮排放以及生物质燃料燃烧的二氧化碳排放。

在核算方法上,2010 年中国能源活动的清单编制主要遵循了《1996 年 IPCC 指南》和优良做法指南,以及《2006 年 IPCC 指南》。对于化石燃料燃烧的二氧化碳、甲烷和氧化亚氮排放均采用部门法进行估算。二氧化碳排放的计算使用了方法 2,同时还采用参考方法从宏观上进行总体估算,以校验部门法的结果。公用电力和热力部门、航空采用方法 2 核算,道路交通采用了方法 3。在活动数据和排放因子上,中国化石燃料的活动水平数据主要来自国家统计局提供的能源统计数据以及其他相关统计资料。

2015 年国家统计局依照惯例对 2010 年能源消费统计数据进行了修订。清单采用了最新修订的统计数据进行核算。生物质能燃料的活动水平来自《中国农业经济年鉴(2011)》;煤炭逸散排放的数据来自《中国能源统计年鉴 2014》;油气系统逃逸排放的活动数据来自《中国石油天然气集团公司年鉴(2011)》。可见,在尽量确保数据准确性基础上,中国的国家清单排放在可行的基础上使用了企业级的数据。

对于工业生产过程,2010 年中国工业生产过程温室气体清单报告内容包括非金属矿物制品生产、化工生产、金属制品生产、卤烃和六氟化硫生产,以及卤烃和六氟化硫消费等部分的温室气体排放。非金属矿物制品生产报告水泥生产过程、石灰生产过程和玻璃生产过程的二氧化碳排放。化工生产报告合成氨生产过程、电石生产过程、纯碱生产过程、硝酸生产过程和己二酸生产过程二氧化碳和氧化亚氮排放。金属制品生产报告钢铁、铁合金、铝冶炼、镁冶炼和铅锌冶炼等生产过程的二氧化碳、甲烷和全氟化碳排放。卤烃和六氟化硫生产报告二氟一氯甲烷生产、其他氢氟碳化物生产、全氟化碳生产氢氟碳化物和全氟化碳排放。卤烃和六氟化硫消费报告氢氟碳化物使用、全氟化碳使用和六氟化硫使用等工艺过程的氢氟碳化物、全氟化碳和六氟化硫排放。据统计,2010 年中国工业生产过程温室气体排放量为 13.01 亿吨二氧化碳当量,其中非金属矿物制品排放所占比重为 58.1%,化学工业生产排放占 13.9%,金属工业生产排放占 16.2%,卤烃和六氟化硫生产排放占 7.8%,卤烃和六氟化硫消费排放占 4.0%。在排放总量中,二氧化碳占 82.7%,氧化亚氮、氢氟碳化物、全氟化碳和六氟化硫排放各占 4.8%、10.2%、0.7% 和 1.6%,甲烷排放占比不到 0.1%。

2010 年中国农业温室气体清单报告内容包括动物肠道发酵甲烷排放、粪便管理甲烷和氧化亚氮排放、稻田甲烷排放、农用地氧化亚氮排放以及农业废弃物田间焚烧的甲烷和氧化亚氮排放。动物肠道发酵报告肉牛、奶牛、山羊和绵羊等 12 种畜禽甲烷排放。粪便管理报告奶牛、肉牛、山羊和猪等 14 种畜禽甲烷和氧化亚氮排放。稻田报告不同耕作方式、不同灌溉管理方式、不同肥料施用方式的甲烷排放。农用地报告农用地(含放牧)氮输入就地转化的氧化亚氮直接排放,以及氮输入导致的氮沉降和氮淋溶径流氧化亚氮间接排放。2010 年中国农业活动温室气体排放量约为 8.28 亿吨二氧化碳当量,其中动物肠道发酵排放量为 2.17 亿吨二氧化碳当量,占 26.2%;动物粪便管理排放量为 1.37 亿吨二氧化碳当量,占 16.6%;水稻种植排放量为 1.83 亿吨二氧化碳当量,占 22.1%;农用地排放量为 2.83 亿吨二氧化碳当量,占 34.1%;农业废弃物田间燃烧排放量为

0.09 亿吨二氧化碳当量,占 1.0%。

中国 2010 年土地利用、土地利用变化和林业温室气体清单报告范围包括 6 种土地利用类型的二氧化碳清除量或排放量和甲烷的排放量,这 6 种类型分别为林地、农地、草地、湿地、建设用地和其他土地。同时对每一种土地类型又考虑了 1990～2010 年"一直为某一类型土地"和"转化为某一类型土地"等两种土地利用变化类型。根据实际情况对每一类土地分别评估其地上生物量、地下生物量、枯落物、枯死木和土壤有机碳的碳储量变化。此外还包括森林之外的其他林木和林产品的碳储量变化。报告主要评估二氧化碳和甲烷两种温室气体的清除量或排放量。2010 年中国土地利用、土地利用变化和林业吸收二氧化碳 10.30 亿吨,排放甲烷 174.0 万吨,净吸收量为 9.93 亿吨二氧化碳当量。林地、农地、草地、湿地分别吸收 7.79 亿吨、0.66 亿吨、0.45 亿吨、0.45 亿吨二氧化碳,建设用地排放 0.02 亿吨二氧化碳,林产品吸收 0.96 亿吨二氧化碳。湿地排放甲烷 174 万吨。

2010 年中国废弃物处理温室气体清单报告的范围包括固体废弃物处理二氧化碳、甲烷和氧化亚氮排放,以及废水处理甲烷和氧化亚氮排放。固体废弃物处理报告了城市固体废弃物填埋处理、焚烧处理以及生物处理的温室气体排放。废弃物焚烧处理报告了化石成因的二氧化碳、甲烷和氧化亚氮排放,而生物成因的二氧化碳排放则作为信息项报告。废水处理报告了生活污水处理甲烷排放,工业废水处理甲烷排放,以及废水处理氧化亚氮的排放。废弃物处理的温室气体排放量为 1.32 亿吨二氧化碳当量:其中固体废弃物处理排放量为 0.56 亿吨二氧化碳当量,占 42.7%;废水处理排放量为 0.76 亿吨二氧化碳当量,占 57.3%。

中国第三次国家信息通报对 2010 年数据的核算与报告,为中国在《巴黎协定》下 NDC 义务的履行提供了行动路径和评估的数据基础。根据《联合国气候变化框架公约》缔约方会议有关决定的要求,2015 年 6 月,中国政府正式向《联合国气候变化框架公约》秘书处提交了《强化应对气候变化行动——中国国家自主贡献》。在中国提交的 NDC 文件中,中国所承诺的减排义务没有包含总碳排放降低的指标,而是承诺了碳排放强度的降低,即到 2030 年二氧化碳排放达到峰值并争取尽早达峰,单位国内生产总值二氧化碳排放比 2005 年下降 60%～65%。此外,中国还承诺将在 2030 年使非化石能源占一次能源消费比重达到 20% 左右,森林蓄积量比 2005 年增加 45 亿立方米左右。中国还将继续主动适应气候变化,在农业、林业、水资源等重点领域和城市、沿海、生态脆弱地区形成有效抵御气候变化风险的机制和能力,逐步完善预测预警和防灾减灾体系。然而,根据中国气候变化国家信息通报的有关数据,结合所预测的 2030 年国民生产总值的数据以及森林蓄积量增加所导致的碳汇清除能力的提高,可以初步对中国 2020 年和 2030 年受本国承诺约束的碳排放总量进行估算。

　　基于 IPCC 所建构的核算方法学,缔约方事实上可以根据各自提交的NDCs,测算全球在未来一定期间内受各国自主贡献承诺约束的全球碳预算。这一结果反映在 CMA 所提交的一份综合报告中。[①] 根据该报告,如果各国能够完全履行其所提交的 INDCs,2025 年全球碳排放预期将被控制在 55.0(51.4~57.3) $GtCO_2^e$,2030 年的相应数据为 56.2(52.0~59.3) $GtCO_2^e$。这些被估算的排放总量事实上就是基于各国依据《巴黎协定》的要求进行的国家承诺所形成的未来某一年度的全球碳预算数据。

　　简言之,基于 IPCC 的核算指南,各国基于可比的、透明的和一致性的标准所核算的国家排放数据,而对未来本国碳排放量在国际条约下所作的承诺,可以构成对国家的一种碳预算的约束;依据各国的碳预算而测算的全球在未来某一年度的总碳排放量,也因而可以作为一种在国际法上具有一定约束效力的全球碳预算。

　　2. 国家管辖区域内的碳排放编制

　　在国家碳交易制度下,一般是确定被纳入碳交易的企业强制性地进行碳排放核算与报告。从实践来看,一般根据行业的不同对企业的核算与报告提供指南。关于温室气体核算和报告的主体范围的确定,主要存在以下立法例:第一,以基准年度内一定数量的温室气体排放当量或者能源消耗总量为强制核算和报告义务的阈值(threshold),高于该阈值的承担核算与报告义务;比如中国(2010 年温室气体排放达到 1.3 万吨二氧化碳当量或 2010 年综合能源消费总量达到 5000 吨标准煤)[②]和澳大利亚[③]。需要提及的是,与中国所确立的确定年度单一限值的机制不同,澳大利亚实施的

---

① 　See UNFCCC,*Aggregate Effect of the Intended Nationally Determined Contributions:an Update*, Synthesis report by the secretariat(2016).

② 　参见国家发展和改革委员会《关于组织开展重点企(事)业单位温室气体排放报告工作的通知》(发改气候〔2014〕63 号)。该通知确认的温室气体核算并报告的责任主体为 2010 年温室气体排放达到 1.3 万吨二氧化碳当量,或 2010 年综合能源消费总量达到 5000 吨标准煤的法人企(事)业单位,或视同法人的独立核算单位。据媒体粗略估计,纳入报告的全国重点企事业单位将达到 2 万家。

③ 　澳大利亚试图通过《国家温室气体与能源报告法 2007》建立关于温室气体与能源(生产与消费)的统一报告制度,并通过注册、报告和记录保存等要求为《清洁能源法 2011》提供支撑。See AU,National Greenhouse and Energy Reporting Act 2007,Article 3. 根据该法,达到限值的公司应当申请国家温室气体与能源登记(National Greenhouse and Energy Registration),并报告温室气体排放(预期)总量、能源生产或者消费总量。

是依起始会计年度不同而设定不同限值的一种综合浮动机制。① 第二,以企业规模或者法律人格属性为标准,比如英国商业、创新和技能部(UK Department for Business,Innovation and Skills)在 2013 年所提议的强制碳报告制度(mandatory carbon reporting),覆盖范围即为在伦敦证券交易所挂牌的 1100 多家上市公司。② 第三,以行业为区分,以清单方式列明应当进行核算和报告的产业领域,所有归属于该等产业领域的经营实体均应进行核算并向相关监管部门报告碳排放数据,如美国。根据美国《清洁空气法》第 307(d)条③,美国环境保护局在 2009 年提出《温室气体强制报告规则》(Mandatory Reporting of Greenhouse Gases),拟通过该规则建立适用于联邦的温室气体核算与报告制度。④ 该制度下的产业分类依据的是《北美产业分类标准》(North American Industry Classification System)。依温室气体的来源,被要求进行强制报告与核算的行业主要涉及:其一,电力生产、己二酸生产、铝材制造、氨生产工业、水泥生产、电子设备制造、乙醇生产、铁合金冶炼、氟化气生产、食品加工、玻璃制造、氯氟烃类产品、氢气制造、钢铁业、铅冶炼、石灰制造、镁冶炼、碳酸盐的综合利用、硝酸生产、石油与天然气生产、石油化工、磷酸生产、纸浆和造纸工业、碳化硅生产、纯碱制品生产、输配电设备制造及使用、钛白粉生产、地下矿井煤开采、锌冶炼等产品制造业;其二,煤炭、煤基液体燃料、石油产品、天然气和液化天然气和工

---

① 澳大利亚所确立的温室气体与能源报告制度的限值设定考虑的是三项指标(温室气体排放量、能源生产量和能源消费量)和三个财政年度节点:如果财政年度开始于 2008 年 7 月 1 日,则报告义务的限值为 125 千吨以上二氧化碳当量或者 500 太焦以上能源生产量或者消费量;如果财政年度开始于 2009 年 7 月 1 日,则相应限值为 87.5 千吨以上二氧化碳当量排放或者 350 太焦以上能源生产量或者消费量;如果财政年度开始于 2009 年 7 月 1 日之后,限值则为 50 千吨的二氧化碳当量排放或者 200 太焦能源生产或者能源消费。See Australia National Greenhouse and Energy Reporting Act 2007,Art:16,19,article 13. 逐渐趋于严格的限值标准导致的是报告义务主体范围的扩大,同时也意味着相应减排法律制度执行力度的强化。因此单就报告义务的限值起点来看,我国的标准要严于澳大利亚,从某种程度上显示出我国应对气候变化法律机制的刚性要强于某些承担量化减排义务的发达国家。但从功能上讲,综合浮动机制可能更有利于立法者或者监管者根据本国减缓行动的缓急程度来确定合理的控制对象。

② See Department for Business,Innovation and Skills of UK,"The Companies Act 2006(Strategic Report and Directors' Report) Regulations 2013". 该规章是基于英国《公司法 2006》第 416 条、第 468 条、第 473 条第 2 款和第 1292 条第 1 款制定的,已被提交国会,拟生效时间为 2013 年 10 月 1 日。根据该规则,承担报告义务的上市公司应当在其董事会报告中列明其所控制的所有企业(国内或者国外)生产经营过程中的所有温室气体排放,包括化石燃料燃烧和任意设施运转,以及购入的电力、热力所产生的温室气体碳排放当量。

③ CAA 307(d)(1)(u).美国环境保护局有权决定采取其认为有必要的行政管理程序如调查、监控、报告要求以取得必要监管数据。

④ ERA,Mandatory Reporting of Greenhouse Gases,74 FR 56260-01.

业温室气体等供应商。① 这些行业类别大多集中于生产和制造业等高碳排放领域。与之相似,我国所建立的重点企事业单位温室气体排放报告制度也是以高碳排放行业领域为规制对象,如发电、电网、钢铁生产、化工、电解铝、镁冶炼、平板玻璃、水泥、陶瓷和航空等行业内企业。②

从制度实践来看,各国往往综合以上三种方式来确定需要进行温室气体核算和数据报告的义务主体范围。以美国为例,美国环境保护局在报告义务主体的确认上在源的所有者、运营管理方和温室气体供应商之间予以区分并课以不同的标准,并根据源类别的不同设定相异的报告阈值。概括来讲,每一相应源类别均有其对应的定义、报告的阈值设定、报告的范围、温室气体核算的方法、监督要求、数据补全的程序、数据报告的标准以及有关记录保留的相关要求等。③

美国环境保护局的上述规则通过后作为《联邦政府行政法规汇编》第40章第98条,为符合条件的企业设定了强制性的报告义务。根据该规定,承担强制性报告义务的企业大致包括两类主体。第一,美国境内以及位于美国大陆架上的符合条件的设施的所有者和管理者。第二,前已提及的煤炭、煤基液体燃料、石油产品、天然气和液化天然气和工业温室气体等的供应商。第一类主体涵盖范围较广,主要领域有:④其一,发电、乙二酸生产、铝生产、氨制造、水泥生产、氟利昂-22 生产、与氟利昂-22 的生产并不协同且每年释放 2.14 公吨以上三氟甲烷的三氟甲烷分解、石灰制造、硝酸生产、石油化工制造、石油精炼、磷酸生产、碳化硅产品生产、纯碱生产、钛白粉生产、每年产生甲烷 2.5 万吨二氧化碳当量以上的城市固体垃圾填埋、每年产生 2.5 万吨二氧化碳当量排放的甲烷和一氧化二氮的粪便管理活动等工业生产活动;其二,每年释放 650 万立方英尺以上的甲烷气的地下煤矿、二氧化碳封存、二氧化碳注入、六氟化硫和全氟化合物额定含量超过 17820 磅以上的电力输送设备的使用、输配电设备制造或者翻新等活动;其三,排放 2.5 万吨二氧化碳当量以上的固定燃料燃烧装置,以及碳酸盐杂项用途以及涉及硅铁合金冶炼、玻璃制造、氢气制造、钢铁冶炼、铅冶炼、制造与造纸工业生产、锌冶炼、电子制造、氟化气体生产、镁冶炼、工业

---

① See US Mandatory Greenhouse Gas Reporting, 40 CFR § 98.470.
② 参见国家发展改革委员会办公厅下发的《关于印发首批 10 个行业企业温室气体排放核算方法与报告指南(试行)的通知》(发改办气候〔2013〕2526 号)。
③ See US Mandatory Greenhouse Gas Reporting, 40 CFR § 98.470-478.
④ See US Mandatory Greenhouse Gas Reporting, 40 CFR § 98. 40 - 48, 50 - 58; also 40 CFR § 98, Subpt. A, Tbl. A-4.

废水处理、工业废料垃圾填埋和石油与天然气相关等活动设施。即使设施不属于上述源类别,如果设施相关固定燃料燃烧设置的额定热输入最大值为30百万英制热量单位每小时(mmBtu/hr)以上,且设施内所有的固定燃料燃烧装置的合并温室气体排放量为每年2.5万吨二氧化碳当量(tCO_2^e)以上,也应从2010年开始报告其温室气体排放量。[1]

从《关于组织开展重点企(事)业单位温室气体排放报告工作的通知》来看,我国核算与报告的主体界定采取单一阈值标准;[2]但是,发改委同时出台了以行业类型为准的温室气体核算与报告指南[3],因此,事实上的核算兼具阈值标准和行业指南的性质。

此外,我国的温室气体与核算制度依托的是"国家、地方、企业"三级温室气体排放基础统计和核算工作体系。除纳入核算与报告范围的特定企业以外,地方政府同样有责任进行温室气体统计工作。根据《关于加强应对气候变化统计工作的意见》,与温室气体有关的统计指标包括气候变化及影响类、适应气候变化类、控制温室气体排放类、应对气候变化资金投入类、应对气候变化相关管理类等5大类36项指标。[4] 其中与温室气体减排直接相关的控制温室气体排放类指标是该统计指标体系的核心内容,具体包括:单位国内生产总值二氧化碳排放降低率、温室气体排放总量、分领域温室气体排放量(能源活动、工业生产过程、农业、土地利用变化和林业、废弃物处理等5个领域温室气体排放量)、第三产业增加值占GDP的比重、战略性新兴产业增加值占GDP的比重、单位GDP能源消耗降低率、规模以上单位工业增加值能耗降低率、单位建筑面积能耗降低率、非化石能源占一次能源消费比重、森林覆盖率、森林蓄积量、新增森林面积、水泥原料配料中废物替代比、废钢入炉比、测土配方施肥面积、沼气年产气量等17项具体指标。

中国在进行碳市场构建的过程中专门发布了各相关行业的核算与报告指南。这些指南涉及24个行业门类,包括《中国发电企业温室气体排放核算方法与报告指南(试行)》《中国电网企业温室气体排放核算方法与报告指南(试行)》《中国钢铁生产企业温室气体排放核算方法与报告指南

---

① See US Mandatory Greenhouse Gas Reporting, 40 CFR § 98.2.
② 参见国家发展和改革委员会《关于组织开展重点企(事)业单位温室气体排放报告工作的通知》(发改气候〔2014〕63号)。
③ 参见国家发展和改革委员会办公厅下发的《关于印发首批10个行业企业温室气体排放核算方法与报告指南(试行)的通知》(发改办气候〔2013〕2526号)。
④ 参见国家发展和改革委员会、国家统计局《关于加强应对气候变化统计工作的意见》(发改气候〔2013〕937号),2013年5月20日发布。

(试行)》《中国化工生产企业温室气体排放核算方法与报告指南(试行)》《中国电解铝生产企业温室气体排放核算方法与报告指南(试行)》《中国镁冶炼企业温室气体排放核算方法与报告指南(试行)》《中国平板玻璃生产企业温室气体排放核算方法与报告指南(试行)》《中国水泥生产企业温室气体排放核算方法与报告指南(试行)》《中国陶瓷生产企业温室气体排放核算方法与报告指南(试行)》《中国民用航空企业温室气体排放核算方法与报告指南(试行)》《中国石油和天然气生产企业温室气体排放核算方法与报告指南(试行)》《中国石油化工企业温室气体排放核算方法与报告指南(试行)》《中国独立焦化企业温室气体排放核算方法与报告指南(试行)》《中国煤炭生产企业温室气体排放核算方法与报告指南(试行)》《造纸和纸制品生产企业温室气体排放核算方法与报告指南(试行)》《其他有色金属冶炼和压延加工业企业温室气体排放核算方法与报告指南(试行)》《电子设备制造企业温室气体排放核算方法与报告指南(试行)》《机械设备制造企业温室气体排放核算方法与报告指南(试行)》《矿山企业温室气体排放核算方法与报告指南(试行)》《食品、烟草及酒、饮料和精制茶企业温室气体排放核算方法与报告指南(试行)》《公共建筑运营企业温室气体排放核算方法和报告指南(试行)》《陆上交通运输企业温室气体排放核算方法与报告指南(试行)》《氟化工企业温室气体排放核算方法与报告指南(试行)》《工业其他行业企业温室气体排放核算方法与报告指南(试行)》。

与国家层面的核算不同,企业层面的核算结果在数据精度上显然更高。这主要是因为相对于国家层面上的温室气体核算,企业的核算边界、活动数据和排放因子大部分根据企业实际发生的数据确定,不需要进行估算,排除了很大程度上的不确定性。以发电企业为例,根据相关指南,报告主体应以企业法人为界,识别、核算和报告企业边界内所有生产设施产生的温室气体排放,同时应避免重复计算或漏算。发电企业的温室气体核算和报告范围包括化石燃料燃烧产生的二氧化碳排放、脱硫过程的二氧化碳排放、企业净购入使用电力产生的二氧化碳排放,相对较为简单。在核算方法上,发电企业的全部排放包括化石燃料燃烧的二氧化碳排放、燃煤发电企业脱硫过程的二氧化碳排放、企业净购入使用电力产生的二氧化碳排放。对于生物质混合燃料燃烧发电的二氧化碳排放,仅统计混合燃料中化石燃料(如燃煤)的二氧化碳排放;对于垃圾焚烧发电引起的二氧化碳排放,仅统计发电中使用化石燃料(如燃煤)的二氧化碳排放。发电企业的温室气体排放总量等于企业边界内化石燃料燃烧排放、脱硫过程的排放和净购入使用电力产生的排放之和。发电企业核算中活动数据的核心指标是燃料消耗量,其数据根据企业能源消费台账或统计报表来确定。排放因子的确定不是根据缺省值,而是根据企业使用燃料的实际测量值得出。对于燃煤的单位热值含碳量,企业应每天采集缩分样品,每月的最后一天将该月每天获得的缩分样品混合,测量其元素碳含量。具体测量标准应符合GB/T 476—2008《煤中碳和氢的测定方法》。其中燃煤月平均低位发热值由每天低位发热值加权平均得出,其权重为燃煤日消耗量。燃煤年平均单位热值含碳量通过燃煤每月的单位热值含碳量加权平均计算得出,其权重为入炉煤月消费量。炉渣产量和飞灰产量应采用实际称量值,按月记录。净购入电力的活动水平数据以发电企业电表记录的读数为准,如果没有,可采用供应商提供的电费发票或者结算单等结算凭证上的数据。此外,企业按照国家要求所维持的会计核算机制也增加了企业层面温室气体核算的准确度。

三、全球范围内碳市场的制度实践与经验

除《京都议定书》外,全球范围内的国际碳交易实践还涉及欧盟超国家层面的制度建构、美国加利福尼亚州与加拿大魁北克省的跨国性碳交易和行业性的国际航空业全球性碳抵消机制。

1. 欧盟的碳交易制度:超国家层面的实践

欧盟作为一个整体,在《京都议定书》下所承诺的减排目标是比 1990 年基准降低 8%;碳交易制度即为欧盟实现这一目标的主要手段。[①] 基于欧盟本身的超国家架构,欧盟碳排放交易体系(EUETS)本质上就是超国家层面上的国际碳交易机制。尽管欧盟碳交易市场在第一阶段和第二阶段的过程存在配额的供求失衡问题而导致碳价的大幅波动,但是欧盟的实践为国际碳交易制度运行提供了总量设定、配额分配、各参与国和企业的遵约、排放核查、登记、交易等关键问题上的有益经验。

(1)欧盟碳交易的历史进程

欧盟的碳排放交易制度的历史进程有三个阶段。

第一阶段,2005 年至 2007 年,试验运行阶段。其目的在于发现问题并予以调整。此阶段并未加入《京都议定书》框架下的其他机制,内部的碳排放配额交易成为此阶段主要运作方式,并以二氧化碳为单一交易商品。

---

① 参见李伟芳:《航空业纳入欧盟碳排放交易体系之合法性分析》,载《政治与法律》2012 年第 10 期。

第一阶段的碳交易覆盖了欧盟的 25 个成员方 10 万多家企业。各成员方以国家为单位,以 1990 年的历史排放量为基准,制定碳排放分配计划书(NAP),并向欧盟委员会提交。欧盟委员会以此为基准分配各国的碳排放配额。

第二阶段,2008 年至 2012 年,这一阶段是对《京都议定书》下设定的欧盟总体减排 8% 任务的落实。运行方式仍以碳排放分配计划书下的配额制度进行,但是各成员方免费额度调整全申请额度的 90%。这一阶段的运行暴露了欧盟碳交易制度设计中隐含的诸多缺陷。首先,相对宽松的总量配额导致市场碳排放配额供过于求,碳排放价格的走势一路下滑;其次,对经济下滑导致的配额需求缩小问题没有有效的应对之策,恶化了配额供大于求的现象。但是在第二阶段,欧盟碳交易的市场交易量快速增加,碳价格因配额的供求而存在价格波动恰恰说明了欧盟的碳排放交易体系已经形成了初步的市场机制。在第二阶段,气候能源交易所和金融机构参与程度大幅提高,强化了市场的流动性。

第三阶段,2013 年至 2020 年,修正阶段。为应对第二阶段暴露出来的问题,欧盟的碳排放交易制度进行了如下的基本调整:取消以成员方申报配额与欧盟委员会审批为模式的基于历史排放数据进行配额确定的机制,而确立欧盟整体规划下的碳排放目标约束下的总量控制与分配原则。根据欧盟确定的减排目标,以 1990 年为基础年,2020 年温室气体排放量削减 20%,能源效率提高 20%,可再生能源占总消费量比重的 20%;至 2050年,相比 1990 年排放量减少 80%~95%。为实现这一确定中期和远期目标,欧盟的碳排放交易制度确定了总量配额逐年递减的方式,以期 2020 年整体碳排放量在 2005 年基础上减少 21%,并促使欧盟的碳排放交易由配额制向拍卖制过渡。欧盟的碳排放交易体系下的电力行业首先实现了以完全拍卖方式取得配额。此外,从第三阶段开始,欧盟的碳排放交易制度开始扩展其覆盖范围,以期提高碳交易对于配额的需求量。

(2)欧盟碳交易的总量制定和配额方式

根据欧盟的计划,8% 的目标按照一定的原则被分配给欧盟各成员方予以实现。目标分配的方法体现出欧盟碳交易典型的总量控制与配额交易特征。8% 的目标被解构成欧盟在此期间可以进行的碳排放总额,欧盟成员方根据一定的原则获得本国的排放配额额度,再根据本国的国家减排配额计划,将配额指派给符合欧盟碳交易指令的目标设施。这些目标设施主要包括发电量超过 20 百万瓦的热电厂、炼油厂、非铁金属冶炼厂、纸浆和纸厂、水泥厂、玻璃和陶瓷厂等行业内企业。在 2005 年至 2007 年的第一阶段,欧盟碳交易覆盖的目标设施有 1.15 万个。由于经济发展水平、产业结构与能源结构的差异,欧盟各成员方在《京都议定书》中所承担的减排责任有较大差异。例如,葡萄牙在 2008 年至 2012 年的碳排放量比 1990 年增加 27%,而卢森堡在 2008 年至 2012 年的碳排放量却比 1990 年降低 28%。可见,欧盟成员方的减排压力有较大不同。基于各成员方的减排承诺,欧盟根据各成员方的国情采取了差异化的减排总量目标并据此分配了碳排放量。①

尽管欧盟委员会通过对各成员方所申报的历史排放数据进行评估等方式,对欧盟碳排放交易的总量配额进行最后的设定与划分,但成员方申请所获配额量普遍大于惯常路径下的实际正常排放量。根据欧盟碳排放交易实际运行过程中对核证排放量与申请排放额的统计也可清晰看出,欧盟委员会在各国总额设定方面的政策的确相对宽松。特别是第一阶段总额设定的过于宽松导致了过度配给现象,令企业的减排压力甚小,甚至可以通过出售过度配额的方式额外获利。欧盟碳排放交易制度的前两阶段对成员方的配额主要依照各国提交的分配计划书进行,该计划书中需要列明该国对境内参与减排行业及企业的分配计划,并要求该国对各行业的分配进行解释说明。尽管采用提交计划书的方式对各成员方的二次分配进行管理与控制,但为保证各成员方自身利益,欧盟委员会对各成员方提交的国家分配计划干预较少。同时参与欧盟碳交易的各成员方可根据本国国情,在不严重影响市场稳定及保证减排目标达成的前提下,根据本国制定的相关法律与法令进行排放配额分配与减排。同时为保证分配制度的有效性,欧盟委员会在明确的分配制度下构建了严格的惩罚机制,当排放企业的实际排放量超出配额时将被收取数额较高的罚款:在欧盟碳排放交易制度的第一阶段,针对参与排放的企业超出配额的排放部分惩罚力度在每吨 40 欧元;从欧盟碳排放交易制度的第二阶段开始惩罚力度加大到每吨 100 欧元,且受控排放企业下一年的碳排放配额将被缩减。欧盟委员会通过惩罚性罚款措施来约束减排企业的排放量,同时推动超标排放企业为避免罚款而通过欧盟碳排放交易体系的市场机制购买碳排放额度。

欧盟碳排放交易制度初期的分配将免费与拍卖两种方式相结合,基于摸索目的和保护成员方经济发展的初衷,无偿发放的免费配额占发放总量的绝大比重,只有近 1/10 的配额需要通过拍卖购买。欧盟碳配额的免费

---

① 参见[美]索尼亚·拉巴特、[美]罗德尼·R. 怀特:《碳金融:碳减排良方还是金融陷阱》,王震、王宇等译,石油工业出版社 2010 年版,第 127—128 页。

分配目的在于快速建立碳排放交易体系的运行机制,促使成员方和企业积极参与。第二阶段过渡至拍卖与免费结合的方式,但仍以免费发放为主。从2013年开始有偿拍卖的碳排放配额将成为碳排放交易体系第三阶段各受控企业获得欧盟碳配额的主要来源,其拍卖的比例将超过配额总量的半数。在具体的实施过程中,欧盟按照行业最优企业排放制定基准标准,进一步提升拍卖碳排放配额的比例。分配方式的改变是为了对市场的排放权交易额度进行合理的控制,确保交易市场供求关系的平衡稳定。

客观来看,欧盟碳排放交易制度体系下的总量控制与配额方式体现出阶段性、灵活性、公平性和统一性的特征。欧盟碳排放交易制度的分配机制设计分阶段对受控企业所获碳排放量逐步缩小,缓解了企业在降低排放过程中的压力,避免了生产成本快速提升。在运行初期以免费配额为主的分配方式在一定程度上降低了履约企业的排放成本,为欧盟碳排放交易体系的推广与发展奠定了基础。在灵活性上,主要体现为成员方对其配额的制定具有自主权,可以使不同经济条件的各国政府根据本国实际情况确定总量控制目标和分配方式。灵活的分配机制使各成员方在规划本国配额时,可以通过增发免费配额的方法对劣势行业企业进行扶持,并通过紧缩的分配方法鼓励发展较成熟、技术水平较高的行业提升自身减排能力。公平性体现在欧盟将总量向各成员方划分时对各成员方差异水平的考量。欧盟基于各成员方历史排放数据的报告结果,针对经济发达成员方的实际排放配额的宽松程度远低于经济欠发达的成员方(如经济发展程度较高的英国与德国,对欧盟减排份额的承担责任高于经济发展程度相对落后的成员方),通过分配机制的差异化管理,缩小成员方之间的差异,即条件优越的国家承担的减排义务与责任更多,处于劣势的国家可以利用欧盟给予的碳排放配额补贴加快发展速度,从而使欧盟碳排放交易体系及欧盟温室气体减排战略能够平稳持续地发展。欧盟碳排放交易体系是跨国的碳排放交易体系,而参与到该交易体系的成员方无论在经济发展、内部经济机构上,还是在国家体制政策上都有较大差异。因此,为了平衡成员方在减排上的利益并满足欧盟整体减排的要求,欧盟碳排放交易体系赋予各个成员方较宽松的根据各自的意志决定减排方案的权利。例如,在分派和设定碳排放量方法上,只要成员方设定的碳减排水平不低于欧盟在《京都议定书》中的减排承诺,成员方就可以在欧盟碳排放交易体系原则的指导下自行分派和设定碳排放量,而不是由欧盟对成员方的排放量进行强制预先的设定。此外,欧盟碳排放交易体系的成员方还拥有在国内产业间自由调配碳排放量分配比例的权利。

（3）欧盟碳排放交易体系的配额交易管理

概括来看,欧盟碳排放交易体系的配额交易管理的核心内容涉及配额的自由转让、配额的履行义务、配额的储存、配额的注销等。

第一,欧盟碳配额可以在欧盟境内自由转让,其自由流动的性质类似于一种金融投资工具所代表的资本要素的流动,受到欧盟统一市场机制的保障。根据《欧盟2003年排放交易指令》,排放配额可以在欧盟内部的自然人、法人之间进行自由转让。为避免成员方设置障碍阻碍配额的自由转让,保障欧盟碳排放交易体系的统一市场性,相关指令明确要求成员方之间互相承认其他成员方主管机关发放的配额。在这一保障下,参与者就可以对比欧盟范围内配额的价格,争取购买价格最低的、任一成员方发放的配额,以降低减排成本,最大限度地发挥碳排放交易机制的固有优势。此外,若欧盟碳排放交易机制与欧盟之外的另一个碳排放交易机制相连,签订了相互承认对方碳排放配额的协议,则欧盟与该第三国的自然人、法人可以就碳排放配额进行自由转让。此外,为促进公众参与减排的意识,欧盟还规定任何自然人或者法人均可以购买并持有配额。这一方面鼓励企业和自然人通过购买配额实现本身的碳中和;另一方面,这些企业或自然人由于本身排放较少而未承担配额上缴义务,其持有配额将强化配额的价格信号。

第二,配额的上缴,即在规定的时间内,参与者应当上缴与上一年度经核算的碳排放量等额的配额。配额的上缴是参与碳交易的企业履行碳减排义务的核心形式。如果上缴所需要的配额超过其被分配的配额,企业就应当通过市场取得差额部分。如果未能取得差额部分导致无法足额完成上缴义务,企业就应当按照规定承担责任。在欧盟碳排放交易体系下,惩罚机制以上缴罚金为主,此外还会被公开披露未履行减排义务的信息。后一惩罚方式在欧盟的环境立法领域是一个新的尝试,是通过对违约者的信誉负面评价促使其合规。企业支付罚金后,在下一年度仍需补足本年度超额碳排放部分相对应的配额量。

第三,配额的注销。及时注销已上缴的配额是总量控制下的基本要求。一方面,如果不及时注销配额,有可能使得新配额与已上缴的配额混淆,致使已上缴的配额再次流入市场,产生重复计算的问题,导致配额总量的无形增加。另一方面,碳排放配额总量是以交易阶段为时间段设定的,因此每个交易阶段发放的碳排放配额仅在该交易阶段内有效。除配额上缴后被自动清除之外,欧盟碳排放交易机制还允许配额持有人自愿清除配额。按照排放指令的规定,欧盟成员方应采取必要的措施,确保当持有配额方提出请求时,其所持配额可在任一时间被清除。该规定的目的是使任何配额持有人可以随时清除所持配额,从而降低欧盟碳排放交易机制内的配额总量,强化配额的价格信号,激励企业进行技术创新,降低碳排放。

第四,配额的储存。配额的储存是指一个交易阶段剩余的配额是否可以在下一个交易阶段继续使用的问题。在第一阶段,相关指令不允许将第一交易阶段的剩余配额储存至第二交易阶段使用。这主要是因为第二交易阶段与《京都议定书》的第一个义务期重合,若允许欧盟企业将第一交易阶段的配额储存至第二交易阶段使用,很可能造成企业无须采取任何减排措施即可以完成上缴配额量的义务,使欧盟无法实现《京都议定书》规定的减排义务。而在第二和第三交易阶段之间,指令规定成员方应允许此类配额的储存,即由政府主管部门在第三交易阶段开始四个月后清除第二交易阶段失效的、尚未上缴的、未被清除的配额,并在第三交易阶段向配额持有人发放等额的配额代替上述被清除的配额量。如此规定是基于现实的考量:第二阶段末期,欧盟的企业持有大量的核证减排量和 ERU,如果直接清除将导致大量投资的浪费;此时,欧盟在后京都时代的减排义务并未确认,在不确定性下维持现状显然更为可行。

(4)履约和核查机制:如何避免双重核算

准确记录配额的交易管理,结合常态化监测、核算和报告机制,从而实现对配额使用的有效管理,是避免配额被重复使用从而导致减排量重复核算的关键。在欧盟碳排放交易体系下,这主要是依托注册登记系统来实现的。

注册登记系统的建立是欧盟成员方在 2003 年指令下的主要义务之一。《排放交易指令》第 19 条要求成员方建立相应的登记系统,并授权欧盟委员会制定相关的条例对登记系统进行管理。此外,欧盟委员会任命了中央行政官,负责维护一个欧盟独立交易日志,以记录配额的发放、持有、转让、上缴和清除。中央行政官将通过独立交易日志自动查询欧盟成员方国家登记系统的配额交易情况,确保没有违规的配额交易行为发生。欧盟委员会 2004 年制定了《标准化的和安全的登记系统条例》,规定了上述欧盟和国家登记系统的建立、运行和维护要求,以及所有有关记录欧盟碳排放配额、核证减排量及 ERU 的发放、持有、转让、上缴、清除、储存和代替的程序。2008 年新的登记系统条例生效。该登记条例要求欧盟成员方和欧盟委员会建立一个标准化的电子数据库形式的登记系统,并将每个成员方的国家登记系统与欧盟的独立交易日志系统相连接。该数据库系统应可以跟踪配额的发放、持有、转移和清除,供公众获取数据,同时保护相关信息的保密性,确保配额的交易符合《京都议定书》的要求。每个欧盟成员方应任命一个登记行政官,负责本国登记系统的操作和维护,确保系统信息的准确性,并按照规定公开相关信息。

在登记系统中,将设立两类基本账户:一个是记录欧盟碳排放配额的账户,另一个是记载可用以抵消配额义务的国际减排信用或欧盟减排信用的账户,即记录核证减排量和 ERU 的账户。上述两类账户的技术标准均采用《京都议定书》缔约方大会第 12/CMP.1 号决议制定的关于数据交换标准的操作和技术说明。欧盟还规定每个成员方的登记系统、欧盟独立交易日志和《联合国气候变化框架公约》的国际独立交易日志相互连接。

在第三阶段后,所有的配额和减排信用不再录入各欧盟成员方的国家登记系统,而是直接录入欧盟的登记系统,从而实现了欧盟框架下碳交易的超国家体制。① 这一改变至少基于以下原因:一是为确保配额在欧盟成员方的自然人和法人之间的转让不受限制;二是现有国家登记系统存在技术、政治和行政管理的风险;三是后京都时代国际协议的发展存在很大的不确定性;四是欧盟统一的登记系统将简化登记制度,利于欧盟碳排放交易机制与不发达国家、地区或区域实体的连接。

在欧盟登记系统注册并取得配额或者减排信用的签发,一个重要前提是企业能够准确地监测和报告其碳排放数据,并通过了专业的第三方的核实。这与《京都议定书》下核证减排量的签发要求是一样的。欧盟碳排放的监测体制最早建立于 1993 年的监测二氧化碳和其他温室气体的理事会决议,其目的在于评估欧洲共同体为实现《联合国气候变化框架公约》所规定的义务的进展情况。2003 年发布的《欧洲议会和理事会关于在共同体内部建立温室气体排放配额交易计划的指令》(Directive 2003/87/EC)中明确,企业取得排放配额必须证明其具备监测和报告温室气体排放量的能力。在第一和第二交易阶段,温室气体排放许可证所记载的内容应包括监测和报告排放量的要求,说明监测的方法和频率。从第三阶段开始,企业需要提交监测计划,该监测计划必须符合欧盟委员会未来制定的监测和报告温室气体排放量的条例的要求。欧盟成员方可以允许操作者在不更新许可证的情况下,更新其所制订的监测计划,但是操作者必须把更新的

---

① See EU, *Commission Regulation(EU) No 389/2013 of 2 May 2013 establishing a Union Registry pursuant to Directive 2003/87/EC of the European Parliament and of the Council, Decisions No 280/2004/EC and No 406/2009/EC of the European Parliament and of the Council and repealing Commission Regulations(EU) No 920/2010 and No 1193/2011 Text with EEA relevance*, 56 Official Journal of the European Union(2013); EU, *Commission Regulation(EU) 2018/208 of 12 February 2018 amending Regulation(EU) No 389/2013 establishing a Union Registry*, 61 Official Journal of the European Union(2018).

监测计划递交政府主管部门审批。[1]

根据欧盟《2007 年监测和报告指南》,监测和报告的一般要求包括监测和报告的原则、被监测的排放源的物理边界的界定、监测的方法和计划、报告的格式和种类、监测和报告的质量控制、核实的原则和方法、二氧化碳中性的生物质名录、不同活动类型的数据和排放值以及对低排放源的监测和报告要求。在《欧洲议会和理事会关于修改第 2003/87/EC 号指令以完善和共同体温室气体排放配额交易计划的指令》(Directive 2009/29/EC,以下简称《2009 年排放交易修改指令》)之后,欧盟需要统一监测和报告的规则,提高监测和报告的质量,因此更新了 2007 年的要求,以替代2018 年发布的监测与报告指南。[2] 该指南充分考虑了以下因素:收集最准确的和最新的科学研究成果,特别是 IPCC 的研究成果,以此确保欧盟条例所确定的监测和报告方法的先进性;条例可以要求面临国际竞争的能源密集型行业的企业报告其生产产品所排放的温室气体数量;条例可以要求就监测计划、年度排放量报告和排放量核实活动使用自动化系统和特定的数据交换格式,以利于操作者、核实方和政府主管部门之间的沟通。从最新指南的核心内容来看,其基本沿用了《2006 年 IPCC 指南》的方法学。

企业提交的数据只有经核实后才可以作为签发欧盟碳配额的依据。排放交易指令对核实的原则和方法进行了规定,核实的一般原则包括:第一,核实应验证装置的排放量监测系统和企业所报告的与排放量有关的数据、信息的可靠性、可信性和准确性。第二,只有根据可靠的和可信的数据和信息、能够比较确定地计算出排放量时,排放量才能被核实为有效。第三,核实人员(verifier)应有权进入所有场地和获得所有信息。第四,核实人员应考虑装置是否注册了欧盟的生态管理和审计系统。

核实的方法包括战略分析、过程分析、风险分析和分析报告四个部分。首先,战略分析是指核实人员应对装置上实施的所有活动及其对排放量的影响进行分析。其次,过程分析是指核实人员应通过抽查的方法判定企业所提交的信息是否在装置的场地以适当的方法收集,以此决定企业所提交的数据和信息的可靠性。再次,风险分析是指核实人员应向评估机构提交

---

[1] See EU, *Commission Regulation（EU）No* 601/2012 *of* 21 *June* 2012 *on the monitoring and reporting of greenhouse gas emissions pursuant to Directive* 2003/87/EC *of the European Parliament and of the Council*,55 Official Journal of the European Union(2012).

[2] See EU, *Commission Implementing Regulation（EU）* 2018/2066 *of* 19 *December* 2018 *on the monitoring and reporting of greenhouse gas emissions pursuant to Directive* 2003/87/EC *of the European Parliament and of the Council and amending Commission Regulation*,61 Official Journal of the European Union(2018).

装置的所有排放源,说明每个排放源的排放数据的可靠性。基于这一分析,核实人员应明确地指出哪些排放源的数据存在错误的风险较高,以及监测和报告的程序中可能导致装置的整体排放量计算错误的其他方面。最后,核实人员就核实过程准备一份报告,说明装置所提交的排放量报告是否令人满意。该报告应包含所有在核实过程中所作的工作。为保证核实人员具有合格的资质,欧盟 2009 年指令规定欧盟委员会需制定关于排放量核实与核实人员认证和监督的条例。该条例应规定核实人员认证和撤销认证的条件,以及核实机构的相互承认和业内评估的条件。该条例增加了欧盟成员方对核查机构互相认证的要求,并且要求所有参与核实的核证机构必须获得欧盟的公开认证。① 2017 年的报告显示,欧盟境内有 170 多家经认证的第三方核查机构可以从事对企业监测和报告数据的核实。

(5)欧盟对于核证减排量的认定使用

欧盟碳交易制度具有明显的开放性特征,实现了配额与项目交易体系的对接,特别是与清洁发展机制下形成的国际核证减排量的对接。从当前各成员方的碳排放权交易体系看,大部分体系仅是本国或者地区内部的封闭体系。而欧盟碳排放交易体系允许其成员方或企业在规定的范围内使用核证减排量等非欧盟碳排放交易体系的配额来抵消碳排放额,从而实现了《京都议定书》中两类碳交易体系的对接。这主要是通过《欧洲议会和理事会关于修改〈第 2003/87/EC 号关于在共同体内部建立温室气体排放配额交易计划指令〉的指令》(Directive 2004/101/EC,以下简称《连接指令》)予以规定的。《连接指令》的主要内容包括:《京都议定书》下的减排信用如何转换为可在欧盟碳排放交易体系内进行交易的排放配额;哪些项目产生的信用额可以在欧盟碳排放交易体系内使用,有无数量限制和质量要求;允许使用《京都议定书》下灵活机制信用额的起始时间等。

碳排放权交易的对接主要有两种形式:第一种是直接对接,即相关国家政府间通过谈判,建立碳排放权配额分配渠道,并允许碳排放配额跨国直接流通;第二种是间接对接,就是基于《京都议定书》项下的清洁发展机制项目体系,通过认可清洁发展机制下的核证减排量,以核证减排量履行减排责任,实现核证减排量和欧盟碳配额交易体系的对接。直接对接模式要求联合履约的国家有类似的政策工具,减排成本较接近,并且相关国家

---

① See EU, *Commission Regulation (EU) No 600/2012 of 21 June 2012 on the verification of greenhouse gas emission reports and tonne - kilometre reports and the accreditation of verifiers pursuant to Directive* 2003/87/EC *of the European Parliament and of the Council*, 55 Official Journal of the European Union(2012). 相关任职资格要求见该条例的第三章。

在减排行动上保持高度的一致和较强的相互信任,否则政策和成本的差异会使两国出现减排行为的套利活动,使碳排放权交易体系失效。间接连接模式则要控制好清洁发展机制项目中核证减排量抵销碳排放的额度,即控制好项目核证减排量的最优比例,否则核证减排量过多就会使减排企业减少对欧盟碳配额的需求,使欧盟碳配额的供求失衡,扰乱欧盟碳排放交易体系中的碳价。在欧盟碳排放交易体系运行的第一阶段,该体系最有效地融合了核证减排量和欧盟碳配额两类交易体系,即欧盟各成员方在共同但有区别的责任原则下,通过国家分配方案实现欧盟碳配额的分配和交易,同时可根据一定的比例利用清洁发展机制项目得到核证减排量,并用欧盟碳配额和核证减排量一起履行《京都议定书》的减排责任。可见,欧盟碳排放交易体系的连接机制,使承担减排责任的发达国家通过清洁发展机制与发展中国家实现了国际气候合作,体现了欧盟碳排放交易体系的开放特性。虽然在第三阶段,欧盟碳排放交易体系对清洁发展机制项目中的核证减排量实施了更多的限制(10%的比例限制),但其成功连接两类碳交易体系,在世界范围内仍处于领先地位。

在不同的阶段,欧盟碳排放交易体系对减排信用的使用有不同的要求。《连接指令》对第一和第二交易阶段的使用作出了相应的质量和数量限制。在质量限制方面,三类项目信用额的使用受到限制:核项目、土地利用、土地利用改变和林业项目以及水电项目。欧盟的考虑在于:第一,这类项目活动仅能暂时性地储存二氧化碳,其储存的二氧化碳将来可能再次释放至大气,这与欧盟碳排放交易体系旨在永久性减排温室气体的目的不符。第二,当《连接指令》立法提案完成时,有关计算和监控土地利用、土地利用改变和林业项目所清除的温室气体排放量的国际规则还未达成,如何解决这类项目固碳的暂时性和可逆转性的问题仍存在很大的不确定性。第三,根据《京都议定书》的目的,合作履行和清洁发展机制项目应推动向项目实施国转移先进的技术,包括促进新的、清洁的技术和提高能效的技术,而造林和再造林项目无法促进此类技术的转移。在数量限制上,《连接指令》对第一与第二交易阶段作出了不同的规定。在第一交易阶段,欧盟不设定任何使用数量限制。从第二交易阶段开始,核证减排量和 ERU 使用均有数量限制。但欧盟未设定限制的水平,而是要求成员方在其提交的国家分配方案中就此进行规定,原则是成员方需确保减排信用只能构成其履行减排义务的补充。在实践中,第二阶段有企业以《京都议定书》下的清洁发展机制产生的核证减排量履行欧盟碳排放交易体系的配额上缴义务,占比为3.9%。核证减排量主要来源为中国、印度、韩国、巴西等国。有数据显示截止到 2014 年 4 月 30 日,在 1. 32 亿吨使用的减排信用中,50%为核证减排量,50% 为 EUR;核证减排量主要来源为中国,EUR 的主要来源为乌克兰和俄罗斯。

在《京都议定书》机制之外,欧盟还提供与其他国家碳交易系统连接的制度接口。这一般需要经过两个步骤:第一,同愿意与欧盟碳排放交易机制建立连接的政府达成国际协议;第二,根据该国际协议,欧盟委员会制定相互承认对方信用配额的相关规定。这一连接有两个限制条件:第一,仅与《公约》附件一的国家建立连接,即承担量化的减排或限排义务的国家;第二,仅能与另一个温室气体交易机制建立连接。因此,连接的机制必须控制一种或多种温室气体的排放。从第三交易阶段开始,《2009 年排放交易修改指令》为与第三国建立连接提供了更多的可能性。首先,第三国不再限于《公约》附件一国家,只要第三国建立了碳排放交易机制就可以与欧盟碳排放交易机制进行连接。其次,第三国不限于国家,而是扩大到国家、地区及区域实体。最后,与第三国签订的连接协议不再仅限于机制的连接与配额的相互认可,也可以签订不具有约束力的协议,针对欧盟碳排放交易机制或其他设定绝对碳排放总量的强制性温室气体碳排放交易机制的配额,规定行政和技术方面的协调措施。从实践来看,2008 年欧盟碳排放交易机制与挪威、爱尔兰和列支敦士登的碳交易机制实现了连接。

可见,实现碳交易机制互联的一个基本要求是各国承担同样的减排义务或者进行了同样的碳交易市场机制构建。随着《巴黎协定》的实施,发展中国家也开始履行减排义务。以中国为代表的发展中国家也在积极建立碳排放交易体系。面临全球碳排放交易体系的快速发展,各国碳排放交易体系也在竞争中前行。推进发达国家与发展中国家碳减排以及碳排放交易体系的合作是未来发展的大趋势。作为引领发达国家与发展中国家的碳排放交易体系,欧盟碳排放交易体系应进一步坚持开放性体制,增加碳交易体系的融合性。可以预期,欧盟碳交易市场将进一步推动与他国碳交易市场的联结。例如,欧盟碳排放交易体系曾与澳大利亚碳排放交易体系达成意向,在欧盟碳排放交易体系第三阶段构建与澳大利亚碳排放交易体系链接的桥梁。两个碳排放交易体系相互认可各自的碳配额,并可以用于抵销强制减排企业的碳排放量。但由于澳大利亚碳排放交易体系的失败,这两个碳排放交易体系的连接也随之搁浅。但是,以配额互相认可为基本特征的不同国家碳市场的对接,为未来国际碳交易市场的协调提供了有效的路径参考。

（6）欧盟碳排放交易体系中金融机构的参与

金融机构作为专门服务于货币、信用等交易活动的媒介，在全球经济发展中扮演着至关重要的角色。随着欧盟碳排放交易体系的成功运行及碳金融新兴领域的日渐活跃，各金融机构也逐渐成为支撑碳交易的载体。作为成熟的碳交易机制，欧盟碳排放交易体系中金融机构的深度参与也是其有效运行的保障之一。各类金融机构在推动碳排放交易体系发展和碳金融顺利运行方面发挥了至关重要的作用，欧盟推动金融机构对欧盟碳排放交易体系支持的政策与措施取得了预期成效。欧盟碳排放交易体系中的各参与主体不仅能获得来自传统金融机构的大力支持，新兴的能源机构、碳金融机构也在其运行与发展过程中展现出应有的功能与作用。跨区域性的欧盟碳排放交易体系自身特点决定了该体系的参与国众多，整体市场由各国地区性市场构成，市场内金融参与主体种类繁多，并且结构复杂。

参与碳交易体系的金融机构，根据其营利目的可大致划分为两类，即由政府或国际组织主导的公共金融机构和以营利为主要目的建立的私人金融机构。公共碳金融机构包括多边发展银行、双边金融机构、国家发展机构和气象基金。这些公共金融机构在欧盟碳排放交易体系中的主要作用是设立和管理各种碳基金，为项目开发提供贷款，开发有关金融衍生品，增强市场流动性，从而活跃碳市场、推动其更好地发展；参与欧盟碳排放交易的私人金融机构，除了传统的商业银行、投资银行、保险机构外，还有新兴的专业碳金融机构，如私人碳基金、碳资产管理公司、碳排放权交易所等。

2.美国加利福尼亚州与加拿大魁北克省的区域碳交易机制

美国最早将碳排放交易的概念引入气候全球治理，虽然在联邦层面上并没有形成统一的碳排放交易制度，但是在州层面的气候行动中仍存在丰富的碳交易实践，比如，美国东北部的区域温室气体倡议（RGGI）①和加利

---

① 在美国纽约州前州长乔治·帕塔基的带领下，美国东北部以及大西洋中部沿岸的 9 个州于 2003 年 4 月创立了区域温室气体倡议（The Regional Greenhouse Gas Initiative，RGGI）。它是美国在州政府层面成立的第一个采用市场机制限制温室气体排放的强制性减排体系，于 2009 年 1 月正式启动。这 10 个成员州共同实行电力部门总量排放限制，计划到 2018 年时碳排放减少 10%。作为以州为基础成立的区域性应对气候变化合作组织，该体系在美国的温室气体减排上发挥了重要的作用。它规定在成员州 2005 年以后所有装机容量超过 25 兆瓦的发电设施均为管制范围内的排放实体，并为其设定了二氧化碳排放量的上限，要求其到 2018 年时的排放量在 2009 年的水平上减少 10%。由于它所涉及的控制排放的部门仅包括电力行业，这种保守的规定使其取得的成效有限。区域温室气体倡议采用的是限额与交易机制。

福尼亚州为主导的西部气候倡议（WCI）。[1] WCI 是北美地区实施较早的跨国地区间排放交易合作机制。WCI 成立了区域性碳排放权交易体系，涉及工业、商业、电力、交通等排放量较大的部门，于 2012 年 1 月 1 日正式开始运行，减排目标是到 2020 年该区域的温室气体排放量在 2005 年的基础上降低 15%。在运作方式上，各地区政府首先设定符合当地情况的碳排放总额，可进行交易的排放额必须限定在总额之内，各地区政府可以通过拍卖或无偿的方式对这些排放额进行分配。WCI 特别强调排放配额只是政府颁发给企业的排放许可，结余的配额可以进入二级市场交易，但目前不接受《京都议定书》模式下的清洁发展机制所实现的减排信用的认可与交易。项目于 2012 年 1 月 1 日起执行第一期，主要行业为电力、交通等。第二期开始于 2015 年，项目范围增加了居民燃料及工商业燃料等。每个 WCI 成员拥有截止到 2020 年的排放配额，可以自己选择使用还是交易；但是 WCI 从一开始就要求拍卖分配的比例不低于 10%，到 2020 年不低于 25%。另外，WCI 还规定可以从排放交易所得中提取一定比例用于碳减排的公益事业，例如，关于发展低碳经济、提高能源效率方面的技术创新。

相比欧盟对于《京都议定书》下清洁发展机制所产生的项目配额的认可与交易，WCI 的运行模式相对封闭，但是其制度设计和成功实施至少证明了在跨国境的区域碳交易市场之间合作的可行性。此外，WCI 和 RGGI 在制度设计上的一些特征也为当前的碳交易制度提供了有益经验：第一，有效设置总量和初始分配对于交易运行具有重要意义；第二，独立有效的监测、报告、核证系统，是碳交易制度体系运行必不可少的元素；第三，灵活的履约减排机制可以提供成本更优的义务履行方式，有利于扩大碳交易市场的覆盖。比如，RGGI 即规定减排主体可以针对电力以外的其他部门，利用碳排放交易以外的项目，对其他污染气体进行减排或封存；规定合格的碳抵消项目可以在 RGGI 成员州或美国境内同意对碳抵消项目管理监督的非成员州进行。当然对于允许的以项目配额或者其他碳信用抵消的比例，应当予以一定的限制。这与欧洲的限制清洁发展机制下碳信用使用的实践保持了一致。

---

[1] 2007 年 2 月，亚利桑那州、加利福尼亚州、俄勒冈州、新墨西哥州、华盛顿州共同签署《西部地区气候行动倡议书》（Western Climate Initiative, WCI），旨在建立一个跨州的基于市场的温室气体减排计划，目的是减少区域内的温室气体排放，并对温室气体排放情况进行注册和管理。之后美国的蒙大拿州、犹他州相继加入。这个减排计划还吸纳了加拿大的几个省，包括哥伦比亚省、安大略省、曼尼托巴省、魁北克省等。

3. 国际航空业碳抵消和减排计划：全球层面的行业合作

与前述清洁发展机制、欧盟碳排放交易体系、WCI 等不同，国际航空业碳抵消和减排计划是全球层面上的行业合作，具有以下特征：第一，自始至终，航空减排应在多边机制下合作解决具有国际社会的普遍共识；第二，航空领域内存在促成国际多边合作的国际民航组织；第三，ICAO 所指定的国际航空碳抵消和减排机制是全球第一个由行业组织推出的全球碳抵消和减排市场机制。因而，航空碳排放在全球人为二氧化碳排放量中占比为 2%。虽然份额较小，但是与其他领域不同，国际航空碳减排的制度建设对于全球气候治理的国际合作具有特别的意义。

2010 年 ICAO 在第 37 届大会上确定了国际航空净碳排放自 2020 年零增长的目标。这一目标虽然过于激进而被俄罗斯、中国和印度等国认为不尽合理，但是，在 2013 年之后，以全球市场的合作促进航空业的碳减排就成为 ICAO 的工作重点。ICAO 下的航空环境保护委员会专门成立了全球市场机制小组和可替代燃料小组推进该工作。2016 年的第 39 届大会上，ICAO 通过了有关国际航空碳抵消和减排机制的决议，确立了碳抵消机制的基本框架。大会决议要求理事会就排放数据监测、报告与核查机制建设与合格排放单位认定等事项制定标准与建议措施。在 2017 年年底，ICAO 完成了"标准与建议措施"及其实施要素文件的编写工作。标准草案的内容包括管理、MRV，合格排放单位认证，可持续航空燃料认证等一揽子标准与建议措施。2018 年 6 月 ICAO 理事会表决通过了碳抵消机制的标准与建议措施，以及《国际民用航空公约》附件 16《航空环保》第 4 卷。中国、印度和俄罗斯认为标准内容制定缺乏公开、透明和代表性，标准内容擅自扩大 ICAO 授权且未充分考虑各国的特殊国情和能力建设，对表决结果提出了保留。此外，国际民航组织第 39 届全体大会决议也提到强烈鼓励各国尽早自愿参加该计划，并要求于试点阶段开始前一年的 6 月 30 日前通知其加入意愿，也就是说相关国家有可能会到 2020 年 6 月才决定是否加入试点阶段。2018 年 12 月，为夯实中国绿色民航发展基础，履行国际航空减排应尽义务，规范民用航空器二氧化碳排放相关数据管理工作，中国民用航空总局向各航空企业和相关单位下发了《关于开展飞行活动二氧化碳排放监测计划预填报工作的通知》，明确要求各航空公司应于 2018 年 12 月 31 日前通过邮件报送航空飞行活动二氧化碳排放监测计划。该通知表示民航部门将组织有关专家对各单位预填报的监测计划进行预审核，并于 2019 年 1 月底前将审核意见反馈各航空公司；各公司应按照审核意见和实际情况完善监测计划，并于 2019 年 2 月 28 日提交加盖公章和相应人员签字的正式版监测计划。同时,《民用航空飞行活动二氧化碳排放监测、报告和核查管理暂行办法》对 2019 年起全面实施航空飞行活动二氧化碳排放监测、报告和核查工作提出了相关要求。上述工作通知和暂行办法的下发表明中国航空业积极响应 ICAO 关于《国际航空减排计划的强制性标准和规则》的相关要求。

第一,目标设定。国际航空碳抵消和减排计划仿照欧盟设置了一个长期分阶段的机制。在 2021~2035 年的 15 年间,确定 2021~2023 年为实验阶段,2024~2026 年为第一阶段,2027~2035 年为第二阶段。实验阶段和第一阶段各国可以自愿参加。在第二阶段,成员方将按照全球航空业 2018 年"吨公里收益"总量(Revenue Tonne Kilometers, RTKs)的份额来承担抵消责任。RTKs 占比超过 0.5% 成员或者 RTKs 累计达到总量 90% 的成员均需要参加,最不发达国家、小岛屿国家和内陆发展中国家可以豁免强制参加要求。

第二,参与主体的责任设定。航空运营人排放抵消责任采用了根据行业增长因子和个体增长因子不同比重进行分阶段调整的方法,从而将国际航空碳抵消和减排计划参与国家间的航线统一纳入了责任分配范围。

第三,避免市场扭曲。《第 A41-22 号大会决议:国际民航组织有关环境保护政策与做法的合并声明——国际航空碳抵消和减排计划(CORSIA)》(以下简称《A41-22 决议》)①规定,只有参加国际航空碳抵消和减排计划的国家之间的国际航线纳入责任分配计算的范围并履行抵消责任;未参加的国家之间或者对飞国家之间只要有一方未参加的航线即不适用 CORSIA 的标准或约束。《A41-22 决议》要求 ICAO 在航空环境保护委员会的技术支持下制定关于实施 CORSIA 的 MRV 机制和碳排放单位标准(EUC)相关的标准和建议措施。

第四,履约期和评审机制。《A41-22 决议》规定每 3 年为一个履约期,每年为一个报告年;每年航空公司需要在规定时间内向其所属国主管部门提交经第三方核查的排放报告和抵消报告,各成员需要对本国航空公司的信息汇总后按规定格式向 ICAO 进行国家信息报告。为确保国际航空业的可持续发展,《A41-22 决议》决定自 2022 年起每 3 年对国际航空碳

---

① See ICAO, *Resolution A41-22: Consolidated statement of continuing ICAO policies and practices related to environmental protection – Carbon Offsetting and Reduction Scheme for International Aviation (CORSIA)*, Adopted adopted by the 41st Session of the ICAO Assembly, https://www.icao.int/environmental-protection/CORSIA/Documents/Resolution_A41-22_CORSIA.pdf, last visited on Aug. 11, 2024.

抵消和减排机制进行评审。评审的内容包括:机制设计的要素和功能;机制实施对国际航空业可持续发展的影响,对全球减排的贡献,对航空运营人即国际航空运输市场和成本的影响。《A41-22决议》特别规定了,2032年的评审将综合评估《巴黎协定》后续技术规范谈判、航空技术进步运营设施改进和可替代燃料应用等情况进展,以综合确定2035年后是否继续实施或者修订CORSIA。

第五,中央登记注册系统。ICAO将建立统一的信息报告系统,各国或国家集团按照CORSIA一揽子标准通过该系统向ICAO提交国家信息报告。为确保数据协议一致,ICAO还鼓励各国建立自己的报告系统,并与中央注册系统连接。国际航空碳抵消和减排计划所确立的抵消责任要求各参与方通过被认可的自愿减排机制内成功注册的项目产生的减排量进行国际航空活动超额碳排放的抵消。这包括核证减排量、ERU、中国核心自愿减排量等。如果某一自愿减排机制未来通过碳排放单位标准的审核,即可供国际航空全球碳抵消和减排机制进行减排量交易和抵消。

第五章 国际碳交易制度重构的中国因应

中国碳市场的发展与中国参与全球气候治理的进程基本同步。自2009年哥本哈根会议以来,中国在全球气候治理中的决策从被动逐渐走向主动,并开始起到引导和重构全球气候治理格局的作用。与此同时,中国国内的减缓制度构建也日趋完善。这主要体现在以碳市场为核心的制度构建上。从2011年开始,中国的碳市场建设遵循改革开放以来制度创新的基本路径,从试点逐渐走向全国,成为全球市场规模最大的国家碳排放权交易市场。[1]

中国国家碳市场在新的时期面临着新的发展机遇和挑战。挑战来自气候全球治理模式的变迁。自《巴黎协定》通过并生效之后,气候全球治理进入了以"国家自主贡献"为核心的"自下而上"式减排模式。这种模式与《京都议定书》下"自上而下"设定发达国家量化减排义务和发展中国家自愿减排的双轨制模式有着显著的差异。一方面,共同的减排责任为全球统一碳市场的构建奠定了基础,为各国碳市场的设立与发展提供了新的机遇;另一方面,各国的自主承诺也使全球碳市场的发展格局呈现多元化和碎片化的特征,对不同建构模式的各国碳市场的国际协调构成挑战。[2] 在《巴黎协定》所构建的气候全球治理和碳市场国际协调的新的国际法制基础之上,探究中国国家碳市场应如何进一步完善制度构建,从而服务于我国碳达峰和碳中和目标的实现以及全球气候治理的大局,有必要回顾中国碳市场制度的变迁历程,阐明相关的经验教训和仍然存在的制度缺陷,并提出完善的相关建议。

一、中国碳市场的历史经纬:从地方试点走向全国

中国的碳市场建设自2011年至今已经实现了从地方试点到全国性市场的历史性变迁。客观来看,中国碳市场的制度生成路径具有显著的中国特色,即以"可复制、可推广"地方性制度经验带动全国性制度的系统构建,呈现典型的"自下而上"特征,赋予试点省市以较大的自主权。然

---

[1] 参见段茂盛、吴力波主编:《中国碳市场发展报告——从试点走向全国》,人民出版社2018年版,"编者序"。

[2] 参见王云鹏:《论〈巴黎协定〉下碳交易的全球协同》,载《国际法研究》2022年第3期。

而,这种自主权是以建构统一的全国市场机制为归宿的。因此,虽然各试点地区在具体的碳市场制度构建上可以考虑本地区实际,确定不同的控排范围、纳入标准、初始配额分配方式等,但是总体的任务目标是一致的。国家发展和改革委员会在 2011 年下发的《关于开展碳排放权交易试点工作的通知》中,明确提出各试点地区的任务是"着手研究制定碳排放权交易试点管理办法,明确试点的基本规则,测算并确定本地区温室气体排放总量控制目标,研究制定温室气体排放指标分配方案,建立本地区碳排放权交易监管体系和登记注册系统,培育和建设交易平台,做好碳排放权交易试点支撑体系建设"。围绕这些总体任务,各试点地区陆续制定了相应的法规政策,形成了地方碳市场的基本制度框架。这些制度涵盖了碳市场的各项构成要素,如总量控制目标、控制范围(行业或者企业)、温室气体监控、报告和核查制度,排放配额分配规则,交易平台和交易规则,注册登记系统,专门管理机构,等等。[①] 各试点碳市场借鉴国际经验、结合本地实际,构建了本区域实施碳排放权交易的基本制度和政策体系,为全国碳市场的构建提供了经验。

1. 碳市场地方试点的制度构建和经验

自 2013 年开始,我国的碳市场在北京、湖北、上海、广东、天津、重庆和深圳 7 个试点省市开展。2016 年年底,四川和福建两个非试点省也开始开展相关的碳排放权交易。从工作内容来看,这些省市主要围绕控排企业名单确定、配额总量设定、初始分配、配额交易管理、配额交易风险控制、交易产品开发、排放核算与报告、配额清缴、违规违约处置、配额抵消、碳普惠、会员管理、投资者准入等工作,制定相关地方性法规、政府规章和交易所规则。虽然交易的客体都是碳排放权配额,但是由于覆盖行业、配额总量与初始分配方式、交易管理等存在的差异,各试点碳市场的流动性、交易规模和平均碳价存在较大差异。从规模上来看,广州碳排放权交易所(以下简称广碳交所)碳配额现货交易规模较大,上海环境能源交易所(以下简称沪环交所)、碳排放权交易平台(以下简称沪碳交所)国家核证自愿减排量成交规模最大;从平均碳价来看,北京绿色交易所碳排放权电子交易平台(以下简称北碳交所)和湖北碳排放权交易中心(以下简称鄂碳交所)的平均碳价较高。此外,这些交易所的制度建设和信息披露也最为完善。因此,以下就以北京、上海、广东和湖北为样本,对我国地方碳市场试点的

---

① 参见段茂盛、庞韬:《碳排放权交易体系的基本要素》,载《中国人口·资源与环境》2013 年第 3 期。

政策法规体系建设的基本成果进行阐明。

（1）北京碳交易制度

北碳交所是当前 9 个地方碳市场中交易较为活跃、平均碳价在相对高位运行的交易市场。2021 年 1 月至 2022 年 5 月,北碳交所成交北京碳排放配额（BEA）628.97 万吨,成交金额 38003.04 万元,均价 60.42 元/吨;成交国家核证自愿减排量 1937.38 万吨,成交金额 69391.83 万元,均价 35.82 元/吨;成交林业碳汇（FCER）0.2 万吨,成交金额 11.44 万元,均价 57.20 元/吨;成交绿色出行减排量（PCER）2.66 万吨,成交金额 132.54 万元,均价 49.83 元/吨。[①] 与 2013 年年底启动交易至 2015 年年底的交易价格相比,略有上升——学者统计该期间（2013 年 11 月 28 日至 2015 年 12 月 31 日）线上成交均价为 52.68 元/吨。[②]

北京碳交易市场有序运转的基础是其比较完善的政策体系（见表 5-1）。

表 5-1　北京碳市场政策文件列表

发布时间	文件名称	制定主体
2013 年 11 月	《关于发放 2013 年碳排放配额的通知》	北京市发展和改革委员会
2013 年 11 月	《关于开展碳排放权交易试点工作的通知》	北京市发展和改革委员会
2013 年 11 月	《北京市企业（单位）二氧化碳排放核算和报告指南（2013 版）》	北京市发展和改革委员会
2013 年 11 月	《北京市碳排放权交易核查机构管理办法（试行）》	北京市发展和改革委员会
2013 年 11 月	《北京市碳排放权交易试点配额核定方法（试行）》	北京市发展和改革委员会
2013 年 11 月	《北京市温室气体排放报告报送程序》	北京市发展和改革委员会
2013 年 11 月	《北京市碳排放权交易注册登记系统操作指南》	北京市发展和改革委员会
2013 年 11 月	《北京市碳排放配额场外交易实施细则（试行）》	北京市发展和改革委员会、原北京市金融工作局

---

① 根据北京市碳排放权交易电子平台披露信息整理,载 https://www.bjets.com.cn/article/scyj/tscbb/?,最后访问时间:2022 年 7 月 18 日。

② 参见段茂盛、吴力波主编:《中国碳市场发展报告——从试点走向全国》,人民出版社 2018 年版,第 4—5 页。

续表

发布时间	文件名称	制定主体
2013 年 12 月	《关于北京市在严格控制碳排放总量前提下开展碳排放权交易试点工作的决定》	北京市人大常委会
2014 年 5 月	《北京市碳排放权交易管理办法(试行)》	北京市人民政府
2014 年 5 月	《关于规范碳排放权交易行政处罚自由裁量权的规定》	北京市发展和改革委员会
2014 年 6 月	《北京市碳排放权交易公开市场操作管理办法(试行)》	北京市发展和改革委员会、原北京市金融工作局
2014 年 6 月	《关于再次督促重点排放单位加快开展二氧化碳排放履约工作的通知》	北京市发展和改革委员会
2014 年 9 月	《北京市碳排放权抵消管理办法(试行)》	北京市发展和改革委员会
2014 年 12 月	《关于进一步开放碳排放权交易市场加强碳资产管理有关工作的通告》	北京市发展和改革委员会
2014 年 12 月	《关于进一步做好碳排放权交易试点有关工作的通知》 3 个附件:《北京市企业(单位)二氧化碳核算和报告指南》《北京市碳排放报告第三方核查程序指南》《北京市碳排放第三方核查报告编写指南》	北京市发展和改革委员会
2015 年 3 月	《关于责令重点排放单位限期报送碳排放核查报告的通知》	北京市发展和改革委员会
2015 年 3 月	《关于开展 2015 年碳排放报告报送核查及履约情况专项监察的通知》	北京市发展和改革委员会
2015 年 12 月	《关于做好 2016 年碳排放权交易试点有关工作的通知》 4 个附件:《北京市企业(单位)二氧化碳核算和报告指南(2015 版)》《北京市碳排放报告第三方核查程序指南(2015 版)》《北京市碳排放第三方核查报告编写指南(2015 版)》《交通运输企业(单位)配额核定方法(2015 版)》	北京市发展和改革委员会
2015 年 12 月	《关于调整〈北京市碳排放权交易管理办法(试行)〉重点排放单位范围的通知》	北京市人民政府

续表

发布时间	文件名称	制定主体
2016 年 3 月	《关于公布碳市场扩容后 2015 年度新增重点排放单位名单的通知》	北京市发展和改革委员会
2016 年 3 月	《关于合作开展京蒙跨区域碳排放权交易有关事项的通知》	北京市发展和改革委员会、内蒙古自治区发展和改革委员会、呼和浩特市人民政府、鄂尔多斯市人民政府
2016 年 11 月	《北京市碳排放配额场外交易实施细则》	北京市发展和改革委员会、原北京市金融工作局
2016 年 12 月	《关于做好 2017 年碳排放权交易试点有关工作的通知》 3 个附件:《北京市企业(单位)二氧化碳核算和报告指南(2016 版)》《北京市碳排放报告第三方核查程序指南(2016 版)》《北京市碳排放第三方核查报告编写指南(2016 版)》	北京市发展和改革委员会
2017 年 1 月	《关于开展 2017 年碳排放权交易第三方核查机构及核查员新增遴选工作有关事项的通知》	北京市发展和改革委员会
2017 年 2 月	《关于非履约机构开立北京市碳排放权交易注册登记账户有关事项的通告》	北京市发展和改革委员会
2017 年 2 月	《关于对北京市 2017 年碳排放权交易第三方核查机构及核查员新增遴选结果进行公示的通知》	北京市发展和改革委员会
2017 年 6 月	《关于开展我自愿每周再少开一天车活动有关事项的通知》	北京市发展和改革委员会
2018 年 2 月	《关于做好北京市 2018 年碳排放权交易试点有关工作的通知》 3 个附件:《北京市企业(单位)二氧化碳排放核算和报告指南(2017 版)》《北京市碳排放报告第三方核查程序指南(2017 版)》《北京市碳排放第三方核查报告编写指南(2017 版)》	北京市发展和改革委员会

续表

发布时间	文件名称	制定主体
2018 年 2 月	《关于重点排放单位 2017 年度配额核定事项的通知》	北京市发展和改革委员会
2018 年 3 月	《关于组织开展北京市 2018 年碳排放权交易试点培训工作的通知》	北京市发展和改革委员会
2018 年 7 月	《关于做对本市 2018 年碳排放权交易试点履约有关工作的通知》	北京市发展和改革委员会
2019 年 3 月	《关于做好 2019 年重点碳排放单位管理和碳排放权交易试点工作的通知》4 个附件:《北京市企业(单位)二氧化碳排放核算和报告指南》《北京市碳排放第三方核查报告编写指南(2018 版)》《北京市碳排放报告第三方核查程序指南(2018 版)》《北京市企业(单位)配额核定方法(2018 版)》	北京市生态环境局
2020 年 4 月	《关于做好 2020 年重点碳排放单位管理和碳排放权交易试点工作的通知》5 个附件:《北京市重点碳排放单位二氧化碳核算和报告指南》《北京市碳排放报告第三方核查程序指南》《北京市碳排放第三方核查报告编写指南》《北京市重点碳排放单位配额核定方法》《低碳出行碳减排方法学(试行版)》	北京市生态环境局
2020 年 12 月	7 项地方标准:《二氧化碳排放核算和报告要求:电力生产业》(DB11/T 1781—2020)、《二氧化碳排放核算和报告要求:水泥制造业》(DB11/T 1782—2020)、《二氧化碳排放核算和报告要求:石油化工生产业》(DB11/T 1783—2020)、《二氧化碳排放核算和报告要求:热力生产和供应业》(DB11/T 1784—2020)、《二氧化碳排放核算和报告要求:服务业》(DB11/T 1785—2020)、《二氧化碳排放核算和报告要求:道路运输业》(DB11/T 1786—2020)、《二氧化碳排放核算和报告要求:其他行业》(DB11/T 1787—2020)	北京市市场监督管理局

发布时间	文件名称	制定主体
2021 年 4 月	《关于做好 2021 年重点碳排放单位管理和碳排放权交易试点工作的通知》 4 个附件:《北京市碳排放单位二氧化碳排放核算和报告要求》《北京市碳排放报告第三方核查程序指南》《北京市碳排放第三方核查报告编写指南》《北京市重点碳排放单位配额核定方法》	北京市生态环境局
2021 年 12 月	《关于 2021 年北京试点碳市场第三方核查机构核查工作质量评估情况的通报》	北京市生态环境局
2022 年 3 月	《关于公布 2021 年度北京市重点碳排放单位及一般报告单位名单的通知》	北京市生态环境局、北京市统计局
2022 年 4 月	《关于做好 2022 年本市纳入全国碳市场管理的企业温室气体排放报告相关工作的通知》	北京市生态环境局
2022 年 4 月	《关于做好 2022 年本市重点碳排放单位管理和碳排放权交易试点工作的通知》 5 个附件:《北京市重点碳排放单位二氧化碳核算和报告要求》《北京市碳排放报告第三方核查程序指南》《北京市碳排放第三方核查报告编写指南》《北京市重点碳排放单位配额核定方法》《北京市低碳出行方法学(试行)》	北京市生态环境局

注:作者根据公开信息(2022 年 7 月 18 日之前)按发布时间顺序整理。

(2)上海碳交易制度

上海碳市场的交易规模(含配额和中国核证自愿减排量)在 9 个地方碳市场中规模占比较大。据统计,2013 年 11 月 26 日至 2021 年 12 月 31 日,上海碳市场共运行 1897 个交易日,现货产品累计成交量 2.18 亿吨,累计成交额 32.65 亿元;其中,上海碳排放配额(SHEA)累计成交量 4790.22 万吨,累计成交额为 11.61 亿元,均价约 24.24 元/吨;中国核证自愿减排量累计成交量 1.70 亿吨,累计成交额为 21.05 亿元,均价 12.38 元/吨。上海碳配额远期(SHEAF)累计成交 437.08 万吨,金额 1.58 亿元,均价 36.15 元/吨左右。[①] 作为上海碳市场的交易平台,沪环交所是全国碳排放权交易系统的牵头单位。这说明上海碳市场依托金融中心建设,在基础设

————————

① 参见上海环境能源交易所:《2021 碳市场工作报告》,第 9 页,载 https://www.cneeex.com/upload/resources/file/2022/04/29/28212.pdf,最后访问时间:2022 年 7 月 18 日。

施和交易规则上已经形成了比较完善的规则体系(见表5-2),这特别体现在交易所的自律监管规则和交易产品创新业务规则的制定方面。

表5-2 上海碳市场政策文件列表

发布时间	文件名称	制定主体
2012年7月	《关于本市开展碳排放交易试点工作的实施意见》	上海市人民政府
2012年11月	《关于公布本市碳排放交易试点企业名单(第一批)的通知》	上海市发展和改革委员会
2012年12月	《上海市温室气体排放核算与报告指南(试行)》	上海市发展和改革委员会
2012年12月	《上海市钢铁行业温室气体排放核算与报告方法(试行)》 《上海市化工行业温室气体排放核算与报告方法(试行)》 《上海市有色金属行业温室气体排放核算与报告方法(试行)》 《上海市纺织、造纸行业温室气体排放核算与报告方法(试行)》 《上海市非金属矿物制品业温室气体排放核算与报告方法(试行)》 《上海市运输站点行业温室气体排放核算与报告方法(试行)》 《上海市旅游饭店、商场、房地产业及金融业办公建筑温室气体排放核算与报告方法(试行)》 《上海市电力、热力生产业温室气体排放核算与报告方法(试行)》	上海市发展和改革委员会
2013年11月	《上海市碳排放管理试行办法》	上海市人民政府
2013年11月	《上海市2013—2015年碳排放配额分配和管理方案》	上海市发展和改革委员会
2013年12月	《碳排放交易规则》(2020年6月修订) 《碳排放交易会员管理办法(试行)》(2020年6月修订) 《碳排放交易风险控制管理办法(试行)》(2020年6月修订) 《碳排放交易违规违约处理办法(试行)》(2020年6月修订)	沪环交所

续表

发布时间	文件名称	制定主体
	《碳排放交易机构投资者适当性制度实施办法(试行)》(2020年6月修订)	
2014年3月	《上海市碳排放核查工作规则(试行)》	上海市发展和改革委员会
2014年5月	《上海环境能源交易所碳排放交易结算细则(试行)》	沪环交所
2014年6月	《上海市碳排放核查第三方机构管理暂行办法》	上海市发展和改革委员会
2014年6月	《关于有偿发放上海市2013年度碳排放配额实施清缴期调控的公告》	上海市发展和改革委员会
2015年3月	《上海环境能源交易所碳排放交易信息管理办法(试行)》	沪环交所
2015年5月	《上海环境能源交易所协助办理CCER质押业务规则》	沪环交所
2015年6月	《上海环境能源交易所借碳交易业务细则(试行)》	沪环交所
2016年2月	《上海市碳排放交易纳入配额管理的单位名单(2016版)》	上海市发展和改革委员会
2016年11月	《上海市2016年碳排放配额分配方案》	上海市发展和改革委员会
2016年12月	《上海碳配额远期交易业务规则》	沪环交所
2017年6月	《关于上海市碳排放配额有偿竞价发放的公告》	上海市发展和改革委员会
2017年11月	《上海市碳排放交易纳入配额管理的单位名单(2017版)》	上海市发展和改革委员会
2017年12月	《上海市2017年碳排放配额分配方案》	上海市发展和改革委员会
2018年3月	《关于组织开展上海市重点单位2017年度能源利用状况和温室气体排放报告等相关工作的通知》	上海市发展和改革委员会、上海市经济和信息化委员会、上海市统计局
2018年5月	《关于印发上海市2018年节能减排和应对气候变化重点工作安排的通知》	上海市应对气候变化及节能减排工作领导小组办公室
2018年12月	《上海市碳排放交易纳入配额管理的单位名单(2018版)》	上海市发展和改革委员会
2018年12月	《上海市2018年碳排放配额分配方案》	上海市发展和改革委员会

续表

发布时间	文件名称	制定主体
2019 年 3 月	《关于开展本市纳入碳排放配额管理的企业 2018 年度碳排放报告工作的通知》	上海市生态环境局
2019 年 6 月	《关于开展纳入全国碳排放权交易市场发电行业重点排放单位相关材料报送工作的通知》	上海市生态环境局
2020 年 2 月	《关于开展本市 2019 年度碳排放报告与核查及新增发电行业重点排放单位相关材料报送工作的通知》	上海市生态环境局
2020 年 6 月	《上海市纳入碳排放配额管理单位名单（2019 版）》《上海市 2019 年碳排放配额分配方案》	上海市生态环境局
2020 年 12 月	《上海市碳排放核查第三方机构管理暂行办法（修订版）》	上海市生态环境局
2020 年 12 月	《上海碳排放配额质押登记业务规则》	沪环交所
2021 年 2 月	《上海市纳入碳排放配额管理单位名单（2020 版）》《上海市 2020 年碳排放配额分配方案》	上海市生态环境局
2021 年 2 月	《关于开展本市纳入碳排放配额管理单位 2020 年度碳排放报告和 2021 年度碳排放监测计划编制与报送工作的通知》	上海市生态环境局
2021 年 3 月	《关于 2020 年度上海碳排放配额第一次有偿竞价发放的公告》	上海市生态环境局
2021 年 9 月	《关于做好本市碳排放交易 2020 年度履约工作的通知》	上海市生态环境局
2021 年 10 月	《上海加快打造国际绿色金融枢纽服务碳达峰碳中和目标的实施意见》	上海市人民政府办公厅
2022 年 2 月	《上海市纳入碳排放配额管理单位名单（2021 版）》《上海市 2021 年碳排放配额分配方案》	上海市生态环境局
2022 年 2 月	《关于调整本市温室气体排放核算指南相关排放因子数值的通知》	上海市生态环境局

注：作者根据公开信息（2022 年 7 月 18 日之前）按发布时间顺序整理。

（3）广东碳交易制度

广东碳市场的交易规模一直位于国内碳市场的前列。据广碳交所的披露数据（不包括深圳市），其2018履约年度（2018年6月21日至2019年6月20日）的交易数据为：广东碳市场配额（GDEA）交易量为4991.05万吨，交易金额为8.37亿元，分别占同期全国碳市场总量的55.81%和45.68%；中国核证自愿减排量交易量为1080.87万吨，占全国各碳市场总量的22.60%，居全国第二位。其2019履约年度（2019年6月21日至2020年11月30日）交易数据为：广东碳市场配额交易量为3824.29万吨，交易金额为9.33亿元，占同期全国各试点碳市场总量的33.95%和30.56%；中国核证自愿减排量交易量为1416.79万吨，占全国各碳市场总量的19.98%。广州碳市场中机构投资者比较活跃，这是广州碳市场二级市场交易量快速增加和市场流动性较高的重要原因。据统计，2013年12月至2020年11月，广州碳市场二级市场交易量从119万吨增长至3784万吨，2019履约年度日均交易量超10万吨。广州碳市场中个人投资者参与交易的活跃度也比较高。广碳交所注册的各类市场主体在1200户以上。[1] 这也说明广州碳交易的政策设计创造了有利于投资者参与的制度环境，特别是鼓励公众参与的碳普惠制度设计（见表5-3）。

表5-3 广东碳市场政策文件列表

发布时间	文件名称	制定主体
2012年8月	《"十二五"控制温室气体排放工作实施方案》	广东省人民政府
2012年9月	《广东省碳排放权交易试点工作实施方案》	广东省人民政府
2013年11月	《广东省碳排放权配额首次分配及工作方案》	广东省发展和改革委员会
2013年12月	《广州碳排放权交易所（中心）碳排放权交易规则》	广碳交所
2013年12月	《广州碳排放权交易所（中心）会员管理暂行办法》	广碳交所
2014年1月	《广东省碳排放管理试行办法》	广东省人民政府

---

[1] 参见广州碳排放权交易所：《广东碳市场2019履约年度交易数据报告》和《广东碳市场2018履约年度交易数据报告》，载广州碳排放权交易中心官网"市场研究"栏目，http://www.cnemission.com/article/jydt/scyj/，最后访问时间：2022年7月18日。

续表

发布时间	文件名称	制定主体
2014 年 3 月	《广东省碳排放配额管理实施细则(试行)》	广东省发展和改革委员会
2014 年 3 月	《广东省企业碳排放信息报告与核查实施细则(试行)》	广东省发展和改革委员会
2014 年 8 月	《广东省 2014 年度碳排放配额分配实施方案》 附件:《广东省 2014 年度控排企业名单》《广东省新建(含扩建、改建)项目企业名单》《广东省 2014 年度控排企业配额计算方法》	广东省发展和改革委员会
2014 年	《关于委托广州碳排放权交易中心开展碳排放配额抵押登记工作的通知》	广东省发展和改革委员会
2015 年 2 月	《关于碳排放配额管理的实施细则》	广东省发展和改革委员会
2015 年 2 月	《关于企业碳排放信息报告与核查的实施细则》	广东省发展和改革委员会
2015 年 7 月	《广东省 2015 年度碳排放配额分配实施方案》 附件:1. 广东省 2015 年度控排企业名单 2. 广东省新建(含扩建、改建)项目企业名单 3. 广东省 2015 年度控排企业配额计算方法	广东省发展和改革委员会
2015 年 7 月	《广州碳排放权交易所(中心)碳排放配额交易规则》	广碳交所
2015 年 11 月	《碳排放权交易风险控制管理细则》	广碳交所
2015 年 12 月	《广东省碳排放配额抵押登记操作规程(试行)》	广碳交所
2016 年 1 月	《广州碳排放权交易中心远期交易业务指引》	广碳交所
2016 年 1 月	《广东省碳排放配额托管业务指引》	广碳交所
2016 年 7 月	《广东省 2016 年度碳排放配额分配实施方案》 附件:1. 广东省 2016 年度控排企业名单 2. 广东省新建(扩建、改建)项目企业名单 3. 广东省 2016 年度控排企业配额计算方法	广东省发展和改革委员会

续表

发布时间	文件名称	制定主体
2017 年 2 月	《广东省碳排放配额抵押登记操作规程（2017 年修订）》	广碳交所
2017 年 1 月	《广东省民航行业 2016 年度碳排放配额分配方案》《广东省造纸行业 2016 年度碳排放配额分配方案》《广东省白水泥企业 2016 年度碳排放配额分配方法》	广东省发展和改革委员会
2017 年 1 月	《广东省控排企业使用国家核证自愿减排量（CCER）抵消 2016 年度实际碳排放工作指引》	广东省发展和改革委员会
2017 年 2 月	《广东省企业（单位）二氧化碳排放信息报告指南（2017 年修订）》《广东省企业碳排放核查规范（2017 年修订）》	广东省发展和改革委员会
2017 年 4 月	《关于碳普惠制核证减排量管理的暂行办法》	广东省发展和改革委员会
2017 年 6 月	《关于印发省级碳普惠方法学（第一批）备案清单的通知》 附件：(1)广东省森林保护碳普惠方法学 (2)广东省森林经营碳普惠方法学	广东省发展和改革委员会
2017 年 6 月	《关于印发省级碳普惠方法学（第二批）备案清单的通知》 附件：广东省安装分布式光伏发电系统碳普惠方法学	广东省发展和改革委员会
2017 年 8 月	《碳排放权交易风险控制管理细则（2017 年修订）》	广碳交所
2017 年 8 月	《广东省 2017 年度碳排放配额分配实施方案》 附件：(1)广东省 2017 年度控排企业名单 (2)广东省新建（含扩建、改建）项目企业名单 (3)广东省 2017 年度控排企业配额计算方法	广东省发展和改革委员会
2017 年 9 月	《关于印发省级碳普惠方法学（第三批）备案清单的通知》 附件：(1)广东省使用高效节能空调碳普惠方法学 (2)广东省使用家用型空气源热泵热水器碳普惠方法学	广东省发展和改革委员会

续表

发布时间	文件名称	制定主体
2018 年 7 月	《广东省 2018 年度碳排放配额分配实施方案》 附件:(1)广东省 2018 年度控排企业名单 (2)广东省 2018 年度新建(含扩建、改建)项目企业名单 (3)广东省 2018 年度控排企业配额计算方法	广东省发展和改革委员会
2019 年 1 月	《广东省碳排放配额托管业务指引(2019 年修订)》	广碳交所
2019 年 1 月	《广东省碳排放配额回购交易业务指引(2019 年修订)》	广碳交所
2019 年 1 月	《广州碳排放权交易中心国家核证自愿减排量交易规则(2019 年修订)》	广碳交所
2019 年 1 月	《广州碳排放权交易中心碳排放配额交易规则(2019 年修订)》	广碳交所
2019 年 6 月	《关于恢复受理省级碳普惠核证减排量备案申请的通知》 附件:(1)广东省林业碳汇碳普惠方法学(2019 年修订版) (2)广东省安装分布式光伏发电系统碳普惠方法学(2019 年修订版) (3)使用高效节能空调碳普惠方法学(2019 年修订版) (4)广东省使用家用空气源热泵热水器碳普惠方法学(2019 年修订版) (5)广东省自行车骑行碳普惠方法学	广东省生态环境厅
2019 年 6 月	《关于做好我省参与全国碳排放权交易市场相关材料报送工作的通知》	广东省生态环境厅
2019 年 11 月	《关于印发广东省 2019 年度碳排放配额分配实施方案的通知》 附件:(1)广东省 2019 年度控排企业名单 (2)广东省新建项目企业名单 (3)广东省 2019 年度控排企业配额计算方法	广东省生态环境厅
2020 年 4 月	《广东省林业碳汇碳普惠方法学(2020 年修订版)》	广东省生态环境厅

续表

发布时间	文件名称	制定主体
2020年6月	《广东省碳普惠制核证减排量交易规则（2020年修订）》	广碳交所
2020年9月	《广州碳排放权交易中心交易及碳金融服务收费标准》	广碳交所
2020年12月	《广东省2020年度碳排放配额分配实施方案》 附件：(1)广东省2020年度控排企业名单 (2)广东省新建项目企业名单 (3)广东省2020年度控排企业配额计算方法	广东省生态环境厅
2021年12月	《广东省2021年度碳排放配额分配实施方案》 附件：(1)广东省2021年度控排企业名单 (2)广东省新建项目企业名单 (3)广东省2021年度控排企业配额计算方法 (4)持有广东碳市场剩余配额的电力企业名单(不含自备电厂)	广东省生态环境厅
2022年4月	《广东省碳普惠交易管理办法》 附件：(1)广东省碳普惠行为方法学备案申请表 (2)广东省碳普惠行为方法学设计文件编制大纲	广东省生态环境厅
2022年7月	《广州碳排放权交易中心碳交易会员管理办法(2022年修订)》	广碳交所

注：作者根据公开信息(2022年7月18日之前)按发布时间顺序整理。

（4）湖北碳交易制度

鄂碳交所是承担湖北碳市场试点任务的专业性交易机构，全国碳交易市场注册登记系统(中国碳排放权登记结算系统)的牵头承担单位。这说明湖北碳市场的制度建设成熟度较高，为交易的有序开展奠定了良好的基础(见表5-4)。据统计，2017~2021年5个履约年度，湖北碳市场成交湖北碳排放配额(HBEA)总计4339.63万吨，成交金额101724.14万元，成交均价23.44元/吨。2022年以来，鄂碳交所HBEA交易活跃度和均价持续走高。2022年1月至6月，HBEA现货成交178.71万吨，交易金额8454.06万元，均价47.30元/吨。

表 5-4　湖北碳市场政策文件列表

发布时间	文件名称	制定主体
2012 年 4 月	《湖北省"十二五"节能减排综合性工作方案》	湖北省人民政府
2012 年 12 月	《湖北省"十二五"控制温室气体排放工作实施方案》	湖北省人民政府
2013 年 2 月	《湖北省碳排放权交易试点工作实施方案》	湖北省人民政府
2013 年 12 月	《湖北省碳排放权交易注册登记管理暂行办法(试行)》	湖北省发展和改革委员会
2014 年 4 月	《湖北省碳排放权管理和交易暂行办法》	湖北省发展和改革委员会
2014 年 4 月	《湖北省碳排放权配额分配方案》	湖北省发展和改革委员会
2014 年 7 月	《湖北省温室气体排放核查指南(试行)》	湖北省发展和改革委员会
2014 年 7 月	《湖北省工业企业温室气体排放监测、量化和报告指南(试行)》	湖北省发展和改革委员会
2015 年 4 月	《关于 2015 年湖北省碳排放权抵消机制有关事项的通知》	湖北省发展和改革委员会
2015 年 9 月	《湖北省碳排放配额投放和回购管理办法(试行)》	湖北省发展和改革委员会
2015 年 11 月	《湖北省 2015 年碳排放权配额分配方案》	湖北省发展和改革委员会
2016 年 4 月	《湖北碳排放权交易中心配额托管业务实施细则》	鄂碳交所
2016 年 11 月	《湖北省应对气候变化和节能"十三五"规划》	湖北省人民政府
2017 年 1 月	《湖北省 2016 年碳排放权配额分配方案》	湖北省发展和改革委员会
2017 年 5 月	《湖北碳排放权交易中心碳排放权交易规则(2016 年第一次修订)》	鄂碳交所
2017 年 6 月	《湖北碳排放权交易中心碳排放权现货远期交易风险控制管理办法》	鄂碳交所
2017 年 6 月	《湖北碳排放权交易中心碳排放权现货远期交易规则》	鄂碳交所

续表

发布时间	文件名称	制定主体
2017 年 6 月	《湖北碳排放权交易中心碳排放权现货远期交易履约细则》	鄂碳交所
2017 年 6 月	《湖北碳排放权交易中心碳排放权现货远期交易结算细则》	鄂碳交所
2017 年 6 月	《关于 2017 年湖北省碳排放权抵消机制有关事项的通知》	湖北省发展和改革委员会
2017 年 6 月	《湖北省"十三五"节能减排综合工作方案》	湖北省人民政府
2018 年 1 月	《湖北省 2017 年碳排放权配额分配方案》	湖北省发展和改革委员会
2018 年 5 月	《关于 2018 年湖北省碳排放权抵消机制有关事项的通知》	湖北省发展和改革委员会
2020 年 8 月	《湖北省 2019 年度碳排放权配额分配方案》	湖北省生态环境厅

注:作者根据公开信息(2022 年 7 月 18 日之前)按发布时间顺序整理。

综上可见,地方碳市场的政策制定基本涵盖了碳排放权交易制度所应具备的各项基本制度:制定控排行业和控排企业纳入标准以确定覆盖范围、设定配额总量、确定配额分配方法、配额注册登记和交易管理、排放核算与报告方法学和报告要求、配额存储与回购规则、碳抵消(中国核证自愿减排量或其他碳汇)制度、数据核查与监察机制、履约纠纷解决规则和违规责任与处理等。这些要素构成了全国碳排放权交易体系(全国碳市场)的总体制度框架。此外,地方碳市场试点起到了宣传碳交易制度的作用,提高了各相关利益方(政府、控排企业、碳交易所、第三方核查机构、行业协会和其他市场服务提供商)参与碳排放交易体系的能力。世界银行认为,在碳排放交易制度的设计中,各国政府往往会低估利益相关方参与和公众宣传在确保该制度获得长期支持过程中的重要性。① 各方对碳排放交易制度的广泛认知和接受往往需要 5~10 年的时间来与各相关利益方进行沟通和能力建设。譬如,欧盟碳排放交易制度从试点到机制成熟经过了两个履行期(2005~2007 年,2008~2012 年)。

---

① 参见国际碳行动伙伴组织:《碳排放权交易实践手册:设计与实施》(第 2 版),世界银行集团 2021 年版,第 5—6 页。

值得注意的是,全国碳市场并未实现对地方碳市场的全面替代,而是与地方碳市场并存。这主要是因为两级市场的覆盖范围不同。全国碳市场目前仅涵盖发电行业,未被纳入全国碳市场管控的重点排放单位仍应参与地方碳市场。在平稳有序运行的前提下,全国碳市场必然会扩大行业覆盖范围和交易主体,丰富交易品种和交易方式,逐步建成全国统一的碳排放权交易机制,实现中国碳排放权配额对各地方碳市场的替代。因此,仍将持续运转且已实现多行业控排的地方碳市场,其经验和教训对未来我国碳市场的制度完善仍有重要的参考意义。

(5)碳市场地方试点的基本经验

碳市场地方试点的基本经验可以概括为以下几个方面。

第一,完善的法制基础是确立和稳定碳市场长期预期的基础性要素。所谓完善的法制基础至少包括两个层面:其一,政策制定者制定的规范覆盖了碳排放交易制度有序运转所必需的各个要素,即规则的完备性问题;其二,立法的层级或位阶与立法者确立碳排放交易制度所希望实现的目标相匹配,即规则的效力问题。碳排放交易制度应考虑的目标主要包括体系本身的环境完整性、措施的成本效益性、当地适用性、职责分明、透明度、稳定性、与其他政策的兼容性、公平性、政策的可预测性、政策的灵活性、行政成本的有效性等。[1] 但是,从根本上讲,碳排放交易制度作为一种数量化机制,其最终目的是通过碳配额的交易,实现对碳排放行为这一外部性问题的定价,从而限定一定期间的温室气体排放量。碳交易市场作为一个政府通过立法所创设的市场,其商品(碳配额、核证减排量或其他碳金融衍生产品)的流通性和价格稳定性是实现上述目的的关键因素。在供给已经被总量控制的前提下,碳配额的流通及其价格取决于市场主体对商品的需求,即碳配额的稀缺性取决于以立法所创设的对于配额的长期确定性需求。因此,从碳排放交易制度被创设出来的基本目的来看,碳排放交易制度的有效运转依赖于立法的权威性和确定性。这也是为何当前各国家和地区的碳排放交易制度均通过立法得以确认的原因。譬如,欧盟碳排放交易的相关规定、加利福尼亚州碳市场的《加利福尼亚州应对全球变暖法案》、为澳大利亚碳价格机制提供立法依据的《2011年清洁能源法》、新西兰碳市场的《应对气候变化(排放交易)2008年修正案》、韩国碳市场的

---

① 参见国际碳行动伙伴组织:《碳排放权交易实践手册:设计与实施》(第2版),世界银行集团2021年版,第5—6页。

《低碳绿色增长基本法》等。

从我国地方碳市场的政策体系来看,在完备性上,各个碳市场通过不同形式的规范性文件对碳排放交易的基本要素,包括但不限于控排行业和企业名单、配额总量、配额分配、市场架构(交易平台、交易产品、交易方式)、履约和监管(包括 MRV 机制和相应监察机制),进行了规定;在规则的效力问题上,各地方碳市场的基础性或纲领性文件均由地方人大或人民政府以地方性法规或政府规章的方式予以确定,其中北京和深圳均通过地方人大常委会决定的方式为本区域碳排放交易制度的实施提供法律依据。

第二,地方碳市场的碳交易采取了较为通行的"总量控制和配额交易"(cap and trade)模式。从地方碳市场的制度时间来看,碳交易制度下的总量控制有两层含义。其一,碳交易制度所涵盖的碳排放总量。这一般是"自上而下"地根据某段时间(一般与国家五年规划保持同步)需要实现的能源效率提高、碳强度下降、能源消费总量和经济增量(GDP 增速)等经济社会发展指标,结合数据模型进行情景分析来确定全部控排企业的排放总量或者行业控排总量。总量控制目标的确定还会结合"自下而上"的方式,对企业的历史排放数据、行业技术发展水平、减排潜力等因素进行考量。该总量既是纳入碳交易制度控制的温室气体排放总量指标,同时也是可供交易的碳配额总量。其二,控排企业在一定履行期内被允许的排放总量。这是指根据企业历史排放数据、行业基准和博弈方法所确定的企业在碳交易制度下的合法碳排放总量,即企业被初始分配(无偿或者拍卖)的碳排放配额。为了实现温室气体减排目标和强化碳配额的稀缺性,企业的年度配额应逐年减少,一般通过将逐年下降的行业控排系数或碳排放强度作为配额分配方法中的考量因素来实现。相对于全国碳市场而言,地方碳市场的控排企业数量较少,碳排放总量的计算与确定相对较为容易,全国碳市场总量控制目标的确定则比较复杂,不确定性因素较多。

第三,通过一定阈值标准选定重点行业排放企业为强制性碳交易主体,以平衡制度运行的减排绩效与履约监控成本。北京市所确定的标准为 2009~2011 年年均二氧化碳直接或者间接排放量大于 1 万吨的企业和单位,加上自愿参加的企业共计有 415 家;行业类型包括火力发电、热力生产、水泥、石化、其他工业和服务业等,管控排放总量占全市比重为 40%。《上海市碳排放管理办法》确定的参加企业为钢铁、石化、化工、有色、电力、建材、纺织、造纸、橡胶、化纤等工业行业内 2010~2011 年中任何年度二氧化碳排放量 2 万吨(包括直接和间接排放)以上的重点排放企业,以及航空、港口、机场、铁路、商业、宾馆、金融等非工业行业内同样期间任意年度二氧化碳排放超过 1 万吨的重点排放企业,共计 191 家,约占全市排放量的 57%。天津市规定的行业主要是钢铁、化工、电力、热力、石化、油气开发等重点排放行业和民用建筑领域内 2009 年以来任一年度二氧化碳排放量超过 2 万吨的企业,约 114 家,占全市排放总量的 50%~60%。重庆市确定的是年均 2 万吨二氧化碳当量的工业企业,约 254 家左右,占全市排放量的 39.5%。广东省确定的标准相对较低,为 1 万吨以上的工业企业和 5000 吨以上的宾馆、饭店、金融商贸等单位,首批纳入管控的是年排放量 2 万吨以上的电力、水泥、钢铁和石化行业内的 202 家企业和新建项目企业,控排总量占全市总碳排放量的 58%。湖北省则以综合能耗 6 万吨标准煤为标准,纳入建材、化工、电力、冶金、食品、私有、汽车及其他设备制造、化纤、医药、造纸等工业行业下 153 家企业。囿于经济规模总量,深圳市纳入的是年排放量超过 3000 吨二氧化碳当量的企事业单位、2 万平方米的大型公共建筑和 1 万平方米以上的国家机关建筑物和资源碳排放交易参与主体。

第四,地方碳市场优先采用基准法进行初始配额分配,兼顾了效率与公平;配额分配虽以免费发放为主,但是也对拍卖方式进行了试点。相对于计算较为简单的历史法或祖父法(以企业历史排放总量或强度为依据),基准法以单位产品碳排放为依据,在初始分配中可以向技术先进的企业分配更多的配额,更贴合碳交易制度以市场竞争推进低碳技术创新的本意。从各试点碳市场的实践来看,都优先采取基准法来对控排企业的初始配额分配进行确定。广东省碳市场 2021 年度的配额分配综合采用了基准线法、历史强度下降法和历史排放法。基准线法适用于水泥行业的熟料生产和水泥粉磨,钢铁行业的炼焦、石灰烧制、球团、烧结、炼铁、炼钢工序,普通造纸和纸制品生产企业,以及全面服务航空企业。[①] 北京市的碳市场也是如此,综合采取了基准线法、历史总量法和历史强度法。基准线法适用于数据核算基准较好的火力发电行业、水泥制造行业、热力生产和供应行业、其他发电和电力供应行业、数据中心等重点企业;历史排放法适用于石化、其他服务业(数据中心重点单位除外)等企业;历史强度法适用于水生产和供应企业。[②] 就配额发放的方式而言,地方碳市场以限度的方式探索

---

① 参见《广东省 2021 年度碳排放配额分配实施方案》(粤环[2021]12 号),2021 年 12 月 27 日发布。

② 参见《北京市重点碳排放单位配额核定方法》(京环发[2022]7 号 附件 4),2022 年 4 月 26 日发布。

了有偿方式。有偿发放是以竞价方式进行的,从实践来看,主要有两种模式:一种是在初始分配中明确有偿发放的比例,如 2013 年《广东省碳排放权配额首次分配及工作方案(试行)》明确 2013~2014 年控排企业、新建项目企业的免费配额和有偿配额比例分别为 97% 和 3%,2015 年比例分别为90% 和 10%。另一种是初始分配中全部免费发放,但是在履行期间根据市场运行情况,从预留配额中以公告方式定量发布竞价公告。例如上海市生态环境局《关于 2020 年度上海碳排放配额第一次有偿竞价发放的公告》(沪环气〔2021〕180 号),竞拍发放总量为 80 万吨。这两种发放方式的主要差异除发放时间不同外,还在于参与竞拍的市场参与主体范围不同。后者除允许控排单位参与外,还允许在碳交易所注册的机构投资者或者个人投资者参与。

第五,建立了比较完善的碳排放监测、报告和核查制度,并注意培育第三方核查机构。完善覆盖全项目范围的排放清单是启动排放交易系统的必要前提。从碳交易制度运行的全过程来看,配额总量的确定、企业初始配额的分配、企业履约核查、遵约空缺配额额度的确定及购入、配额上缴和注销、下一年度配额总量的确认与分配等,均需要对管辖边界内、行业领域和企业边界的温室气体排放量进行监测、报告与核查,这被视为碳交易制度的核心机制。试点省市一般均对涉及行业和企业的温室气体核算方法予以规定,以提供具有可比性的核算指南。这些核算与报告指南所参考的方法学,主要来自《IPCC 国家温室气体清单指南》《省级温室气体清单编制指南(试行)》等,并结合本区域行业特点加以编制。其内容也与上述温室气体核算与报告的基本规则相同,包括核算原则、核算边界、排放源、活动水平数据(排放因子等)、不确定性分析、数据质量管理等。为保证数据核查的准确性,各试点市场均规定企业履约的碳排放核算数据应由第三方专业机构进行核证,并规定交易主管机关有权对核证后的数据进行监察。

第六,配额分配中大都规定了调整机制,配额管理中也规定了应对价格波动的回购、涨跌幅限制、限制交易等风险机制。配额调整机制被视为中国碳排放交易试点和其他排放交易系统的一个显著区别。在该机制下,碳交易的管理者可以在初始配额分配结束后再次进行配额调整。交易试点的管理者可以通过以下方式调控市场波动:注销可能导致价格严重下滑的多余配额,对有效降低了碳排放强度的企业进行奖励,或保护提供基本公共服务产品但易于受到碳泄漏不利影响的企业,调整不能反映企业实际排放量的配额分配,等等。配额管理中的风险机制与配额调整机制具有功能上的相似性,都是为了保障碳交易市场的稳定。北京市就规定当排放配额交易价格出现异常波动时,北京市发展和改革委员会将通过拍卖或回购配额等方式稳定碳排放交易价格,维护市场秩序。上海市的规定则更为具体和完备,要求交易平台建立风险预警机制,通过涨跌幅度限制制度、配额最大持有量限制制度、风险警示制度、风险准备金制度,甚至暂时停止交易等手段,应对操纵交易价格等异常情况。

第七,为保证碳交易的安全和便捷并发挥交易所的自律监管功能,试点基本以固定交易平台为配额指定交易场所,并通过注册登记系统对配额的取得、转让、变更、清缴、注销行为进行信息化管理。与传统证券、期货等金融产品从场外交易到场内交易的历史进程不同,碳交易从一开始就以环境交易所或者专门性的碳排放交易所为固定的交易平台,辅以场外交易。这一发展模式形成的原因在于,排放权或者排污权等环境金融交易产品的供给和需求来自法律的创设。碳排放权的客体属于配额,是一种新型的生产要素,不同于证券或者期货产品所代表的公司股权和实物交割等已经被市场接受具有经济价值,碳排放权作为一种被法律创设的"商品",只有在法定交易平台进行交易,才能实现其交换价值。

第八,为增加企业履约的灵活性,地方碳市场均设立了碳抵消制度,将中国核证自愿减排量纳入交易范围,并探索此外的具有碳普惠性质的抵消信用产品。企业在交易所既可以购入地方性立法权力所创设的地方碳排放权利证书,比如北京排放许可、上海排放许可、重庆排放许可等区域性碳排放配额,还可以购入一定比例(5%～10%)的中国核证自愿减排量作为履约补充。中国核证自愿减排量,是指根据《温室气体自愿减排交易管理暂行办法》向排放交易主管部门(国家发展和改革委员会)备案的核证自愿减排量。核证自愿减排量的引入强化了碳交易试点企业履约的灵活性,为地方性的碳交易试点注入了全国性的特征,同时也为全国性碳交易的开展提供了经验;由于核证自愿减排量项目来源主要是西部新能源和可再生能源项目,对核证自愿减排量交易形成了对西部地区从事新能源开发和碳汇开发项目的转移支付,客观上起到了支持国家西部大开发战略的作用。除此之外,碳抵消机制的创新还可以把减缓气候变化与扶贫以及激励低碳出行和低碳生活方式相连接。如北京和广东碳市场的林业碳汇、绿色出行碳汇和光伏分布式发电碳普惠项目等。

第九,均规定未能履约的法律责任(惩罚机制),责任或者惩罚力度一般均高于超额排放量的平均市场价格。责任形式以罚款为主,比如北京、上海、重庆、深圳、湖北等省市均规定了不同程度和数额的罚款责任。从实践来看，地方碳市场探索了多元化的履约保障或激励机制。除罚款外，这些机制还涉及信息披露、信用评价和能源相关优惠政策的给予等。[1] 不依赖罚款性质的强制措施来促进履约的重要原因是，当前确立地方碳交易制度的纲领性法律文件效力层级较低，缺乏设置较高水平的罚则的权力。

第十，地方碳市场坚持信息公开原则，探索了这一新型要素市场信息披露的方式、范围和程序。公开原则是各试点市场确立的基本原则之一。[2] 从各地方碳市场和碳交易所的相关规则和实践来看，应公开的内容除各项制度或规则之外，还包括配额总量及其确定方法学、配额分配标准和分配方案、控排企业的纳入标准和具体名单、第三方核查机构的准入标准和名单、企业碳排放核算和报告指南、重点排放单位的配额清缴情况、交易信息等。从主体来看，承担披露义务的主体涉及主管部门、企业、交易所和第三方核查机构。各地方政府还设定了违反披露义务的相应法律责任，责任形式以行政处分为主。[3]

2. 全国碳市场的制度构建及其成果

全国碳市场建设是在地方碳市场的经验基础之上与地方碳市场并行推进的。根据 2016 年国家发展和改革委员会办公厅发布的《关于切实做好全国碳排放权交易市场启动重点工作的通知》，各地方政府主管部门当年应当完成以下工作：提出拟纳入全国碳市场的企业名单；对拟纳入企业的历史碳排放数据进行核算、报告和核查；培育和遴选第三方核查机构和人员；强化能力建设，等等。能力建设的主要内容就是对不同层次的参与人员进行系统性培训和教育活动。比如，对行政管理部门，加强碳排放权

---

① 例如《上海市碳排放管理试行办法》第 40 条规定："纳入配额管理的单位违反本办法第十二条、第十三条第二款、第十六条的规定，除适用本办法第三十七条、第三十八条、第三十九条的规定外，市发展改革部门还可以采取以下措施：（一）将其违法行为按照有关规定，记入该单位的信用信息记录，向工商、税务、金融等部门通报有关情况，并通过政府网站或者媒体向社会公布；（二）取消其享受当年度及下一年度本市节能减排专项资金支持政策的资格，以及 3 年内参与本市节能减排先进集体和个人评比的资格；（三）将其违法行为告知本市相关项目审批部门，并由项目审批部门对其下一年度新建固定资产投资项目节能评估报告表或者节能评估报告书不予受理。"

② 如《北京市碳排放权交易管理办法》第 3 条中规定，"碳排放权交易坚持政府引导与市场化运行相结合，遵循诚信、公开、公平、公正的原则"；《广东省碳排放管理试行办法》第 3 条规定："碳排放管理应当遵循公开、公平和诚信的原则，坚持政府引导与市场运作相结合。"

③ 例如《上海市碳排放管理试行办法》第 42 条规定，交易所未按规定公布交易信息的，由上海市发展改革部门责令限期改正，处以 1 万元以上 5 万元以下罚款；第 37 条规定，纳入配额管理的单位违反该办法第 12 条的规定，虚报、瞒报或者拒绝履行报告义务的，由上海市发展改革部门责令限期改正；逾期未改正的，处以 1 万元以上 3 万元以下的罚款。

交易市场顶层设计、运行管理、注册登记系统应用与管理、市场监管等方面的培训;对参与企业,着重开展碳排放权交易基础知识、碳排放核算与报告、注册登记系统使用、市场交易、碳资产管理等方面的培训;对第三方核查机构,重点开展数据报告与核查方面的培训;对交易机构,主要进行市场风险防控、交易系统与注册登记系统对接等方面的培训。这些内容均是各地方碳市场正在实施的工作内容。按照计划,全国碳交易市场应当于2017年开始启动。为完成这一任务,国家发展和改革委员会着手制定了一系列文件,至2017年年底启动了对石化、化工、建材、钢铁、有色、造纸、电力、航空等重点排放行业企业的2016年度、2017年度碳排放报告与核查及排放监测计划制定有关工作,要求各省市组织2013~2017年任一年度温室气体排放量达2.6万吨二氧化碳当量(综合能源消费量约1万吨标准煤)及以上的上述行业企业或者其他经济组织,进行温室气体排放核算和报告,以为全国碳交易市场的运行做好配额分配的前期工作。2017年12月18日,国家发展和改革委员会发布《全国碳排放权交易市场建设方案(发电行业)》,正式启动了全国碳交易市场。根据该方案,我国碳交易全国市场的建立将以发电行业为突破口,以培育市场主体,完善市场监管,逐步扩大市场覆盖范围,丰富交易品种和交易方式,最终建成多行业、广覆盖的全国碳排放交易体系。经过持续推进,全国碳市场最终于2021年7月16日上线。纳入全国碳市场的控排企业为2162家发电企业,年覆盖温室气体排放量45亿吨 CO_2^e。至2021年12月31日,全国碳市场第一个履约周期完成。在该周期内,全国碳市场配额累计成交量1.79亿吨,累计成交额76.61亿元。

(1)全国碳市场的制度体系

全国碳市场的制度体系是在地方碳市场的试点经验基础之上,由国务院及其组成部门(国家发展和改革委员会及生态环境部等)主导制定的(见表5-5)。

表5-5　全国碳市场政策文件

发布时间	文件名称	制定主体
2011年10月	《关于开展碳排放权交易试点工作的通知》	国家发展和改革委员会
2011年12月	《"十二五"控制温室气体排放工作方案》	国务院
2012年6月	《温室气体自愿减排交易管理暂行办法》	国家发展和改革委员会
2013年5月	《关于加强应对气候变化统计工作的意见》	国家发展和改革委员会、国家统计局

发布时间	文件名称	制定主体
2013 年 10 月	《关于印发首批 10 个行业企业温室气体排放核算方法与报告指南(试行)的通知》 附件:(1)《中国发电企业温室气体排放核算方法与报告指南(试行)》 (2)《中国电网企业温室气体排放核算方法与报告指南(试行)》 (3)《中国钢铁生产企业温室气体排放核算方法与报告指南(试行)》 (4)《中国化工生产企业温室气体排放核算方法与报告指南(试行)》 (5)《中国电解铝生产企业温室气体排放核算方法与报告指南(试行)》 (6)《中国镁冶炼企业温室气体排放核算方法与报告指南(试行)》 (7)《中国平板玻璃生产企业温室气体排放核算方法与报告指南(试行)》 (8)《中国水泥生产企业温室气体排放核算方法与报告指南(试行)》 (9)《中国陶瓷生产企业温室气体排放核算方法与报告指南(试行)》 (10)《中国民航企业温室气体排放核算方法与报告指南(试行)》	国家发展和改革委员会办公厅
2014 年 4 月	《关于推进林业碳汇交易工作的指导意见》	原国家林业局
2014 年 9 月	《国家应对气候变化规划(2014—2020 年)》	国家发展和改革委员会
2014 年 12 月	《关于印发第二批 4 个行业企业温室气体排放核算方法与报告指南(试行)的通知》 附件:(1)《中国石油和天然气生产企业温室气体排放核算方法与报告指南(试行)》 (2)《中国石油化工企业温室气体排放核算方法与报告指南(试行)》 (3)《中国独立焦化企业温室气体排放核算方法与报告指南(试行)》 (4)《中国煤炭生产企业温室气体排放核算方法与报告指南(试行)》	国家发展和改革委员会办公厅

发布时间	文件名称	制定主体
2015 年 7 月	《关于印发第三批 10 个行业企业温室气体核算方法与报告指南(试行)的通知》 附件:(1)《造纸和纸制品生产企业温室气体排放核算方法与报告指南(试行)》 (2)《其他有色金属冶炼和压延加工企业温室气体排放核算方法与报告指南(试行)》 (3)《电子设备制造企业温室气体排放核算方法与报告指南(试行)》 (4)《机械设备制造企业温室气体排放核算方法与报告指南(试行)》 (5)《矿山企业温室气体排放核算方法与报告指南(试行)》 (6)《食品、烟草及酒、饮料和精制茶企业温室气体排放核算方法与报告指南(试行)》 (7)《公共建筑运营单位(企业)温室气体排放核算方法和报告指南(试行)》 (8)《陆上交通运输企业温室气体排放核算方法与报告指南(试行)》 (9)《氟化工企业温室气体排放核算方法与报告指南(试行)》 (10)《工业其他行业企业温室气体排放核算方法与报告指南(试行)》	国家发展和改革委员会办公厅
2015 年 11 月	《关于批准发布〈工业企业温室气体排放核算和报告通则〉等 11 项国家标准的公告》 附件:(1)《工业企业温室气体排放核算和报告通则》(GB/T 32150—2015) (2)《温室气体排放核算与报告要求 第 1 部分:发电企业》(GB/T 32151.1—2015) (3)《温室气体排放核算与报告要求 第 2 部分:电网企业》(GB/T 32151.2—2015) (4)《温室气体排放核算与报告要求 第 3 部分:镁冶炼企业》(GB/T 32151.3—2015) (5)《温室气体排放核算与报告要求 第 4 部分:铝冶炼企业》(GB/T 32151.4—2015)	原国家质量监督检验检疫总局、国家标准化管理委员会

发布时间	文件名称	制定主体
	(6)《温室气体排放核算与报告要求 第5部分:钢铁生产企业》(GB/T 32151.5—2015)	
	(7)《温室气体排放核算与报告要求 第6部分:民用航空企业》(GB/T 32151.6—2015)	
	(8)《温室气体排放核算与报告要求 第7部分:平板玻璃生产企业》(GB/T 32151.7—2015)	
	(9)《温室气体排放核算与报告要求 第8部分:水泥生产企业》(GB/T 32151.8—2015)	
	(10)《温室气体排放核算与报告要求 第9部分:陶瓷生产企业》(GB/T 32151.9—2015)	
	(11)《温室气体排放核算与报告要求 第10部分:化工生产企业》(GB/T 32151.10—2015)	
2016年1月	《关于切实做好全国碳排放权交易市场启动重点工作的通知》	国家发展和改革委员会办公厅
2016年5月	《关于进一步规范报送全国碳排放权交易市场拟纳入企业名单的通知》	国家发展和改革委员会办公厅
2016年10月	《"十三五"控制温室气体排放工作方案》	国务院
2017年12月	《全国碳排放权交易市场建设方案(发电行业)》	国家发展和改革委员会
2020年10月	《关于促进应对气候变化投融资的指导意见》	生态环境部、国家发展和改革委员会、中国人民银行、原中国银行保险监督管理委员会、中国证券监督管理委员会
2020年12月	《碳排放权交易管理办法(试行)》	生态环境部
2020年12月	《2019—2020年全国碳排放权交易配额总量设定与分配实施方案(发电行业)》	生态环境部

发布时间	文件名称	制定主体
2020 年 12 月	《纳入 2019—2020 年全国碳排放权交易配额管理的重点排放单位名单》	生态环境部
2021 年 1 月	《关于统筹和加强应对气候变化与生态环境保护相关工作的指导意见》	生态环境部
2021 年 3 月	《关于加强企业温室气体排放报告管理相关工作的通知》	生态环境部
2021 年 3 月	《企业温室气体排放报告核查指南(试行)》	生态环境部
2021 年 5 月	《碳排放权登记管理规则(试行)》	生态环境部
2021 年 5 月	《碳排放权交易管理规则(试行)》	生态环境部
2021 年 5 月	《碳排放权结算管理规则(试行)》	生态环境部
2021 年 10 月	《2030 年前碳达峰行动方案》	国务院
2021 年 10 月	《关于做好全国碳排放权交易市场第一个履约周期碳排放配额清缴工作的通知》	生态环境部
2021 年 10 月	《关于做好全国碳排放权交易市场数据质量监督管理相关工作的通知》	生态环境部
2022 年 4 月	《碳金融产品》(JR/T 0244—2022)	中国证券监督管理委员会
2024 年 1 月	《碳排放权交易管理暂行条例》	国务院

（2）全国碳市场的制度成果

基于上述文件可见,全国碳市场已经形成较为完善的政策体系,覆盖了碳交易制度得以有序运作的基本要素。

第一,在立法上,国务院制定了国家碳市场的纲领性文件,即《碳排放权交易管理暂行条例》。

该条例是具有普遍效力的行政法规,对碳交易各个环节进行了规定:明确了全国碳市场的主管机构及其职责;确定了纳入管控的行业范围、纳入标准以及重点排放单位的相应报送程序;说明了配额总量确定与分配方案的制定、发布机关以及方法学原则,配额分配的方法和重点排放单位在交易系统中进行注册和配额登记的义务;明确了碳市场内进行交易的产品范围、交易的方式以及交易平台对交易信息和相关数据信息准确披露的责任;规定了重点排放单位进行碳排放核算与报告的义务、数据报告的基本要求与程序,以及接受主管部门和专业技术服务机构进行数据核查的义务和相应的异议复核权;明确重点排放单位的清缴义务并允许在限定比例内使用符合额外性要求的中国核证自愿减排量抵消清缴义务,等等。

第二,在配额的总量确定和配额的初次分配上,采取"自下而上"和"自上而下"相结合的方式,以减少全国碳市场启动时数据核查的复杂性和不确定性,平衡中央和省级主管部门之间的职责分配,保障控排企业对市场的积极参与度,确保全国碳市场在试运行阶段能够平稳运行。

在总量控制目标的确定上,采取"自下而上"的方式,先确定纳入控排的重点排放单位名单,并由省级主管部门负责本区域内相应排放单位的数据统计从而形成省级行政区域配额总量,加总形成全国碳市场所管控的全国配额总量。在国家发展和改革委员会已经发布的覆盖 2 个行业的核算与报告指南的基础和已有序实施的能源统计体系之上,长期进行能源统计和报送的发电行业企业能够较快地完成本企业 2019~2020 年的实际产出量的核算与报告工作。这种自下而上的数据统计和报送程序,并没有实质性增加控排企业和省级主管部门的数据核算和核查工作。在全国碳市场所确定的免费分配方式下,如果基于企业的历史排放数据进行配额的初始分配,坚持贯彻"自下而上"的方式,虽然最大限度降低了碳交易机制对控排企业经营的负面影响,但是会降低碳市场对于企业创新的激励效应。因此,结合地方碳市场配额分配的经验,全国碳市场的配额也应坚持以"基线法"核算重点排放单位所拥有机组的配额量。为体现碳交易制度的控排效应,具体的配额中引入了"碳排放基准值"这一指标。这一基准值是由生态环境部根据全国发电行业的技术现状所确定的不同类别机组单位供电(热)量的碳排放限值。碳排放基准值的引入,使得全国碳市场的配额分配具有"自上而下"的特征。其实施效果是,技术落后且单位生产量超出基准值的控排企业,其所获得的按照基准值确定的配额持有量将不足以履行按照实际排放量所核算的清缴义务所需的配额数量,只能通过购入的方式完成配额清缴义务,从而产生了对配额的交易需求。

第三,完善并强化了碳市场的 MRV 机制,保障了碳市场有序运作所依赖的碳排放数据的准确性和可比性。

如果缺乏有效的 MRV 机制,就难以确认控排企业是否完成了其履约义务。无论是在国际层面还是国内层面,碳排放数据的核算与报告是应对气候变化工作的核心和基础问题之一。《联合国气候变化框架公约》、《京都议定书》和《巴黎协定》中均将编制国家排放清单作为各缔约方必须履行的核心义务。IPCC 为保障各国排放数据报告的一致性和可比性,制定了《1996 年 IPCC 指南》、《2006 年 IPCC 指南》、《国家温室气体清单优良作法指南和不确定性管理》（GPG2000）、《土地利用、土地利用变化和林业优良做法指南》（GPG-LULUCF）等文件。各国也依此制定了本国范围内不同排放边界下的温室气体核算与报告指南，如美国环境保护局 2009 年制定的《温室气体强制报告规则》。我国则制定了适用于省级地方政府的《省级温室气体清单编制指南（试行）》。

在全国碳市场的准备阶段，我国已经形成了"国家、地方、企业"三级温室气体排放基础统计和核算工作体系。根据国家发展和改革委员会《关于加强应对气候变化统计工作的意见》（发改气候〔2013〕937 号），与温室气体有关的统计指标包括气候变化及影响类、适应气候变化类、控制温室气体排放类、应对气候变化资金投入类、应对气候变化相关管理类等五大类 36 项指标。其中与温室气体减排直接相关的控制温室气体排放类指标是该统计指标体系的核心内容，具体包括：单位国内生产总值二氧化碳排放降低率、温室气体排放总量、分领域温室气体排放量（能源活动、工业生产过程、农业、土地利用变化和林业、废弃物处理等 5 个领域温室气体排放量）、第三产业增加值占 GDP 的比重、战略性新兴产业增加值占 GDP 的比重、单位 GDP 能源消耗降低率、规模以上单位工业增加值能耗降低率、单位建筑面积能耗降低率、非化石能源占一次能源消费比重、森林覆盖率、森林蓄积量、新增森林面积、水泥原料配料中废物替代比、废钢入炉比、测土配方施肥面积、沼气年产气量等 17 项具体指标。与全国碳市场 MRV 体系更直接相关的是国家发展和改革委员会发布的 24 个行业核算与报告指南，其中 10 个行业指南已经上升为国家标准。除此之外，地方碳市场还探索了核算与报告的地方性标准，对服务业等的核算提供指引。

第四，搭建了具有开放性和包容性的全国碳市场交易平台，包括全国排污许可证管理信息平台中的碳排放数据报送功能模块、全国碳排放权注册登记系统（鄂碳交所承办）、全国碳排放权交易系统（沪碳交所承办）以及国家核证自愿减排量交易平台（北碳交所承办），实现对企业碳排放信息的数据化管理，对碳配额的持有、变更、清缴、注销的登记及相关业务的监督管理，以及配额交易信息和中国核证自愿减排量碳抵消信息的持续性管理。由于统一的全国碳排放权注册登记机构和全国碳排放权交易机构尚未独立建制，相关的登记管理规则、交易管理规则和结算管理规则是由生态环境部制定并发布的，这与地方碳市场中由交易平台（碳交易所）制定相关规则的模式不同。交易平台在主管机构建构的制度基础上负责交易规则的设立和实施是碳市场市场化导向的重要体现。基于交易平台提供的中介功能,机构投资者和符合条件的个人投资者参与碳市场交易,可以提高市场流动性,提高市场资源配置的效率。全国碳市场明确允许符合国家有关交易规则的机构和个人参与交易,①奠定了市场开放性和包容性的基本特征。

第五,注意引导碳金融产品创新,丰富交易品种,确立碳金融产品创新的国家基准。碳交易激励效应取决于配额价格或碳价格的持续性高位运行。在我国仍以碳强度的降低为碳市场运作的主要目标的现状下,全国碳市场很难实施类似欧盟碳排放交易制度的绝对总量目标设定的模式,而是要与我国低碳转型的阶段性特点相一致。因此,无论是地方碳市场还是全国碳市场,"重配额分配,轻配额总量设定"的现象仍将持续。考虑到我国碳市场的控排企业基本都属于碳泄漏效应较为显著的制造业,配额分配以免费为主的模式也将持续。② 鉴于我国各地区经济发展水平不一,决定配额分配稀缺性的关键指标碳排放基准值的设定,不太可能锚定在行业最先进水平。技术革新和跃升的可能性也会使原本相对偏紧的基准值难以释放出保证碳市场充分流动性的稀缺性。因此,各地方碳市场均探索了非控排重点排放单位参与市场交易的可能性,鼓励机构投资者和符合条件的个人参与,也鼓励金融机构依法依规开发碳远期、碳掉期、碳期货等碳配额衍生品。相对于地方碳市场的相应制度建构,全国碳市场在该领域的制度建构更为完善,有关部门协同制定了具有全国适用性的碳金融产品行业标准,为全国碳市场未来的碳金融创新提供了基准。

概言之,全国碳市场已经完成了基本的制度建构,并按照计划开展了发电行业重点排放单位的配额分配与履约核查。虽然在第一个履约周期内暴露出了一些问题,如覆盖行业单一、流动性不足、交易产品有限、数据真实性存疑等,但是,作为控排规模超大的国家碳市场,不太可能在初步运行阶段即十分完善;欧盟碳排放交易制度在初期阶段面临的供需失衡问题可能更具有代表性。随着节能财政补贴政策的推出,我国经济在生态文明理念下需要实现深度的低碳转型,碳市场将成为推进这一转型的最主要政策工具之一。在明确现状的情况下,如何完善碳市场的制度构建以充分发挥其制度功能,还需要进一步梳理中国碳市场当前所面临的新挑战和机遇,并结合这些新的情势剖析碳市场机制仍存在的缺陷。

① 参见生态环境部下发的《碳排放权交易管理办法(试行)》(生态环境部令第 19 号,2020 年 12 月 31 日发布),第 21 条。

② 参见张希良:《国家碳市场总体设计中几个关键指标之间的数量关系》,载《环境经济研究》2017 年第 3 期。

二、中国碳市场制度的当代挑战

当前中国碳市场建设面临着新的时代挑战。首先,从国际层面来看,气候全球治理进入了新的历史阶段。《巴黎协定》形成了新的全球治理范式,其第 6 条规定了两种市场化合作减排机制,取代了《京都议定书》的国际碳交易制度。[①]　其次,从国内层面来看,中国应对气候变化工作也进入了新的阶段。《中共中央、国务院关于完整准确全面贯彻新发展理念做好碳达峰碳中和工作的意见》(以下简称《"双碳"工作意见》)明确指出:"实现碳达峰、碳中和,是以习近平同志为核心的党中央统筹国内国际两个大局作出的重大战略决策,是着力解决资源环境约束突出问题、实现中华民族永续发展的必然选择,是构建人类命运共同体的庄严承诺。""双碳"目标的提出使中国碳市场建设和运行的大背景发生了重要变化,也因而会影响全国碳市场未来发展的路径和关键要素的设计,促使中国碳市场更为完善,从而更好地服务于中国生态文明建设和经济社会发展的大局。考虑到中国在气候全球治理中的角色变化,[②]这些挑战同时也为全国碳市场引领《巴黎协定》下新国际碳交易制度的构建提供了机遇,并有助于认知中国碳市场制度亟待改进之处。

1. 碳达峰和碳中和对全国碳市场建设目标和关键要素的重新定义

2020 年 9 月 22 日,中国国家主席习近平在第七十五届联合国大会一般性辩论上郑重宣示:中国将提高国家自主贡献力度,采取更加有力的政策和措施,二氧化碳排放力争于 2030 年前达到峰值,努力争取 2060 年前实现碳中和。实现碳达峰、碳中和是中国经过深思熟虑作出的重大战略决策,是着力解决资源环境约束突出问题、实现中华民族永续发展的必然选择,是构建人类命运共同体的庄严承诺。[③]《"双碳"工作意见》指出,实现"双碳"目标,需要"立足新发展阶段,贯彻新发展理念,构建新发展格局,坚持系统观念,处理好发展和减排、整体和局部、短期和中长期的关系,把碳达峰、碳中和纳入经济社会发展全局,以经济社会发展全面绿色转型为引领,以能源绿色低碳发展为关键,加快形成节约资源和保护环境的

---

① 参见王云鹏:《论〈巴黎协定〉下碳交易的全球协同》,载《国际法研究》2022 年第 3 期。

② 参见庄贵阳、薄凡、张靖:《中国在全球气候治理中的角色定位与战略选择》,载《世界经济与政治》2018 年第 4 期。

③ 参见国务院新闻办公室:《中国应对气候变化的政策与行动(2021 年 10 月)》,2021 年 10 月 27 日发布。

产业结构、生产方式、生活方式、空间格局,坚定不移走生态优先、绿色低碳的高质量发展道路"。

(1)全国碳市场的制度完善是"双碳"工作的重要内容

全国碳市场是双碳目标实现中的一项重要内容和关键性制度,是落实中国二氧化碳排放达峰目标与碳中和愿景的重要政策工具。[①]《"双碳"工作意见》第 33 条明确要求:持续完善全国碳市场建设,逐步扩大市场覆盖范围,丰富交易品种和交易方式,完善配额分配管理;将碳汇交易纳入全国碳排放权交易市场,建立健全能够体现碳汇价值的生态保护补偿机制;健全企业、金融机构等碳排放报告和信息披露制度。作为基于市场竞争机制发挥优化资源配置功能的新型要素市场,全国碳市场的功能与保障双碳目标实现的重点任务或领域高度耦合。

第一,作为碳价格机制,全国碳市场通过价格机制可以有效推进经济社会发展全面绿色转型。碳市场运行的基本机理就是碳价格机制将企业生产经营活动中的气候外部性内部化。碳市场的有效运作将使高耗能和高碳排放商品在市场竞争中劣于低碳产品,从而引导消费者形成对低碳产品的消费偏好,加快形成绿色生产生活方式。碳市场的长期稳定运行还能促进企业扩大低碳技术创新,提高清洁生产能力,扩大绿色低碳产品的供给。学者基于对地方碳市场企业的实证研究认为,虽然碳市场的政策压力并不是企业在低碳投资决策中优先考虑的因素,但是碳市场的中长期规划却因能够提供长久稳定的政策导向,对企业的低碳投资决策有积极正向的影响。[②]

第二,碳市场是一种量化减排机制,通过对纳管重点排放单位一定期间内配额总量的限定,间接实现了对能源、钢铁、有色金属、石油化工、水泥、平板玻璃、电解铝等高耗能高排放项目的能源消费总量和强度的控制,能够为产业结构优化升级和遏制高耗能高排放项目盲目发展提供支持。在全国碳市场有效运行的前提下,只有单位产品碳排放量低于本行业配额分配中基准值的企业才有可能产生配额盈余,从而在配额的交易中获

[①] 参见生态环境部下发的《关于统筹和加强应对气候变化与生态环境保护相关工作的指导意见》(环综合〔2021〕4 号),2021 年 1 月发布。该意见第 6 条"全力推进碳达峰行动"中一项内容就是"加快全国碳排放权交易市场制度建设、系统建设和基础能力建设,以发电行业为突破口率先在全国上线交易,逐步扩大市场覆盖范围,推动区域碳排放权交易试点向全国碳市场过渡,充分利用市场机制控制和减少温室气体排放"。

[②] 参见张海军、段茂盛、李东雅:《中国试点碳排放权交易体系对低碳技术创新的影响——基于试点纳入企业的实证分析》,载《环境经济研究》2019 年第 2 期。

取经济利益。这就产生了引导控排企业提高能效的正向激励,有利于提高重点排放单位所在行业的能源利用效率,实现节能降碳的目的,推进节能降碳增效行动和工业领域碳达峰行动。此外,鉴于工业领域和能源生产领域碳排放与污染物排放的同源性,碳市场可以强化对碳排放和污染物排放的源头控制,实现减污降碳的协同管理。[1]

第三,全国碳市场的完善有利于控制化石能源消费,激励可再生能源的开发与利用。全国碳市场将发电企业纳入管控,增加了以化石能源为燃料的火电厂的电力生产成本。有学者研究认为,随着全国碳市场逐步完善,特别是有偿配额比例的增加和碳价格的高企(100 元/吨),碳履约成本占发电成本比例将逐步攀升,燃煤机组碳成本占发电成本比例最高将达29%,燃气机组此比例达 6%;煤电和气电单位发电收益逐步降低甚至出现亏损,远低于可再生能源。[2] 换言之,全国碳市场的逐步完善有利于助推投资向清洁高效火电机组和可再生能源倾斜。随着全国碳市场的扩容,发电行业以外的高耗能行业被纳入管控有利于加快煤炭的减量步伐,[3]引导发电企业和社会资本投资开发风能、太阳能、生物质能、海洋能等可再生能源。能源利用形式的多元化也将促使我国电力市场改革,有力推动以消纳可再生能源为主的增量配电网、微电网和分布式能源的市场主体地位的确认,持续深化能源体制机制改革,提高我国能源安全。

第四,全国碳市场碳抵消机制的完善,能够持续巩固和提升我国的碳汇能力,引导分布式光伏设施在建筑领域的扩大应用,激励绿色低碳出行,助推城乡建设和交通运输体系的低碳发展。随着全国碳市场建设的持

---

① 参见生态环境部、国家发展和改革委员会、工业和信息化部、住房和城乡建设部、交通运输部、农业农村部、国家能源局下发的《减污降碳协同增效实施方案》(环综合〔2022〕42 号),2022年 6 月 13 日发布。

② 参见孙友源等:《碳市场与电力市场机制影响下发电机组成本分析与竞争力研究》,载《气候变化研究进展》2021 年第 4 期。

③ 有学者认为全国碳市场如果想达到市场活跃度、减排成本和减排效果三目标的最佳平衡点,应扩容并覆盖至电力、热力生产与供应、石油加工、炼焦和核燃料加工业,黑色金属冶炼和压延加工业,非金属矿物制品业,化学原料和化学制品制造业,有色金属冶炼和压延加工业,造纸和纸制品业,农副食品加工业以及食品制造业,等等。这种覆盖广度可以使碳市场实现对我国二氧化碳排放量 45%~50% 的管控。参见张继宏等:《中国碳排放交易市场的覆盖范围与行业选择——基于多目标优化的方法》,载《中国地质大学学报(社会科学版)》2019年第 1 期。

续推进和不断完善,CCER 的重启得到了政界①、学界②和实务界③的广泛支持。虽然国家发展和改革委员会基于 CCER 交易规模小且项目不规范等原因于 2017 年 3 月停止了 CCER 项目的备案,但是已备案项目所产生的 CCER 仍可入市交易。全国碳市场的启动,有力地助推了 CCER 交易的活跃度。据统计,上海碳市场 2021 年累计成交 CCER 达 6049.71 万吨,累计成交额 1.58 亿元;④全国碳市场第一个履约周期内,约 3400 万吨 CCER 被用于履约抵消。

第五,完善的全国碳市场可以有力提升我国对外开放绿色低碳发展水平。保障我国在全球气候治理中的地位和作用,争夺贸易与气候问题国际标准制定权,塑造对我国有利的国际实践,一直是我国制定气候政策的重要考量。《"双碳"工作意见》提出要"积极参与国际规则和标准制定,推动建立公平合理、合作共赢的全球气候治理体系",以维护我国发展利益。全国碳市场的制度完善就是在打造碳市场的中国标准,提升我国在基于碳市场或与碳市场有关的国际气候合作中的制度性话语力量。全国碳市场所具备的规模优势使得我国在"一带一路"等国际经贸合作平台中引入绿色低碳合作具有天然的话语优势。通过打造开放、包容的全国碳市场制度体系,可助力绿色"一带一路"建设。

综上可见,全国碳市场作为一项重大制度创新,通过碳价格对于市场主体的竞争激励效应,能够均衡地处理双碳工作中发展与减排的关系、政府与市场的关系,推进减排行动的开展,落实统计核算、财税价格、绿色金融、交流合作、权益交易等保障双碳目标实现的"五大政策",保障双碳目

---

① 建立并完善碳市场抵消机制的表述可见于国务院《"十三五"控制温室气体排放工作方案》《"双碳"工作意见》等纲领性文件。主管部门对于 CCER 的重启也是支持的。在生态环境部 2022 年 7 月 13 日组织的"2022 年全国碳排放权交易市场建设工作会议"上,赵英民副部长指出全国碳市场将稳步推进温室气体自愿减排交易市场建设,制定《温室气体自愿减排交易管理办法(试行)》和有关技术规范,组织建设全国统一的注册登记系统和交易系统,力争早日重启温室气体自愿减排项目备案和全国统一注册交易。参见《全国碳市场建设工作会议在京召开》,载生态环境部官网 https://www.mee.gov.cn/ywdt/hjywnews/202207/t20220713_988569.shtml。

② 参见张宁、庞军:《全国碳市场引入 CCER 交易及抵销机制的经济影响研究》,载《气候变化研究进展》2022 年第 5 期。

③ 比如北京绿色交易所董事长王乃祥在接受《21 世纪经济报道》记者采访时,认为国家核证自愿减排量重启将对可再生能源、林业碳汇、甲烷再利用等有利于国家能源结构低碳化调整的行业带来直接的利好,会引导社会投资向这些行业领域倾斜。参见李德尚玉:《专访北京绿色交易所董事长王乃祥:自愿减排注册登记和交易系统建设接近尾声,CCER 重启利好多个行业》,载 21 经济网 http://www.21jingji.com/article/20220720/herald/f29ed18dda963e1989e4d522b43f164e.html。

④ 参见上海环境能源交易所:《2021 碳市场工作报告》,第 8、10 页。

标的实现。同时,碳达峰和碳中和也必然会重新定义全国碳市场的建设标准,并进而影响全国碳市场关键要素的构成内容。

（2）双碳目标对全国碳市场制度构建的重新定义

作为贯彻新发展理念的长期性和全局性战略,碳达峰和碳中和为全国碳市场的完善设立了新的目标定位,将重新定义其关键要素。

第一,双碳目标确立了全国碳市场长期运行的确定性预期。碳达峰的目标实现年份是 2030 年,碳中和的愿景预计 2060 年实现。相对于当前地方碳市场和全国碳市场的履约期设定而言,2030 年的碳达峰所提供的是近期中国碳排放量从强度控制到绝对总量控制的一个确定性预期;2060年碳中和目标则为碳市场相对远期和长期存续提供了来自中央政府的明确支持。作为依赖价格竞争机制发挥效应的产权市场,其有效运转的基石应主要来自市场主体的自觉性。这种自觉性的根源是企业可以从碳市场的参与中获取可预见的收益,而收益的可预见性只能依赖市场的确定性。

第二,双碳目标将促使全国碳市场覆盖行业和交易产品的扩容。从国务院和各省市已经公布的碳达峰实施方案①来看,重点任务是能源和工业行业的碳达峰,主要涉及发电企业、电网企业、钢铁行业、有色金属行业、建材行业、石化行业等能源和工业企业。碳达峰有两条基本路径:一是提高"双高"行业能源利用效率,严控煤炭等化石能源消费,推进能耗总量和强度"双控"向碳排放总量和强度"双控"的转变——后者更能凸显控制化石能源消费的政策导向。全国碳市场目前仅纳入了发电行业,而想要实现其他领域的碳达峰,显然需要全国碳市场尽快扩容,最大限度发挥碳市场碳排放总量和强度"双控"的效应。二是增加可再生能源的比例,即在保障能源供给的同时避免碳排放源的增加。其主要内容就是实现风电、光电、水电和核电等新能源对传统化石能源的替代。这一替代过程除政策引导之外,还依赖碳市场机制所提供的正向激励,即此类可再生能源项目所产生的碳减排信用(如中国核证自愿减排量)在碳市场所实现的经济收益。这些收益为此类投资风险大、投资回报周期长的低碳能源项目提供了必要的财务激励:在项目设立阶段,可以强化投资者对于项目的确定性预期;在项目经营阶段,可以提供持续性的现金收入,提高项目的经营绩效,并鼓励企业增加研发投入和推进技术创新。② 为强化对可再生能源开发和利用

---

① 比如国务院《2030 年前碳达峰行动方案》、国家能源局《能源碳达峰碳中和标准化提升行动计划》、《上海市碳达峰实施方案》和《江西省碳达峰实施方案》。

② 参见齐绍洲、张振源:《碳金融对可再生能源技术创新的异质性影响——基于欧盟碳市场的实证研究》,载《国际金融研究》2019 年第 5 期;冯升波等:《碳市场对可再生能源发电行业的影响》,载《宏观经济管理》2019 年第 11 期。

的激励,中国碳市场已经重启中国核证自愿减排量,构建统一的中国核证自愿减排量注册、交易和管理平台,在服务全国碳市场扩容之后控排企业对于碳抵消信用的需求的同时,形成一个与全国碳市场并行的全国性自愿减排市场。与碳达峰目标相比,碳中和愿景的实现除关注提高能效、发展可再生能源或清洁能源和减少煤炭使用等三个重点领域之外,[1]还需要强化固碳机制和公众参与机制。[2] 在碳中和时代,企业和个人实现碳中和的重要方式就是购买自愿碳减排额以实现自身碳足迹减少和零排放。[3] 对于全国碳市场而言,这意味着应充分借鉴地方碳市场对森林碳汇、绿色出行碳汇产品的接纳,进一步丰富碳市场上的碳抵消产品。比如广东碳市场上的碳普惠项目以及上海正在探索建立的分布式光伏、电动汽车充电桩等碳普惠项目和个人减排场景的标准化。

第三,双碳目标将促使全国碳市场总量控制和配额分配方式的调整。碳排放交易市场的前提是排放总量的确定和配额的初始分配。从欧盟碳市场第二阶段的教训来看,科学的配额总量确定是避免碳市场供需失衡的关键因素。全国碳市场要平衡发展与减排之间的关系。过于宽松的总量控制无法起到减排的作用;偏紧的总量控制目标虽然能够推高碳价,但是会增加企业经营的成本,降低其在国际市场上的竞争力,导致碳泄漏问题。因此,我国长期以来温室气体控制的核心目标是碳排放强度的下降,而非欧盟等发达经济体所采取的绝对总量减排目标。相应地,地方碳市场和全国碳市场在当前阶段的核心目标是实现碳排放强度的下降。在碳达峰的背景下,全国碳市场所管控的行业应当更早达到峰值。这意味着全国碳市场需要尽快设立清晰的绝对排放总量,并明确排放总量将逐步收紧,给市场以更有力的减排信号,更加有效地促进企业的长期低碳投资。基于同样的目的,配额分配的方式也应当尽快从免费实现向拍卖等有偿方式的转变,以创设更为清晰的碳价格信号,强化碳市场的流动性。

---

① 参见国际能源署:《中国能源体系碳中和路线图》,2021 年 9 月发布。

② 冯帅:《论"碳中和"立法的体系化建构》,载《政治与法律》2022 年第 2 期。

③ See Kanwalroop Kathy Dhanda, *The Role of Carbon Offsets in Achieving Carbon Neutrality: An Exploratory Study of Hotels and Resorts*, 26 International Journal of Contemporary Hospitality Management 1179 (2014); Lauren Gifford, *The AAG's Emissions Problem: Achieving Carbon Neutrality in a Post-offset World*, 74 The Professional Geographer 178 (2022). 参见杨绪彪、朱丽萍:《碳中和增长目标下解决航空碳排放的路径选择》,载《经济问题探索》2015 年第 7 期;詹歆晔、唐忆文:《商务区碳中和机制设计——以上海虹桥商务区为例》,中国环境科学学会 2010 年学术年会论文。主管部门的政策导向也是如此。比如生态环境部下发的《大型活动碳中和实施指南(试行)》中对碳中和的定义是"通过购买碳配额、碳信用的方式或通过新建林业项目产生碳汇量的方式抵消大型活动的温室气体排放量"。

第四,双碳目标将促进全国碳市场的碳金融制度创新,以避免碳价的异常波动减损其对双碳目标实现所需要的长效减排和创新机制的激励效应。[1] 碳价的长期稳定有助于全国碳市场成为支持减少排放、提高跨期效率和提升分配效率三个目标同时实现的可预测且有效的市场。碳价格的巨大变化主要来自外部冲击、监管不确定性和市场不完善。以欧盟碳排放交易体系形成过程为例,其第一阶段和第二阶段以及近期碳价的持续走低的影响因素主要有 2008 年金融危机、《京都议定书》第二承诺期(2012~2020 年)的不确定性、欧盟成员方各自确定本国配额计划所导致的监管多元化、未制定必要的配额稳定机制以及俄乌冲突导致的经济下行风险和能源市场的不确定性。[2] 为维持碳价格的稳定,全国碳市场除进一步完善配额总量和分配机制并合理确定履约期的时长之外,还应借鉴地方碳市场的碳金融创新,进一步完善配额存储、配额预借等机制,创新碳金融产品,保障碳市场的跨期灵活性。碳市场跨期调节的市场工具是对冲价格异常波动所导致的损失风险的各类基于现货配额进行跨期管理的碳金融衍生产品工具。[3] 这些碳金融衍生品主要包括碳市场融资工具(包括但不限于碳债券、碳资产抵质押融资、碳资产回购、碳资产托管等),碳市场交易工具(如碳远期、碳期货、碳期权、碳掉期和碳借贷)和碳市场支持工具(碳指

[1] 参见王文举、李峰:《中国碳市场统一价格指数编制研究》,载《学习与探索》2016 年第 7 期;莫建雷、朱磊、范英:《碳市场价格稳定机制探索及对中国碳市场建设的建议》,载《气候变化研究进展》2013 年第 5 期;魏立佳、彭妍、刘潇:《碳市场的稳定机制:一项实验经济学研究》,载《中国工业经济》2018 年第 4 期;易兰等:《欧盟碳价影响因素研究及其对中国的启示》,载《中国人口·资源与环境》2017 年第 6 期;胡根华、吴библ煜:《资产价格的时变跳跃:碳排放交易市场的证据》,载《中国人口·资源与环境》2015 年第 11 期。

[2] See Nicolas Koch et al., *Causes of the EU ETS Price Drop: Recession, CDM, Renewable Policies or a Bit of Everything? —New Evidence*, 73 Energy Policy 676(2014); Zhen-Hua Feng, Le-Le Zou & Yi-Ming Wei, *Carbon Price Volatility: Evidence from EU ETS*, 88 Applied Energy 590 (2011); Stéphanie Monjon & Philippe Quirion, *Addressing Leakage in the EU ETS: Border Adjustment or Output-based Allocation?*, 70 Ecological Economics 1957 (2011); Corjan Brink, Herman R. J. Vollebergh & Edwin van der Werf, *Carbon Pricing in the EU: Evaluation of Different EU ETS Reform Options*, 97 Energy Policy 603(2016); Bao-jun Tang, Pi-qin Gong & Cheng Shen, *Factors of Carbon Price Volatility in a Comparative Analysis of the EUA and Scer*, 255 Annals of Operations Research 157(2017); Perry Sadorsky, *Carbon Price Volatility and Financial Risk Management*, 7 Journal of Energy Markets(2014); Mumtaz Ali, et al., *Russia-Ukraine war impacts on climate initiatives and sustainable development objectives in top European gas importers*, 30 Environmental Science and Pollution Research 96701 (2023). 研究认为,俄乌冲突影响欧洲向低碳经济的转型进程;天然气和石油价格上升促使欧洲考虑放宽对煤炭的限制,增加煤炭消费,导致配额需求的不确定性。

[3] See Paolo Mazza & Mikael Petitjean, *How Integrated Is the European Carbon Derivatives Market?*, 15 Finance Research Letters 18 (2015); Julien Chevallier, *Carbon Futures and Macroeconomic Risk Factors: A View from the EU ETS*, 31 Energy Economics 614(2009).

数、碳保险和碳基金等）。① 碳金融衍生品在碳市场的发行和交易需要明确金融机构、其他机构投资者和符合条件的个人投资者的准入条件，并制定各类产品的交易和管理规则。② 此外，全国碳市场还应对政府对碳价格的干预机制进行合理限定，配置有效的碳价或配额供应调节措施，明确界定政府回购配额或发放储存配额的条件和程序；③譬如美国 RGGI 的成本控制储备机制、欧盟碳排放交易体系的排放控制储备机制或英国的地板碳价机制。④

第五，双碳目标对全国碳市场的数据核查和履约机制等提出了更高的要求。碳达峰目标和碳中和愿景的实现取决于碳排放核算数据的真实性。数据核算的真实性一方面取决于核算方法学设定的科学性，另一方面取决于承担数据核算与报告的责任主体能够严格按照核算方法完善数据的统计、分析、核算与报告工作。换言之，碳市场需要建立保障碳交易体系环境完整性和市场功能性的强制履约和监管体系，而环境完整性的核心保障是有效的 MRV 体系。全国碳市场应当进一步完善如下机制：首先，数据和核查机制，如核查机构和核查人员的准入资格条件；其次，履约的强制性机制或未履行相关责任的处罚机制，如公示、罚款、赔偿等；再次，完善且透明的注册登记系统，以记录、监测和推动碳排放交易制度内所有配额的创建、交易和清缴；最后，主管机关对一级和二级市场的监管机制，除前述已经提及的对于市场主体和产品的准入监管之外，还涉及对交易风险（如欺诈和操纵行为）的防控和信息披露规则的完善。

2. 气候全球治理的新格局与全国碳市场趋向的再思考

气候变化是一个全球外部性问题，问题得以解决的关键之一就是塑造减排的国际合作。因此，从 1992 年各国达成《联合国气候变化框架公约》至今，国际社会一直致力于形成全球协同的国际气候制度。考虑到中国在全球气候治理中的关键地位，中国碳市场的建设一直为国际社会所关注。我国碳市场的制度建构具有鲜明的后发特征，始终保持着开放与包容的特质，注意对国际社会各个层面所运行的碳市场制度经验和教训的借鉴和反思；与此同时，其也理应成为推进国际合作减排机制构建和体现我国在全

---

① 参见中国证券监督管理委员会：《碳金融产品》（JR/T 0244—2022）。
② 参见莫建雷、朱磊、范英：《碳市场价格稳定机制探索及对中国碳市场建设的建议》，载《气候变化研究进展》2013 年第 5 期。
③ 参见段茂盛、邓哲、张海军：《碳排放权交易体系中市场调节的理论与实践》，载《社会科学辑刊》2018 年第 1 期。
④ 参见国际碳行动伙伴组织：《碳排放权交易实践手册：设计与实施》（第 2 版），世界银行集团2021 年版，第 133—141 页。

球气候治理中国际话语权的重要平台。因此,全国碳市场的未来制度完善应关注气候全球治理的新格局,适应且引领国际气候制度新规则。就碳市场机制而言,当前最显著的变化就是《巴黎协定》对《京都议定书》下碳减排和碳交易机制的继承与重构。与《巴黎协定》缔约方"自下而上"的减排承诺机制相伴的还有缔约方之间"自主"的次多边性(mini-lateral)减排合作机制,①甚至单边措施。中国碳市场机制的完善必须面对这些新的挑战,重新界定其发展趋向,并吸取国际碳交易制度演进过程中的教训,特别是应反思《京都议定书》的失败,塑造更具有韧性的能够适应新的气候治理格局的制度体系。前文已详述了《巴黎协定》对国际碳交易制度的重构问题,不再赘述。

俱乐部化或者去多边化是哥本哈根会议以后全球气候治理的一个显著特征。所谓俱乐部化或去多边化是指各国基于自主行动在多边体制之外以双边或者区域的方式形成气候治理的俱乐部(club)或减排联盟(mitigation alliance)。气候俱乐部的典型例证是通过市场连接所形成的碳市场联盟。联盟国家内实施相同标准的总量控制与初始配额分配方式,相同的 MRV 机制,相似的覆盖范围等,目的是实现区域内碳配额或碳抵消信用的互认或自由流通。譬如前文提及的欧盟与瑞士、挪威和冰岛的碳市场连接,美国加利福尼亚州和加拿大魁北克省的区域碳市场等。主流的气候学者对于碳俱乐部或气候俱乐部(climate club)普遍持支持态度。② 之所以如此,其理由是:首先,俱乐部方式相对于多边更容易在参与者之间达

---

① See Michele Stua, *From the Paris Agreement to a Low-Carbon Bretton Woods: Rationale for the Establishment of Mitigation Alliance*, Springer International Publishing, 2017; Robert Falkner, *A Minilateral Solution for Global Climate Change? On Bargaining Efficiency, Club Benefits, and International Legitimacy*, 14 Perspectives on Politics 87(2016).

② See William Nordhaus, *Climate Clubs: Overcoming Free-Riding in International Climate Policy*, 105 American Economic Review 1339(2015); Robert Falkner, *A Minilateral Solution for Global Climate Change? On Bargaining Efficiency, Club Benefits and International Legitimacy*, 14 Perspectives on Politics 87(2015); Jon Hovi et al., *The Club Approach: A Gateway to Effective Climate Co-Operation?*, 49 British Journal of Political Science 1071(2017); Detlef F. Sprinz et al., *The Effectiveness of Climate Clubs under Donald Trump*, 18 Climate Policy 828(2017); N. Keohane, A. Petsonk & A. Hanafi, *Toward a Club of Carbon Markets*, 144 Climatic Change 81(2015); Robert Gampfer, *Minilateralism or the Unfccc? The Political Feasibility of Climate Clubs*, 16 Global Environmental Politics 62(2016); Robert Falkner, *A Minilateral Solution for Global Climate Change? On Bargaining Efficiency, Club Benefits, and International Legitimacy*, 14 Perspectives on Politics 87(2016); Nicolas Lamp, *The Club Approach to Multilateral Trade Lawmaking*, 49 Vanderbilt Journal of Transnational Law 107(2016); Paroussos et al., *Climate Clubs and the Macro-Economic Benefits of International Cooperation on Climate Policy*, 9 Nature Climate Change 542(2019); Charlotte Unger, Kathleen A. Mar & Konrad

成一致,实现更高目标的减排。这主要是从《京都议定书》的教训中得出的结论。其次,实现碳市场的连接,更有利于降低减排成本。比如,在实现欧盟碳市场与冰岛碳市场的连接之后,冰岛境内的碳抵消项目所产生的碳信用就可以用于欧盟企业的配额义务。考虑到欧盟市场上碳价因需求而长期高位运行,这种外部碳信用的引入有利于降低欧盟企业的履约成本。再次,气候俱乐部覆盖了更大范围的全球碳排放量,在实现更有效减排的同时,可以通过示范效应激励其他成员参加俱乐部,作出更高的减排承诺。最后,《巴黎协定》自下而上的承诺方式为各国基于自主的减排目标进行协同行动提供了空间。

气候治理的俱乐部化必然会诱发以气候为名的单边主义行动。气候俱乐部的发起目的在于克服国际气候合作中的"搭便车"问题。诺德豪斯认为,只有对"搭便车"者实施"惩罚"才能够保证气候俱乐部模式实现其效益的最大化。[①] 实施较高水平碳减排目标的国家或联盟,其境内或区域内的企业面临着较高的碳合规成本;而非参与国的企业或者产业在享受碳减排所带来的公共产品或公共收益的同时,并未担负同样的成本。未受碳管控的企业由于其成本优势将会获得国际市场上的竞争优势而扩大生产规模,导致排放增加。区域内的减排绩因区域外未受管制的排放增加而减损。基于污染避难所理论,碳监管水平或标准较高的国家或地区境内的企业也有向区域外转移生产的动机。这就导致了所谓的碳泄漏问题。[②] 为了规制碳泄漏并保护本国企业的竞争力,设定较高减排目标并实施较高水平碳监管的国家或地区,倾向于制定并实施边境调节措施。如欧盟 2012 年拟定的航空碳关税以及近期立法中的碳边境调节机制;[③]美国国会在 2021 年 7 月 19 日所收到的有关碳边境调节问题的立法提案,建议基于

Gürtler, *A Club's Contribution to Global Climate Governance: The Case of the Climate and Clean Air Coalition*, 6 Palgrave Communications (2020); Håkan Pihl, *A Climate Club as a Complementary Design to the Un Paris Agreement*, 3 Policy Design and Practice 45 (2020); Jessica C. Liao, *The Club-Based Climate Regime and Oecd Negotiations on Restricting Coal-Fired Power Export Finance*, 12 Global Policy 40 (2020); Michele Stua, Colin Nolden & Michael Coulon, *Climate Clubs Embedded in Article 6 of the Paris Agreement*, 180 Resources, Conservation and Recycling (2022).

① See William Nordhaus, *Climate Clubs: Overcoming Free - Riding in International Climate Policy*, 105 American Economic Review 1339 (2015).

② See Christoph Böhringer, Knut Einar Rosendahl & Halvor Briseid Storrøsten, *Robust Policies to Mitigate Carbon Leakage*, 149 Journal of Public Economics 35 (2017).

③ See European Commission, *Proposal for a Regulation of the European Parliament and of the Council establishing a carbon border adjustment mechanism*, 2021.

《1986年国内税收法》对进口的特定商品征收费用。[1] 作为碳排放大国和贸易大国,中国将成为受其影响最大的国家。根据有关研究,当欧盟碳边境调节机制覆盖电力、钢铁、水泥、化肥等部门的碳排放且碳关税价格在45.4~47.3欧元/吨时,受影响的中国相关产业对欧出口将下降11%。[2] 欧盟等经济体意图利用碳边境调节机制主导国际碳市场标准,以其为主导形成发达经济体之间的碳市场俱乐部,强化其在气候全球治理中的领导权和话语权。因此,无论是从维护我国产业利益的角度看,还是从保障我国在全球治理中的重要地位和话语权的角度看,都需要考虑气候俱乐部和气候单边主义问题的不利影响,并采取有效应对措施。

三、中国碳市场的制度性缺陷和改进建议

所谓制度性缺陷指的是当前中国碳市场的制度建构相对于双碳目标和全球碳市场的新发展所表现出来的制度短板或有待改进之处。

1. 中国碳市场的有待完善之处

综合中国地方碳市场和全国碳市场的历史演进过程和现状,考虑《巴黎协定》下国际碳市场机制的新建构范式以及各国碳市场的制度经验,可以得见我国碳市场的制度性缺陷主要在于以下方面。

第一,法律结构较为零散,缺乏上位法支撑,没有形成支持碳市场这一重大制度创新的系统性制度体系。这就导致已经上升为国家战略的碳市场制度缺乏必要的法制基础对其基本功能进行明确定位,作为核心概念的碳排放权以及碳配额的属性也缺乏明确的法律界定。作为纲领性的规章基本是就配额管理、碳排放核查、碳排放权交易、监督管理与激励措施、法律责任等问题从行政管控的角度进行框架性的说明。对于注册登记、配额管理、监测核查、信息披露、处罚措施等问题则留给了规范性文件进行解决。而之后的规范性文件对于碳排放交易监管的具体问题大多并没有涉及;对于涉及的问题多采用"就事论事"和原则性的回应方式,缺乏整体性。

第二,市场结构呈现国家和地方碳市场并存的二元体系;协同创新的前景存在不确定性,影响地方碳市场的制度创新。从目前来看,地方碳市

---

[1] 该提案名为《公平、可负担、创新和有韧性的转型与竞争法》,包括六个方面的内容:定义、国内环境成本的确定、各部门排放量的确定、碳边境调节机制、碳边境调节机制的管理、碳边境调节征费收入的分配。提案建议该措施自2024年1月1日起实施,计划对从第三国进口至美国的碳密集型商品征税,涉及铝、水泥、钢、铁、天然气、石油和煤炭等行业。具体内容参见:https://www.coons.senate.gov/imo/media/doc/GAI21718.pdf。

[2] See European Commission, *Impact Assessment Report Accompanying the document "Proposal for a regulation of the European Parliament and of the Council establishing a carbon border adjustment mechanism"*, European Commission(2021).

场和国家碳市场在地域范围、管控对象和机制灵活性上存在一定的差异。考虑到我国地区发展差异的不均衡性,维持地方碳市场探索不同经济发展条件下的创新,仍具有较大的现实意义。因此,在相当长一段时间内,国家碳市场和地方碳市场将持续共存。然而,二者之间的协同创新仍存在较大的不确定性。首先,地方碳市场的存续存在不确定性。碳市场的纲领性法规《碳排放权交易管理暂行条例》只是规定了全国碳市场吸纳地方碳市场的远景目标。但是,这一目标实现取决于生态环境部对全国碳市场机制构建的完善进程,具有显著的不确定性。其次,全国碳市场对发电行业之外的"两高"企业的纳管进程具有不确定性。从目前全国碳市场的纳管范围来看,与地方碳市场并不重叠。二者的关系是,只要重点排放单位被纳入全国碳市场,即不再属于地方碳市场的纳管企业。但是,这一"吸纳"的进程受全国碳市场的能力建设的约束。这一不确定前景会影响地方碳市场创新机制的设计与实施。

第三,在市场主体上,全国碳市场的控排行业较为单一,亟待进一步扩大管控范围并合理放开非控排企业市场主体参与碳交易和碳金融创新,尽快形成多元化行业和主体参与的市场格局,增加全国碳市场的交易需求和规模效应。如何确定覆盖范围与行业选择是建设碳交易市场的关键问题,覆盖范围与行业选择同时影响交易市场的活跃性、减排成本及减排效果。[1] 全国碳市场目前仅覆盖发电行业是为了实现该机制的平稳上线运行所暂时采取的过渡性策略。地方碳市场中重点排放单位逐渐参与全国碳市场是生态环境部已经确定的发展方向。学者认为,碳市场的扩容有助于降低控排企业的减排成本,降低碳市场与经济发展之间的矛盾,并提高碳市场的流动性。[2] 问题是,如何确定纳入全国碳市场的行业范围和纳管标准?这需要秉持"抓大放小"的原则,充分考虑地区产业经济和排放分布特征、各行业减排企业、政府管理成本、企业监测基础等,有计划地分批逐渐扩大,实现减排绩效与管理成本之间的均衡。

第四,碳市场交易产品单一,以碳配额现货交易为主,导致交易活跃度不均衡分布,亟待有序推进碳抵消(如中国核证自愿减排量)和碳金融衍生产品(如碳远期)的开发与交易,[3]增加碳市场的流动性,维持碳市场碳价格的平稳运行。从目前地方碳市场和全国碳市场所披露的交易数据来

---

① 参见张继宏、郅若平、齐绍洲:《中国碳排放交易市场的覆盖范围与行业选择——基于多目标优化的方法》,载《中国地质大学学报(社会科学版)》2019年第1期。

② 参见唐葆君、吉嫦婧:《全国碳市场扩容策略的经济和排放影响研究》,载《北京理工大学学报(社会科学版)》2022年第4期。

③ 参见曹先磊、许骞骞、吴伟光:《我国碳市场建设进展、问题与对策研究》,载《经济研究参考》2021年第20期。

看,市场的交易量主要集中在履约期前后,履约"潮汐现象"显著。作为一项重大制度性创新,碳市场的重要功能在于通过活跃的市场交易形成长期稳定的碳价格信号,推动社会的低碳化转型。履约型碳市场显然与这一长期目标不相匹配。在配额总量确定的前提下,碳市场的流动性取决于交易参与者对于配额的需求。在控排企业配额方式导致持有配额足以履约且免费获取配额的前提下,市场内配额的需求来自控排企业之外的其他市场交易主体,特别是来自金融机构。地方碳市场中已经开始试点金融机构参与碳远期交易;全国碳市场虽然也有相关的规则,[①]但是金融机构准入的标准、碳金融产品的市场准入条件和程序,仍处于不确定状态。中国证券监督管理委员会虽然制定了有关的碳金融产品标准,但是具体的操作实施还有赖于生态环境部具体规则的制定和完善。除金融机构外,政府作为市场的监管者也会释放流动性。这种流动性来自配额初始分配时政府作为碳市场配额的"一级发行人"预留碳储备和在特定条件下政府作为二级市场的干预者所进行的回购操作。但是,政府对于碳市场的参与程度会降低市场本身资源配置的效率;政府过多参与会使市场主体质疑市场有效性,导致碳价的大幅波动。[②]目前,全国碳市场并未明确要建立类似欧盟碳市场的市场稳定储备机制,只是规定经国务院有关部门同意,可以回购配额。问题在于,如果缺乏有效的监管和信息披露,这种回购可能会产生对碳市场公正性的批评——生态环境部作为市场主体交易行为的裁判者因二级市场的回购行为成为市场交易主体。

第五,碳市场配额总量确定和配额初始分配的方式有待优化,以强化总量控制目标对碳市场控排企业的约束,激励企业加大对清洁生产技术的开发与利用。作为量化控制的碳价格机制,碳市场是总量控制下的交易。科学的总量目标设定是碳市场配额供给稀缺性的源头。与此同时,配额分配也是决定碳市场有效运行的关键要素之一。合理的初始分配能够保障参与碳市场交易的控排企业产生有效的配额需求,是决定碳市场上配额稀缺性得以维持并延续的关键。在地方碳市场的试点基础上,全国碳市场的

---

① 根据生态环境部《碳排放权交易管理暂行条例(征求意见稿)》第13条规定,包括非重点排放单位在内的市场交易主体可以出售、抵押其依法取得的碳排放权。基于这一规定,金融机构基于其取得的碳配额进行合理的融资安排。

② See Nicolas Koch et al. , *Causes of the Eu Ets Price Drop:Recession,Cdm,Renewable Policies or a Bit of Everything? —New Evidence*,73 Energy Policy 676(2014). 该文章的主要目的是探寻欧盟碳价下跌的驱动因素。其研究表明经济衰退、可再生能源政策和对国际碳信用的使用并不能解释欧盟碳价格的大幅下跌。作者认为欧盟所采取的改革措施(包括配额分配方式、市场稳定机制等)和其他因素的交互所导致的市场信心(credibility)的下降,可能更具有解释力。这一研究表明,政策制定者或市场监管者的干预会导致政策发展的不确定性,从而加剧碳价的波动。

总量确定综合了"自上而下"和"自下而上"方式,根据省级生态主管部门所核算的本行政区域内各重点排放单位配额数量进行加总后,形成全国配额总量。① 这一确定方式下,碳市场配额供给的稀缺性取决于被纳入核算的重点排放单位的实际产出量(企业和省级部门自下而上申报)和碳排放基准值(生态环境部确定)。在全国碳市场覆盖范围扩展到发电行业以外的"两高"行业时,碳排放基准值的确定将是一个亟待解决的难点问题,特别是碳排放基准值还涉及对企业的初始配额分配问题。从实践来看,虽然基准值法相对于祖父法②而言,更有利于碳市场技术创新激励功能的实现;但是,基准法也同样存在劣势,可能会扭曲碳价格信号。③ 科学的基准值确定依赖于准确的数据核算。全国碳市场未来覆盖行业和企业的增加,会增加这一数据核算的复杂性,也会面临因数据核查能力欠缺所增加的道德风险——企业为避免未来的履约压力而进行数据造假。虽然免费分配会降低企业数据造假的动机,但是在多行业下,配额的免费分配会削弱碳市场形成碳价格的有效性,也会导致公平问题——哪些行业应当区别对待而免费获取配额。总之,当前的配额总量和初始分配方式是基于全国碳市场处于初级阶段所设定的;随着全国碳市场的有序运行,为落实其被赋予的服务中国双碳目标的长期战略意义,应当考虑根据地方二氧化碳排放量、排放量变动趋势、经济发展水平、行业发展规划、节能减排潜力和成本等因素,统筹公平与效率、兼顾区域发展差异,合理确定可行的配额总量确定和初始配额分配方式,特别是免费分配的行业范围。

第六,碳交易市场的信息透明度和数据准确度有待提升,信息(数据)披露的主体和内容不足以保障碳市场的有效性。④ 碳市场的定位无论属于新型要素市场还是金融市场,信息披露制度的完善都是市场有效运行的

---

① 参见生态环境部:《2019—2020 年全国碳排放权交易配额总量设定与分配实施方案(发电行业)》(国环规气候[2020]3 号),2020 年 12 月 30 日发布。

② 在免费分配配额时,有两种常见的方法:祖父法和基准法。在祖父法的情况下,覆盖管控单位根据它们在基准年或基准期的历史排放量获得相应的排放配额。祖父法倾向于增加碳排放权交易体系的政治可行性,因为它避免了覆盖部门所面临的初始成本过高。然而,作为一种分配方法,祖父法倾向于奖励历史排放量较高的排放者(即鞭打快牛),并需要对新加入者(即在碳市场最初建立后新建或扩建的排放管控单位)作出进一步规定。基准法则是根据性能指标来分配配额。基准法奖励高效的管控单位,并能更容易地管理碳市场的新加入者。

③ 参见国际碳行动伙伴组织:《碳排放权交易实践手册:设计与实施》,第 106—108 页。

④ 有学者认为,中国碳交易市场的信息不透明,企业不愿意公开碳排放、碳配额总量、配额方案以及交易数据等信息,导致各企业信息获取不及时,不能做出有效的交易决策。不透明的碳交易市场信息使交易双方不能确定公平合理的市场定价,大大增加了交易成本,降低了交易效率,导致中国的碳交易市场缺乏流动性,市场发展缓慢。参见曹先磊、许骞骞、吴伟光:《我国碳市场建设进展、问题与对策研究》,载《经济研究参考》2021 年第 20 期;王国飞:《中国国家碳市场信息公开:实践迷失与制度塑造》,载《江汉论坛》2020 年第 4 期。

基础性要素。作为新型要素市场,碳市场承载的功能是基于碳价格的调控因素实现资源要素向低碳经济发展模式的激合;其载体就是企业经营活动所必需的生产要素碳排放权客体(碳资产)的自由流通。① 碳市场内碳排放权自由流通的前提是市场主体(控排企业和其他市场参与者)对碳排放权占有和排除他人侵害的权利;②碳排放权之所以能够成为可交易的权利,是因为其具有经济价值;这种产权性质的属性和经济价值的创设必须要有建立在科学依据和强大的政治支持基础之上的"明确目标"③,即政府所希望实现的以总量控制目标形式体现的量化减排目标。简言之,碳排放权可交易的资产属性受企业的排放量与减排目标之间是否契合的影响。而判断企业排放量与量化减排目标之间是否契合,取决于企业对自身排放数据的核算是否准确。此外,监管部门、交易平台和交易主体信息披露的准确程度和范围还影响碳配额的交易成本。准确、及时、透明的信息披露,特别是企业排放量、配额持有量和需求信息的披露,有利于降低配额交易的成本。在这种被创设的排污权或排放权交易体制中,交易成本越高,排放权或排污权的经济价值就越低。因此,信息披露机制的完善有利于碳市场内流通的"要素"碳排放权经济利益的实现。近年来,欧盟开始把欧盟碳排放交易体系中的排放权界定为金融工具,从而将配额交易纳入金融市场的监管体系。考虑到中国已经发布有关的碳金融产品标准,金融市场属性应该是未来全国碳市场的重要特征之一。作为金融市场的碳市场,更应当注重信息披露机制的完善。这主要是为了减少交易主体之间的信息不对称问题,以及规制未来碳金融产品交易过程中可能产生的内幕交

---

① 参见陶春华:《碳资产:生态环保的新理念——概念、意义与实施路径研究》,载《学术论坛》2016 年第 6 期。

② 科尔基于对美国二氧化硫排污权交易机制的研究认为,虽然美国国会在 1990 年《清洁空气法修正案》第 403 条中明确排放限额并非财产权,但是,运转良好的排放量交易市场之所以能够实现,一个基本的前提是拥有排放限额的企业对排放限额所拥有的占有和排除他人侵害的财产权。参见[美]丹尼尔·H.科尔:《污染与财产权:环境保护的所有权制度比较研究》,严厚福、王社坤译,北京大学出版社 2009 年版,第 55—60 页。

③ 对于作为环境管制方法的排污权或排放权交易体制成功设计并得以实施的经验和教训,学者曾总结了 8 条制度指南。负责实施的行政部门必须有:明确的法律授权;设计、执行和实施该计划的技术能力;该计划必须能够防止规避,即被规制的排放源没有任何途径规避履约义务,要么削减排放量,要么购买额外的排放量;该计划应当有建立在可靠的科学依据和强大的政治支持基础之上的明确目标;当交易适用具有区域重要性,而不仅只具有地方影响的污染问题时,能够运作得更好;可交易的权利必须具有经济价值;该交易计划应当提供一种公平且在行政上简便易行的方法来分配可交易的权利;应当设计购买和出售权利的制度结构以便将交易成本降到最低。转引自[美]丹尼尔·H.科尔:《污染与财产权:环境保护的所有权制度比较研究》,严厚福、王社坤译,北京大学出版社 2009 年版,第 63 页。从欧盟碳市场和我国碳市场的制度建构来看,上述 8 条指南显然也是适用的,因为其基本原理与排污权交易体制都来自科斯的产权理论。

易和市场操控等危害碳市场可信性的问题。

第七,碳市场能力建设有待提升。能力建设的目的是让市场参与主体熟悉碳市场政策法规,熟练操作报送、登记和交易系统,具备完成减排义务和提升专业化服务的能力。能力建设是充分发挥已基本形成的碳市场制度体系和基础设施效能的基础,是保障企业申报数据及时准确、数据核查专业高效、交易处理迅捷的重要支撑。虽然自地方碳市场创建以来,我国碳市场的能力建设取得了一定的成就,[①]但是仍存在一些问题。首先,缺乏统一标准。低碳领域的培训在课程设置、培训内容、考核方式和内容、岗位能力证书等方面没有统一标准。这影响了我国核查机构专业化、统一化的进程,不利于培育与全国碳市场未来发展目标相匹配的第三方核查机构体系。其次,能力建设缺乏长效机制,培训内容缺乏实操性。随着碳市场的不断发展,相关从业人员的能力要求也会越来越高,特别是对交叉学科知识,比如金融、财务、会计、商务、银行和法律等知识的掌握。

第八,碳市场的司法保障机制有待完善。我国的地方碳市场和全国碳市场都是政策推进,立法较为滞后,与国际上其他国家碳市场立法先行的做法不同。就碳市场建构的完备性而言,立法先行或政策先行均可以实现碳市场运行各项结构性要素的确立。但是,由于碳市场本身具有参与主体多元、交易客体特殊、利益关系复杂、风险多重性等特征,相关的纠纷既涉及平等民事主体之间因交易或专业服务所产生的各类民事争议,也涉及行政主管机关与受监管的市场参与主体之间因配额发放和履约管理等产生的行政争议。在缺乏必要法治基础的前提下,碳市场仍存在碳排放权法律属性未明、配额分配纠纷的司法救济缺乏、配额交易纠纷的诉讼保障不足、配额清缴纠纷的诉讼不畅等问题。[②] 最高人民法院《关于充分发挥审判职能作用为推进生态文明建设与绿色发展提供司法服务和保障的意见》中提及要"深入研究碳排放交易中的法律问题,妥善审理碳排放交易纠纷";要"依法审理涉及电力、钢铁、建材、化工等重点碳排放行业,以及涉及工业、能源、建筑、交通等碳排放重点领域的相关案件,妥当适用国家节能减排相关法律、行政法规、规章及环境标准";要"区分合规排放与超出排污标准、污染物总量控制指标和排污许可证要求排放等不同情形,依法确定责任主体及责任范围"。这些都属于原则性规定,在缺乏对二氧化碳法律属性和碳排放权法律属性进行明确界定的情况下,将有关污染控制的法律和节能

---

① 参见段茂盛、吴力波主编:《中国碳市场发展报告——从试点走向全国》,人民出版社 2018 年版,第 195—196 页。

② 参见吕忠梅、王国飞:《中国碳排放市场建设:司法问题及对策》,载《甘肃社会科学》2016 年第 5 期。

减排的法律规则适用于碳排放案件,缺乏必要的逻辑前提和内在的逻辑关联。所谓的"协同控制"指的是政策实施的结果,并不意味着在法律属性上碳排放与污染排放应受同样的法律规制。碳市场确立的纲领性文件中并未明确碳排放权的法律属性,仅对碳排放权作了事实上的描述:分配给重点排放单位的规定时期内的碳排放额度。这种以权利指向的客体对权利进行定义的方式,显然无法支撑司法裁判所需要的逻辑前提。司法裁判所需要的大前提是能够提供行为具体导向,能够推导出行为人权利义务内容的"规范",而非描述其内容的事实。[①] 从事实和规范之间关系的角度来看,相关的各类文件关于碳排放权的界定都是模糊的,难以明确其作为法律有效性的内涵,是对其"是什么"的描述,而非对其"应当是什么"的明确界定。

上述问题在碳市场创建之初存在是不可避免的。然而,虽然中国碳市场的发展必须要与中国经济社会发展的阶段特征和产业结构相匹配,碳市场机制作为一种普遍被接受以量化控制为特征的碳价格制度,仍应符合可交易的权利机制所应具备的构成要素。[②] 这些制度要素提供了评价碳市场机制完备性的基本参考依据。从中国碳市场从试点向全国演进的进程来看,碳交易制度已经具有基本的完备性。现在所要考虑的是碳市场服务于新的历史使命而应当完善的方面。

2. 中国碳市场机制的完善建议

总体上来说,碳市场制度完善应平衡有效性和可行性,实现有序建构、渐次推进。所谓有效性,是指碳市场能够形成清晰稳定的碳价格信号,推动碳市场所覆盖行业和所属区域温室气体的减排;所谓可行性,是指碳市场结构性要素的构建能够得到政府、控排企业和其他市场参与者的支持,且保障市场有序运行的成本不会导致实际碳价格偏离理论上的实现经济社会福利最大化的均衡碳价格。有效性的关键是碳市场具有高度流动性,即碳市场内碳排放权能够实现供求平衡且具有高流通性(negotiable)。这就要求立法者或政策的制定者能够保障碳市场存续的稳定性和长期确定性,为企业参与碳市场交易提供权利基础和可预见性保证以及愿意"经营"碳金融业务的经济激励。简言之,有效的碳市场必须保证参与的市场主体有利可图。这关键在于其持有的"商品"具有经济价值且能够变现。从市场供求规律看,碳配额和其他碳金融产品的变现能力主要取决于市场

① 参见童世骏:《"事实"与"规范"的关系:一个哲学问题的政治—法律含义》,载《求是学刊》2006 年第 5 期。

② 参见童世骏:《"事实"与"规范"的关系:一个哲学问题的政治—法律含义》,载《求是学刊》2006 年第 5 期。

参与主体对配额的需求。因此,碳市场在实践中应当通过制度完善创设并维持市场主体对于碳配额和其他碳金融产品的稳定需求,以保障碳价格信号的稳定性。这主要涉及碳市场基本法律制度的确立、碳排放权基本法律属性的明确、总量控制和初始分配机制中对配额稀缺性的塑造、碳市场运行中对于市场流动性或配额可流通性的保障、碳价格稳定机制或市场调节机制的完善等问题。

可行性问题至少涉及两个方面:一是控排的重点排放单位和其他参与主体对碳市场参与度的保障;二是碳市场的运行成本和交易成本处在不影响碳市场有效性的合理范围内。对重点排放单位而言,参与碳市场是法定义务;保障其参与度的关键是排放检测体系、核查报告制度和行政监管机制的完善,同时也应考虑对控排企业的激励,比如配额的免费分配或引入中国核证自愿减排量以降低履约成本。对非控排企业而言,其参与碳市场可能为获取经济利益,也有可能基于承担社会责任而对其碳足迹进行中和的需求。经济利益的预期取决于碳市场的流动性或碳金融产品的流通性;非经济利益的考量,除道德因素之外,主要受国家立法或宏观政策所形成的向低碳经济和低碳社会转型的社会共识的影响。可行性问题的第二个层面所体现的是碳市场理论上的有效性和现实可行性之间的矛盾关系。理论上讲,碳市场应当覆盖所有排放源,即碳市场的规模与碳市场的有效性存在正相关的关系。但是,在实践中,碳市场的规模不可能达到理论上的最有效状态,即涵盖所有的排放源,原因就在于每增加一个重点排放单位都会增加交易的管理成本。[①] 增加一个排放单位所产生的边际收益(减排量所对应的碳配额的市场价值)小于其所产生的边际成本(增加一个重

[①] 有关市场组织规模与交易成本关系的研究,主要来自新制度经济学。最为相关的就是威廉姆森关于交易费用与企业边界的研究。参见袁庆明、魏琳:《威廉姆森企业边界理论评析》,载《当代财经》2009 年第 12 期。有学者研究了交易成本与碳市场之间的关系,认为碳信用交易管理成本的增加会影响其交易的规模、交易的流动性和市场的有效性。参见:Robert N. Stavins, *Transaction Costs and Tradeable Permits*, 29 Journal of environmental economics and management 133(1995);Sina Shahab & Zaheer Allam, *Reducing Transaction Costs of Tradable Permit Schemes Using Blockchain Smart Contracts*, 51 Growth and Change 302(2020);Timothy N. Cason & Lata Gangadharan, *Transactions Costs in Tradable Permit Markets:An Experimental Study of Pollution Market Designs*, 23 Journal of Regulatory Economics 145(2003);Yu(Marco) Nie, *Transaction Costs and Tradable Mobility Credits*, 46 Transportation Research Part B:Methodological 189(2012);Oscar J. Cacho, Leslie Lipper & Jonathan Moss, *Transaction Costs of Carbon Offset Projects:A Comparative Study*, 88 Ecological Economics 232(2013)。参见林德荣:《森林碳汇服务市场交易成本问题研究》,载《北京林业大学学报(社会科学版)》2005 年第 4 期;李新、程会强:《基于交易成本理论的森林碳汇交易研究》,载《林业经济问题》2009 年第 3 期,等等。

点排放单位所增加的核查与报告成本、排放监测成本、信息成本、行政监管成本等管理成本）。换言之,在理论上存在一个实现均衡结果的最优碳市场规模;在该规模下,增加一个排放单位的边际收益等于边际成本。可见,降低碳市场的交易成本有利于扩大碳市场的有效性。关于碳市场的交易成本范围,学界没有一致性结论。Stavins 早期的研究认为排放权交易市场的交易成本主要涉及信息搜索成本、讨价还价成本、监测和强制实施成本等;[1]Dudek 和 Wiener 则认为以合作履行的交易成本涉及信息搜寻成本、谈判成本、批准成本、监测成本、强制实施成本和保险成本等。[2] Axel Michaelowa 等认为清洁发展机制类似的基于项目实施的碳信用交易成本包括搜寻成本、谈判成本、项目文件成本、批准成本、证实生效成本、注册成本、监测成本、核实成本、认证成本、强制实施成本、转让成本、登记成本和最小固定成本。[3] 从原因上看,这些成本主要来自市场的信息不对称;市场规模和监管体系的完备也有一定的影响。因此,碳市场应着力完善市场交易机制,提升数据和交易信息提供的准确性和及时性,便利市场交易。这主要涉及碳市场纳管企业的合理扩容、交易平台和交易管理制度、信息披露机制、监管和交易纠纷救济制度等的完善。

基于上述分析,结合前文对中国碳市场现状的讨论,着眼于其所承担的对于双碳目标实现的制度创新功能,考虑到《巴黎协定》下基于碳市场进行国际减排合作的前景,结合前述所讨论的碳市场的有待完善之处,特提出如下建议。

(1)推进有关立法,补足碳市场制度建构和有序运行的法制基础

明确的法律授权是碳市场合法存续和稳定预期的基础。因此,在推进《碳排放权交易管理暂行条例》立法进程的同时,应尽快制定"应对气候变化法",以系统推进双碳目标的实现,彰显负责任大国的气度、雄心和行动力。首先,以国家立法统筹推进气候治理,是各国的普遍实践和制度经验。自《巴黎协定》生效以来,英国、法国、德国、墨西哥、丹麦、菲律宾、澳大利亚、荷兰、肯尼亚、新西兰等国通过对已有气候变化法的修订或制定新法,以立法形式宣告本国行动与该协定所确立的目标的契合性。其次,立法可以统筹我国气候行动,有助于各级政府对应对气候变化工作达成稳定

---

[1]　Robert N. Stavins, *Transaction Costs and Tradeable Permits*, 29 Journal of environmental economics and management 133(1995).

[2]　Daniel J. Dudek & Jonathan Baert Wiener, *Joint Implementation*, *Transaction Costs*, *and Climate Change*, OCDE,1996.

[3]　Axel Michaelowa & Frank Jotzo, *Transaction Costs*, *Institutional Rigidities and the Size of the Clean Development Mechanism*,33 Energy policy 511(2005).

共识和形成刚性约束,有助于形成全社会对温室气体和气候变化的普遍共识和引导全社会的行为偏好,有助于形成稳定、透明和可预期的激励机制,鼓励应对气候变化的技术创新。

"应对气候变化法"可以作为《环境保护法》的特别法,由全国人大常委会立法。立法工作应秉持"宜简不宜繁"的原则,仅就减缓气候变化和适应气候变化的特殊机制予以规定,对《环境保护法》等法律已经确立的基本原则和政策工具不再重复规定。与西方国家国情不同,我国仍处于工业化和城镇化的进程之中,环境污染治理与气候变化应对具有较高的协同效应。从我国目前生态文明法律体系的构成来看,已经形成了以《宪法》为依据、以《环境保护法》为基本法、以污染防治和生态保护单行法为支撑的较完善的立法体系,没有必要另起炉灶。将气候变化界定为环境问题,与我国长期以来在气候变化问题上的立场相一致。我国对外一直强调气候变化的发展问题属性,坚持共同但有区别的责任原则;对内则强调气候变化问题与大气污染等问题的同源性,在规制手段上以节能减排、清洁生产为核心,强调温室气体控制与污染物防治的协同治理。将"应对气候变化法"界定为《环境保护法》的特别法,就可以在应对气候变化中将《环境保护法》等法律已经确立的基本原则和政策工具,如污染者付费原则、环境影响评估制度、排放标准制度、生态损害补偿制度、环境监测和环境审计、生态文明建设目标评价考核等机制,适用于温室气体控制,也可以将气候变化纳入中央环保督察、环境保护党政同责等党内生态法规制度的适用范畴,从而强化应对工作的问责性。气候变化作为环境保护的特别问题,全国人大常委会可以在《立法法》确定的权限内进行立法。①

考虑到我国国情,结合中国社会科学院 2012 年已经提出的《气候变化应对法(草案)》,并借鉴域外最新立法经验,该草案的内容框架应包括总则、减缓气候变化、适应气候变化、法律责任等部分,并应规定以下内容:

第一,确定规制对象。将已被《京都议定书》和《巴黎协定》规制的温室气体纳入管控范畴;确定温室气体属于大气污染物,但是应明确此类气态排放物与二氧化硫等传统大气污染物在规制方式上的差异,规定温室气体的排放管理暂不适用《大气污染防治法》。第二,确定目标。在以立法确认"双碳"目标的同时,应明确应对气候变化工作的目标内容"减缓"与

---

① 其一,全国人大常委会作为立法机关,应当落实党中央关于全面推进依法治国的意见,加快推进生态文明领域的立法完善;其二,作为常设机构,全国人大常委会可以根据气候变化领域的复杂和多变性,及时调整,通过立法解释和修订,适应气候问题的发展与变化,保持气候变化立法与时俱进。

"适应"并重,在强调减排的同时,重视能力建设,提高基础设施、建筑、能源、农业和国防安全对气候变化的适应能力。"双碳"目标的法定化,事实上为各项减排制度的实施设立了明确的实施时间。在目标设定上,借鉴英国法中的碳预算制度,根据我国在《巴黎协定》下承诺的国家自主贡献和"双碳"目标,在确定减排基准年度(如以2005年度排放数据为基准)的基础上,设置年度碳排放总量控制目标,弱化量化减排的目标约束。第三,明晰主体责任。确立明确生态环境主管部门职责,以负面清单方式列明生态环境主管部门的气候变化治理职责,并形成以生态环境部牵头的气候变化应对部际协调机制;明确重点排放单位的减排责任和温室气体核算与报告义务,鼓励非重点排放单位的自愿减排或碳中和行动。第四,提供核心制度选项。对于各类具有减排效应的制度安排,除碳税或碳市场等需要在国家立法层面予以规定的制度之外,其他相关制度可以考虑通过授权性条款,赋予省级地方政府结合本地实际进行地方性应对气候变化立法的自主权。比如,欧盟最新的《欧盟气候法》,在明确欧盟整体的减排目标后,具体的政策组合即由各成员方结合实际确定。

考虑到国家碳市场已经启动,我国可以尝试通过立法对碳排放权交易制度作为基本减排制度的地位予以确认,并明确碳排放权作为法定财产权的法律属性,赋予控排单位对碳排放权占有、转让、用益的权利。在碳排放权交易制度之外,"应对气候变化法"还应对其他具有减排效应的各类政策及其意义进行确认。这主要包括可以适用于未被碳交易制度实现控排的高碳排放工业企业的碳税制度;可以规制各类工商业设施和机动车的温室气体排放标准制度和基于排放标准的建设或规划许可制度,以及低碳或零碳商品或服务的认定制度;将温室气体排放量和减排潜力纳入考量标准的对落后产能的关停并转制度;能够极大促进低碳领域投资和低碳技术研发的低碳税收激励机制,等等。

(2)明确碳排放权的权利属性,确立碳市场运行的逻辑起点

"碳排放权"是对碳排放行为的法律界定。学者在其性质界定上有准物权、财产权、特许权等不同观点。这些界定揭示了"碳排放权"权利构造上特定方面的特性,但并不全面。作为法律拟制的新型权利形态,"碳排放权"的权利内涵不仅取决于碳排放行为在人类社会中的本质,还取决于其被创设的目的。"碳排放权"服务于国家应对气候变化的基本战略。气候变化问题的全球治理性、外部性以及其与发展权的紧密相关性,使得"碳排放权"在内涵上与解决一般环境污染问题所创设的排污权有所不同。综合学界有关争议来看,"碳排放权"的权利内涵或权利构造有如下特征。

第一，作为自然权利、财产权利和特许权的碳排放权。因碳排放行为与作为自然生命体的生存权的内在关联，广义上的"碳排放权"具有自然权利的属性，与人作为自然生命与生俱来的、构成其人格权基础的生命本能相关；作为可被主体以某种形式实现占有和收益的权利形态，"碳排放权"又具有财产权或准物权的性质；因该权利内容体现的是政府允许一定量的碳排放，体现出公权力对碳排放主体可以为一定行为的一种法定许可，碳排放权又具有特许权的特征。

第二，碳排放权中权益、权利和责任的统一和利益冲突的三重性。对于参与碳交易的排放主体，所获的一定配额的碳排放权是其赖以开展经营的权益类资产，是一种可以用以获利的利益，是在一定的环境容量内可以进行碳排放的"自由"；但是其本质上是对主体行为自由的一种限制，碳排放权确立了主体只能在环境生态容量限度内进行排放的强制性责任。正是基于其所指向的环境生态容量限度，碳排放权所折射的利益格局中存在公私权益的冲突与平衡、经济利益与生态利益的冲突与平衡、当代与未来世代的代际利益冲突与平衡。首先，碳排放权是对气候变化这一外部性的矫正工具，是政府基于维护公共利益的目的规制市场失灵的政策工具。在碳排放权交易机制中，政府在总量设定、配额分配、交易管理等过程中存在广泛的权力；应对气候变化的制度构建具有显著的"行政干预"或者"顶层设计"的特征。这显然需要合理的界定政府权力的边界，避免在对市场失灵的矫正中出现政府的失灵问题。其次，碳排放权是生态文明理念在法律上的载体，是生态理性的法律建构。碳排放权所对应的排放配额的确定，要遵循"物物相关律""相生相克律""能流物复律""负载有额律""协调稳定律""最小限制律""集体效应律"等生态规律和环境要素的整体演化规律，突破发展就是"经济增长"的单一思路，形成环境与发展综合决策的新理念，消弭经济利益与生态利益的内在张力，实现低碳城市建设中经济利益与生态利益的平衡。最后，碳排放权的总量确定基于一定时间跨度上的碳预算，这使气候正义议题下代际公平成为该权利所需考虑的一个伦理学问题，即在气候变化负面效应的跨代际特征下，要不要为了后代人的利益由当代人承担应对气候变化的成本，以及如何制定最优的政策实现应对气候变化成本的代际分配。

因此，考虑到碳排放权交易机制的目的在于形成足以向低碳经济发展的价格信号，该制度下的碳排放权概念应当重点强调其法定性、财产性和供给的稀缺性。因此，建议对"碳排放权"做如下界定：参与碳排放权交易的市场主体依法取得的在其持有的配额限度内向大气排放温室气体的新型权利。这一概念强调企业是碳排放权的主体,其对碳配额的占有用益的权利受法律保护。

(3)优化碳市场的基本构成要素,形成与双碳目标更加契合的基本框架

第一,应有序推进碳市场的扩容。这主要涉及两个层面的问题:其一,全国碳市场覆盖行业和纳管企业的扩容,即扩大纳入全国碳市场进行履约管控的重点排放单位的数量,在保障机制可行性的前提下增加全国碳市场的体量,包括纳管企业的数量和涵盖碳排放量;其二,全国碳市场控管的温室气体的种类,即在技术能力允许的前提下将二氧化碳以外的温室气体纳入碳市场的量化控制之下。就当前来看,第一个层面的问题更为紧迫和复杂。覆盖行业选择的主要原则是,在考虑行业碳排放量、行业碳排放强度、行业减排成本、行业企业碳排放核算和碳资产管理能力等因素的前提下,[①]在碳交易市场活跃度、减排成本最小化与减排量最大化三个目标间找到最佳平衡点。[②] 基于该原则,有学者建议我国碳交易市场的覆盖范围应占我国二氧化碳总排放量的 45%～50%,应覆盖的行业主要是电力、热力生产和供应业,石油加工、炼焦和核燃料加工业,黑色金属冶炼和压延加工业,非金属矿物制品业,化学原料和化学制品制造业,有色金属冶炼和压延加工业,造纸和纸制品业,农副食品加工业以及食品制造业。[③] 在具体覆盖行业的选择上,生态环境部拥有自主权。在具体决策的过程中,建议生态环境部在考虑前述原则的前提下综合评估我国地区发展不均衡的现状,考虑覆盖行业选择所潜在的财富分配效应;同时应注重决策的民主性和可预见性,尽量选择已发布碳排放核算和报告行业标准的行业。

第二,设定适度从紧的总量控制目标,适时实现从强度控制目标向绝对总量控制目标的过渡。碳达峰碳中和的基本工作思路是先立后破,坚决遏制"两高"项目盲目发展。由此可见,全国碳市场至少要推进两个核心目标任务:一是推动控排重点排放单位率先达到峰值,因为这些行业是"两高"项目的主要部分;二是加速低碳技术投资。这两个目标都意味着碳市场应尽快设立清晰的绝对排放总量,实现从强度控制目标下的相对排放总量控制向绝对排放总量控制的转变。而且,能耗双控(总量和强度)指标

---

① 参见邵鑫潇、张潇、蒋惠琴:《中国碳排放交易体系行业覆盖范围研究》,载《资源开发与市场》2017 年第 10 期。

② 参见张继宏、郅若平、齐绍洲:《中国碳排放交易市场的覆盖范围与行业选择——基于多目标优化的方法》,载《中国地质大学学报(社会科学版)》2019 年第 1 期。

③ 参见张继宏、郅若平、齐绍洲:《中国碳排放交易市场的覆盖范围与行业选择——基于多目标优化的方法》,载《中国地质大学学报(社会科学版)》2019 年第 1 期。

向碳排放双控的转变，①也为地方各级政府支持这一转变创造了必要条件。清晰地确定绝对排放总量并明确其将逐步收紧，给市场以更加强有力和确定的政策信号和减排决心，②激励企业尽早投资于低碳技术研发，通过投资更先进的低碳技术或更先进的生产流程减少现在和将来对碳配额的需求，甚至出售配额获利，③而不是选择通过碳市场解决短期的配额需求，推迟低碳技术投资和企业升级改造的时间。④ 主管部门应改进当前总量控制目标确定的方式，强化目标确定过程中的"自上而下"性，保留对各省申报的地方总量数据进行修正的权力。我国各省份经济发展不平衡，出于维护本省经济发展的动机，地方省市有宽量化上报总量目标的动机。主管部门可以根据各省市上报的碳达峰行动方案中确定的目标和排放总量现状确定一个可调整的修正系数或一定期间内的减排系数。

第三，合理调整排放总量的时间跨度（履约期设定），完善对配额总量的管理和调整机制。地方碳市场（上海除外）和全国碳市场每一年都进行纳管企业名单和配额总量的确定。这是一种常见的选择。这种履约期设定强化了碳市场履约型市场的设定，不利于企业长期低碳发展战略的形成。关于履约期的决定应当与其他应对气候变化政策和其他设计相协调。一般而言，如果碳排放交易制度允许企业存储其履约后的多余配额，一年作为一个履约期并不会影响其长期决策。从碳排放交易的国际实践来看，设定较长的履行期，并在每一履行期末进行配额总量的调整，这种做法在保证主管机关介入的灵活性的同时，能够形成较为明确的市场预期。比如，RGGI 最早为两个为期 5 年的阶段（2009～2014 年，2015～2020 年）提前设置了总量。欧盟碳排放交易体系也是如此，并且自 2013 年起设定了递减因子，保证排放总量逐年递减。我国目前仍以排放强度的下降为目标且经济发展仍处于转型期。在实现经济增长与碳排量增长不脱钩的前提下，预先设定较长时间跨度的排放总量有较大难度。因此，在碳达峰目标

---

① 2021 年 12 月，中央经济工作会议首次提出，需要创造条件尽早实现能耗"双控"向碳排放总量和强度"双控"转变。同时指出，"传统能源逐步退出要建立在新能源安全可靠的替代基础上……科学考核，新增可再生能源和原料用能不纳入能源消费总量控制"，"双控"考核机制更加聚焦降碳导向，机制逐步优化健全。2022 年的政府工作报告中，针对碳达峰碳中和工作的有序推进，重申能耗"双控"向碳排放总量和强度"双控"转变的推动任务，完善减污降碳激励约束政策，发展绿色金融，加快形成绿色低碳生产生活方式。

② 参见段茂盛：《利用全国碳市场促进我国碳达峰和碳中和目标的实现》，载《环境与可持续发展》2021 年第 3 期。

③ 参见莫建雷、朱磊、范英：《碳市场价格稳定机制探索及对中国碳市场建设的建议》，载《气候变化研究进展》2013 年第 5 期。

④ 参见范英：《中国碳市场顶层设计：政策目标与经济影响》，载《环境经济研究》2018 年第 1 期。

年份(2030年)之前仍可以每年进行配额总量设定,但是允许企业跨履约期存储和预借配额,同时限定存储允许的期限。比如配额允许存储用于下一年度履约,但是有效期为自签发之日起5年。2030年之后,在确立绝对总量控制目标的前提下,以5年为一个履约期,确定履约期内首年配额总量后,引入递减因子,确定履约期内之后年度的配额总量;每一履约期末,根据碳市场运行情况、总体减排目标、经济发展趋势、新技术的可得性,以及碳排放交易市场中的配额价格、履约成本、碳泄漏风险和竞争力影响等,对排放总量进行系统性评审,确保排放总量符合实现碳中和愿景之所需。

　　第四,全国碳市场应尽快引入拍卖这一有偿分配机制,并逐步扩大有偿分配的行业范围,充分体现碳市场的碳定价功能。配额分配方式受以下目标的影响:①确保以最具成本效益的方式提供减排激励;②实现向ETS的平稳过渡;③降低碳泄漏或丧失竞争力的风险;④增加收入;⑤支持市场价格发现,等等。[①]我国的碳市场处于起步阶段,保证向碳排放交易制度的平稳过渡或有序推进是较为重要的目标。因此,地方碳市场和全国碳市场上的初始配额分配主要是以免费发放的方式进行,部分碳市场(如广东)虽然有拍卖方式,但是比例较小。在分配方式上,我国碳市场主要采取了祖父法和历史产量的基准值法相结合的方式。从对上述目标的实现上来看,拍卖方式能够激励低碳生产者代替高碳生产者,激励企业降低排放强度,推动排放密集型商品或服务的价格上涨而推进需求侧减排,奖励提前行动者,筹措更多用于国内低碳经济发展的公共资金,鼓励企业积极参与市场交易——推动第①②④⑤项目标的实现。免费分配方式则避免了减排政策之前购置的资产被搁置的风险,降低了企业对碳排放交易制度的抵制,并降低碳泄漏或丧失竞争力的风险,即与第②③项目标的实现有关。从我国碳市场所服务的政策目标来看,采取排放方式所导致的资产搁浅效应反而更有利于碳市场淘汰"两高"行业过剩产能的重要功能设计。[②]在已经进行的长期地方碳市场试点的背景下,企业参与市场的交易能力也不会受分配方式的影响。至于因拍卖所增加的对于贫困家庭的影响,在我国比较完善的保障政策和扶贫政策的支持下,也不会产生明显的效应。因此,有偿分配方式的唯一影响因素是对碳泄漏和竞争力丧失的担心。鉴于此,全国碳市场和各地方碳市场应坚持有序推进拍卖方式在初始配额分配中的应用,以提高碳市场的整体经济效率,为碳价或配额供应调节措施的

① 参见国际碳行动伙伴组织:《碳排放权交易实践手册:设计与实施》,第100—102页。

② 参见齐绍洲等:《中国碳市场产能过剩行业的碳排放配额如何分配是有效的?》,载《中国人口·资源与环境》2021年第9期。

实施提供路径,形成碳市场启动的基本流动性,降低碳市场的扭曲性风险,提高市场透明度,建立一个可信的长期投资框架并增强纳管企业对市场公平性的信心。同时,为避免对外依存度较高、进出口业务频繁的企业因拍卖产生的碳泄漏问题,①可以对特定行业的企业继续实施免费分配。但是,主管部门应当在更细致的行业层面开展工业部门受碳市场影响程度的评估研究,建立一个公开透明的标准来确定可适用免费分配方式的行业范围和企业名单,并根据贸易暴露的风险程度对行业进行分级,给予不同级别的免费配额。这一标准主要是为了评价行业的贸易暴露程度,主要考虑的是行业的排放密集程度、外贸依存度、国际市场上的占有率、生产成本转嫁给消费者的难易程度等。② 学者基于上述因素对我国的相关产业进行了评估,认为免费配额发放政策对有色金属冶炼及压延加工业、化学原料及化学制品制造业和橡胶制造业等 13 个部门有显著影响;其中橡胶制品业、纺织业、化学纤维制造业和工艺品及其他制造业等轻工业部门,虽然碳排放强度较大,但是对外依存度较高,进出口贸易频繁,也容易受配额分配政策的影响。③ 需要注意的是,在确定贸易暴露程度较高的配额免费分配方案时,应考虑产品主要出口目的国或地区其内部的边境调节措施对免费分配配额相关效应的抵消,比如欧盟的碳边境调节机制。④

第五,鼓励地方碳市场持续进行制度创新,形成功能互补的市场格局。地方碳市场可以"先行先试"展开制度创新,为全国碳市场培育市场主体,探索交易管理和风险应对经验,特别是:其一,可以先行试验绝对总量设定下的碳市场运行;其二,可以探索能源和工业企业以外的企业单位参与碳市场的路径;其三,可以检验以拍卖方式为主进行初始配额分配的碳市场运行效率;其四,可以展开更广范围的碳普惠抵消信用的交易,探索碳市场与其他可持续发展目标互动的制度经验;其五,可以探索结构要素不同的地方碳市场进行连接(linking)的经验,⑤为未来我国碳市场以连接方式推进国际碳市场合作积累经验。

---

① 参见王鑫、滕飞:《中国碳市场免费配额发放政策的行业影响》,载《中国人口·资源与环境》2015 年第 2 期。

② See William Acworth, Christopher Kardish & Kai Kellner, *Carbon Leakage and Deep Decarbonization: Future-proofing Carbon Leakage Protection*, ICAP, 2020.

③ 参见王鑫、滕飞:《中国碳市场免费配额发放政策的行业影响》,载《中国人口·资源与环境》2015 年第 2 期。

④ 参见刘斌、赵飞:《欧盟碳边境调节机制对中国出口的影响与对策建议》,载《清华大学学报(哲学社会科学版)》2021 年第 6 期。

⑤ 参见庞韬、周丽、段茂盛:《中国碳排放权交易试点体系的连接可行性分析》,载《中国人口·资源与环境》2014 年第 9 期。

（4）推进碳市场的信息化和智能化，优化信息交互

从国际经验来看，任何一个有效的碳排放权交易市场，都需要一个完备的技术支撑体系，即由排放数据报告核查系统、碳排放权注册登记系统和交易系统构成的碳市场体系的核心基础设施，提供数据化信息服务。譬如，欧盟碳交易注册登记簿系统、《巴黎协定》第 6 条下提及的管理 ITMO和 ERs 的注册系统。如前所述，我国地方碳市场都建立在由地方碳交所管理的注册和交易平台，全国层面的支撑碳市场运作的平台包括服务数据核查与报告的排污数据管理平台、管理核证自愿减排量的国家自愿减排交易登记簿和北碳交所承建的国家核证自愿减排量交易平台、全国碳排放权注册登记系统和交易系统等平台。基于信息化、数据化运作的相关注册登记平台和交易管理平台，承载了碳市场有关市场主体、配额签发、配额持有、配额履约和清缴的基本信息，是支撑碳市场运转的技术数据库；同时承载着市场参与者和公众进行必要信息披露的基本功能。系统平台可以有效解决碳市场的信息不对称问题，促进市场交易并扩大二级市场的流动性。优化交易平台的技术能力和数据管理水平，可以降低交易的风险，保障碳排放交易注册登记的完整性，降低碳市场欺诈的风险；完善的数据系统可以扩大碳市场的场内交易量，降低监管负担。① 因此，全国碳市场应当从以下方面完善。

第一，尽快实现全国碳排放权交易注册系统和交易系统的统一，实现对重点排放单位登记注册和核查数据报送、配额初始分配和注册登记、配额发放（拍卖或免费）、配额交易、配额清缴、配额回购等配额管理和交易行为等数据的单一平台管理，提高监管和信息披露的协同性。即使出于技术原因，无法实现两个平台的合并，也应形成有序的数据交互机制。

第二，择机实现全国温室气体自愿减排注册登记系统和交易系统和全国碳排放权交易系统的对接。核证自愿减排量的引入虽然可以降低企业履约的成本并有力促进新能源技术的开发与应用，但是必须有效规避其对于环境完整性的损害。一方面，应当完善核证自愿减排量核发的方法学，保证核证自愿减排量的签发必须满足额外性要求，避免重复核算；另一方面，应当避免同一笔核证自愿减排量被重复转让。而自愿减排系统与全国碳交易系统的对接或数据交互，有利于这两种问题的解决。

第三，在实现系统整合和信息交互的前提下，完善全国碳排放权交易系统的账户体系，设置具有不同交易权限的企业账户，满足不同类型企业的需求。不同的市场主体参与碳市场的目的和预设政策目标不同。这些

① 参见国际碳行动伙伴组织：《碳排放权交易实践手册：设计与实施》，第 157—161 页。

目的是通过不同类型的交易所实现的。譬如,对于纳管企业而言,作为碳市场基本的交易主体,可以开立权限较高的交易账户,实现对碳配额或核证自愿减排量等碳信用及其金融衍生品的持有、交易、注销等——类似有些银行设立的多币种账户,比如海南自由贸易港可以实现9种货币持有和自由汇兑的海南自由贸易(FT)账户。对于提供市场流动性的机构投资者或其他个人投资者而言,也可以开设此类账户。但是对于自愿参与碳市场以进行碳足迹管理实现经营活动中的碳中和为主要目的的碳排放强度较高的非纳管企业和机构投资者之外的非工业企业和自然人,应仅能开设进行现货交易的账户,主要用于购入碳配额或碳信用,并在限定期间内注销配额和信用。

(5)完善市场调节机制,形成并维持稳定的碳价格信号

完善的市场调节机制,可以有效解决碳市场供需失衡所导致的碳价过度偏离政策设想或者波动过大问题。[1] 供需失衡主要来自:其一,供给过多,如总量设定方法不科学导致的一定履行期内配额总量过多、签发的核证自愿减排量或其他碳抵消信用多于合理数量等;其二,需求不足,比如纳管企业受外部经济下滑因素影响生产量和排放量下滑等。[2] 从欧盟等碳市场的有关经验来看,市场调节机制的设计基本上以调控配额的供给量为主。譬如,欧盟实施的折量拍卖制度(back-loading)和市场稳定储备机制,RGGI基于设定的碳价条件所触发的对抵消信用上限的调整。中国地方碳市场主要的市场调节机制体现为设定拍卖底价和政府公开市场操作。除主管部门所采取的调整市场供给的手段之外,丰富市场主体进行自我调节的政策工具,企业自我评价对配额的需求,也可以平稳市场运行。因此,提出完善全国碳市场市场调节机制的如下建议。

第一,允许企业实施配额存储和配额预借。配额存储机制允许纳管企业将未使用的配额存储起来以便在未来的履约期使用。配额存储可以在碳价格较低时创造额外的配额需求从而减少间隔波动,也可以在价格较高时提供额外的配额供应。对于企业而言,配额存储可以鼓励企业为之后更为严格的总量控制做好准备,也能够激励企业采取有效的市场操作维护其所持有的碳资产的价格稳定。实践中,配额存储机制是大多数碳市场有效运行的核心。[3] 需注意的是,配额存储,特别是无限期的存储会使前一履

---

[1] 参见莫建雷、朱磊、范英:《碳市场价格稳定机制探索及对中国碳市场建设的建议》,载《气候变化研究进展》2013年第5期。

[2] 参见魏立佳、彭妍、刘潇:《碳市场的稳定机制:一项实验经济学研究》,载《中国工业经济》2018年第4期。

[3] 参见国际碳行动伙伴组织:《碳排放权交易实践手册:设计与实施》,第126页。

约期的过剩配额供应转入未来的履约期,延长供需失衡。在全国碳市场每一年度都进行履约的跨期设计下,可以考虑从两个方面限制配额存储的负面效应:其一,限定每一年度所签发的配额或信用被存储的最长年限,比如5年;其二,限定每一实体所可以存储的配额或信用上限,比如不得超过其上一年度履约所需配额总量的25%。配额预借是允许纳管企业在当前履约期内使用其在未来履约期内获得的配额。这一机制可以减少配额可能短缺且碳价格过高时的价格波动,从而提高市场流动性;也会产生促使企业加强对低碳技术的投资的履约压力。配额预借也有其不足,[1]譬如未来减排目标的延迟和不确定性,难以评估预借配额的企业的信誉和偿付能力——企业未来或会因为更大的履约压力而陷入财务困境。[2] 对于这一问题,可以借鉴韩国碳市场的规定,对纳管企业允许的预借限额进行限制或者设立对企业预借配额的审核机制。

　　第二,完善主管部门进行二级市场调节的政策工具篮子,可以采取初始分配时的配额预留、特定碳价格条件或数量条件的配额回收或发放(如欧盟的市场稳定储备机制)、拍卖底价设置、调整企业用于履约的核证自愿减排量等碳信用的比例上限等措施。[3] 除此之外,国际碳行动伙伴组织(ICAP)总结的碳价或配额供应调节机制还涉及额外费用、[4]价格上限、[5]硬性价格下限(如英国在发电行业引入的地板碳价机制[6])等。这些措施虽然名目不同,但是基本原理都是通过特定情形下的干预,避免碳价格的非正常波动,偏离政策目标实现所需的合理碳价区间。另外,这些措施的

① Samuel Fankhauser & Cameron Hepburn, *Designing Carbon Markets. Part I: Carbon Markets in Time*, 38 Energy Policy 4363(2010).

② 参见国际碳行动伙伴组织:《碳排放权交易实践手册:设计与实施》,第128—129页。

③ 参见段茂盛、邓哲、张海军:《碳排放权交易体系中市场调节的理论与实践》,载《社会科学辑刊》2021年第1期。

④ 额外收费是在连接的或多管辖区的体系内增加碳排放交易成本的一种方式;要求使用低于市场碳价的价格购入碳抵消信用用于履约时,纳管企业向政府缴纳支付额外费用。额外费用一般是市场价格和成交价格之间的差异。参见国际碳行动伙伴组织:《碳排放权交易实践手册:设计与实施》,第137页。

⑤ 比如新西兰规定的固定价格选项,允许ETS参与者以每吨配额25美元的价格向政府支付费用作为从新西兰ETS购买配额的替代方案。参见国际碳行动伙伴组织:《碳排放权交易实践手册:设计与实施》,第139页。

⑥ 英国的地板碳价机制(CPF)是通过征收碳价支撑税(CPS)来实现的。碳价支撑税的征收对象是使用天然气(由天然气公共事业企业供应)、液化石油气、煤或其他固体化石燃料的所有发电企业。碳价支撑税不是拍卖底价,而是在配额价格之外另行征收的费用,其目的在于确保实际碳价满足国家实现减排目标的最低要求。参见国际碳行动伙伴组织:《碳排放权交易实践手册:设计与实施》,第137—138页。See Alexander Brauneis, Roland Mestel & Stefan Palan, *Inducing Low-carbon Investment in the Electric Power Industry through a Price Floor for Emissions Trading*, 53 Energy Policy 190(2013).

实施体现的是对碳市场市场失灵的干预。为避免行政干预的不确定性对碳市场可信性的减损,措施的实施都应以公开、透明和可预见的方式预先设定触发的条件并预先规定操作指南,避免实施临时性的措施。为避免作为规则制定者进行公开市场操作所潜在的公平问题,有建议认为可以将碳市场的管理权下放给独立的碳管理机构或碳中央银行。① 在全国碳市场仍处于完善进程中且缺乏基本法律为其提供明确法定授权的情况下,这一建议并不具有可行性。随着全国碳市场对地方碳市场的吸纳并建成真正的全国统一的碳市场,或可以考虑成立类似韩国碳市场的配额分配委员会。

(6)丰富碳市场交易品种,鼓励碳金融创新

建设运作良好的二级市场能够增加碳市场的流动性,维持碳价格的稳定。二级市场是纳管企业、机构投资者和其他交易主体之间的私人交易。多元化的产品结构是各类市场主体参与二级市场从事交易的基本条件。从实践来看,配额和核证自愿减排量的交易,无论是场外交易还是场内交易,都以履约为主。碳市场流动性的加强还需要开发基于配额或信用的碳金融衍生产品。而碳金融衍生品的开发、设计和发行需要金融机构的参与。金融机构的参与可以改善碳市场流动性和支持信息披露,从跨市场的价差中套利,促进有履约义务的企业进行交易,创造金融产品来管理价格和成交量风险。② 从我国金融业的现状来看,银行等金融机构参与碳市场仍面临着制度性障碍。一方面是因为银行现有的审慎管理体系中并未纳入碳配额等碳金融资产的风险指标;另一方面则是因为碳市场的流动性不足,银行等金融机构对持有的碳资产可流通性的信心不足。这两个问题是彼此制约的:如果碳市场流动性不足导致碳资产的可流通性存在问题,银行等金融机构缺乏足够的盈利动机去修改当前的审慎管理体系;银行等金融机构的参与度不足又会影响碳市场流动性的营造。全国碳市场可以碳市场扩容和重启核证自愿减排量为契机,在形成参与市场主体多元化的前提下,进一步丰富碳市场的交易品种,营造有利于碳金融创新的市场环境,特别是进一步完善金融机构从事碳市场业务的政策指引和业务标准。中国人民银行等可以参考中国证券监督管理委员会的碳金融产品标准,制定相关的银行和保险机构参与碳市场进行碳金融业务创新的业务指引。比如,中国人民银行可以参考国际金融公司(IFC)的赤道原则,制定涵盖碳足迹和持有的碳资产等指标的融资指南,支持商业银行积极参与碳市场业务,包括但不限于:为企业履约提供碳金融类的融资服务,设立永续经营

---

① 参见国际碳行动伙伴组织:《碳排放权交易实践手册:设计与实施》,第135页。

② 参见国际碳行动伙伴组织:《碳排放权交易实践手册:设计与实施》,第130—131页。

的碳基金,提供交易对手服务、结算服务。① 中国金融监管机构可以引导保险公司提供碳交割保证和风险管理等保险服务。

(7)强化主体责任,完善碳市场良好运行的履约和监管等保障机制

履约和监管等法律强制性机制是保障碳市场体系环境完整性和发挥市场基本功能的关键因素,可以起到保障碳市场高效运行,加强碳市场参与者之间信任的作用。② 履约和监管等强制性机制的构建需要在识别碳市场所规范的所有实体的前提下,明确各市场主体的权利和义务。这些强制性机制存在的目的,是在市场主体不当行使权利或违反应承担的义务而导致碳市场有序运作受到干扰时,以行政权力或司法权力提供必要的干预和救济。可交易权利市场的理论奠基者之一戴尔斯认为,排污权的可交易性能够自动确保以最低的社会总成本实现政府所要求的废物排放量。③但是,这一论断并不准确,可交易性只能确保可能的守法成本最低。此类市场运行的社会总成本取决于权利交易实施中的行政成本,尤其是监测和执行成本。④ 对于不同于污染物的碳排放权而言,监测的难度更高。在无法有效监测从而搜集有关信息的基础上,强制履约和监管等行为也缺乏充分的事实基础。因此,完善碳市场良好运行的履约和监管等保障机制,应以落实并强化各类市场主体的信息披露义务为基石,⑤以纳管企业合规履约为核心,充分发挥交易平台和交易所的自律监管职能,并在此基础之上强化对市场主体各类行为的监管和司法保障。

第一,将信息公开制度确立为碳市场的一项核心制度,基于合作规制理念,⑥把碳市场主管部门、交易所、核查机构和控排企业一并作为碳市场信息公开的义务主体,并明确各主体的碳市场信息公开范围和责任分担机制。首先,国家碳市场主管部门负责披露碳市场管理信息。这些信息包括:纳管的温室气体种类和控排行业;纳管重点排放单位的名单和确定标准;配额总量的确定方式和具体数量以及初始配额分配的方法;配额的分配、排放、注册、交易、存储、回购、注销以及核证自愿减排量抵消、市场调节

① 参见梅应丹、高立:《中国银行业与中国的碳金融发展》,载《中国人口·资源与环境》2011年第1期。

② 参见国际碳行动伙伴组织:《碳排放权交易实践手册:设计与实施》,第243页。

③ See J. H. Dales, *Pollution, Property & Prices: an Essay in Policy-making and Economics*, Edward Elgar Publishing, 2002, p. 107.

④ 参见[美]丹尼尔·H. 科尔:《污染与财产权:环境保护的所有权制度比较研究》,严厚福、王社坤译,北京大学出版社2009年版,第50页。

⑤ 参见王国飞:《中国国家碳市场信息公开:实践迷失与制度塑造》,载《江汉论坛》2020年第4期。

⑥ 学者认为,合作规制理念更有利于信息公开并促进理解、沟通、合作、信任等治理功能的实现。参见[美]丹尼尔·H. 科尔:《污染与财产权:环境保护的所有权制度比较研究》,严厚福、王社坤译,北京大学出版社2009年版,第136页。

机制等的具体规则;重点排放单位的年度配额清缴情况;核查机构名单、交易机构名单和有关的管理办法;交易机构、核查机构、控排企业和其他市场参与主体的信用信息;不涉及商业秘密的碳监测和碳排放报告信息,等等。其次,交易所负责披露碳市场交易信息。这主要包括:交易的交易规则;交易行情、成交量、成交金额;交易所认为影响市场重大变化的信息。再次,核查机构在不泄露被核查企业商业秘密的前提下发布控排企业名单和核查结论等信息。最后,控排企业在按要求进行碳排放核算与报告以完成配额发放和履约所必需的信息之外,可以自愿公布本企业的碳排放管理信息、碳市场交易信息以及可能涉及商业秘密的碳监测信息和排放信息等。碳市场完善的信息公开是为了保障公众对于环境信息的知情权;这一权利不应损害国家利益和公共利益以及法律保护的私人利益。因此,应明确碳市场信息公开的例外情形。

第二,完善并强化对核查机构和核查人员的资格认可,完善对企业碳排放数据的监测体系,避免核查数据不准确、不真实损害公众和市场参与者对于碳市场的信心。全国碳市场目前已经出现了核查数据造假的问题。因此,全国碳市场应当完善对第三方核查人员的认可程序,并采取有效措施应对数据核查失真的风险。比如:要求控排企业为所有报告提供数据质量保证声明,并明确相关的法律责任;主管部门扩大对核查报告进行抽样审计的范围,等等。

第三,在现有 MRV 机制基础上,改善企业排放核算与报告和排放监测与数据核查的基本体制,实现数据归集和数据报告的主体从企业边界向具体排放设施的转变。目前我国 MRV 机制中排放因子和排放基准值的设定是在排放设施层面进行的,但是数据归集与核算报告的法定边界在企业层面。① 这就导致了实际被纳入配额管理的基本单位和实际的碳排放核算与报告的边界并不统一。这种先以企业边界的核算确定纳管的重点

---

① 比如《企业温室气体排放报告核查指南(试行)》中对温室气体排放报告作了如下的定义:"重点排放单位根据生态环境部制定的温室气体排放核算方法与报告指南及相关技术规范编制的载明重点排放单位温室气体排放量、排放设施、排放源、核算边界、核算方法、活动数据、排放因子等信息,并附有原始记录和台账等内容的报告。"《2019—2020 年全国碳排放权交易配额总量设定与分配实施方案(发电行业)》定义了纳入配额管理的重点排放单位,即根据发电行业(含其他行业自备电厂)2013—2019 年任一年排放达到 2.6 万吨二氧化碳当量(综合能源消费量约 1 万吨标准煤)及以上的企业或者其他经济组织的碳排放核查结果所筛选确定纳入 2019—2020 年全国碳市场配额管理的重点排放单位。在此前提下又进一步明确了纳入配额管理的具体设施,即 300 兆瓦(MW)等级以上常规燃煤机组,300MW 等级及以下常规燃煤机组,燃煤矸石、煤泥、水煤浆等非常规燃煤机组(含燃煤循环流化床机组)和燃气机组 4 个类别。决定配额分配的核心指标,即碳排放基准值,则是设施层面上的具体数值。

排放单位,再依据排放单位所拥有的符合置于配额管理的具体设施的排放基准值,进行总量分配和配额管理的模式,赋予了实际上承担数据核算与报告义务并根据相关数据进行配额履约的企业进行排放数据造假的便利,因为数据监测和数据核算报告的边界不统一会增加核查的难度和行政监管的成本。生态环境部所披露的4个有关碳排放报告数据弄虚作假案例就是例证。因此,随着全国碳市场的有序推进,应当考虑直接以排放设施为最基本的数据核算和履约单位。具体而言,就是先确定纳管行业内应被纳入管控的具体排放设施,然后由设施所属的企业对该设施进行碳排放核算与报告,核查机构也应根据对具体设施的数据监测和数据核查结论来确定企业的履约责任,从而保证纳管单位与排放数据核算与报告单位的同一性。

第四,建立履约强制机制,对未按时足额清缴配额、未按规定进行排放量的报告或其他信息的披露等行为进行处罚。除依法设定纳管企业未履约的行政或刑事责任之外,还可以通过违法信息公开以及将企业履约情况与其信用的综合评价相挂钩的方式,督促企业依法依规履行自己的数据核算与报告义务、信息报告义务和配额履约义务。从实践来看,各碳市场较为普遍采取的措施是处罚,包括现金处罚和配额处罚两种方式。① 与欧盟等碳市场的处罚力度相比,我国碳市场规定的处罚力度明显较低。欧盟碳市场对于未如期清缴配额的违法行为的处置是:公布违规实体的名称;未履行实体必须购买与未履约的配额缺口等量的配额;每吨未履约的配额缺口罚款100欧元。韩国、新西兰、加拿大魁北克省、美国RGGI的处罚力度为平均市场配额价格3倍的现金罚款。日本东京的处罚相对比较温和:未履行企业将被政府命令减少排放量,减少量为配额缺口的1.3倍;如果企业未执行命令,将被公示并处以罚款(最高50万日元),同时减少排放量1.3倍。我国《碳排放权交易管理办法(试行)》第40条规定:“重点排放单位未按时足额清缴碳排放配额的,由其生产经营场所所在地设区的市级以上地方生态环境主管部门责令限期改正,处二万元以上三万元以下的罚款;逾期未改正的,对欠缴部分,由重点排放单位生产经营场所所在地的省级生态环境主管部门等量核减其下一年度碳排放配额。”该条的处罚力度明显较低。因此,生态环境部应当通过相关条例制定的契机,提高对未履约行为的处罚力度。

第五,完善对碳市场的监管体系,明确生态部门和其他部门对于碳市场的监管职责,可以由生态环境部牵头制定全国碳市场监管指引,明确列

---

① 参见国际碳行动伙伴组织:《碳排放权交易实践手册:设计与实施》,第155—156页。

示各相关部门和机构的监管职责和监管事项。碳市场包括初级市场(配额的初始分配)和二级市场(配额的后续交易)。生态环境部门对于初级市场具有主要的监管责任,负责监察重点排放单位和核查机构等在配额初始分配阶段各项行为的合规性,特别是数据的真实性问题。二级市场涉及配额的场内和场外交易,以及各类碳金融衍生品的交易。这些业务涉及纳管企业和各类机构投资者,特别是证券公司、基金公司、资产管理公司、商业银行、保险机构、投机商等。监管主体主要包括对这些参与主体具有监管之责的金融监管机构和自律监管实体。比如证券监管部门对证券公司和基金公司的监管,交易所对在本交易所注册的会员机构的自律监管。碳市场监管的目的主要是降低市场不当行为的风险,防止系统性风险并防范操纵行为。从实践来看,减少风险的方法主要包括建立市场准入的资格要求,排除不合格的交易主体,排除有过市场不当行为历史的交易员,确保参与者拥有履行其交易的财务资源,限制参与者在市场上的持有量,等等。①对于我国碳市场而言,特别是地方碳市场而言,交易所关于市场交易风险的自律监管体系已基本形成;生态环境主管部门和交易所通过报告和披露、参与和准入要求,对市场主体进行监管和引导。有待完善之处在于:其一,随着注册和交易平台的完善,对市场的参与者实施配额和衍生品的总量限制制度;其二,完善市场交易的标准化合约,澄清模糊的监管概念和规则,降低市场参与者的交易成本;其三,将碳市场的二级市场界定为金融市场,从而使有关的金融监管法规能够适用于该市场内的金融衍生品交易;其四,指定碳市场的交易平台承担市场交易监测任务,定期发布市场监测报告,识别潜在的不当活动和违反规定的行为。

第六,完善碳市场的司法保障机制。对碳市场主体权利侵害的救济是维护碳市场秩序安全的根本保证,也是维护和实现碳市场主体权益的重要保障。②欧洲法院有多项关于碳市场的判决,对欧盟碳市场的制度完善起到了重要的作用。③我国碳市场的有关司法保障问题并未得到充分的重视。因此,应加快制定与碳市场安全相关的司法解释,明确配额分配纠纷、配额交易纠纷和配额清缴纠纷等各类案件的纠纷性质、证据规则和裁判原

---

① 参见国际碳行动伙伴组织:《碳排放权交易实践手册:设计与实施》,第160页。
② 参见吕忠梅、王国飞:《中国碳排放市场建设:司法问题及对策》,载《甘肃社会科学》2016年第5期。
③ See Elaine Fahey, *The EU Emissions Trading Scheme and the Court of Justice: The "High Politics" of Indirectly Promoting Global Standards*, 13 German Law Journal 1247(2012); Pablo Mendes de Leon, *Enforcement of the EU ETS: The EU's Convulsive Efforts to Export Its Environmental Values*, 37 Air and Space Law 287(2012).

则,并形成适应碳市场特征的多元化纠纷解决机制。从性质上来看,配额分配纠纷应属于行政争议,主要产生于省级以上主管部门的具体行政行为,应确立行政复议前置要求;配额交易纠纷,属于平等的市场参与主体之间的合同纠纷,或会涉及交易所的居间交易并适用交易所的标准合约,因此,在相关案件的审理过程中应考虑交易所作为利害关系人参与诉讼的问题;配额清缴纠纷来自主管部门和控排单位间配额清缴关系,因控排单位的履约特征,属于行政合同纠纷下的违约行为,除以诉讼方式解决外,应鼓励通过和解、调解或仲裁方式解决。

(8)建立并完善碳市场的实施评估机制,持续改进碳市场的制度设计

各国碳市场的构建都具有"做中学"的显著特征。作为一项重大的制度创新,我国的碳市场沿循的也是从试点进而推广的改革路径,也需要对其建设成效进行常态化的评估,实现以评促建。[1] 为推动碳市场的持续完善,应建立碳市场的实施评估机制,并根据评估中所发现的经验与教训,持续改善碳市场的制度设计。其中关键的问题是由谁来评估以及如何评估。

第一,鼓励主管部门、交易平台运维机构、交易所、控排企业、机构投资者和有关行业机构根据可获取的公开信息或不涉及国家利益、公共利益和商业秘密的其他信息,进行自我评估与改进。此外,为提高评估的全局性、中立性和专业性,生态环境部可以委托独立机构对碳市场的政策效果、制度完善度、能力建设、市场风险因素等进行中立的专业评估,并提出改进意见。评估的费用支出列入公共预算或者由生态环境部门从配额拍卖获取的收入中支付。评估机构的选择应当依据重大服务的政府采购程序,进行公开招投标。评估机构的选择除考虑其专业服务能力之外,还应考虑机构与碳市场参与实体之间的关联关系。

第二,评估应重点关注碳市场对碳减排的影响、对低碳技术创新的影响、对经济产出和竞争力的影响、对企业经营管理的影响以及对协同减少大气污染物的影响等,并综合采取定量和定性方法,客观评价碳市场运行的政策效果;[2]评估还应关注能力建设,特别是碳市场从业人员群体的形成及其业务能力的水平。

---

[1] 国际碳行动伙伴组织认为评审是碳市场政策演变的驱动力。评审的主要原因是外部条件的变化、国内和国际气候政策的变化、纠正错误和意料之外的后果、吸取经验、处理行政和法律问题等。参见国际碳行动伙伴组织:《碳排放权交易实践手册:设计与实施》,第210—211页。

[2] 参见张海军、段茂盛:《碳排放权交易体系政策效果的评估方法》,载《中国人口·资源与环境》2020年第5期。

结　　语

2023 年年底在阿拉伯联合酋长国迪拜世博城举办的联合国气候变化第 28 次缔约方大会（COP28）是全球气候治理在《巴黎协定》制定并生效之后的一个新历史节点。其历史意义在于第一次对各国 NDCs 的减缓效果进行"全球盘点"。"全球盘点"是《巴黎协定》第 14 条规定的该协定的重要履约机制，其规定了缔约方大会应定期盘点《巴黎协定》履行情况以评估实现《巴黎协定》宗旨和长期目标的集体进展的工作职责。《巴黎协定》还要求各缔约方应根据"全球盘点"的结果更新自己的 NDCs，且缔约方依据"全球盘点"结果所进行的新承诺必须实现比原承诺更高的减排水平。因此，"全球盘点"被视为推动落实《巴黎协定》的重要机制。其可以通过全面、促进性地盘点评估全球整体在减缓、适应、实施手段和支持等方面的履约进展，识别障碍、缺口、需求和机会，交流经验教训和最佳实践，帮助缔约方遵循公平、共同但有区别的责任原则，以自主决定方式采取行动、加强支持，并强化国际合作。然而从会议前缔约方大会所发布的有关"全球盘点"的综合报告和 COP28 期间所形成的共识来看，各国当前的减缓行动已经脱离了实现《巴黎协定》长期目标的正确轨道。①

机会并未完全丧失。国际能源署在其发布的 2050 年碳中和路线图中提出，实现《联合国气候变化框架公约》长期目标和《巴黎协定》重申的 1.5 摄氏度强化目标的关键在于推动能源转型；而能源转型的关键在于技术创新，特别是清洁能源领域的技术革新与技术推广。这一人类社会整体上能源生产和消费模式的转型，毫无疑问，是一个长期的根本性社会变革过程。在人类社会能够实现能源转型之前，气候变化的损害效应已经在各国导致了危害程度不一的各类灾难和负面影响。这也是 COP28 除强调化石能源转型之外，会关注气候适应能力建设、损失与损害机制和资金问题的原因。如何在实现强化的减缓行动的同时，协同推进气候适应、资金和损失损害等议题的解决，并在这一过程中实现气候治理政策有效性、公平性与可行性的兼顾，是国际社会在 COP28 之后仍然亟待解决的一个重大问题。全

---

① Synthesis report by the secretariat, "Views on the elements for the consideration of outputs component of the first global stocktake", https://unfccc.int/sites/default/files/resource/SYR_Views%20on%20%20Elements%20for%20CoO.pdf, last visit on Nov. 2nd, 2023.

球碳交易机制作为以市场化机制实现全球范围内人类碳排放行为协同调控的重要制度,在实现与长期减排目标相契合的国际减缓合作时,通过对纳入控排范围的以传统的化石能源生产者和消费者施加碳价格成本能够有力地促进这些企业的低碳能源转型,并能够激励全球范围内的低碳技术创新与推广;并且,全球碳市场的运行所实现的各类产品的碳交易也能产生巨大的资金流动与资金积累,在公道正义的气候公平理念下,这些资金将作为发达国家履行其资金和技术义务的重要内容,促进全球范围内气候适应能力的提升和气候损失与损害机制的落实。简言之,碳交易的全球协同或全球碳市场的构建能够实现气候全球治理中减缓、适应、资金、损失损害等议题的联结,协同推进全球气候治理目标的实现,以真正的多边主义构建气候治理领域的人类命运共同体。

中国作为已经实现全国碳交易制度构建和全国碳市场有序运行的大国,有必要积极参与并引领国际碳交易的全球协同进程,掌握气候全球治理的话语权,提高国家声誉和形象,[①]以避免全球碳市场的构建偏离公正的轨道、成为发达国家主导的压制发展中国家发展的工具。

第一,对标《巴黎协定》下碳交易机制提高我国碳市场能力建设。我国碳市场应当在未来进一步强化碳交易的基础设施建设、机构能力、人员培训、数据共享机制等,循序扩大碳市场覆盖行业和企业范围,实现国家碳市场对地方碳市场的有序替代,以便未来《巴黎协定》下的国际碳交易机制运行时与其有序对接。

第二,强化与其他国家和地区碳交易机制的合作,特别是与"一带一路"共建国家的碳市场合作。中国可以在"一带一路"的框架下谋求与亚洲国家的碳市场合作,牵头组建以中国碳市场为主体的碳市场俱乐部或联盟式合作。比如中国与韩国、日本碳市场的合作与连接;中国与哈萨克斯坦碳市场基于"一带一路"平台的合作。在各国碳市场的基本构成要素存在较大差异的情况下,我国可以依托《巴黎协定》下的可持续发展机制,实现对各国符合协定标准的碳信用的国际交易。

第三,在国际气候谈判中明确反对部分发达国家借强化气候行动之名所采取的单边主义行动,特别是碳减排效应不确定但对于国际经贸有实质性负面影响的保护主义措施,比如美国曾提议的碳关税和欧盟近期立法确立的 CBAM。这种具有气候变化政策和贸易政策效应的国内措施,是西

①　参见罗天宇、秦倩:《国家形象、规则塑造能力与中国碳市场演进》,载《复旦国际关系评论》2021 年第 2 期。

方国家意图主导气候全球治理的工具,强化气候全球治理中的分裂化倾向,背离了以《联合国气候变化框架公约》和《巴黎协定》为基础的气候多边合作机制。我国在与拟采用此类措施的国家保持双边沟通并通过世界贸易组织争端解决机制维护本国产业利益的同时,应支持将该类措施作为多边议题,在多边贸易谈判和气候谈判中形成合理规范。

参考文献

一、著作类(含译著和外文著作)

1. [美]埃莉诺·奥斯特罗姆:《公共事物的治理之道:集体行动制度的演进》,余逊达、陈旭东译,上海译文出版社 2012 年版。

2. [美]比尔·盖茨:《气候经济与人类未来》,陈召强译,中信出版集团股份有限公司 2021 年版。

3. [英]布莱恩·巴利:《作为公道的正义》,曹海军、允春喜译,江苏人民出版社 2008 年版。

4. 陈春英:《气候治理与气候正义》,中国社会科学出版社 2019 年版。

5. 陈俊:《正义的排放:全球气候治理的道德基础研究》,社会科学文献出版社 2018 年版。

6. 陈诗一、邓祥征、章奇、严法善主编:《应对气候变化:用市场政策促进二氧化碳减排》,科学出版社 2014 年版。

7. 陈淑芬:《国际法视角下的清洁发展机制研究》,武汉大学出版社 2011 年版。

8. 陈贻健:《气候正义论——气候变化法律中的正义原理和制度构建》,中国政法大学出版社 2014 年版。

9. 崔伟宏、蒋样明、霍文娟编著:《中国绿色低碳发展的对策及国际碳税的审视》,人民出版社 2019 年版。

10. [美]丹尼尔·H. 科尔:《污染与财产权:环境保护的所有权制度比较研究》,严厚福、王社坤译,北京大学出版社 2009 年版。

11. 段茂盛、吴力波主编:《中国碳市场发展报告——从试点走向全国》,人民出版社 2018 年版。

12. 傅前明:《气候变化应对国际环境立法研究》,中国政法大学出版社 2013 年版。

13. [美]弗兰克·H. 奈特:《风险、不确定性与利润》,安佳译,商务印书馆 2010 年版。

14. 范英、滕飞、张九天主编:《中国碳市场:从试点经验到战略考量》,科学出版社 2016 年版。

15. 荆克迪:《我国碳交易市场的国际比较与机制研究》,经济科学出版社 2016 年版。

16. 龚微:《气候变化资金机制的国际法问题研究》,中国政法大学出版社 2021 年版。

17. [英]G. A. 科恩:《拯救正义与平等》,陈伟译,复旦大学出版社 2014 年版。

18. 郭冬梅:《应对气候变化法律制度研究》,法律出版社 2010 年版。

19. 郭冬梅:《中国碳排放权交易制度构建的法律问题研究》,群众出版社 2015 年版。

20. 韩良:《国际温室气体排放权交易法律问题研究》,中国法制出版社 2009 年版。

21. 韩缨:《气候变化国际法问题研究》,浙江大学出版社 2012 年版。

22. 李昕蕾:《国际非政府组织与全球气候治理:一种治理嵌构的理论视角》,中国社会科学出版社 2023 年版。

23. 林灿铃:《气候变化所致损失损害责任之国际法机制》,中国政法大学出版社 2023 年版。

24. 吕江:《气候变化〈巴黎协定〉遵约机制述评》,知识产权出版社 2023 年版。

25. 马建平、罗文静、辛平:《国际碳政治》,国家行政学院出版社 2013 年版。

26. 马晓哲、刘筱、王诗琪、王铮:《国际碳排放治理问题》,科学出版社 2018 年版。

27. [美]曼瑟尔·奥尔森:《集体行动的逻辑》,陈郁、郭宇峰、李崇新译,格致出版社、上海三联书店、上海人民出版社 2014 年版。

28. [英]迈克尔·S. 诺斯科特:《气候伦理》,左高山、唐艳枚、龙运杰译,社会科学文献出版社 2010 年版。

29. 潘家华主编:《碳预算:公平、可持续的国际气候制度构架》,社会科学文献出版社 2011 年版。

30. 潘家华:《气候变化经济学》(上、下),中国社会科学出版社 2018 年版。

31. 齐绍洲等:《低碳经济转型下的中国碳排放权交易体系》,经济科学出版社 2016 年版。

32. 齐绍洲、程思、杨光星:《全球主要碳市场制度研究》,人民出版社 2019 年版。

33. 齐晔主编:《中国低碳发展报告(2013):政策执行与制度创新》,社会科学文献出版社 2013 年版。

34. 史军:《自然与道德:气候变化的伦理追问》,科学出版社 2014 年版。

35「美]史蒂夫·范德海登主编:《政治理论与全球气候变化》,殷培红、冯相昭等译,江苏人民出版社 2019 年版。

36. [美]索尼亚·拉巴特、[美]罗德尼 Ｐ 怀特:《碳金融:碳减排良方还是金融陷阱》,王震、王宇等译,石油工业出版社 2010 年版。

37. 世界可持续发展工商理事会、世界资源研究所编:《温室气体核算体系:企业核算与报告标准(修订版)》,许明珠、宋然平主译,经济科学出版社 2012 年版。

38. 世界自然基金会上海低碳发展路线图课题组:《2050 上海低碳发展路线图报告》,科学出版社 2011 年版。

39. 苏长和:《全球公共问题与国际合作:一种制度的分析》,上海人民出版社 2009 年版。

40. 苏明、傅志华等:《中国开征碳税:理论与政策》,中国环境科学出版社 2011 年版。

41. 谭秀杰:《气候规制与国际贸易:经济、法律、制度视角》,人民出版社 2018 年版。

42. 田丹宇:《国际应对气候变化资金机制研究》,中国政法大学出版社 2015 年版。

43. 王广:《正义之后:马克思恩格斯正义观研究》,江苏人民出版社 2010 年版。

44. 王光玉、李怒云、朱锋、John Innes 编著:《全球碳市场进展热点与对策》,中国林业出版社 2018 年版。

45. 王云鹏:《低碳城镇化法律保障制度论纲》,厦门大学出版社 2017 年版。

46. [美]威廉·诺德豪斯、[美]约瑟夫·博耶:《变暖的世界:全球变暖的经济模型》,梁小民译,东方出版中心 2021 年版。

47. [美]威廉·D.诺德豪斯:《管理全球共同体:气候变化经济学》,梁小民译,东方出版中心 2020 年版。

48. [美]威廉·诺德豪斯:《气候赌场:全球变暖的风险、不确定性与经济学》,梁小民译,东方出版中心 2019 年版。

49. [美]威廉·诺德豪斯:《平衡问题:全球变暖政策选择的权衡》,梁小民译,东方出版中心 2020 年版。

50. 夏梓耀:《碳排放权研究》,中国法制出版社 2016 年版。

51. 肖峰:《国际气候资金法律制度研究》,四川大学出版社 2022 年版。

52. [美]约翰·罗尔斯:《万民法》,陈肖生译,吉林出版集团有限责任公司 2013 年版。

53. [美]约翰·罗尔斯:《正义论》,何怀宏、何包钢、廖申白译,中国社会科学出版社 2009 年版。

54. 谢伏瞻、刘雅鸣主编:《应对气候变化报告(2018):聚首卡托维兹》,社会科学文献出版社 2018 年版。

55. 赵斌:《全球气候政治中的新兴大国群体化:结构、进程与机制分析》,社会科学文献出版社 2019 年版。

56. 科学技术部社会发展科技司、中国 21 世纪议程管理中心编著:《应对气候变化国家研究进展报告 2019》,科学出版社 2019 年版。

57. 周长荣:《碳关税对中国工业品出口贸易影响效应研究》,中国社会科学出版社 2014 年版。

58. 中共中央宣传部、中华人民共和国外交部编:《习近平外交思想学习纲要》,人民出版社、学习出版社 2021 年版。

59. Andrew E. Dessler & Edward A. Parson, *The Science and Politics of Global Climate Change: A Guide to the Debate*, Cambridge University Press, 2010.

60. Angela Kallhoff, *Climate Justice and Collective Action*, Routledge, 2021.

61. Anthony Giddens, *The Politics of Climate Change*, Polity Press, 2009.

62. Anthony D. Owen & Nick Hanley, *The Economics of Climate Change*, Routledge, 2004.

63. Michael Faure & Marjan Peeters, *Climate Change Liability*, Edward Elgar Publishing Limited, 2011.

64. Dale E. Miller & Ben Eggleston, *Moral Theory and Climate Change*, Routledge, 2020.

65. David Byrne, *Inequality in a Context of Climate Crisis after Covid*, Routledge, 2021.

66. Eric A. Posner et al. , *Climate Change Justice*, Princeton University Press, 2010.

67. Edward A. Page, *Climate Change, Justice and Future Generations*,

Edward Elgar Publishing, 2006.

68. Friedrich Soltau, *Fairness in International Climate Change Law and Policy*, Cambridge University Press, 2009.

69. Shue Henry, *Climate Justice: Vulnerability and Protection*, Oxford University Press, 2014.

70. James M. Griffin, *Global Climate Change· The Science, Economics and Politics*, Edward Elgar, 2003.

71. J. Timmons Roberts & Bradley C. Parks, *A Climate of Injustice: Global Inequality, North-South Politics, and Climate Policy*, MIT Press, 2011.

72. Jeremy Moss & Lachlan Umbers, *Climate Justice and Non-State Actors: Corporations, Regions, Cities, and Individuals*, Routledge, 2020.

73. Nicholas H. Stern, *Stern Review: The Economics of Climate Change*, Cambridge University Press, 2007.

74. Goldsmith, Jack L. & E. A. Posner, *The Limits of International Law*, Oxford University Press, 2005.

75. Ottavio Quirico & Mouloud Boumghar, *Climate Change and Human Rights: An International And Comparative Law Perspective*, Routledge, 2016.

76. Peter Cramton et al. , *Global Carbon Pricing: The Path to Climate Cooperation*, MIT Press, 2017.

77. Paul G. Harris, *What's Wrong with Climate Politics and How to Fix It*, Polity Press, 2013.

78. Peter Newell, *Change for Change*, Cambridge University Press, 2000.

79. Richard L. Sandor, *Good Derivatives: A Story of Financial and Environmental Innovation*, John Wiley and Sons, 2011.

80. Robert J. Cabin, *Climate Change and the Future of Democracy*, Springer Nature Switzerland AG, 2019.

81. Verheyen, Roda, *Climate Change Damage and International Law*, M. Nijhoff, 2005.

82. Sands, Philippe et al. , *Principles of International Environmental Law*, Cambridge University Press, 2003.

83. Stephen M. Gardiner, Simon Caney, Dale Jamieson & Shue Henry,

Climate Ethics Essential Readings, Oxford University Press, 2010.

84. Stephen M. Gardiner, *A Perfect Moral Storm：The Ethical Tragedy of Climate Change*, Oxford University Press, 2011.

85. Walter Leal Filho, *The Economic, Social and Political Elements of Climate Change*, Springer-Verlag Berlin Heidelberg, 2011.

86. W. Neil Adger, Jouni Paavola, Saleemul Huq & M. J. Mace, *Fairness in Adaptation to Climate Change*, MIT Press, 2006.

二、论文类

1. 蔡博峰等:《〈IPCC 2006 年国家温室气体清单指南 2019 修订版〉解读》,载《环境工程》2019 年第 8 期。

2. 董锁成、陶澍、杨旺舟、李飞、李双成、李宇、刘鸿雁:《气候变化对中国沿海地区城市群的影响》,载《气候变化研究进展》2010 年第 4 期。

3. 杜晨妍、李秀敏:《论碳排放权的物权属性》,载《东北师大学报(哲学社会科学版)》2013 年第 1 期。

4. 段丽瑶、赵玉洁、王彦、于莉莉、杨艳娟:《气候变化和人类活动对天津海岸带影响综述》,载《灾害学》2012 年第 2 期。

5. 段茂盛:《发展绿色能源　应对气候变化》,载《环境保护》2007 年第 11 期。

6. 段茂盛:《清洁发展机制国际制度的现状和走向》,载《气候变化研究进展》2006 年第 6 期。

7. 段茂盛:《全国碳排放权交易体系与节能和可再生能源政策的协调》,载《环境经济研究》2018 年第 2 期。

8. 段茂盛:《碳市场的现状与未来》,载《国家电网》2013 年第 12 期。

9. 段茂盛:《通过清洁发展机制促进可持续发展》,载《环境保护》2006 年第 13 期。

10. 段茂盛:《CDM 国际规则的最新进展》,载《中国水能及电气化》2010 年第 9 期。

11. 段茂盛、邓哲、张海军:《碳排放权交易体系中市场调节的理论与实践》,载《社会科学辑刊》2018 年第 1 期。

12. 段茂盛、庞韬:《全国统一碳排放权交易体系中的配额分配方式研究》,载《武汉大学学报(哲学社会科学版)》2014 年第 5 期。

13. 段茂盛、庞韬:《碳排放权交易体系的基本要素》,载《中国人口·资源与环境》2013 年第 3 期。

14. 段茂盛、张芃:《碳税政策的双重政策属性及其影响:以北欧国家为例》,载《中国人口·资源与环境》2015 年第 10 期。

15. 范凤岩:《北京市碳排放影响因素与减排政策研究》,中国地质大学(北京)2016 年博士学位论文。

16. 方虹、何琦、张芳:《尼古拉斯·斯特恩对气候变化经济学的贡献》,载《经济学动态》2015 年第 5 期。

17. 冯碧梅:《湖北省低碳经济评价指标体系构建研究》,载《中国人口·资源与环境》2011 年第 3 期。

18. 冯冰、陶志英:《城市化进程中的社会公平问题》,载《北方经济》2006 年第 2 期。

19. 冯玲、吝涛、赵千钧:《城镇居民生活能耗与碳排放动态特征分析》,载《中国人口·资源与环境》2011 年第 5 期。

20. 冯晓星:《低碳绿色城市规划建设及管理过程中的实践与探索:以无锡太湖新城·国家低碳生态城示范区为例》,2011 年第九届中国城市住宅研讨会论文。

21. 付雪、王桂新、彭希哲:《哥本哈根会议目标下中国行业实际减排潜力研究——基于 2007 年中国能源—碳排放—经济投入产出表的最优化模型》,载《复旦学报(社会科学版)》2012 年第 4 期。

22. 付允、汪云林、李丁:《低碳城市的发展路径研究》,载《科学对社会的影响》2008 年第 2 期。

23. 高利红:《环境法学的核心理念——可持续发展》,载《法商研究》2005 年第 1 期。

24. 高萍:《开征碳税的必要性、路径选择与要素设计》,载《税务研究》2011 年第 1 期。

25. 高翔:《〈巴黎协定〉与国际减缓气候变化合作模式的变迁》,载《气候变化研究进展》2016 年第 2 期。

26. 龚宇:《欧盟航空减排新规:法律辨析与应对》,载陈安主编:《国际经济法学刊》第 18 卷第 4 期,北京大学出版社 2012 年版。

27. 顾培东:《效益:当代法律的一个基本价值目标——兼评西方法律经济学》,载《中国法学》1992 年第 1 期。

28. 顾肃:《社会公平正义问题的深度思考》,载《浙江学刊》2014 年第 3 期。

29. 郭冬梅:《气候变化法律应对实证分析——从国际公约到国内法的转化》,载《西南政法大学学报》2010 年第 3 期。

30. 郭冬梅:《〈气候变化框架公约〉履行的环境法解释与方案选择》,载《现代法学》2012 年第 3 期。

31. 郭冬梅:《应对气候变化法律惩罚性措施运用趋势比较分析》,载《河北法学》2013 年第 2 期。

32. 郭武、郭少青:《并非虚妄的代际公平——对环境法上"代际公平说"的再思考》,载《法学评论》2012 年第 4 期。

33. 郝海青、毛建民:《欧盟碳排放权交易法律制度的变革及对我国的启示》,载《中国海洋大学学报(社会科学版)》2015 年第 6 期。

34. 郝文升、赵国杰、黄浩明:《"善治"理念下的低碳生态城市及其过程创新研究》,载《中国行政管理》2012 年第 1 期。

35. 金应忠:《试论人类命运共同体意识——兼论国际社会共生性》,载《国际观察》2014 年第 1 期。

36. 牛红武、田国行:《哥本哈根气候峰会背景下的低碳规划》,载《林业经济》2010 年第 9 期。

37. 潘家华等:《低碳城镇化:中国应对气候变化的战略选择》,载《学术动态(北京)》2013 年第 29 期。

38. 潘家华、陈洪波、陈迎:《哥本哈根会议:预期、现实与中国行动》,载《中国经济报告》2009 年第 6 期。

39. 潘家华、陈迎:《碳预算方案:一个公平、可持续的国际气候制度框架》,载《中国社会科学》2009 年第 5 期。

40. 潘家华、孙翠华、邹骥等:《减缓气候变化的最新科学认知》,载《气候变化研究进展》2007 年第 4 期。

41. 庞韬、周丽、段茂盛:《中国碳排放权交易试点体系的连接可行性分析》,载《中国人口·资源与环境》2014 年第 9 期。

42. 彭保发、谭琦、鞠晓生:《诺贝尔经济学奖得主对气候变化经济学的贡献》,载《经济学动态》2015 年第 12 期。

43. 朴英爱、杨志宇:《碳交易与碳税:有效的温室气体减排政策组合》,载《东北师大学报(哲学社会科学版)》2016 年第 4 期。

44. 齐晔:《气候变化、公用地悲剧与中国的对策》,载巫永平主编:《公共管理评论》第 2 卷,清华大学出版社 2004 年版。

45. 强世功:《法理学视野中的公平与效率》,载《中国法学》1994 年第 4 期。

46. 秦大河、罗勇、陈振林、任贾文、沈永平:《气候变化科学的最新进展:IPCC 第四次评估综合报告解析》,载《气候变化研究进展》2007 年第 6 期。

47. 秦虎、张建宇:《以〈清洁空气法〉为例简析美国环境管理体系》,载《环境科学研究》2005 年第 4 期。

48. 秦立春:《摈弃控制自然观:从代际剥削走向代际公平》,载《伦理学研究》2014 年第 3 期。

49. 秦天宝:《国际法的新概念"人类共同关切事项"初探——以〈生物多样性公约〉为例的考察》,载《法学评论》2006 年第 5 期。

50. 史军:《代际气候正义何以可能》,载《哲学动态》2011 年第 7 期。

51. 施锦芳:《日本的低碳经济实践及其对我国的启示》,载《经济社会体制比较》2015 年第 6 期。

52. 石敏俊、袁永娜、周晟吕、李娜:《碳减排政策:碳税、碳交易还是两者兼之?》,载《管理科学学报》2013 年第 9 期。

53. 苏明、傅志华、许文、王志刚、李欣、梁强:《碳税的国际经验与借鉴》,载《环境经济》2009 年第 9 期。

54. 苏明、傅志华、许文、王志刚、李欣、梁强:《我国开征碳税的效果预测和影响评价》,载《经济研究参考》2009 年第 72 期。

55. 苏汝劼:《建立淘汰落后产能长效机制的思路与对策》,载《宏观经济研究》2012 年第 5 期。

56. 谭秀杰、王班班、黄锦鹏:《湖北碳交易试点价格稳定机制、评估及启示》,载《气候变化研究进展》2018 年第 3 期。

57. 王科、陈沫:《中国碳交易市场回顾与展望》,载《北京理工大学学报(社会科学版)》2018 年第 2 期。

58. 文正邦、曹明德:《生态文明建设的法哲学思考——生态法治构建刍议》,载《东方法学》2013 年第 6 期。

59. 吴力波、钱浩祺、汤维祺:《基于动态边际减排成本模拟的碳排放权交易与碳税选择机制》,载《经济研究》2014 年第 9 期。

60. 吴卫星:《后京都时代(2012~2020 年)碳排放权分配的战略构想——兼及"共同但有区别的责任"原则》,载《南京工业大学学报(社会科学版)》2010 年第 2 期。

61. 邬彩霞:《国际碳排放权交易市场连接的现状及对中国的启示》,载《东岳论丛》2017 年第 5 期。

62. 易兰、李朝鹏、杨历、刘杰:《中国 7 大碳交易试点发育度对比研究》,载《中国人口·资源与环境》2018 年第 2 期。

63. 朱松丽等:《IPCC 国家温室气体清单指南精细化的主要内容和启示》,载《气候变化研究进展》2018 年第 1 期。

64. 朱德莉:《碳排放权交易机制的风险挑战及其法律应对》,载《自然辩证法研究》2018 年第 4 期。

65. Adreas Tuerk et al. , *Linking Carbon Markets*: *Concepts*, *Case Studies and Pathways*, 9 Climate Policy 341 (2009).

66. Agne Sirinskiene, *The Status of Precautionary Principle*: *Moving Towards the Rule of Customary Law*, 118 Jurisprudence 349 (2009).

67. Alex Michaelowa et al. , *Evolution of International Carbon Markets*: *Lessons for the Paris Agreement*, 10 Wiley Interdisciplinary Reviews: Climate Change 613 (2019).

68. Alex Michaelowa, *Failures of Global Carbon Markets and CDM*, 11 Climate Policy 839 (2011).

69. Alex Y. Lo, *Challenges to the Development of Carbon Markets in China*, 16 Climate Policy 109 (2016).

70. Arild Underdal, *Climate Change and International Relations* (*after Kyoto*), 20 Annual Review of Political Science 169 (2017).

71. Armina Rosencranz & Kanika Jamwal, *Common but Differentiated Responsibilities and Respective Capabilities*: *Did this Principle Ever Exist*, 50 Environmental Policy and Law 291 (2021).

72. Bridget Lewis, *The Rights of Future Generations within the Post - Paris Climate Regime*, 7 Transnational Environmental Law 69 (2018).

73. Bruce Mizrach, *Integration of the Global Carbon Markets*, 34 Energy Economics 335 (2012).

74. Catriona McKinnon, *Climate Justice in a Carbon Budget*, 133 Climatic Change 375 (2015).

75. Charles F. Parker & Christer Karlsson, *The UN Climate Change Negotiations and the Role of the United States*: *Assessing American Leadership from Copenhagen to Paris*, 2 Environmental Politics 1 (2018).

76. Christian Stoll & Michael A. Mehling, *Climate Change and Carbon Pricing*: *Overcoming Three Dimensions of Failure*, 77 Energy Research & Social Science 102062 (2021).

77. Christoph Böhringer & Heinz Welsch, *Contraction and Convergence of Carbon Emissions*: *An Intertemporal Multi - region CGE Analysis*, 26 Journal of Policy Modeling 21 (2004).

78. Chukwumerije Okereke & Philip Coventry, *Climate Justice and the*

International Regime: Before, During, and after Paris, 7 WIREs Climate Change 834 (2016).

79. Clive L. Spash, *The Brave New World of Carbon Trading*, 15 New Political Economy 169 (2010).

80. Daigee Shaw & Yu-Hsuan Fu, *Climate Clubs with Tax Revenue Recycling, Tariffs, and Transfers*, 11 Climate Change Economics 1 (2020)

81. Daniel A. Farber, *Coping with Uncertainty: Cost-benefit Analysis, the Precautionary Principle, and Climate Change*, 90 Washington Law Review 1659(2015).

82. David G. Victor, *Toward Effective International Cooperation on Climate Change: Numbers, Interests and Institutions*, 6 Global Environmental Politics 90 (2016).

83. David M. Driesen, *Cost-Benefit Analysis and the Precautionary Principle: Can They Be Reconciled*, 3 Michigan State Law Review 771 (2013).

84. Detlef F. Sprinz et al. , *The Effectiveness of Climate Clubs Under Donald Trump*, 18 Climate Policy 828 (2017).

85. Diarmuid Torney, *Bilateral Climate Cooperation: The EU's Relations with China and India*, 15 Global Environmental Politics 105 (2015).

86. Diniz Oliveira et al. , *International Market Mechanisms under the Paris Agreement: A Cooperation between Brazil and Europe*, 129 Energy Policy 397 (2019).

87. Easwaran Narassimhan et al. , *Carbon Pricing in Practice: A Review of Existing Emissions Trading Systems*, 18 Climate Policy 967 (2018).

88. Edward E. Page, *Intergenerational Justice and Climate Change*, 47 Political Studies 53 (1996).

89. Emilson C. D. Silva & Xie Zhu, *On the Efficiency of a Global Market for Carbon Dioxide Emission Permits: Type of Externality and Timing of Policymaking*, 100 Economics Letters 213 (2008).

90. Erik Haites, *A Dual-Track Transition to Global Carbon Pricing: Nice Idea, But Doomed to Fail*, 20 Climate Policy 1344 (2020).

91. Erik Haites, *Carbon Taxes and Greenhouse Gas Emissions Trading Systems: What Have We Learned*, 18 Climate Policy 955 (2018).

92. Ger Klaassen et al. , *Testing the Theory of Emissions Trading:*

Experimental Evidence on Alternative Mechanisms for Global Carbon Trading, 53 Ecological Economics 47 (2005).

93. Goran Dominioni, *Pricing Carbon Effectively: A Pathway for Higher Climate Change Ambition*, 22 Climate Policy 897 (2022).

94. Henrik Rydenfelt, *From Justice to the Good? Liberal Utilitarianism, Climate Change and the Coronavirus Crisis*, 30 Cambridge Quarterly of Healthcare Ethics 376 (2020).

95. Herry Shue, *Historical Responsibility, Harm Prohibition, and Preservation Requirement: Core Practical Convergence on Climate Change*, 2 Moral Philosophy and Politics 7 (2015).

96. Herry Shue, *Responsible for What? Carbon Producer CO$_2$ Contributions and the Energy Transition*, 144 Climatic Change 591 (2017).

97. James J. Patterson et al. , *Political Feasibility of 1. 5℃ Societal Transformations: The Role of Social Justice*, 31 Current Opinion in Environmental Sustainability 1 (2018).

98. Jeremy Carl & David Fedor, *Tracking Global Carbon Revenues: A Survey of Carbon Taxes Versus Cap-and-Trade in the Real World*, 96 Energy Policy 50 (2016).

99. Jeroen van den Berg & Wouter Botzen, *Low-Carbon Transition Is Improbable without Carbon Pricing*, 117 Proceedings of the National Academy of Sciences 23219 (2020).

100. Jeroen van den Bergh et al. , *A Dual-Track Transition to Global Carbon Pricing*, 20 Climate Policy 1057 (2020).

101. Jessica F. Green, *Does Carbon Pricing Reduce Emissions? A Review of Ex-Post Analyses*, 16 Environmental Research Letters 043004 (2021).

102. Jessica F. Green, Thomas Sterner & Gernot Wagner, *A Balance of Bottom-Up and Top-Down in Linking Climate Policies*, 12 Nature Climate Change 1061 (2014).

103. Jobst Heitzig & Ulrike Kornek, *Bottom-Up Linking of Carbon Markets Under Far-Sighted Cap Coordination and Reversibility*, 8 Nature Climate Change 204 (2018).

104. Joeri Rogelj et al. , *Differences between Carbon Budget Estimates Unravelled*, 6 Nature Climate Change 245 (2016).

105. Jon Hovi et al. , *The Club Approach: A Gateway to Effective Climate Co-operation*, 49 British Journal of Political Science 1071 (2017).

106. Jonathan Masur & Eric A. Posner, *Climate Regulation and the Limits of Cost-Benefit Analysis*, 99 California Law Review 1557 (2011).

107. Jonathan Symons, *Realist Climate Ethics: Promoting Climate Ambition within the Classical Realist Tradition*, 45 Review of International Studies 141 (2018).

108. Joseph Stiglitz, *Overcoming the Copenhagen Failure with Flexible Commitments*, 4 Economics of Energy & Environmental Policy 29 (2015).

109. Jullian Button, *Carbon: Commodity or Currency the Case for an International Carbon Market Based on the Currency Model*, 32 Harvard Environmental Law Review 571 (2008).

110. Jürgen Scheffran & Antonella Battaglini, *Climate and Conflicts: The Security Risks of Global Warming*, 11 Regional Environmental Change 27 (2011).

111. Kenneth W. Abbott, *Strengthening the Transnational Regime Complex for Climate Change*, 3 Transnational Environmental Law 57(2012).

112. Lambert Schneider & Stephanie La Hoz Theuer, *Environmental Integrity of International Carbon Market Mechanisms under the Paris Agreement*, 19 Climate Policy 386 (2019).

113. Lambert Schneider et al. , *Double Counting and the Paris Agreement Rulebook*, 366 Science 6462 (2019).

114. Larse Gulbrandsen et al. , *The Political Roots of Divergence in Carbon Market Design: Implications for Linking*, 19 Climate Policy 427 (2018).

115. Leah C. Stokes et al. , *Splitting the South: China and India's Divergence in International Environmental Negotiations*, 16 Global Environmental Politics 12 (2016).

116. Malte Schneider et al. , *Navigating the Global Carbon Market*, 38 Energy Policy 277 (2010).

117. Mark Roelfsema et al. , *Taking Stock of National Climate Policies to Evaluate Implementation of the Paris Agreement*, 11 Nature Communications 2096 (2020).

118. Martin L. Weitzman, *Internalizing the Climate Externality: Can a Uniform Price Commitment Help*, 4 Economics of Energy & Environmental

Policy 37（2015）.

119. Martin Zapf et al. , *How to Comply with the Paris Agreement Temperature Goal*: *Global Carbon Pricing According to Carbon Budgets*, 12 Energies 2983（2019）.

120. Mary Robinson & Tara Shine, *Achieving a Climate Justice Pathway to 1.5℃*, 8 Nature Climate Change 564（2018）.

121. Matthew Ranson & Robert N. Stavins, *Linkage of Greenhouse Gas Emissions Trading Systems*: *Learning from Experience*, 16 Climate Policy 284（2015）.

122. Michael A. Mehling et al. , *Linking Climate Policies to Advance Global Mitigation*: *Joining Jurisdictions Can Increase Efficiency of Mitigation*, 359 Science 6379（2018）.

123. Michael Tost et al. , *Carbon Prices for Meeting the Paris Agreement and Their Impact on Key Metals*, 7 The Extractive Industries and Society 593（2020）.

124. Michael Wara, *Is the Global Carbon Market Working?*, 445 Nature 595（2007）.

125. Michele Stua et al. , *Climate Clubs Embedded in Article 6 of the Paris Agreement*, 180 Resources, Conservation and Recycling 106178（2022）.

126. Nathaniel O. Keohane et al. , *Toward a Club of Carbon Markets*, 144 Climatic Change 81（2015）.

127. Niels Anger, *Emissions Trading Beyond Europe*: *Linking Schemes in a Post-Kyoto World*, 30 Energy Economics 2028（2008）.

128. Nives Dolšak & Aseem Prakash, *Three Faces of Climate Justice*, 25 Annual Review of Political Science 283（2022）.

129. Paul Ekins, *Rethinking the Costs Related to Global Warming*: *A Survey of the Issues*, 6 Environmental and Resource Economics 231（1995）.

130. Peter Christoff, *Cold climate in Copenhagen*: *China and the United States at COP15*, 19 Environmental Politics 637（2010）.

131. Richard G. Newell, *Carbon Market Lessons and Global Policy Outlook*, 343 Science 1316（2014）.

132. Richard Schmalensee & Robert N. Stavins, *The Design of Environmental Markets*: *What Have We Learned from Experience with Cap and*

Trade, 33 Oxford Review of Economic Policy 572（2017）.

133. Robert Falkner et al. , *Climate Clubs: Politically Feasible and Desirable*, 22 Climate Policy 480（2021）.

134. Robert Falkner, *A Minilateral Solution for Global Climate Change? On Bargaining Efficiency, Club Benefits, and International Legitimacy*, 14 Perspectives on Politics 87（2016）.

135. Robert Falkner, *The Paris Agreement and the New Logic of International Climate Politics*, 92 International Affairs 1107（2016）.

136. Robert Repetto, *Cap and Trade Contains Global Warming Better Than a Carbon Tax*, 56 Challenge 31（2014）.

137. Ryan Hanna & David G. Victor, *Marking the Decarbonization Revolutions*, 6 Nature Energy 568（2021）.

138. Samuel Trachtman, *Building Climate Policy in the States*, 685 The Annals of the American Academy of Political and Social Science 96（2019）.

139. Shinichiro Fujimori et al. , *Will International Emissions Trading Help Achieve the Objectives of the Paris Agreement*, 11 Environmental Research Letters 104001（2016）.

140. Simon Caney, *Global Justice: From Theory to Practice*, 3 Globalizations 121（2006）.

141. Simon Caney, *Justice and the Distribution of Greenhouse Gas Emissions*, 5 Journal of Global Ethics 125（2009）.

142. Simon Caney, *Two Kinds of Climate Justice: Avoiding Harm and Sharing Burdens*, 22 Journal of Political Philosophy 125（2014）.

143. Steve Vanderheiden, *Climate Justice Beyond International Burden Sharing*, 40 Midwest Studies in Philosophy 27（2016）.

144. Thais Diniz Oliveira et al. , *The Effects of a Linked Carbon Emissions Trading Scheme for Latin America*, 20 Climate Policy 1（2019）.

145. Torbjorg Jevnaker & Jorgen Wettestad, *Linked Carbon Markets: Silver Bullet, or Castle in the Air*, 6 Climate Law 142（2016）.

146. Victoria Alexeeva & Niels Anger, *The Globalization of the Carbon Market: Welfare and Competitiveness Effects of Linking Emissions Trading Schemes*, 21 Mitigation and Adaptation Strategies for Global Change 905（2016）.

147. Wang Lining et al. , *Scale and Benefit of Global Carbon Markets*

Under the 2℃ *Goal*: *Integrated Modeling and an Effort-Sharing Platform*, 23 Mitigation and Adaptation Strategies for Global Change 1207 (2018).

148. Wil Burns, *The European Union's Emissions Trading System*: *Climate Policymaking Model*, *or Muddle* (*Part* 1), 30 Tulane Environmental Law Journal 189 (2017).

149. Wil Burns, *The European Union's Emissions Trading System*: *Climate Policymaking Model*, *or Muddle* (*Part* 2), 31 Tulane Environmental Law Journal 51 (2017).

150. William D. Nordhaus, *Climate Clubs*: *Overcoming Freeriding in International Climate Policy*, 105 American Economic Review 1339 (2015).

151. William D. Nordhaus, *Revisiting the Social Cost of Carbon*, 114 Proceedings of the National Academy of Sciences of the United States of America 1518 (2017).

152. William D. Nordhaus, *To Tax or Not to Tax*: *Alternative Approaches to Slowing Global Warming*, 1 Review of Environmental Economics and Policy 26 (2007).

153. Wolfgang Sterk & Joseph Kruger, *Establishing a Transatlantic Carbon Market*, 9 Climate Policy 389 (2009).

154. Ye Huiying et al. , *Market-Induced Carbon Leakage in China's Certified Emission Reduction Projects*, 25 Mitigation and Adaptation Strategies for Global Change 87 (2020).

155. Zeng Yingying et al. , *Electricity Regulation in the Chinese National Emissions Trading Scheme* (*ETS*): *Lessons for Carbon Leakage and Linkage with the EU ETS*, 18 Climate Policy 1246 (2018).

156. Zhang Xu et al. , *The Role of Multi-Region Integrated Emissions Trading Scheme*: *A Computable General Equilibrium Analysis*, 185 Applied Energy 1860 (2017).

157. Zhongyu Ma et al. , *Linking Emissions Trading Schemes*: *Economic Valuation of a Joint China-Japan-Korea Carbon Market*, 11 Sustainability 5303 (2019).

三、其他出版物（含国际组织研究报告）

1. 世界资源研究所（WRI）:《温室气体核算体系政策和行动核算与报告标准》。

2. 国际碳行动伙伴组织（ICAP）:《碳排放权交易实践手册:设计与实施》(第2版),世界银行集团2021年版。

3. IPCC, *Climate Change* 2001: *Synthesis Report*, A Contribution of Working Groups Ⅰ, Ⅱ, and Ⅲ to the Third Assessment Report of the Intergovernmental Panel on Climate Change, Cambridge University Press, 2001.

4. IPCC, *Climate Change* 2007: *Synthesis Report*, Contribution of Working Groups Ⅰ, Ⅱ and Ⅲ to the Fourth Assessment Report of the Intergovernmental Panel on Climate Change, IPCC, Geneva, Switzerland, 2007.

5. IPCC, *Summary for Policymakers*, in Climate Change 2013, Contribution of Working Group I to the Fifth Assessment Report of the Intergovernmental Panel on Climate Change, Cambridge University Press, 2013.

6. IPCC, *Climate Change* 2014: *Synthesis Report*, Contribution of Working Groups Ⅰ, Ⅱ and Ⅲ to the Fifth Assessment Report of the Intergovernmental Panel on Climate Change, Geneva, Switzerland, 2014.

7. IPCC, *Summary for Policymakers*, in IPCC Special Report on the Ocean and Cryosphere in a Changing Climate, 2019.

8. IPCC, *An IPCC Special Report on the Impacts of Global Warming of 1.5℃ Above Pre-industrial Levels and Related Global Greenhouse Gas Emission Pathways*, in the Context of Strengthening the Global Response to the Threat of Climate Change, Sustainable Development, and Efforts to Eradicate Poverty.

9. IPCC, *Summary for Policymakers*, in Climate Change 2021: The Physical Science Basis, Contribution of Working Group I to the Sixth Assessment Report of the Intergovernmental Panel on Climate Change, Cambridge University Press, 2021.

10. UNEP, *The Emissions Gap Report: Are the Copenhagen Accord Pledges Sufficient To Limit Global Warming To* 2℃ *Or* 1.5℃?